韧性城市规划理论与实践

RENXING CHENGSHI GUIHUA
LILUN YU SHIJIAN

于 伟 周玲娟 王 惠 主编

图书在版编目（CIP）数据

韧性城市规划理论与实践 / 于伟，周玲娟，王惠主编. -- 哈尔滨：黑龙江科学技术出版社，2023.12（2024.3 重印）
ISBN 978-7-5719-2186-6

Ⅰ. ①韧… Ⅱ. ①于… ②周… ③王… Ⅲ. ①城市规划 – 研究 Ⅳ. ① TU984
中国国家版本馆 CIP 数据核字 (2023) 第 230462 号

韧性城市规划理论与实践
RENXING CHENGSHI GUIHUA LILUN YU SHIJIAN

作　　者　于　伟　周玲娟　王　惠
责任编辑　蔡红伟
封面设计　张顺霞
出　　版　黑龙江科学技术出版社
　　　　　地址：哈尔滨市南岗区公安街 70-2 号　邮编：150007
　　　　　电话：（0451）53642106　传真：（0451）53642143
　　　　　网址：www.lkcbs.cn
发　　行　全国新华书店
印　　刷　三河市金兆印刷装订有限公司
开　　本　710mm × 1000mm　1/16
印　　张　27.25
字　　数　403 千字
版　　次　2023 年 12 月第 1 版
印　　次　2024 年 3 月第 2 次印刷
书　　号　ISBN 978-7-5719-2186-6
定　　价　78.00 元

《韧性城市规划理论与实践》编委会

主　编　于　伟　中规院（北京）规划设计有限公司

周玲娟　上海华东建筑设计研究总院

王　惠　中国铁路郑州局集团有限公司

副主编　陈　沛　中共揭阳市委党校

作者简介

于　伟

于伟，男，1976年生，中规院（北京）规划设计有限公司高级规划师，注册规划师，研究和实践方向为城市总体规划、城市设计、城市更新和可持续规划理论，在各类学术期刊发表论文十余篇。

周玲娟

周玲娟，女，1983年生，陕西西安人，就职于上海华东建筑设计研究院，毕业于同济大学，建筑设计及其理论专业博士，高级工程师，主任工程师，研究方向为高密度城市空间、绿色城市空间、立体城市空间的设计研究，参与国家级相关研究课题两项，国内核心期刊发表相关论文十余篇。

王　惠

王惠，女，毕业于河南大学环境与规划学院，研究生学历，取得区域经济学硕士学位。现就职于中国铁路郑州局集团有限公司经营开发部，从事非运输企业经营管理工作20余年，2009年通过原铁道部高级经济师评审，发表专业论文数篇，在专业管理领域具有较高理论和实践能力。

前言

“韧性城市”被写入“十四五”规划和2035年远景目标纲要；北京市提出到2025年建成50个韧性社区、韧性街区或韧性项目，形成可推广、可复制的韧性城市建设经验；全国两会上，人大代表围绕加强韧性城市建设、提高城市防内涝综合能力提交建议……近年来，韧性城市受到越来越多关注，提高城市韧性、增强抗风险能力，正成为现代城市建设管理的重大课题。韧性理论既可以应用于自然灾害应对，也可以在公共安全、公共卫生及生态环境等领域发挥重要作用。本书主要关注的领域是基于规划视角的自然灾害风险治理，因此本书的重点是自然灾害韧性，但也可以为其他领域的韧性研究提供参考。本书主要由三部分构成：第一部分是韧性城市规划的理论概述，主要介绍韧性理论及其演变、韧性城市与城市韧性规划等方面的基础知识和基本理论。第二部分是应对自然灾害的韧性城市研究与规划，由地质灾害、洪涝灾害、火灾及其他突发公共灾害等内容构成。第三部分是国内外韧性城市建设的实践及我国韧性城市规划的发展创新等内容。本书中一些案例成果形成于不同的年份，而韧性城市的理论和实践在不断发展，案例的具体情况也各不相同，在具体操作上可能会出现不一致的地方。为了尊重历史，也为了方便规划实践中的应用，在本书编撰过程中没有硬性统一成一个框架、一个模型，但都给出了比较详细的定义，以方便大家阅读理解。

本书由于伟、周玲娟、王惠、陈沛等作者撰写完成，其中于伟负责前言、第一至第三章第一节，合计10万字；周玲娟负责第三章第二节至第五章第一节，合计10万字；王惠负责第五章第二节至第七章第二节，合计8万字；陈沛负责第七章第三、四节以及第八章内容，合计5万字。本书参考了众多文献资料，包括书籍、期刊、论文等，在此一并表示感谢。由于编者水平有限，书中有疏漏之处在所难免，恳请广大读者批评指正。

目 录

第一章　韧性城市

第一节　韧性理论及其演变

一、韧性概念的起源

亚历山大（Alexander）从语源学角度分析韧性（resilience）一词最早来源于拉丁语“resilio”，其本意是“回复到原始状态”。16 世纪左右，法语借鉴了这个词汇“résiler”，含有“撤回或者取消”的意味。这一单词后来演化为现代英语中的“resile”，并被沿用至今。韧性概念随着时代的演进也被应用到了不同的学科领域。19 世纪中叶，伴随着西方工业发展进程，韧性一词被广泛应用于机械学（mechanics），用以描述金属在外力作用下形变之后复原的能力。20 世纪 50—80 年代，西方心理学研究普遍使用“韧性”来描述精神创伤之后的恢复状况，国内对其的翻译分为恢复力、弹性或韧性三大类。

加拿大生态学家霍林（Holling）首次将韧性的思想应用到系统生态学（systems ecology）的研究领域，用以定义生态系统稳定状态的特征。自 20 世纪 90 年代以来，学者对韧性的研究逐渐从自然生态学向人类生态学（human ecology）延展。在城乡人居环境建设等方面，多翻译为“韧性”，但近年来也有翻译为“韧弹性”的。resilience 一词被用来描述物质或机体的柔韧性（pliant）或伸缩性（elastic），最直接的意思是恢复或弹回，即事物受干扰后恢复或弹回到原来状态的能力。事物可以指人体、系统等各种对象。而在社会 - 生态系统及其相关领域中，韧性强调事物自身的变形、适应，以及抵御外力而不损毁的能力。韧性测量工作组认为，个体、组织或系统的韧性应具有以下三个基本特征：吸收（absorb）冲击和压力源的能力、适应（adapt）冲击和压力源的能力及面对冲击和压力时的转化（transform）能力。城市作为人类生态学必不可少的研究主体，韧性思想也很自然地被应用到城市研究中，为韧性城市理论的形成奠定了思想基础。

二、韧性认知的三种观点及其发展转型

韧性的概念自提出以来，经历了两次较为彻底的修正。从最初的工程韧性（engineering resilience）到生态韧性（ecological resilience），再到演进韧性（evolutionary resilience），每一次修正和完善都丰富了韧性概念的外延和内涵，标志着学术界对韧性认知深度的逐步提升。从韧性的本质特征出发，多个学科赋予其更多的含义，韧性从工学的机械学、物理学逐渐扩大应用至生态学、社会学、经济学等社会科学类，其概念演变经由工程韧性发展到生态韧性，进而发展到演化韧性。

（一）工程韧性

工程韧性概念主要用于机械学、物理学学科，假定系统只具有单一的均衡稳态，表示当系统恢复到初始状态的能力，系统的结构和功能没有发生变化。工程韧性强调系统对冲击的抵抗性和恢复到均衡状态的速度，在冲击中受到的影响越小、抵抗性越高、恢复时间越短的系统，其韧性越高。

工程韧性是最早被提出的认知韧性的观点。从某种意义上来说，这种认知观点最接近人们日常理解的韧性概念，即韧性被视为一种恢复原状的能力（ability to bounce back）。这种韧性来源于工程力学中韧性的基本思想，但在应用中已经不同于简单的工程项目的韧性，而是指系统整体所具有的工程韧性的特征。霍林最早把工程韧性的概念定义为在施加扰动（disturbance）之后，一个系统恢复到平衡或者稳定状态的能力。伯克斯（Berkes）和福尔克（Folke）认为，工程韧性强调在既定的平衡状态周围的稳定性，因而其可以通过系统对扰动的抵抗能力和系统恢复到平衡状态的速度来衡量。王吉祥和布莱克莫尔（Blackmore）认为，与这种韧性观点相适应的是

系统较低的失败概率及在失败状况下能够迅速恢复正常运行水准的能力。总而言之，工程韧性强调系统有且只有一个稳态，而且系统韧性的强弱取决于其受到扰动脱离稳定状态之后恢复到初始状态的迅捷程度。工程韧性假定系统存在单一均衡状态，存在局限性。

（二）生态韧性

20 世纪 80—90 年代，工程韧性一直被认为是韧性的主流观点。然而，随着学界对系统和环境特征及其作用机制认识的加深，传统的工程韧性论逐渐呈现出僵化单一的缺点。1973 年，加拿大生态学家霍林修正了之前关于韧性的概念界定，认为韧性应当包含系统在改变自身的结构之前能够吸收的扰动量级，首次将韧性思想应用于生态学学科，描述为“生态系统受到扰动后恢复到稳定状态的能力”。此后，生态学领域的韧性研究从“工程韧性”演变到“生态韧性”。

生态韧性概念主要应用于生态学学科，认为系统具有多重均衡状态，表示当系统受到干扰后可以有多个状态，冲击扰动超过其最大承受阈值时，即超过“回弹门槛”（elasticity threshold），系统会从一个均衡状态进入另一个均衡稳定状态，其状态可能提升、持平或退步。若系统韧性很低，无法适应冲击带来的变化，受冲击影响严重，步入衰退轨道；若系统韧性强，受到冲击后虽有短暂的回调期，但之后能上升到一个新的高度。生态韧性强调系统在改变其结构和功能进入另一个均衡状态前所能够吸收最大冲击的能力，吸收冲击越大，其韧性越高。

伯克斯和福尔克也认为系统可以存在多个而非之前提出的唯一的平衡状态。据此可以推论，扰动的存在可以促使系统从一个平衡状态向另一个平衡状态转化。这一认知的根本性转变使诸多学者意识到韧性不仅可以使系统恢复到原始状态的平衡，而且可以促使系统形成新的平衡状态。由于这种观点是从生态系统的运行规律中得到的启发，因而被称作生态韧性。廖桂贤认为，生态韧性强调系统生存的能力（ability to survive），而不考虑其状态是否改变；而工程韧性强调保持稳定的能力（ability to maintain stability），确保系统有尽可能小的波动和变化。

冈德森（Gunderson）用杯球模型简洁地展示了两种韧性观点的本质区别。在该模型中，黑色的小球代表一个小型的系统，单箭头代表对系统施加的扰动，杯形曲面代表系统可以实现的状态，曲面底部代表相对平衡的状态阈值。在工程韧性的前提下，系统在时刻 t 因被施予了一个扰动而使得系统状态脱离相对平衡的范围。在可以预见的时刻 t+r，系统状态会重新回到相对的平衡。因此，工程韧性可以看作两个时刻的差值 r。由此可见，r 值越小，系统会越迅速地回归初始的平衡状态，工程韧性也越大。这一结果非常类似于学者对工程韧性的原始定义。在生态韧性的前提下，系统状态既有可能达成之前的平衡状态，也有可能在越过某个门槛之后达成全新的一个或者数个平衡状态。因此，生态韧性 R 可以被视为系统即将跨越门槛前往另外一个平衡状态的瞬间能够吸收的最大的扰动量级。

生态韧性的定义比工程韧性要全面，但是仍然没有摆脱均衡论观点，认为系统的发展是从一个均衡状态进入另一个均衡状态，这对生态系统可能是适合的，但对社会经济系统不适合，因为社会经济系统是不断演化发展的，而且系统演化依赖于各经济主体的学习、创新和调整行为，这些行为是持续发展进行的，经济发展不可能处于均衡状态，因此生态韧性的概念仍然不能适用于经济系统。考虑到系统的非均衡持续变化特征，越来越多的学者选择从动态演化的视角去看待区域韧性。

（三）演化韧性

自 20 世纪 90 年代以来，学者对韧性的研究逐渐从自然生态学向心理学、经济学、社会学、经济地理学等多维领域蔓延，韧性研究已发展到“演化韧性”。演化韧性又称为适应韧性（adaptive resilience），其基于复杂性系统理论，认为系统是非均衡的演化过程，表示系统是一个持续变化的动态过程，而不是恢复到稳定均衡状态，其通过不断调整自身结构与发展状态来适应频繁发生的冲击扰动，最终实现系统可持续发展的能力。演化韧性强调系统的适应学习能力。

在生态韧性的基础上，随着对系统构成和变化机制认知的进一步加深，学者提出了一种全新的韧性观点，即演进韧性。在这个框架下，沃克等人提出韧性不应该仅仅被视为系统对初始状态的一种恢复，而是复杂的社会生态系统为回应压力和限制条件而激发的一种变化（change）、适应（adapt）和改变（transform）的能力。福尔克等人也认为，现阶段韧性的思想主要着眼于社会生态系统的三个不同方面，即持续性角度的韧性（resilience as persistence）、适应性（adaptability）和转变性（transformability）。

演进韧性观点的本质源于一种全新的系统认知理念，即冈德森和霍林提出的适应性循环理论（adaptive cycle）。与之前系统结构的描述不同，他们认为系统的发展包含了四个阶段，分别是利用阶段、保存阶段、释放阶段及重组阶段。在利用阶段，系统不断吸收元素并且通过建立元素间的联系而获得增长，由于选择的多样性和元素组织的相对灵活性，系统呈现较高的韧性量级。但随着元素组织的固定，其系统韧性逐渐被削减。在保存阶段，因元素间的连结性进一步强化，使得系统逐渐成形，但其增长潜力转为下降，此时系统具有较低的韧性。在释放阶段，由于系统内的元素联系变得程式化，需要打破部分的固有联系取得新的发展，此时潜力逐渐增长，直到混沌性崩溃（chaotic collapse）的出现。在这一阶段，系统韧性量级较低却呈现增长趋势。在重组阶段，韧性强的系统通过创新获得重构的机会来支撑进一步发展，再次进入利用阶段，往复实现适应性循环；或者在重组阶段系统缺少必要的能力储备，从而脱离循环，导致系统的失败。

（四）三种韧性观点之间的比较

从以上分析可以看出，工程韧性、生态韧性和演进韧性所代表的韧性观点体现了学界对系统运行机制认知的飞跃，为进一步理解城市韧性做好了铺垫。演进韧性的观点相比于前两者具有更强的理论说服力，应当成为城市韧性研究所要参照的基准。

值得注意的是，虽然工程韧性和生态韧性的称谓最初脱胎于工程项目和生态系统的描述之中，用于修饰“韧性”时其含义已经有了非常大的转变，然而由于不加注意的引用，诸如“工程韧性是工程项目的韧性”，“生态韧性是城市生态系统的韧性”之类的误解时有发生。工程韧性、生态韧性和演进韧性作为城市韧性的不同观点，应该起到限定城市韧性议题的作用，比如工程灾害韧性（engineering disaster resilience）和演进灾害韧性（evolutionary disaster resilience）有着相当本质的区别。

韧性发展至今经历了从“平衡性”到“适应性”的演变，派生出韧性城市和韧性社区两个核心概念。韧性城市是指城市拥有足以容纳、维持现今及未来社会、经济、环境、科技发展所带来的压力，基础建设规划在未来仍能发挥必要的功能。同时，城市必须针对气候变迁危机议题做规划，并增进在基础建设及自然环境层面的调适能力。

第二节 韧性城市及其理论基础

一、韧性城市发展背景

（一）当前城市脆弱性日益突显

城市发展与抵御各类风险灾害相伴相随，全球每年灾害事件数以万计，近年来更是受气候变化的影响，极端天气与灾害事件频发，对城市发展与居民生命安全都产生了重大威胁。随着全球城市化进程的推进，人类活动对生态资源的侵占与过度使用使得生态超载、环境污染等问题日渐突显，严重破坏了原有生态结构的稳定性，日益暴露出城市生态系统的脆弱性。在气候变化、自然巨灾频发等冲击和脆弱的城市防灾能力的双重背景下，风险的负面效应被叠加和放大：2010 年末，澳大利亚昆士兰州遭受了百年一遇的洪灾，20 万人口受到洪灾的直接影响，近千万人口紧急疏散，直接经济损失近 24 亿澳元，间接影响当年 GDP 损失高达 300 亿澳元；2012 年 11 月，受飓风桑迪的影响，美国纽约 43 人死亡，并造成高达 190 亿美元的经济财产损失；2016 年 4 月，厄瓜多尔发生 7.8 级地震，搜救行动因交通中断无法顺利展开，造成 676 人遇难，6 千多人重伤，近 3.5 万座建筑被毁，14 万人流离失所。

我国国土辽阔，是世界上自然灾害发生最为频繁的国家之一，据国家减灾委员会办公室发布的《2017 年全国自然灾害基本情况》显示：2017 年，我国因洪涝、台风、干旱、地震、雪灾、崩塌、滑坡、泥石流、森林火灾等自然灾害共造成 1.4 亿人次受灾，881 人死亡及高达 3018.7 亿元的经济损失，灾害种类多、发生频率高，影响巨大。除了重大的自然灾害，近年来，北京、武汉、上海、广州等多个城市均在应对夏季暴雨侵袭时表现出抵抗能力不足，城市内涝频发，也造成了巨大的经济损失。另外，我国城市长期粗放式发展，基础设施建设欠账大，城市对危机的应急能力还不甚完备，对灾害的抵抗能力与恢复能力较弱，在难以预测的风险冲击下，生命财产受损、组织功能失灵、社会秩序紊乱等现象屡屡发生，防灾减灾形势尤为严峻。

（二）韧性城市理念为城市适应性发展提供新思路

复杂的气候环境超出了人类的知识范畴，即使是应急能力较强的发达地区在面临如此不确定的风险环境时，也难免猝不及防。从 19 世纪 90 年代的工程性防灾思维，到 20 世纪初的减灾思维，再到如今的韧性城市理念，表明人类社会对于风险、灾害的应对思维不断向适应性方向转变，由此生态学领域的韧性理论为城市适应性发展开拓了思路。2002 年，“韧性”这一概念在联合国可持续发展全球峰会上由倡导地区可持续发展国际理事会（International Council for Local Environmental Issues, ICLEI）提出，随后其成为城市规划学、城市地理学学科领域的研究热点，并在英美等发达国家与地区有了广泛研究与应用。韧性发展的理念强调要尊重风险灾害的发展的不确定性规律，通过引导城市建设等物质层面与规划管理、社会组织、公众参与等意识层面的共同建设，增强城市结构各个方面与城市主体的适应性。相比于传统的工程防灾与应急管理，韧性理论强调全社会的系统性，也更关注适应能力的长效性，为城市应对不确定的风险、降低扰动的负面影响、实现长效的适应性发展提供了新的研究思路。

（三）韧性行动推进正在成为全球性共识

韧性行动已在以英美为代表的西方国家的规划实践中得到了较为广泛的应用。2012 年，联合国国际减灾战略署（United Nations International Strategy for Disaster Reduction, UNISDR）发起"让城市更具韧性行动"，同时确定了"让城市更具韧性的十大准则"；2013 年，为应对日益复杂的生态、经济、社会危机，美国洛克菲洛基金会启动"全球 100 韧性城市"项目，在全球筛选 100 个城市为其提供技术与资金的支持，帮助城市制订韧性行动计划，同时为全球城市的韧性建设提供范本；2016 年，第三届联合国住房与可持续城市发展大会（人居Ⅲ）也将"城市的生态与韧性"作为新时代城市发展的重要议题。西方国家纷纷制订韧性行动计划：2011 年，英国发布《风险管理和韧性提升》（Managing Risks and Increasing Resilience）报告，报告中评估了伦敦各类风险事件的可能性及应对措施的水平，旨在帮助提高城市系统承受能力及快速响应安全风险事件、正确决策的能力，最终提升居民生活质量；2013 年，纽约发布《一个更强大、更具韧性的纽约》（AStronger，More Resilient New York）战略报告，报告以建设具备应对气候灾害风险能力的韧性城市为目标，修复飓风桑迪的负面影响，着眼于改造住宅，完善医疗服务，提高道路系统、市政工程、沿海防洪设施的设施水平，提升城市整体竞争力；2013 年 12 月与 2014 年 7 月，多伦多前后发布《韧性城市——为极端气候事件做准备》和《韧性城市——为变化的气候做准备》报告，提出了一系列如建立多伦多气候变化适应的"工具包”、建立多伦多动态天气多方合作伙伴关系等措施以适应气候、环境、经济、社会的变化。

当前，城市韧性的建设如火如荼，韧性理念已被广泛运用于风险应对、城市适应性建设与管理的方方面面，制订韧性计划、推进韧性行动成为全球发展共识。

二、韧性城市内涵

韧性思想与城市所具有的复杂系统属性正好完美契合，产生了城市韧性这一概念。工程韧性、生态韧性和演进韧性的发展体现了学术界对系统运行机制认知的飞跃，为城市韧性的发展打下了坚实的基础。城市作为最复杂的社会生态系统，它的结构和功能不断随时间变化，不可能持久处于单一的均衡状态，一旦受到的冲击达到一定程度，即使达到稳定状态后，仍然不太可能完全恢复到受到干扰和冲击前的状态，而且工程韧性思想更加注重系统的后向恢复（recovery back），目标是恢复至初始稳态，故而运用工程韧性对城市韧性进行阐述存在一定的局限性。生态韧性的定义虽然从全面性上看要好，但是它仍然围绕着均衡论来展开，没有摆脱这个观点，这种解释对不断演化发展的城市系统仍不合适。城市系统演化依赖于各主体的学习、创新和调整行为，这些行为是持续发展的，且考虑到城市系统的复杂性及非均衡持续变化特征，越来越多的学者选择从动态演化的视角去看待城市韧性。但不同的学者或机构对城市韧性研究的学科领域不同，对城市韧性的概念理解存在差异。

（一）维度、能力、特性、原则框架

1. 韧性的三个过程维度

城市系统应对扰动的三个韧性过程维度，即压力韧性、状态韧性、响应韧性。

压力韧性：城市系统在压力这一过程领域的韧性，表征为自身的安全

性，可以解释为系统对灾害风险的低暴露性和灾害产生的低影响效应，反映的是城市系统的外在干扰和内生扰动的态势。城市系统面临的干扰越小，则压力韧性越优。

状态韧性：城市系统自身环境 - 经济 - 社会这一复合结构的稳定性，是城市系统对于扰动的承受能力，其本身在“压力”的负效应过程与“响应”的正反馈过程不断变化。城市的稳健定越强，则状态韧性越优。

响应韧性：城市系统的主体应对扰动而响应并采取举措的能力，反映的是城市系统的主体——城市管理机构、非政府组织、居民、家庭——对风险的应对及从冲击与扰动中吸取经验并优化自身组织结构的能力。系统主体的应对能力和学习能力越强，则响应韧性越优。

2. 能力和特性

目前对城市韧性的定义没有统一的认定，认同度高的是城市韧性的三种能力和五个特性。城市韧性应具有的三种核心能力，包括城市在面临压力和冲击时应具有抵抗能力、自我恢复能力和创新与学习能力。城市韧性的五个特性分别指鲁棒性、可恢复性、冗余性、智慧性和适应性。鲁棒性，即城市抵抗灾害的能力；可恢复性，即灾后城市快速恢复的能力：冗余性，表示城市应有防范意识，关键基础设施应具有一定的备用模块，一旦灾害来临，备用模块可进行有效、及时的补充；智慧性，主要指最大化救灾资源效益；适应性，指城市应能够从过去的灾害中吸取教训，并能通过学习、创新来提升对灾害的适应能力。

为了更进一步界定城市韧性的内涵，除了上述的维度、能力和特性外，部分学者从韧性原则框架、韧性城市的组成和目标上对城市韧性的定义做了补充。

3. 韧性原则框架

部分学者用城市韧性的特征、属性、行为等作为韧性原则来界定城市韧性。这些韧性原则包括规划、吸收、恢复和适应原则，分别从主动、被动、恢复、适应性四个方面突出城市韧性建设的不同途径，既为不同的优先事项和方法留出了空间，同时还解决了人类能动性问题，而这些往往在韧性研究中被忽视。

规划，即计划、准备，在干扰发生之前或早期预警信号出现时发现干扰，并评估后果及提前计划和行动的能力。包括预期与远见、准备和计划及内部稳定性。

吸收，即吸收干扰，指动态应对发生干扰的能力，维持城市所需的功能。包括稳健和缓冲性、多样性和冗余性。

恢复，即从干扰中恢复，指从发生的干扰中快速恢复的能力，恢复到城市所需的功能。包括平整性和高通量。

适应，即适应性和变化，指快速修改和改造系统的能力，与干扰共同进化并在未来保持所需功能的能力。包括学习和灵活性。

上述规划、吸收、恢复和适应原则已被应用于针对各种问题、系统设计和评估韧性的政策选项和计划。每个原则都涵盖从通用到一般原则，再到具体的操作标准，且通常有自己的特定重点（例如：系统、治理、社区；被动或主动；短期或长期）。

（二）韧性城市的组成和目标

有学者从韧性城市的组成和目标来说明城市应该具备的韧性，如陈湘生、崔宏志等人认为韧性城市不仅仅需要有防灾能力，还需要有智慧运维的能力，因此在韧性基础设施的基础上应建立韧性交通网络、能源网络等内容，从而达到城市可持续发展能力的全面提升。

城市韧性化的目标涵盖最大限度保障人民生命财产安全；维持国家及社会的重要机能；实现公共设施系统网络功能不丧失；迅速地恢复及振兴。智慧城市阶段，城市韧性化目标除了以上几点，还应实现以下三个目标。

1. 智慧城市管理平台的安全性

随着城市参与国内国外竞争强度和广度不断加强和扩大，基于流空间理论，城市的网络节点地位及节点之间的势能决定了要素在通道中的流向和流速。对于保障城市在突发事件中抗冲击能力和反应能力，城市智慧平台的安全性起到了重要支撑作用。提升该平台的安全性，要从互联互通的角度考虑，研发立足国家层面和国际化层面的平台建设标准；研发分布式数据库自身安全管理技术和规范；提升物联网和传感器设备的自防护能力。

2. 基础设施和智能建筑运行管控的安全性

基础设施在受到突发灾害冲击时的安全性直接影响城市生产生活的可持续性。因此，城市韧性化的目标之一就是实现基础设施设防程度的提升。智慧城市阶段基础设施安全性已经超出了传统的工程结构防护技术和方案，其具备网络运行安全性，通过网络优化设计，提升关键节点的抗损毁能力，实现局部结构破坏情境下的功能正常。城市韧性化体现于智能建筑运行的安全性方面，主要侧重于实现智能监测、研判、预警、响应及恢复的无人化运行精准度和有效性。

3. 社会群体的安全性

智慧城市阶段的城市韧性化表现在以下三个方面。首先，表现在社会群体方面，主要实现其在超前的防御理念下推进城市规划、建设的整体性，在有限资源的前提下实现城市整体层面的韧性化；其次，表现于其在突发事件时对物质系统的准确操控能力提升，这需要全社会数据技术和信息技术的广泛普及作为支撑；最后，体现在善后恢复阶段，社会群体从突发灾害应对过程中反思、学习的能力，根据风险演化调整城市空间布局，弥补物质系统的漏洞，以强大的适应力更好地应对未来的不确定性。

（三）城市韧性的延伸

随着研究的不断拓展与深入，“城市韧性”衍生出了各类相关概念。从研究方向上看，主要有从空间角度外延而形成的相关概念和从功能角度外延而形成的相关概念这两大类。从空间角度外延而形成的相关概念有如下。

1. 区域韧性（regional resilience）

“韧性”在最初被应用于区域生态和社会系统后（Walker et al，2002），区域韧性研究在经济学、经济地理学、城乡规划领域逐渐开展。区域韧性是区域可以预测扰动程度、提前采取应对准备、扰动突发时能高效响应实现功能快速恢复，并使区域进入新的平衡状态的一种属性。有学者根据现有研究结论将区域韧性的构成要素及其内在联系总结为：①区域属性，区域预测风险的能力与抵抗力；②区域韧性过程，预测风险与冲击的水平后，系统所经历的冲击前平稳状态—冲击中的震动状态—冲击后的平稳状态的动态过程；③区域韧性能力，区域遭受冲击后能恢复的最高水平与冲击前状态的差值。上述特性可以归纳为三个阶段——评估、发挥韧性与恢复，让区域在冲击前后都能实现良性的发展循环。同时，区域韧性在空间上还具有兼并性，即能够兼并周围富裕的郊区，缓解城乡对立等空间结构不平衡的问题。

2. 社区韧性（community resilience）

韧性理念被运用至社区建设领域时，其关注的内容则更加微观与具体，在社区韧性的研究范畴中，更加关注人这一要素的主观能动性。社区是居民生活、灾害响应的第一现场，因此社区韧性是韧性在城市空间运用中最具实践意义的典型代表。社区由个体、空间与制度等元素构成，研究社区韧性的学者将社区韧性看作由正式与非正式机制共同组成的要素，重点关注学校、邻里、机关、团体、企业、特别行动组等方面。目前，对于社区韧性没有统一的概念界定，一部分学者把社区韧性看作能力的集合，另一部分学者把其总结为适应性结果，并也可作为发展目标。整合相关学者的观点，大体可以认为：社区韧性是在冲击下维持社区基本运行、防止系统状态改变（紊乱）的能力；在冲击发生后，有效组织资源快速应对并恢复正常运行的能力；减少自身结构的脆弱性以适应新的环境的能力。

3. 功能性视角

“城市韧性”从功能的视角外延，可进一步将城市韧性划分为基础设施韧性、制度韧性、经济韧性和社会韧性四个方面。第一，基础设施韧性（infrastructural resilience），指城市道路、市政工程、生命线设施等的应急反应能力，多体现为稳健（具备抵抗力和冗余）与有备用选择这两个特性；第二，制度韧性（institutional resilience），是指政府与非政府组织有效调动、分配城市资源的能力；第三，经济韧性（economic resilience），是指经济的活力与多样性，在经历冲击时不易崩溃，且还能为灾害应对提供经济资本的能力；第四，社会韧性（social resilience），被认为是社会组织结构、社会网络及人口特征与人力资本的稳定性与对风险经验总结归纳出新的发展策略、制度等的反思力。

三、韧性城市理论基础

（一）可持续发展理论

持续发展（sustainable development）是一个涵盖范围非常广的概念，涉及社会、人口、经济、环境、资源、科技等多个领域，同时又要注重持续性，既要满足当代人的需求，又要考虑不损害后代人的利益，使得系统有着持续发展下去的能力。其内涵具有可持续性、发展性、共同性三个方面。可持续性指人口 - 资源环境 - 经济社会复合系统发展的永续性，资源能够满足人类社会的长久发展；发展性是可持续发展的核心，需要从很多方面来衡量；共同性是指尽管每个研究区的地理环境、人口经济、社会发展、生态环境及实现可持续发展的具体模式不同，但可持续发展的目标都是相同的。由联合国减少灾害风险办公室（United Nations Office for Disaster Risk Reduction, UNDRR）领头的“使城市具有韧性 2030”（MCR2030）的全球议程，可直接促进实现可持续发展目标。

（二）生态安全格局理论

20 世纪 70 年代，布朗（Brown）首次将人类与生态环境的关系纳入城市安全领域，生态安全的相关研究随之兴起。2009 年，俞孔坚首次提出生态安全格局的理论方法是促进生态系统稳定、持续发展的重要理论之一，也是应对城市快速扩张而引发的环境污染、生态系统破坏严重与资源消耗过快等问题的重要方法之一。

生态安全格局是能够保障生态安全的关键生态要素及其在空间上形成的格局关系，是城市实现可持续发展的重要支撑，包括：生态系统结构、功能在外界扰动、压力胁迫和冲击下的稳定程度，即刚性；生态环境受到破坏后，通过人为的与非人为的手段得到重建，恢复其稳定状态的能力，即平衡性；生态系统与人类的开发建设活动协同发展的能力，即发展性；以及生态系统本身的自我调节能力，即自组织性。生态安全理论中降低生态风险的目标，以及运用生态控制论方法调整自身结构、促进积极的信息反馈过程与韧性城市的目标与特性相似，对韧性内涵的丰富具有借鉴意义。

（三）风险理论

风险是城市风险治理的核心概念和理论基础。风险评估一般包括三个要素：一是致灾危险度，给社会经济系统带来危险的自然灾害；二是风险暴露度，受到灾害潜在影响的人口和物质财富等；三是适应能力，系统应对风险的综合能力等。

基于风险的评估框架的优势在于能够采用成本—效益分析等技术量化风险损失，但是这一方法依赖于灾害历史统计数据，且难以估算非货币化的间接风险（如生态系统服务、健康和生命损失等）、系统性风险和长期风险。由于风险既有客观性，又有主观性，对于城市系统而言，风险治理具有多维度和复杂性；对于社会及个体而言，风险难以被“管理”，只能增进“理解或认知”。应对全球化和气候变化背景下的城市风险，需要思维方式和理论范式的转型。韧性理论就是一种认识和应对风险的新理念。

（四）混沌理论

20 世纪 60 年代，爱德华·诺顿·洛伦兹（Edward Norton Lorenz）提出的混沌理论指出，看似无序的和混乱的事件，也有其内在规律，并将“混沌”定义为在确定系统中貌似随机的运动。随后，混沌理论被广泛运用于气象学、数学、物理学等自然学科中，开创了人类认识复杂系统与问题的新领域。“混沌”不仅仅存在于自然界中，社会、经济领域的混沌现象数不胜数。随后，丹迪诺斯（Dendrinos）等学者将混沌理论应用于城市学中，认为城市是混沌吸引要素，城市系统具有以下三点特性：第一，不确定性，城市是由自然、社会、经济和人类活动构成的复杂空间与组织体系，显然具有不确定性；第二，无序中蕴含有序，混沌理论揭示了一个复杂系统看似无序中实则暗含秩序，城市风险治理过程要善于接纳“无序”，探索适应性的发展理念；第三，多样性，即城市复杂系统内部要素是多样性的，若把这一系统要素进行同质化，那么系统反而会变得脆弱，甚至是崩溃。因此，混沌理论所揭示的城市特性与韧性城市的发展思路相一致，对混沌理论的分析有助于我们更加清晰地理解复杂城市系统的内在规律。

（五）韧性理论

相比传统的风险分析范式，韧性范式更能体现社会 - 生态复合系统的多稳态、自适应及动态变化特征，它强调通过积极主动的长效性适应发展，将风险转化为机会，推动变革、创新和转型。随着韧性理论在城市领域的深入研究，主要形成了四种著名的城市韧性理论，分别为“杯球”模型、适应性循环模型、扰沌模型和稳定性景观模型，这些理论对研究城市韧性起着重要的指导意义。

第一，“杯球”模型。“杯球”模型中杯子代表城市系统的稳定域（稳定状态），小球代表城市系统所处的状态，箭头表示城市系统受到的外界干扰或影响。

第二，适应性循环模型。有关韧性的经典理论当属适应性循环理论，该理论由霍林和冈德森提出，作为一种全新的系统认知理念，描述和分析了社会 - 生态系统的动态演化过程，系统并不一直处于稳定状态，而是处于不断动态演变过程中。系统发展依次经历了四个阶段，分别是利用阶段、保存阶段、释放阶段和重组阶段。

第三，扰沌模型和稳定性景观模型。在适应性循环模型中，当一个城市系统与其他城市系统在时间和空间上存在相互交叉影响时，就形成了扰沌模型。扰沌是描述复杂适应性系统演化性质的术语，反映了跨尺度循环过程的联结模式，体现了适应性循环的嵌套性，故又被称为多尺度嵌套适应性循环模型，主要由反抗和记忆联结着系统不同尺度之间的适应性循环。

多尺度嵌套适应循环理论是一套更为完整全面的具有普适性的基础理论，是韧性的重要理论基础。该模型认为，城市系统在不同层次或不同阶段之间存在着某种关联。城市系统在低层次中运行速度较快，进行着创新与检验，在高层次中运行速度相对较慢，主要对以往优秀经验加以记忆和保护。一方面，系统反抗（revolt）表示在城市系统中一个较低层次的关键因素的改变可能会导致较高层次发生改变，特别是在城市系统处于较高层次僵化和脆弱情形下的保护期。另一方面，系统记忆（remember）表示当城市系统的某一层次发生不确定性风险时，处于保护期的高层次会对其产生很大的影响。

（六）系统耦合协调理论

系统耦合协调理论是可持续发展研究应用中的重要理论，它是由“耦合”“协调”两个相互独立的理论构成。耦合是物理学的一个基本概念，是指两个或两个以上的系统通过各种相互作用而彼此影响，以至联合起来的现象，是各子系统相互联系、相互依赖、相互协调的动态关联关系，即两个系统之间相互依赖、彼此依存的过程。耦合是“协调”，是两个或者两个以上要素之间的关系。“耦合”与“协调”两个理论的结合便形成耦合协调理论，用来衡量两个或两个以上系统或是系统内部各组成要素间在整个发展过程中的相互配合、相互促进、良好发展的程度，这是一个不断调整优化，使得系统整体从不良无序到良好有序的动态平衡发展趋势。

四、韧性城市研究的内容框架

（一）韧性联盟

尽管学术界已经意识到韧性城市研究的重要意义，但如何系统地认知城市韧性却一直是学术界争论的难点议题。韧性联盟（Resilience Alliance）从管治网络（governance network）构建、代谢流（metabolic flows）、建成环境（built environment）和社会动力（social dynamics）机制四个方面总结了韧性城市研究的主体框架。

首先，管治网络的构建主要着眼于负责城市正常运作的相关机构、组织的网络体系。其次，代谢流从生产、供给和消费链条的角度，研究城市物质能量流通的规律。再次，建成环境主要研究具有适应和调整能力的城市空间和建成区的塑造。最后，社会动力机制从社会生态学角度探索城市韧性与人口特征、人力资源、社会资本及社会不公平性等方面的关联。其中，建成环境是城市韧性的物质基石，代谢流是城市韧性的运转手段，管治网络和社会动力机制则是实现前两者的动力机制。这四个方面相辅相成、共同作用，以增强城市系统韧性。类似地，伊伦尼 - 萨邦（Ireni-Saban）认为以社区为基础的城市抗灾韧性主要取决于社区的公共管理能力，具体表现在三个方面，即社会倡导力（advocacy）、社区能动力（competency）和社会包容性（inclusion）的塑造。

（二）韧性城市规划框架

贾巴瑞恩（Jabareen）希望通过韧性城市规划框架建立起一个基本的多元化的理论途径。这个框架主要包含脆弱性分析（vulnerability analysis matrix）、城市管治（urban governance）、防护（prevention）和以不确定性为导向的规划（uncertainty-oriented planning）等四个部分。

第一，脆弱性分析框架的目的在于分析和确认城市所面临的扰动和风险的种类、特征、强度及空间分布等因素。可以看到，正确认识城市面临的风险对于韧性目标的达成具有非常重要的意义。

第二，城市管治框架的作用在于探讨实现城市韧性的管治途径。一个基本的假设是韧性城市具有基于开放的信息交流渠道和不同利益相关者间协同合作的决策程序。社会管治手段弱的城市缺乏必要的支撑这一程序的能力，因而也不能适时应对城市所面临的不确定性扰动，因此塑造社会公平对于城市韧性的达成过程具有重要意义。

第三，防护框架的意义在于社会不能简单地摒弃原有的抵抗性措施，而是应该通过考虑当地特征，有意识地将各种有效途径结合起来。

第四，以不确定性为导向的规划框架着眼于尊重不确定因素并以适应性的指导思想对城市的未来做出指导。虽然不同学者看待韧性城市的角度不同，但其本质内容却基本一致。综上所述，城市韧性截然不同于以往倚重物质环境重建的单一目标，而是特别强调在城市这个庞大的社会生态系统面临不确定性的情况下，社会体系的营建和维护，以及其反应和协调能力，因而多数研究适用于演进韧性的视角。

这种能力建立在如下因素之间形成作用的基础之上：其一，包括政府、非政府组织、民间组织、社会团体、民众等利益相关者；其二，以制度、规章、社会特征、人力资本、社会资本等为代表的制约促进因素。目前，这些城市韧性理论主要用来解决有关灾害韧性和经济韧性等城市问题。灾害韧性面对的不确定性扰动是自然或者人为带来的原生和次生灾害，如地震、洪灾、病疫和恐怖袭击等，而经济韧性面对的扰动则主要是经济衰退或者快速城市化带来的社会矛盾等。由此可见，韧性城市研究体系支持下的课题涵盖面非常广泛，而利用韧性城市的观点研究这些城市问题，其创新点并非研究的课题本身，而是看待问题的角度和实施措施的手法。

五、韧性城市的主要特征

（一）韧性系统的六个基本特征

早在韧性城市的概念被提出之前，就有学者对韧性系统应该具有的特征做出了分析。比较有代表性的论述有威尔德夫斯基（Wildavsky）提出的韧性系统的六个基本特征。第一，动态平衡特征，意味着组成系统的各个部分之间具有强有力的联系和反馈作用；第二，兼容特征，指的是外部冲击可以被多元的系统组成部分带来的选择性所削减；第三，高效率的流动特征，通过系统内资源的及时调动和补充，填补最需要的缺口；第四，扁平特征，意味着比等级森严的系统更具有灵活性和适应能力；第五，缓冲特征，要求系统具备一定的超过自身需求的能力，以备不时之需；第六，冗余度，通过一定程度的功能重叠以防止系统的全盘失效。作为韧性理论在城市这个庞大的社会生态系统中的应用，韧性城市的主要特征很大程度上与韧性系统的特征相对一致。

（二）韧性城市的五个要素

埃亨（Ahern）认为，韧性城市应当具备五个要素。第一，多功能性（multi-functionality）。韧性城市需要有城市功能的混合性和叠加性。这是因为功能单一的城市要素之间缺乏联系，容易导致系统脆弱。第二，冗余度和模块化特征（redundancy and modularization）。韧性城市需要有一定程度的重复和备用设施模块，通过在时间和空间上分散风险，减少扰动状态下的损失。第三，生态和社会的多样性（bio andsocial diversity）。因为在危机之下，多样性可以带来更多解决问题的思路、信息和技能。第四，多尺度的网络连接性（multi-scale networks and connectivity）。这不仅体现在城市的物质实体和空间分布层面，也体现在人际和群体的协作上。第五，有适应能力的规划和设计（adaptive planningand design）。需要承认在规划、设计、做决定时面临知识缺乏（imperfect knowledge）这一事实，并将不确定扰动视为学习修正的机会。此外，艾伦（Allen）和布赖恩特（Bryant）相应地认为韧性城市必须具备七个主要特征，即多样性、变化适应性、模块性、创新性、迅捷的反馈能力、社会资本的储备及生态系统的服务能力。

（三）智慧城市阶段的城市韧性

1. 交互性

以往城市韧性理论与实践研究的重心在于城市基础设施和建筑的结构防护设计，或者是城市空间防灾设计上，而忽视社会群体在城市灾害中的表现。事实上，城市在突发灾害的冲击下的表现在一定程度取决于物质系统和社会群体的交互过程，尤其是随着信息技术和物联网技术的不断发展，物质系统和社会群体之间的网络化交互增强。一是城市韧性更多地表现为基于城市智慧管理平台，人对于城市物质系统掌控的能动作用的发挥。二是以物质系统突发状态下的自切断、自修复和自启动，并将该过程轨迹通过云平台记录，网络传输给控制中心、监督中心、各类客户端，为突发事件“恢复重建”提供实证数据。这种物与人的交互，为人类探索突发事件机理提供了可能性；为人类探析物质系统潜在问题与关键成因提供依据；为人类反思和总结不当应对之处，分析成因，从而提升安全意识、知识及技能，并针对智能终端传递的数据分析结果，针对性改进准备与演练行为，具有实际指导价值。

2. 成长性

城市韧性强调城市系统在外部致灾因子的扰动下，保持系统稳定性的能力。致灾因子不断演化，从仿生学的角度而言，城市系统可被视为一个生物、建筑和文化混合体。随着技术不断革新，城市日趋智能化，随着BIM技术、传感器技术、物联网技术不断向城市各个领域渗入，城市系统将逐步拥有“生命智能特性”，在受不同灾情冲击后，会通过智慧平台和自身的传感系统记录整个过程，从而通过数据挖掘等技术，快速诊断和预测自身的损伤程度，快速链接备用能源、备件或线路系统，城市韧性呈现出物质系统和社会群体系统的成长性，且因为两者之间的交互，这种成长性是同步的，任何一方的滞后都会制约对方的韧性提升。

3. 规律性

事物的发展虽然看起来较为杂乱，如受到冲击过程中选择的多元性、社会生态的多样化及城市构成要素间多尺度的联系等，但城市组织具有高度的适应性和灵活性，不仅体现在物质环境的构建上，还体现在社会机能的组织上。城市系统要有足够的储备能力，主要体现在对城市某些重要功能的重叠和备用设施建设上。然而在长时序或者大量的统计数据分析后，会表现出某些规律性。致灾因子如此，对于城市系统来说也同样如此，特别是随着智慧城市推进，大数据和云平台及各类传感器的不断革新、发现、表述，甚至量化物质系统和社会群体之间的交互性和成长性，为归纳其潜在的规律性提供了可能。

第三节　韧性城市的发展

一、韧性城市发展的影响因素

（一）“压力韧性”影响因素

灾害学的研究表明，灾害、冲击是城市的外部因素，是城市自身无法控制的。其影响主要由致灾因子危险性、承灾体暴露性所衡量。从灾害冲击的来源上看，可以分为外部和系统内生两大类。外部灾害主要包括全球气候变化背景下城市的自然灾害频发及由原生灾害引发的次生灾害；系统内生灾害则是因城市系统自身结构的不稳定与冲击的累积效应迭代而生的，包括环境污染、人口老龄化、资源枯竭等城市内生问题。

自然灾害的压力：自然灾害危险性与城市灾害韧性有着密切的关系，

在研究中很多学者（Norris，2008；李亚，2018；唐诺亚，2018）都将自然灾害作为城市韧性的对象，自然灾害无时无地不在发生，只要地球在运动、物质在变化，只要有人类存在，自然灾害就不可能消失。人类目前对自然灾害还不具备有效的控制手段，因此常常带来巨大的消极或破坏的作用，只能通过采取趋利避害、除害兴利等措施进行防灾减灾而难以消灾，是人类过去、现在、未来所面对的最严峻的挑战之一。尤其是近期全球气候变化加剧，气象要素的分布随之变化，直接改变了生态环境中各种资源的结构和分布状态，人类更加难以掌控自然灾害的发生、发展规律，导致在自然灾害如极端强降水事件、高温热浪、大风等面前，人类往往因难以应对而承受惨痛的损失。

人为灾害的压力：除了自然灾害，人类社会系统的活动也会给城市发展带来挑战，如恐怖袭击、战争、传染病、火灾、化学品泄漏等问题，也给城市系统带来不小的打击；另外，随着科技的发展，新的灾害不断产生，如核泄漏、强电磁辐射等，都影响着城市正常的生产生活，阻碍城市健康发展。

城市系统内生问题：除了快速的风险冲击，资源过度消耗、环境破坏、废气物排放等慢性的城市系统内生问题也是城市所面临的压力之一。城市的扩张改变了地表状态，污染物的排放降低了大气、水、土壤资源的品质，对资源的攫取加剧了能源储备的消耗，诸如此类的人类活动打破了生态系统的固有平衡，也加剧了自然灾害的发生频率。这些问题往往表征不明显，并不像自然灾害和人为灾害一样在短时间内造成大规模的冲击与扰动，使城市陷入紊乱，但若对此类问题放任不管，会长期制约着城市发展。

（二）“状态韧性”影响因素

城市通过各个系统相互作用、相互耦合发挥其承受风险冲击的能力。在城市系统中，充足的资源和良好的环境可以为城市发展提供坚实的基础，也是阻断冲击的天然屏障；经济子系统是核心力量，为其他系统的发育提供基础；人口既能为城市发展提供动力，也能制定发展策略引导城市发展，而人类的不合理活动也会引起城市系统的不稳定，使城市系统陷入无序、混乱、不可持续的脆弱状态；相关的政策制定、民生的改善是发展的必要保障；基础设施如电、水、道路、桥梁、防洪堤等生命线基础设施在扰动与压力中为人们提供强有力的保护。本研究参考学术界对城市韧性、城市脆弱性、城市适应性等相关领域的研究，从资源环境、社会、经济三个方面阐述影响城市系统"状态"水平的因素。

（1）资源环境"状态"

资源环境"状态"是指资源环境系统稳定性或脆弱性的表征。城市的资源环境包括各类自然资源（如水资源、土壤资源、森林资源、矿产资源等）的总和，自然资源为城市发展提供必备的自然资本。生态环境不仅是灾害的天然屏障，还是经济发展的增长点，但人类的过度破坏与消耗会破坏其内在平衡而引发其脆弱性，甚至引起更大规模的灾害冲击。例如，良好的自然环境能给城市系统保存更丰富多样的生物物种，促进城市水资源高效循环，绿化带、河流等也是防止火灾蔓延的天然隔离带；反之，脆弱的地质环境则易在灾害发生时引发次生灾害，加剧城市的混乱，如黄石市因矿产资源的丰富而兴起，城市实力一度位列湖北省前列，却也因资源枯竭导致城市发展步入困境。

（2）社会"状态"

社会"状态"是指社会系统在各类内在或外在侵扰下的状稳定性或脆弱性的表征。主要体现在基础设施建设水平、人口特征等方面。

基础设施：城市的设施空间环境一般指城市运转和发展所必须具备的工程性基础设施（physical infrastructure），如能源系统、给排水系统、道路交通系统、通信系统、应急防灾系统、建筑住宅等（Bates and Peacock，2008），是城市发展的重要基础和保障，对降低风险负面影响具有重要意义（蔡建明，2012）。基础设施系统若能承受住冲击，则可将冲击造成的多米诺骨牌效应降到最低（McDaniels T，2008）。当扰动发生时，良好、完备的设施系统能够迅速缓冲、分解掉压力，减轻甚至抵消灾害的负面影响。麦克丹尼尔斯（McDaniels）和布吕诺（Bruneau）通过建立基础设施韧性概念模型提出坚固性、快速性、冗余度和资源可调配度，是影响基础设施韧性的关键指标，即其建造水平应经过良好的构思与高效的管理，同时应预留弹性空间以容纳极端压力情况，并且能够快速调动资源满足风险时期的需求。

人口特征：人口特征影响城市韧性水平已是学术界的共识（Walter，2004；Burby，1998）。不同人口对于灾害适应的能力是不同的，这一特征是人类系统的固有特征（Pelling，2003），其差异体现在人口密度、性别、年龄、教育程度（Sen&Nielsen，1996）、种族（Cutter，2014）等各个方面（周利敏，2012）。当人口密度高于某一阈值，则超过城市的承载能力产生压力，但当人口过度流失，城市则会因缺少劳动力与消费能力而走向衰败。另一些学者（Cutter，2010）的研究表明，老年人、儿童、残疾人群体通常在生理因素上有较大的脆弱性，其调查研究指明上述人口占比更少的社区相较于其他社区更具韧性水平。另外，教育程度也被证实与韧性水平息息相关，纽约市的一项调查中显示，获得学士学位的工人失业率为 4.0%，高中文凭的工人失业率为 7.5%，而不足高中文凭的工人失业率高达 11.0%，且获得学士学位的工人工资是不足高中文凭的工人的两倍多，反映出人口教育程度与其能获得的资源水平基本成正比，森（Sen）等（1996）也指出，教育程度更低的居民对公共事务参与更不积极，甚至具有阻碍作用。可以看出，不同人口特征的韧性差异源于其灾害承受能力及获取资源能力的不同，进而导致不同群体的脆弱性不同。

（3）经济“状态”

诺里斯（Nortis）认为，城市韧性尤其是适应能力在某种程度上还取决于城市的经济基础，经济系统的“状态”主要体现在经济发展的总量与潜力、产业多样化程度（Sherrieb et al，2010；Simmie J，2009）、对资源与外部经济的依赖程度等方面。雄厚的经济基础能够提供城市发展与设施建设所需的经济资本，以增强城市应对扰动的能力。产业多样的经济结构更具冗余性，因此相比产业结构单一的城市，在危机中有更多的替代产业能够代替受到冲击的企业继续为城市提供支持。对外部依赖较少的产业结构在波动的环境中脆弱性较低，更易适应危机，而过分依赖资源的城市则在资源枯竭后更易陷入发展困境。经济资本的另一作用是其能够提高个人、社会团体和社区应对灾害的能力，对有效缓解扰动负面影响至关重要（Burby，1998），不健康或下滑的经济带来居民生活水平的下降和低收入群体、失业群体的增加，这些都会激化社会矛盾乃至引发犯罪，从而导致城市社会一片混乱。

（三）“响应韧性”影响因素

城市主动调动自身资源以应对灾害风险，提升自身适应性的这一过程就是“响应”。响应的过程可以进一步细分为三个方面：预警、恢复和学习适应。预警能力是指在系统扰动发生之前，系统能根据已有资料与知识掌握风险发生的规律，对其可能性进行预判，并将危险信号高效、快速地向全社会通达的能力，以避免城市在毫无准备的时候承受巨大灾害而产生严重后果。恢复能力是指城市或区域从危机中恢复到危机前运作水平的能力（Paton，et al，2001；Bruneau，2003）。学习适应能力是指城市或区域在遭遇危机时不仅仅能恢复灾前水平，且还能适应危机后的新环境，并且从危机中学习经验，达到一个更稳定的运作水平的能力。综合来讲，城市或区域对灾害的响应能力主要取决于对灾害的监控和预警能力、政府领导力与决策力、居民自身的韧性意识与应灾能力、应对灾害组织的集体行动效率及城市的科技创新能力。

（1）预警能力

预测与预防：危机预警是风险危机管理的第一步，也是危机管理的关键所在。韧性系统应当能够预测危机的影响水平，具备“合理准备”的能力。危机信息预警能力是“事先应对、事后恢复、减少伤亡、恢复社会秩序”的基础。根据风险事件的数据资料掌握其发展的一般规律，有助于我们准确把握风险的未来发展趋势，以做出事先准备约束或降低干扰影响。我国的灾害预测情报主要由国家级及省级的科研机构发布，因而在自然灾害预测方面各个城市的能力近乎相当，那么城市预警能力的差异就体现在对灾害的应对准备措施（如应急预案制定、应急系统的管理、个体的防灾知识能力）上。

信息收集和传达：对扰动的监控和预测要及时为决策者服务并向城市居民传达才能发挥其效应，因此预警能力还包括较高的信息收集与传达能力。目前最主要的传播方式有政府门户网站、电视、报纸等传统媒体与新媒体，信息的高效传递能够大大提高应对扰动与危机的效率。

（2）恢复能力

恢复能力是指城市系统在遭受冲击后能够在最短的时间组织整合城市功能，以最小的资源投入使城市系统恢复到冲击前的状态的能力。从采取措施的主体看，可以分为政府和居民两大主体。政府能够组织人力、物力、技术、公共政策等手段以应对系统干扰；而居民自身的意识和水平、与社会成员之间的协作能力也能大大减轻扰动的负面效应，促进城市系统正效益运行。

政府管理能力：现有研究已经表明，管理机构的能力与效率对韧性表现的影响十分显著。政府的管理能力主要通过政府各级管理机构公共政策制定的合理性，公共政策执行的效率，政府对于灾害应对、韧性建设的资源投入和管理机制设置与在扰动发生后的举措，以及根据实际情况不断调整改进政策等方面来实现。高效的政府管理机构能够在扰动发生后组织社区成员共同应对危机，以最小的成本、最高的效率恢复灾害所带来的负面影响。政府掌控着城市的主要人力、物力、财力及技术资源，在新发灾害越来越难以预测的背景下，如果城市缺乏政府有效组织，往往会出现灾难性的后果。

集体效率：在扰动发生时，集体效率决定了个人在灾害事件发生时能够获得社会支持的数量和质量。集体效率与社会网络关系及公众参与水平息息相关。社区的公共参与与自治水平愈高，集体效率越高；社会关系网络越密切，那么个体将更加自觉地遵守规范制度，也更愿意参与到集体行动中，集体效率更易达成。

（3）学习适应能力

学习适应能力是指组织与个人能够利用过去经验去指导未来决策，并且相应地调整标准、制度、政策与行为的能力。城市韧性的学者已经就学习适应能力是城市韧性的重要组成部分这一观点达成了共识，认为城市韧性应包含将不确定扰动视为学习机会的能力，并强调在灾害风险应对中，学习和适应能力对于系统韧性十分重要。城市外界的环境变化迅速，系统扰动发生的内在机制往往超出人类的经验范畴，人类在风险应对中往往会面临从未经历过的问题。学习适应能力之所以重要，是因为个体的记忆具有时效性，会随着时间流逝而衰减，只有将应对灾害的行动正式转化为经验、知识、公共政策与规章制度，才能长期有效地提高城市韧性。

二、韧性城市评价体系的发展

韧性城市评价顾名思义即对城市的韧性进行评价，可以为城市的规划、建设、运行、管理和修复等过程提供有价值的参考依据，同时体现城市预期的发展目标。对城市韧性的评价主要通过构建指标体系来进行。张维群指出，构建优良的评价体系必须遵循全面性、精确性和可操作性三大原则。就城市韧性的评价而言，全面性体现在需要涵盖韧性城市的全部特征和要素。由于城市系统庞大复杂，精确性主要体现在追求全面反映信息的同时也要尽量简化评价指标。可操作性则包括三个方面：第一，应通过实施过程明确韧性城市的内涵并发展测量指标；第二，具体指标的数据获取应具有可行性；第三，由于城市间的差异，应制定差异化的评价体系。构建韧性城市评价体系主要有以下三种思路：以城市的基本构成要素为核心进行构建；以城市韧性的不同特征为核心进行构建；以韧性的阶段过程序列为核心进行构建。

（一）以韧性城市基本构成要素为核心

学界普遍通过实证研究的方法构建以韧性城市基本构成要素为核心的评价体系。根据选择城市及灾害类型的不同，构建的评价体系也有所不同。

社会、经济、生态（自然 / 环境）是城市韧性评价体系的主要度量方面，几乎涵盖了城市的基本构成要素，但是韧性城市还具有一些特殊的深层次内涵，如关心人的发展和要求公共部门对扰动采取快速响应等，因此仅从社会、经济、生态（自然 / 环境）三个方面无法充分体现。许多韧性评价体系增加了基础设施建设韧性、社区韧性、组织韧性、人的韧性等度量指标。围绕城市基本构成要素设计的韧性城市评价体系，通过德尔菲法、层次分析法或现有较成熟的理论框架确定具体指标，由客观的统计资料获得指标数据，再通过主观赋予各指标权重的方法表达韧性指数的计算公式，最后用公式计算出特定系统的韧性指数，从而得出城市韧性评价结果。

（二）以韧性城市的特征为核心

从城市韧性特征着手的韧性城市评价体系，最早考虑到的是坚固性和快速性特征，后来逐步扩充到坚固性、快速性、冗余度和资源可调配度四个方面。此类韧性城市评价体系在构建时首先要进行特征提取。城市韧性特征的划分有两种方式：其一，对不同韧性阶段所体现的能力进行划分；其二，从城市系统整体进行考量，划分韧性城市具备的各种能力特性。

帕森斯（Parsons）和莫利（Morley）对应对能力和适应能力两个大类的特征进行评价，对应了韧性发挥作用的不同阶段。扰动发生时，吸收影响阶段体现了应对能力；扰动发生后，城市重新恢复阶段体现适应能力。李彤玥和海克等人所构建的评价体系则从生态学理论出发，结合系统动力学总结韧性城市所具备的显著特征及能力。李彤玥借用布鲁诺的 4R 框架以抗扰性、冗余性、智慧性、迅速性构建城市应对雨洪灾害的评价体系。海克和奥斯皮纳（Ospina）建议用功能特征和赋能特征两大类指标构建评价系统，并提出需要评价韧性的公平性，即系统是否能够向其服务对象提供公平的使用资源的机会或权利。不论采用何种划分方法，都需要对韧性城市的特征进行清晰的识别和准确的分析。

（三）以韧性阶段过程序列为核心

吴波鸿和陈安将韧性城市的恢复力评价指标分为强度、刚度、稳定性三个维度。此划分方式在本质上对应了韧性恢复力损失、弹性恢复、恢复力强化三个阶段。类似地，陈长坤等学者从城市韧性的抵抗力、恢复力和适应力三大属性出发，建立雨洪灾害情境下城市韧性评价体系。布鲁诺等认为，地震后城市社区的韧性状态可以用基础设施机能随时间的变化曲线进行表示。欧阳（Ouyang）等利用布鲁诺等提出的基础设施机能反应过程曲线模型，以韧性阶段过程序列为核心构建出城市基础设施韧性的评价框架，发展了“三阶段”韧性计算模型。上述过程序列依次为：灾害防御阶段、灾害吸收阶段、系统恢复阶段。从韧性阶段过程着眼构建的评价体系不仅可以针对某种单一的外部扰动，还可适用于所有的自然灾害。博扎（Bozza）等主张面对多种自然灾害的不同阶段应采用区别化的韧性评价体系，并且提出了一种基于时间序列的“独立综合定量韧性评估框架”，是一种用于评价同一城市不同灾害的韧性评价体系。

以韧性阶段过程序列为核心设计的韧性城市评价体系，其具体指标通常使用多种城市基本构成要素。在不同的思维范式下，学者对于韧性过程的认知存在差异。工程韧性一般包括抵抗、吸收、恢复三个阶段；生态韧性一般包括抵抗、调整和适应三个阶段；演进韧性尚未有详细且一致的阶段划分，但是增加了学习、发展等更加高级的阶段。目前，按照韧性阶段过程构建的评价体系仍十分有限。韧性城市发挥作用的整个过程与传统城市对抗扰动的过程存在根本差异，韧性过程中城市在面对扰动后重新组织并长期适应、学习的阶段尤为关键，在评价体系中划分恢复、适应、学习、发展等阶段能够充分体现韧性运用到城市研究中的契合性。

综上所述，已有的韧性城市评价体系主要基于以上三种思路构建。思路一集中在社会、经济、生态三个方面，与传统的城市评价相类似；思路二既能够体现韧性在不同阶段的特征或韧性城市的综合能力，也能够与城市基本构成要素相结合，与韧性城市理论的联系较为紧密；思路三能够对不同阶段的韧性能力进行评价，识别韧性发挥作用过程中的薄弱环节，有针对性地进行改进。伴随着思维范式愈加复杂和深化，不难发现从工程韧性到演进韧性的评价体系愈加丰富，所涉及的对象也愈加广泛。

三、中国韧性城市研究及发展

近年来，城市韧性已经成为城市规划及其相关领域的重要理念，国内学术界和决策者对城市韧性理论的关注度逐年增长，对城市韧性的研究也逐渐由理论层面的解析向其内在机理延伸，对韧性在城市乃至国家发展建设中的作用认知日益深刻，如“海绵城市”“公园城市”等的提出。由于城市韧性理念进入国内学术界的时间尚短，目前的研究基本处于从韧性的概念总结、内容分类、比较研究向针对国情的实践研究演变。基于国际上对城市韧性基本问题的认知逐渐达成共识，研究重点也已由基本问题转入城市韧性的框架、评价指标、提升策略等内容，标志着韧性理念从抽象概念向具体内涵的转变。未来的城市韧性研究应进一步拓展研究的广度和深度，尤其是城市韧性的系统性、实效性、制度性等内容。

（一）城市韧性的系统性研究

目前，有关韧性的研究呈现出多学科、多尺度、多维度、多系统的特征。

第一，多学科。在研究领域方面，涉及城乡规划、生态学、社会学、管理学等多个学科，但相关研究内容的逻辑性和全面性仍然有待深化。

第二，多尺度、多维度。在研究尺度和维度方面，主要以宏观的区域和城市尺度为主，包括城市的环境、经济、社会、管理等维度。对中微观尺度的研究相对较少，主要以社区为研究对象，研究重点集中在基于社会学的组织管理内容。

第三，多系统。在研究系统方面，主要以城市防灾系统为主，在交通、公共安全等方面也进行了探索。

未来的韧性研究应以系统性原则为指导，建立多学科兼容下的城市韧性体系，针对不同城市和地区的具体情况制定适宜的韧性指标和应对策略。构建区域和城市的基本韧性指标体系，以适应其长远期发展，并提出近期需要实现的、具有针对性的核心韧性指标，从而在城市系统韧性研究的广度和深度之间取得平衡。从韧性研究的广度方面，注重环境设计、空间规划、基础设施、经济服务、社会制度、公共管理等与韧性相关维度的协同研究。从韧性研究的深度方面，注重单一系统或者中微观尺度的韧性研究，如增强城市景观环境韧性的精细化设计和中微观尺度的韧性社区研究，通过具体的措施增强韧性实践，形成示范效应，进而带动城市整体韧性的提升。

（二）城市韧性的实效性研究

从研究内容来看，目前城市韧性仍主要处于理论研究阶段。从研究目标来看，已有研究多在城市管理决策、政策制定方面提供指导原则，而缺乏针对城市规划物质空间层面的设计方法研究。然而，韧性理念必须通过具象的物质空间规划才能有效指导城市建设，才能在其基础上提出相应的规划措施，使韧性从抽象思维转换为可操作的方法和策略。因此，基于空间环境维度的研究应为近期城市规划领域韧性研究的重要发展方向。

另外，提升策略应为韧性框架和评价体系在规划实施层面的具体延伸，应体现与理论框架 - 评价体系一脉相承的关系。已有研究尚需深入挖掘韧性的作用机理，以及进一步明确提升策略与韧性框架、评价体系之间的内在联系，由韧性框架界定评价体系，并由评价体系指导提升策略，以此增强提升策略的科学性。目前，有关提升策略的研究主要集中于雨洪调蓄主题，并延续了低冲击、海绵城市等设计理念和措施。城市韧性提升策略应基于韧性的具体属性，明确韧性提升策略与传统城市规划策略之间的区别与联系，避免冠以“韧性”标签而无实质内涵的研究。此外，已有研究多限于单向地将韧性理论应用于设计方案，而有实际案例支撑或基于长期数据跟踪的成果较少，未来研究更应该注重理论与实际的结合，通过实践反馈、检验、修正理论研究的成果。

（三）城市韧性的制度性研究

基于中国城市公共管理的特点和政府的主体作用，城市韧性应该得到更多规范、政策、道德约束和宣传等方面的支持，成为城市规划和建设中不可或缺的发展理念。例如，海绵城市是应对水系统的建设模式，城市韧性则是应对城市抵御外来扰动和灾害的能力，注重城市系统自身的抵抗力、恢复力和适应性，具有更加重要的社会、经济价值和推广意义。具体来讲，城市韧性的制度性研究主要包括三个方面。

第一，在整个城市规划系统中，韧性理念应与相关的城市系统紧密结合或者作为专项规划进行单独编制，从而提升城市韧性在城市发展建设中的重要作用。例如，在城市景观系统规划编制中融入韧性思维，可以在常规的物质空间景观规划中明确气候、土地、绿地植被和水体对城市生态韧性的影响，为具体的景观设计提供方向指引，避免景观规划和环境设计过分追求外在形象和功能要求，而忽视更加重要的生态、防灾和舒适度需求。通过基于韧性思维的景观规划，从多视角、多维度营造稳定的城市生态安全格局和景观环境。若在城市总体规划或者控制性详细规划层面能够单独编制城市韧性系统规划，更能起到直接的指导作用，更加有利于显著增强城市应对外来扰动的能力。

第二，在实施城市韧性战略过程中，政府应发挥主体作用，制定科学的城市韧性建设技术导则和严格的制度保障体系，成为统筹各方参与者的枢纽网。通过城市韧性技术导则对城市韧性策略的实施进行管控，明确不同地区需要达到的基本目标，对旧城改造和新城建设采取差异化的韧性提升措施，同时借鉴控制性详细规划中的容积率奖励办法，提出韧性奖励机制。借鉴美国、新加坡、日本等地的制度建设机制，从中央和地方政府结合的层面强化城市韧性的法制和行政建设，设置专门的中央城市韧性发展办公室和地方城市韧性建设委员会，协调城市管理的各部门和相关的社会机构，共同参与城市韧性的建设。通过完善的技术管控和保障体系，构建科学的韧性管理系统。

第三，在城市韧性建设全过程贯彻社会监督和道德约束机制。基于互联网和智慧数据平台，建立网络实时监督系统，鼓励全社会参与城市韧性建设，并推行奖惩机制。以韧性社区为基本单元进行城市韧性的宣传教育，提升全社会对于气候变化和灾害风险的认知，实现未来人们自觉维护城市生态环境的目标。

城市韧性研究是一个动态的、复杂的过程，尤其是其内在作用机理的研究更是一个长期的过程，基于多学科的协同，从多维度、多视角进行城市韧性的研究是一个基本的切入点。从城市的发展需求来看，创建韧性城市需要理论和实践并重，把城市韧性的研究置于环境、经济、社会、管理等多层次的框架下，构建具有可操作性的实施框架，可以有效促进城市韧性的可持续研究。而在长期的城市韧性理论研究主线中，需要以实践作为检验和促进研究的重要手段，通过一个城市、一个街区，甚至一个社区的实践探索，从不同地区的自然、经济、社会、文化等实际情况出发，深入探索影响城市韧性的主要因素，制定具有实效性的韧性提升策略。城市韧性理论和实践的融合研究，是加强城市风险防控综合能力、满足城市近期建设的必要措施。从长远角度来看，也是实现“城市建设，规划先行”的基本策略。

四、我国韧性城市的发展策略

（一）空间韧性维度

面对频发的不确定性事件，我国以往追求集约经济、强调投资效率的城市建设模式愈来愈表现出不适应性。结合相关研究和现实背景，笔者认为提升城市空间韧性可以CAS理论为基础思维，以智慧城市技术为辅助手段，以老旧小区改造为抓手。

基于CAS理论，“韧性”导向的城市空间营造需要注意：①调整城市空间结构，引导大城市从单中心、圈层式转向多中心、分布式的城市空间结构，避免城市功能过度集中；②基础设施避免过度追求集约经济，设施建设预留合理的冗余度，城市组件保持适度的功能重叠和可替代性；③建设并联式、多选择的城市交通体系；④加速城市生态系统修复；⑤创新区域治理，形成城市网络协同效应；⑥促进职住平衡；⑦加强统筹防灾和应急场所的规划布置；⑧推动基本公共服务资源下沉，强化公共服务系统“神经末梢”，如优化医疗等公共服务设施分级、分类体系与空间布局。

近年来，“云数智”等泛智慧城市技术的迅速发展，为韧性城市建设带来了新的机遇，具体应用包括：①移动互联网和云计算，降低信息传递对物理设施系统的负荷，使数字系统具有弹性扩容能力，解决特殊情况下的算力缺口。②大数据，构建城市大脑，完成实时信息查询和可视化、要素识别、实时定位、数据分析预测等，降低信息混乱程度，辅助行动决策，提高供需配对和系统自组织的效率。③人工智能技术，事前阶段可借助卷积神经网络、计算机视觉方法，实现城市脆弱性识别、灾害风险多情景模拟；事中阶段借助遥感影像和深度学习方法，绘制灾害信息可视化地图，制定个性化疏散策略，借助自然语言处理方法，实现舆情感知与监测；事后阶段可结合众包数据和深度学习方法，分析灾害损失情况，辅助救灾决策和恢复重建。④传感器与物联网技术，提高城市系统的感知能力，实现急性冲击实时监测和慢变量管理。

老旧小区作为城市建成环境的短板，可作为城市韧性提升的抓手，具体可从以下四个方面着手：①以社区为单位，根据步行半径布置紧急疏散和临时安置的避难所（disaster support hub）；②强化社区应急管理的人员和资源配置，协调社区的物质韧性和管理韧性；③结合社区生活圈建设，考虑韧性因素调整社区公共服务设施体系；④提升社区建筑的物理抗性，从设计上为建筑和防灾设施的"平灾转换"预留改造接口。

（二）社会韧性维度

近年来，国外城市韧性研究呈现出"社会转向"趋势，"为谁而韧性"的思考引发了韧性研究对社会公平议题的关注，韧性建设逐渐从综合理性的抽象愿景转向关注空间公平和对城市贫困群体的影响。韧性建设的边界和尺度问题推动了这一转变。韧性在时空尺度上具有竞争性，特定环境的韧性提升可能是以降低其他地区或空间尺度、时段，或期限尺度的韧性为代价。因此，韧性建设背后涉及不同群体之间的利益权衡和价值判断，基于综合理性思维的韧性建设受到质疑，即它只是调解但并未缓解不平等现象，这可能让贫困问题合理化，使城市贫困变得可以接受。并且，韧性建设意味着更高的建设成本，因此引发了对忽视韧性潜在政治的批判和抗议。实践也表明，城市韧性依赖于更具韧性和能动性的市民群体和社区力量。因此，西方的韧性城市实践逐渐转向以社区为基础，与此同时也逐渐被自由主义议程所劫持：将韧性研究对居民自组织能力和能动性的强调，解读为减少政府干预，鼓励个人和社区自治，事实上将恢复的负担和隐含的责任转移给社区和个人。这种分散的韧性建设不利于追求社会公平，可导致社区分异的加剧，甚至社会隔离。

从国内实践经验来看，传统减灾规划和相关研究多将社区作为执行决策的基本单元，关注自上而下的实施路径，忽略了社会资本等社区力量，面临可持续性问题。社会维度的城市韧性建设需要综合提高社区韧性的治理水平，具体策略包括：①加强基层治理建设，开展风险治理能力培训，实施分类型的社区服务与管控；②整合社会资源，搭建社区居民交流平台和自下而上的沟通渠道，构建互信互动互助的“新熟人社会”；③加强安全教育宣传，提高人口安全素质和适应能力，提升家庭、小区、社区等多层级社会单元的自助和互助能力；④为居民提供风险地图，推动“群防群策”；⑤关注公共健康，通过政策引导和空间调整，提高物质环境的健康性；⑥促进健康与福祉，关注弱势群体的需求。

社区韧性策略可结合老旧小区改造，以参与式社区规划为手段，以美好社区共同缔造为契机，培育社区自组织和集体行动能力，发挥居民在韧性建设进程中的能动性，进而形成可持续的社区韧性。

（三）经济韧性维度

经济发展韧性可从减缓和适应两个导向着手。减缓导向应坚持低碳可持续发展，包括：第一，鼓励绿色低碳的生活方式，建立“碳账户”，明确“碳责任”；第二，推广新能源应用，倡导绿色生产，逐步实现“碳达峰”“碳中和”；第三，激励市场提供环保产品和服务，促进绿色消费；第四，推进生态产品市场化交易，解决绿色发展的动力和意愿不足问题，塑造多元化的经济结构。适应导向的策略，包括：第一，推进“延链、补链、强链”，提高城市产业的韧性；第二，适度的土地混合利用，配置互相兼容的功能和业态；第三，提升就业供给的弹性；第四，深化“放管服”，激发市场活力，鼓励“大众创业，万众创新”；第五，包容性发展，合理引导地摊经济等非正规就业；第六，促进共享经济发展等。

（四）制度韧性维度

目前，我国韧性城市建设以地方层面试点为主，实践中常常与智慧城市、海绵城市建设及防灾规划等混合开展，尚未形成独立的规划体系地位和明确的规划方法。结合城市规划的转型趋势，提出以下建议。

一是强化制度设计，自上而下引导城市系统提升韧性。具体包括：①立法先行，加快编制，出台国土空间韧性建设的综合性基本法和各类防灾专项法；②推动区域综合治理，突破行政壁垒，划清权责关系，完善跨层级、跨区域的沟通协调机制；③加强属地管理，破除条块分割，部门联动推进综合性、一体化的应急管理体系建设；④制定可操作、可落地的城市韧性建设制度。

二是探索融入国土空间规划体系。现阶段，将韧性城市建设融入国土空间规划体系是较为可行的方案。具体而言，总体规划层面，强调韧性城市理念，对城市系统韧性提出具体要求；专项规划层面，编制韧性城市专项规划，加强与其他专项规划的协调；详细规划层面，在要素的空间配置上进一步落实上位规划的要求和内容。

三是明确建设路径，基于复杂适应理论的设计原则，构建涵盖设计、施工、反馈、补充、管理、运营等环节的韧性城市建设路径，将改造方案融入五年行动计划，逐步将超大城市改造为多个具有独立运转能力的组团。

四是结合城市治理模式转型，推动上下结合的韧性建设，避免因脱离治理背景、封闭运作，导致政策的无效和资源的浪费，对策包括：①建立以政府为主导，社会多元主体积极参与的城市风险治理格局；②提升市民的风险意识，强化社会参与规划和决策的能力，“自下而上”培育城市修复功能；③提高公共机构的治理水平，推进城市精细化治理，确保风险源可防、可控。

第二章　韧性城市规划

第一节　城市规划的历史发展

一、国外城市规划的产生与发展

在漫长的城市发展历史中，人类逐步认识到必须综合安排城市的各项功能与活动，必须妥善布置城市的各类用地与空间，改善自己的居住生活环境，满足生产、生活及安全的需要。因此，城市规划应运而生。

（一）国外古代城市规划

古希腊（公元前 8 世纪—公元前 323 年）是当代欧洲文明的始祖，也是古代城市规划的发源地之一。当时的古希腊形成了以防御、宗教活动地为核心的城邦国家。最初的城市修建在一些小丘上，以利于防御外敌的进攻，后来城市延伸至小丘脚下的平原，形成建有神庙并具有防御功能的上部城市（卫城）和商业、行政机构所在的下城。在城市形态上，整个城市围绕市政厅、贵族议会或居民代表大会等公共建筑或公共活动空间与宗教建筑等展开，以适应奴隶制下的城市国家组织形式。城市中不存在王宫这种封闭区域，而是设有可容纳全体市民（或大部分市民）的广场或剧场。古希腊时期最负盛名的城市是公元前 5 世纪—公元前 4 世纪的雅典和斯巴达。

古罗马（公元前 10 世纪—公元 1 世纪）的城市源于古希腊那样的大大小小的城邦国家。在古罗马城市中，军事强权的烙印非常明显，伴随着军事侵略带来的领土扩张和财富集中，城市建设也进入了鼎盛阶段。这一时期的建设包括与军事目的直接相关的道路、桥梁和城墙，供城市生活所需货物运输及交易的港口、交易所、法庭、公寓，并建造了公共浴室、剧场、斗兽场和宫殿等供奴隶主享乐的设施。罗马帝国时期，广场、铜像、凯旋门和纪功柱成为城市空间的核心和焦点。古罗马时期繁荣阶段的代表是古罗马城，鼎盛时期人口超过 100 万人，中心最为集中的体现是共和时期和帝国时期形成的广场群。中世纪（公元 5—13 世纪）的欧洲，在经济、文化及城市发展上出现一定的倒退，但在后期城市文化重新兴起，城市呈现出新的特点：一是欧洲分裂为许多小的封建领主国，封建割据和战争不断，出现了许多具有防御作用的城堡；二是城市形态多呈不规则的自然生长态势，封建领主城堡不断扩张；三是教会势力强大，教堂占据了城市的中心位置，其庞大体积和高耸尖塔成为城市空间的主导。这一时期，欧洲城市普遍规模较小，但数量较多，较具代表性的有巴黎、威尼斯、佛罗伦萨等。

14 世纪后的文艺复兴时期，欧洲资本主义萌芽，人文艺术、技术和科学都得到飞速发展，在建筑与城市建设的理论研究方面取得了丰硕的成果，并在许多欧洲城市建设中有一定体现。意大利的城市修建了不少古典风格和构思严谨的广场和街道，如罗马的圣彼得大教堂广场，威尼斯的圣马尔谷广场，佛罗伦萨的西格诺里亚广场、乌菲齐大街及圣母百花大教堂等。这一时期，城市规划建设将古典主义的作品与片段置于中世纪城市大背景中，提倡的理性与秩序，以及在城市设计中所采用的轴线、对称、尺度、对景等城市设计的手法，对此后的城市设计产生了深远的影响。

17 世纪后半叶，欧洲步入了绝对君权时期。在城市与建筑设计中，古典主义盛行，以体现秩序、组织、王权。具体表现为城市与建筑中的几何结构和数学关系、对轴线和主从关系的强调、平面上的广场和立面上的穹顶。在当时最为强盛的法国，巴黎的城市建设体现了古典主义思潮，在孚日广场、法兰西广场、胜利广场、卢浮宫、凡尔赛宫、香榭丽舍大道等的兴建（或改建）中均有体现。

（二）国外近代城市规划思想与实践

进入 19 世纪以后，欧洲一些发达国家相继出现了城市人口剧增，以及住房、市政设施、环境卫生状况恶化等城市问题，近代城市规划就立足于解决上述问题。近代城市规划由1848年的英国《公共卫生法》奠定了基础，1851年英国颁布的《劳动阶级租住公寓法》、1875年德国颁布的《普鲁士道路建筑红线法》、1894年英国颁布的《伦敦建筑法》、1902年德国颁布的《土地整理法》、1909年英国颁布的《住宅城市法》等国家和地方性法规都是近代城市规划史的重要里程碑。近代城市规划，作为源于对恶劣城市环境的改造和对劳动者居住状况的改善的社会改良运动，逐渐演变为政府管理城市的重要手段。从实践结果来看，城市规划作为公共干预的手段，确实在一定程度上缓和了各阶级之间的冲突，呈现出四个特点：一是使保护私有财产与维持公众利益取得平衡；二是城市贫民阶层的生活状况受到一定的关注；三是采用人工手段弥补城市环境的不足；四是城市规划专业开始出现。

在19世纪，以托马斯·莫尔（Thomas More，以下简称“莫尔”）、查尔斯·傅立叶（Charles Fourier，以下简称“傅立叶”）和罗伯特·欧文（Robert Owen，以下简称“欧文”）为代表的空想社会主义思想出现，他们提出了一些建立新型生活组织与城市形态的思想，如莫尔的“乌托邦”、欧文的“新协和村”、傅立叶的“法郎吉”等。在空想社会主义思想影响下，人们建设了一些城乡结合的新型社区。但是，由于脱离当时的社会、经济等条件，这些尝试都以失败告终。

自19世纪中期，美国一些大城市开始重视总体规划，着手建设一些供居民使用的公园。1859年，美国人弗雷德里克·劳·奥姆斯特德（Frederick Law Olmsted）设计了纽约中央公园，后又为旧金山、芝加哥、波士顿等城市设计公园绿地。一直到20世纪初，美国的城市设计仍热衷于修饰城市华丽、壮观的外表，经历了集中建设市民中心、林荫大道、喷泉广场、雕塑等公共建筑的城市美化运动。

20世纪初，英国人埃比尼泽·霍华德（Ebenezer Howard，以下简称“霍华德”）出版了《明日的田园城市》，对西方国家，尤其是英美国家的城市规划产生了深远影响。1919 年，田园城市和城市规划协会将其思想归纳为：“田园城市是为安排健康的生活和工业而设计的城镇；其规模要有可能满足各种社会生活，但不能太大；被乡村带包围；全部土地归公众所有或者托人为社区代管。”这也成为现代城市规划思想的重要渊源之一。

1915 年，帕特里克·盖迪斯（Patrick Geddes，以下简称“盖迪斯”）出版了《进化中的城市——城市规划与城市研究导论》，书中提出编制城市规划应采用调查—分析—规划的手法，必须认真研究城市与所在地区的关系，应把“自然地区”作为规划的基本框架，城市规划应起到对民众的教育作用并改善平民生活环境等。他把人文地理学与城市规划结合起来，直到今天仍然是西方城市规划的一个独特传统。盖迪斯的规划思想也成为西方近代城市规划理论与方法的基础之一。

1922 年，雷蒙德·翁温（Raymond Unwin）在《卫星城镇的建设》一书中提出了卫星城的概念，该理论在其参与大伦敦规划期间得到应用，即采用“绿带”加卫星城的办法控制中心城的扩张，疏散人口和就业岗位。在第二次世界大战之后的英国城市建设中，卫星城理论得到多次应用。

20 世纪 30 年代，美国人克拉伦斯·斯泰（Clarence Stein）在新泽西州的雷德朋新城的设计中，采用了行人与汽车分离的道路系统，诠释了“邻里单位”思想。1930 年，德国埃森市出现第一条步行街，此后很多城市采用和发展了这种分离机动和人行交通的有效形式。第二次世界大战后，“邻里单位”的概念普遍运用于居住区规划设计中。

20 世纪，西方国家的城市在工业革命的影响下出现了诸多城市问题，为解决这些问题，一些城市规划学家顺应社会现实提出了“明日城市”“工业城市”“带形城市”等规划思想。1922 年，法国现代建筑大师勒·柯布西耶（Le Corbusier）在其论著《明日的城市》和《阳光城》中，主张充分利用新材料、新结构、新技术在城市建设中的可能性，注重建筑的功能、材料、经济性和空间集约，还倡导采用高架立体式的道路交通系统，用现代建筑理念来解决城市中心区的拥挤问题。在城市形态方面，19 世纪末西班牙人索里亚·伊·马塔（Soria Y. Mata）提出“带形城市”概念，即城市沿着一条高速、高运量的轴线无限延伸，城市用地布置在带有有轨电车的主路两侧。“带形城市”思想打破传统城市“块状”形态的固有模式。这种“功能分区”的思想几十年来一直作为城市规划的基本原则和工作方法。

英国在第二次世界大战前期和后期开始了由政府主导的城市规划，并成立专门的委员会对英国的城市工业与人口问题进行调查，调查的结果——《巴罗报告》——提出了应控制工业布局并防止人口向大城市过度集中的结论。在此结果的基础上，由帕特里克·艾伯克隆比（Patrick Abercrombie）主持编制了大伦敦规划，按照由内向外的顺序规划了内圈、近郊圈、绿带、外圈四个圈层。

（三）国外现代城市规划思想与实践

20 世纪 60 年代后，西方大城市的中心区开始衰败，社会矛盾不断加剧。以形体环境为主的现代城市规划难以缓解现实的社会和经济问题。自此，英、美等国的学者对城市的社会、经济、政治、环境、交通、文化、历史、艺术等方面进行了大量研究。其中具有代表性的，如美国学者刘易斯·芒福德（Lewis Mumford，以下简称“芒福德”）的《城市文化》《城市发展史》等著作，系统阐述了城市发展与其政治、经济、文化等背景相联系的历史过程，提出城市规划的正确方法是调查、评估、编制规划方案和实施。芒福德的城市规划思想促使城市规划的理论和方法进行变革，使以物质形体和土地利用为主的城市规划更好地与社会经济发展相结合。

20 世纪 70 年代后，世界性的人口爆炸、资源短缺、能源浪费、环境恶化等现象，不但在发展中国家日益突出，而且在发达国家也存在。20 世纪 80 年代，环境保护的规划思想又逐步发展成为可持续发展的思想。

1989 年正式提出可持续发展思想，1992 年在巴西举行的联合国环境与发展大会上获得肯定。1996 年，联合国在伊斯坦布尔举行联合国第二次人类居住大会，提出了“城市化进程中的可持续发展”的战略目标，如何建设“可持续发展城市”成为全球性的研究课题。近年来，大量的城市规划实践，其设计思想的主流是人文主义的，重视人的需要、步行环境、多样性和富有人情味等，并且重视与自然的结合，历史建筑、街道、街区的保护，历史文脉的连续，以及文化品质的提高。

1998 年，美国波特兰开始实行一种新的城市发展计划——波特兰气候行动计划，其主要政策有：在公共建筑中强制推广绿色建筑技术；推进激励机制的建立，鼓励私有项目采用绿色标准；积极培育绿色建筑产业群。节能减排涉及各个行业，包括建筑与能源、土地利用和可移动性、消费与固体废物、城市森林、食品与农业、社区管理等，并且设定不同的目标和行动计划，将节能减排作为一项法律推行，如在市区建设供步行和自行车行驶的绿道，优化交通信号系统以降低汽车能耗，运用 LED 交通信号灯等。泰勒（Taylor）经过研究后，精辟地将 20 世纪末期到 21 世纪初期西方城市规划领域关注的重要议题列为五个方面：第一，城市经济的衰退和复苏；第二，超出传统解决视野并在更广范围内讨论社会的公平；第三，应对全球生态危机和响应可持续发展要求；第四，回归对城市环境美学质量及文化发展的需要；第五，地方的民主控制和公众参与要求。

在规划方法上，随着系统论、控制论、信息论等新的理论方法及网络技术在城市规划领域的应用，城市规划在信息收集、分析、建模、模拟、制图、传播等方面都实现了很大的飞跃。与此同时，在民主化潮流日益发展的情况下，公众参与城市规划的论证、咨询和决策已经越来越广泛和深入，成为城市规划的一种重要方法。

二、中国城市规划的产生与发展

（一）中国古代的城市规划

1. 萌芽阶段

中国最早的具有一定规划格局的城市雏形出现在 4000 多年前。进入夏朝后，史料已有建城的记述。商朝是中国古代城市规划体系的萌芽阶段，这一时期的城市建设和规划出现了一次空前的繁荣，从目前掌握的考古资料可以看出，商西亳的规划布局采取了以宫城为中心的分区布局模式，而殷则开创了开敞性布局的先河，并且强调与周边区域的统一规划。周朝是中国奴隶社会的鼎盛时期，也是中国古代城市规划思想最早形成的时期。周人在总结前人建城经验的基础上，制定了一套营国制度，包括都邑建设理论、建设体制、礼制营建制度、都邑规划制度和井田方格网系统。如《周礼・冬官考工记・磬氏 / 车人》记载："匠人营国，方九里，旁三门。国中九经九纬，经涂九轨，左祖右社，面朝后市，市朝一夫。"充分体现了周朝都城形制中的社会等级和宗法礼制。

2. 发展阶段

秦汉时期，严格的功能分区体制达到新的高度，这一时期城市数量也有大幅增长。秦始皇统一中国后，将全国划为四大经济区，强调了区域规划，同时在咸阳附近大搞城市建设，在渭水北岸修建宫殿群。例如，统一六国后，在渭水南岸兴建著名的阿房宫。阿房宫规模宏大，与渭水北岸宫殿群及咸阳城有大桥相连，还有架空栈道连接各个宫殿。从阿房宫直至南面的终南山均为皇帝专用禁苑，其中尚分布有不少离宫。西汉则进一步强化了区域内城镇网络的作用。

隋唐时期十分注重城市规划。唐代城市总体布局严整划一，都城规模宏大，衙署布置在宫前，居民区与宫殿严格分开，城市布局中的政治色彩极浓。首都大兴城（唐长安城）是一座平地新建的都城，事先制订规划，随后筑城墙，开辟道路，再逐步建坊里，有严密的计划。因而，唐长安城是中国古代最为严整的都城，主要特点是中轴线对称格局，方格式路网，城市核心是皇城，三面为居住里坊所包围。隋唐时期城市在建筑技术和艺术方面也有较大的发展，其特点有：（1）强调规模的宏大、城郭的方整、街道格局的严谨和坊里制度；（2）建筑群处理愈趋成熟，不仅加强了城市总体规划，宫殿、陵墓等建筑也加强了突出主体建筑的空间组合，强调了纵轴方向的陪衬手法；（3）木建筑解决了大面积、大体量的技术问题，砖石建筑也有了一定发展；（4）设计与施工水平提高，掌握设计与施工的技术人员职业化。

3. 成熟阶段

宋元时期，城市建设突破了旧的坊里体制约束，城市的功能从奴隶社会的以政治职能为主转为经济职能占主导地位。这一探索在北宋的东京、南宋的临安得以充分实现。东京在城市建设中突出了经济职能和军事防御两方面的作用。道路系统成井字形方格网，路边分布很多商铺、作坊、酒楼，街道的等级色彩已被淡化。临安的城市布局更加灵活、紧凑，其宫室建筑规模趋小，简单朴素。总体上说，两宋城市布局已能反映商业城市规划特点：按经济活动来布置城市建筑，经济区及商业街市越来越密集发达，罗城（外城）面积大大超过皇城、宫城（或行政机关地），反映出城市经济职能与政治职能间的此消彼长。元大都继承了《周礼·考工记》的传统，汲取了魏晋唐宋以来都城规划的经验。元大都选址地势平坦，布局规矩齐整，外城、皇城、宫城重重相套，皇城居于全城中心偏南，中轴线南起丽正门，穿过皇城、宫城的重重大门。

封建社会晚期，中国历代都城的规划从不同侧面继承了已形成的规划传统，结合当时的政治、经济形势加以变革和调整，城市化进程加快，城市的防御功能提高到一个新的水平。城市布局的整体性进一步突出，关注环境、道路水系等的改善及市政设施的完善等。明清时期，北京城秉承了元大都的布局结构。

从以上简单的回顾可以看出，中国早在3100年前就已经形成了一套较为完备的城市规划体系，其中包括城市规划的基本理论、建设体制、规划制度和规划方法。在漫长的封建社会，这一体系得到不断补充、变革和发展，由此造就了中华大地上一批历史名城，如商都殷、西周洛邑、汉长安、隋唐长安、宋东京和临安、元大都、明清北京城等，这些都是当时闻名于世的大城市，它们宏大的规模、先进的规划、壮观的建筑都为世人所称道。中国古代的城市规划体系在相当长的一段时期内都走在世界前列，有些成就甚至领先于西方数百年的时间。概括起来，中国古代城市规划体系最核心的内容，就是“辨方正位”“体国经野”和“天人合一”，即三个基本观念——整体观念、区域观念及自然观念。

（二）中国近现代的城市规划

中国的近现代历史与西方发达国家有很大的不同，由于没有发展工业革命，所以城市缺少发展与变革的原动力，再加上中国近代受内战与外侵的影响，中国近代城市的发展是被动的、局部的和畸形的。从近代城市产生的原因及其变化程度来看，中国近代城市可以分为新兴城市和既有的传统封建城市。近代的城市规划发端于殖民侵略者直接对其控制的殖民地城市或租界所进行的规划，在此过程中及以后，国外城市规划思想、理念、技术逐渐传播。此后，由中国政府主导、留学人员参与的城市规划开始出现。

早期规划包括上海、天津、武汉等地租界的规划，其中上海是早期租界规划的典型。1845年，清政府在上海首先设立租界，70年后上海的租界总面积达46.63平方公里。英、美、法殖民者进行了拓宽道路、建设给排水和煤气设施、疏浚河道、修建铁路等一系列城市基础设施建设。上海租界中的城市规划明显带有同时代西方工业化国家的特征，如各类基础设施规划、1855年颁布的《上海外国租界地图：洋泾浜以北》、1879年荷兰工程师编制的黄浦江整治规划方案、1926年公共租界的《上海地区发展规划》、1938年的《法租界市容管理图》等。其中，《上海地区发展规划》包括功能分区布局、道路系统规划与道路交通改善措施、区划条例与建筑法规、交通管理与公共交通线路规划等。

早期的城市规划也有一些是某一帝国主义国家独占城市的规划，如青岛、大连、长春、哈尔滨等。以青岛为例，该地于1898年被德国强行租用，并有了德国编制的完整的城市规划。最早的城市规划编制于1900年，1910年再次编制“城乡扩张规划”，并大幅度扩展了规划范围。德国所编制的城市规划一方面体现出对华人居住地区的歧视，如规划中分别划出德国区和中国区，并采用不同的道路、绿化和基础设施标准等；但在另一方面，德国对青岛的规划体现了当时的先进规划技术和方法，在港口及其与其他路网的关系、教堂等标志性建筑与城市景观的结合等处都有合理的设计。1914年与1937年，日本曾两度占领青岛，也编制过一些规划。

20世纪20年代以后，出现了由政府主导的城市规划。其中，“大上海计划”、“上海都市计划一、二、三稿”、南京的“首都计划”及汕头的“市政改造计划”等是这一类城市规划的代表。1929—1931年，南京国民政府编制了《大上海计划图》及其相关的专项规划图与说明，规划包括市中心区的道路系统规划、详细分区规划、政治区规划与建设，以及包含租界地区在内的全市分区规划（含商业区、工业区、商港区、住宅区）、交通规划（含水道航运、铁路运输、干道系统）等。其中，中心区规划使西方巴洛克式的城市设计手法与中国传统讲究对称的传统布局形态有机结合在一起。抗战胜利后，一些从欧美留学归来的建筑师、工程师和在华外籍学者参与了规划的编制工作，将“区域规划”“有机疏散”“快速干道”等当时较为先进的城市规划理论运用到规划中。

（三）中华人民共和国成立后的城市规划

1. 引进、创建时期

20世纪50年代，城市规划工作是在配合重点工程建设中得到发展的。

城市规划的编制原则、技术分析、构图的手法，乃至编制的程序，基本上是照搬苏联的做法，以配合苏联援建的156个重点建设项目。1953年3月，建工部城市建设局设立了城市规划处，从沿海大城市和大专院校的毕业生中调集规划技术人员，并聘请苏联城市规划专家来华指导。随后，北京和全国省会一级城市也逐步建立了城市规划机构，参照重点城市的做法开展城市规划工作。这一时期，全国有150多个城市先后编制了城市总体规划，国家建委、城市建设部分别审批了太原、兰州、西安、洛阳、包头等重点工业项目集中的15个城市的总体规划。“一五”末期，全国从事城市规划工作的人员达5000人。

2. 改革、发展时期

1976年之后，中国的城市规划事业步入发展和改革的新阶段。1978年3月，召开了第三次全国城市工作会议，强调要“认真抓好城市规划工作”，要求全国各城市根据国民经济发展计划和各地区具体条件，认真编制和修订城市总体规划、近期规划和详细规划。1980年10月，国务院重申了城市规划的重要地位与作用，并首次提出城市的综合开发和土地有偿使用。1984年1月，中国第一部城市规划法规《城市规划条例》颁布实施，使城市规划和管理开始走向法制化的轨道。1989年末，中华人民共和国第七届全国人民代表大会常务委员会第十一次会议通过了《中华人民共和国城市规划法》，完整提出了城市发展的方针、城市规划的基本原则、城市规划制定和实施的体制，以及法律责任等。这一时期，中国开展了新一轮城市总体规划，开展了全国城镇布局规划和上海经济区、长江流域沿岸、陇海-兰新沿线地区等跨省区的城镇布局规划，还编写了一大批城市规划教材，城市规划逐步成为一个独立学科和工作体系。

3. 快速发展期

20世纪90年代至今是中国城市规划的快速发展期。1992—1993年，为解决城市“房地产热”和“开发区热”等问题，在全国推行了控制性详细规划的编制与实践，对城市房地产开发发挥了一定调控作用。1996 年 5 月《国务院关于加强城市规划工作的通知》发布，指出“城市规划工作的基本任务，是统筹安排城市各类用地及空间资源，综合部署各项建设，实现经济和社会的可持续发展”。这是在社会主义市场经济条件下国家给城市规划的新的定位。随着市场经济的发展，国有土地使用权出让、转让制度开始实施，中国开始第二轮总体规划编制，省区、市域、县域城镇体系规划全面展开。城市规划开始注重控制性详细规划对土地开发的引导和规划控制，计算机、网络、遥感等新技术在城市规划编制和管理中得到普遍应用，自然科学与社会科学结合、国内与国外理念融合、城市与区域发展协调等观念在城市规划实践中均有体现，城市规划被作为法定文件贯彻实施以指导城市发展。1999 年 12 月，建设部召开全国城乡规划工作会议，强调“城乡规划要围绕经济和社会发展规划，科学地确定城乡建设的布局和发展规模、合理配置资源”。这一时期代表性的城市规划有北京、上海、深圳、苏州、南京、西安等各大城市的总体与详细规划。21 世纪是城市规划向社会经济事业逐步深入、城市规划日益成熟的时期。

中华人民共和国成立以来，中国城市规划走出了一条不平凡的道路，早期借鉴苏联经验，取得了计划经济体制下的城市规划经验。在改革开放后，随着经济增长和城市化的迅速发展，城市建设的规模和速度都是空前的，在建设新城市和改造老城市，甚至村镇建设都取得了很大的成绩，从实践中看，取得了规划设计的新经验。这些经验也推动着城市规划学科在中国的传播与发展，未来中国的城市规划工作将更加注重资源与环境问题，更加注重城乡的协调发展问题。

第二节　城市规划的作用与任务

城市规划是以研究城市未来的发展方向，以及城市布局、安排城市工程建设的一种综合部署。城市规划大体上又分为总体规划和详细规划两大阶段，首先要对城市进行总体规划，然后等到具体建设时，又要进行详细的规划。我国自古以来就有城市规划这门学问，并且城市规划是一定时期城市发展的蓝图，是城市建设的标准。要想建设好城市，必须有一个统一有效的城市规划，才能协调各方面的发展，整合整个城市的建设，为城市居民的居住、劳动、学习提供必要的条件。

一、城市规划的作用

一般说来，一个国家的城市规划体系由法律法规体系、行政体系及城市规划自身的工作（运行）体系三个子系统所组成。城市规划法律法规体系是城市规划体系的核心，在一个法治国家，所有的公共行为都必须经法律的授权并符合法律的要求，城市规划也不例外，因此城市规划的法律法规体系为其他两个子系统——规划行政体系和规划运行体系提供法定依据和基本程序。城市规划行政体系是指城市规划行政管理权限的分配、行政组织的架构及行政过程的整体，其对城市规划的制订和实施具有重要的作用。城市规划工作体系是指围绕城市规划工作和行为的开展过程所建立起来的结构体系，包括城市规划的制订和城市规划的实施两个部分，也可理解为运行体系或运作体系，它们是城市规划体系的基础。

城市规划是以发展眼光、科学论证、专家决策为前提，对城市经济结构、空间结构、社会结构发展进行规划，具有指导和规范城市建设的重要作用，是城市综合管理的前期工作，是城市管理的龙头。城市的复杂系统特性决定了城市规划是随城市发展与运行状况长期调整、不断修订、持续改进和完善的复杂的连续决策过程。城市规划对城市发展的作用具体表现在三个方面。

（一）宏观调控重要依据

宏观调控是政府运用政策、法规、计划等手段对经济运行状态和经济关系进行调节和干预，以保证国民经济持续、快速、协调、健康发展的过程，而城市作为国民经济的重要节点，是宏观调控的核心对象之一。城市规划是国家控制、维持和发展城市的重要手段。对城市建设的宏观调控作用体现在：保障必要的城市基础设施和基本的城市公共服务设施建设用地需求；在“市场失灵”情况下规范土地市场和房地产市场，在保证土地利用效率的前提下实现社会公平；保证土地在社会总体利益下进行分配、利用和开发；以政府干预的方式保证土地利用符合社会公共利益。

城市规划通过对城市土地和空间使用配置的调控，来对城市建设和发展中的市场行为进行干预，从而保证城市的有序发展。城市的建设和发展之所以需要干预，关键在于各项建设活动和土地使用活动具有极强的外部性。城市规划之所以能够作为政府调控宏观经济条件的手段，是因为其操作的可能性是建立在这样的基础之上的：一是通过对城市土地和空间使用的配置即城市土地资源的配置，进行直接的控制；第二，城市规划对城市建设进行管理的实质是对开发权的控制，这种管理可以根据市场的发展演变及其需求，对不同类型的开发建设实施管理和控制。

（二）保障社会公共利益

城市规划通过对社会、经济、自然环境等的分析，结合未来发展的安排，从社会需要的角度对各类公共设施等进行安排，并通过对土地使用的安排为公共利益的实现提供了基础，通过开发控制保障公共利益不受到损害。对于自然资源、生态环境和历史文化遗产及自然灾害易发地区等，则通过空间管制等手段予以保护和控制，使这些资源能够得到有效保护，使公众免受地质灾害的影响。

社会利益涉及多方面，就城市规划的作用而言，主要是指由土地和空间使用所产生的社会利益之间的协调。首先，城市是一个多元的复合型的社会，城市规划以预先安排的方式在具体的建设行为发生之前对各种社会需要进行协调。社会协调的基本原则就是公平对待各利益团体，并保证普通市民，尤其是弱势群体的生活和发展的需要。其次，通过开发控制的方式，协调特定的建设项目与周边建设和使用之间的利益关系。在市场经济体制下，某一块地的价值不仅取决于该地块的使用本身，往往还受到周边地块的使用性质、开发强度、使用方式等的影响，而且不仅受到现在的土地使用状况的影响，更为重要的是还会受到其未来的使用状况的影响。

（三）改善人居环境

城市规划的主要对象是城市的空间系统，尤其是城市社会、经济、政治关系形态化和作为这种表象载体的城市土地利用系统。城市规划以城市土地利用配置为核心，建立起城市未来发展的空间结构，限定了城市中各项未来建设的空间区位和建设强度，在具体的建设过程中担当了监督者的角色，使各类建设活动都成为实现既定目标的实施环节。城市未来发展空间架构的实现过程，就是在预设的价值判断下来制约和调控城市空间未来演变的过程。城市规划涉及许多方面，既包括城市与区域的关系、城乡关系、各类聚居区与自然环境之间的关系，也涉及城市与城市之间的关系，同时也涉及各聚居点内部的各类要素之间的关系。

每个城市的发展，都离不开良好的城市规划的作用。在城市规划之初，首先要有明确的城市发展目标，确定城市总体的发展目标。城市的规划要从宏观和微观两个方面来进行，也就是总体规划和详细规划。在宏观层面，城市规划要考虑城市的布局与发展性质，要从城市的交通、功能分区、整体风貌、城市定位、取水、防洪防震等多个层面综合考虑，还要加强绿化率，为公民提供一个安全、舒适的生存环境。从微观层面，要考虑楼层间距、道路状况、容积率等。

现代社会，由于生产力的发展，工业污染也更加严重。目前，部分城市的工业污染较为严重，并且随着经济技术的不断提高，污染会更加严重。环境污染是人们生活中普遍存在的问题，并且现在人们已经意识到环境污染的破坏性，开始重视对环境的保护。科学的城市规划能够将工业区与城市生活区和商业区分离开来，并且根据城市所处地域以及当地的气侯规律，对工业区的布局进行合理的规划，将环境污染对人们生活造成的影响降到最低。任何城市都应当将环境保护作为城市规划的一个重要因素对待。良好的城市规划能给城市带来较好的城市风貌，能够创造一种健康向上的生活风气，从而提高人们的生活效率。

二、城市规划的特性

对城市规划的正确认识，关系到城市规划的生存和发展，决定着城市规划工作在国民经济和社会发展中的角色定位，也直接影响到规划从业者看待工作、处理问题的方式方法。在我国城市规划制度创新过程中，这一问题之所以显得更为重要、更为迫切，是因为观念的创新是制度创新的灵魂，城市规划工作能否在不断变化的社会政治环境中有一个正确的定位，规划观念的转变及制度创新能否保持一个正确的方向，这与我们对城市规划的正确认识有着非常密切的联系。

城市建设是一项庞大的系统工程，城市规划是引导和控制城市建设活动的基本依据和手段，是落实国家宏观城乡发展战略的重要组成部分，是保证城市土地和空间资源合理利用和城市各项建设合理进行的前提和基础，是实现城市及国家经济社会目标的重要手段，也是城市管理的依据。城市规划在城市建设中起着“龙头”的地位和作用，这是由城市规划的特性及其在城市建设中的地位决定的。

（一）综合性

城市规划具有很强的综合性。它不仅要解决单项工程建设的合理性问题，而且要解决各个单项工程之间相互关系的合理性问题。要运用综合的、全局的观点正确处理城市与乡村、生产与生活、局部与整体、近期与远期、平时与战时、需要与可能、经济建设与环境保护等一系列关系。由此可见，城市规划代表的是国家和人民的整体利益和最高利益，自然成为城市建设的“龙头”。

（二）政策性

城市规划具有很强的政策性。它表明政府对特定地区建设和发展所要采取的行动，也是国家对城市发展进行宏观调控的手段之一。它一方面提供城市社会发展的保障措施，支持房地产市场的发展；另一方面，又以政府干预的方式克服市场的消极因素，保证土地分配符合城市总体利益，保证其使用符合社会利益，并将规划政策告知公众，实现全社会对国家政策和规划策略的认同。

（三）先期性

城市规划具有很强的先期性。它既要解决城市当前建设中的问题，做好各项基本建设的前期调查研究和可行性论证，又要高瞻远瞩，考虑城市的长远发展需要，超前研究建设中即将出现的一些重大问题，并对城市建设加以引导和控制，建设城市未来发展的空间架构，保持城市发展的整体连续性。

（四）不确定性

城市规划具有不确定性。随着市场经济的发展，城市规划开始面对投资主体多元化的挑战，政府虽然是重要的投资主体，但其比重日益下降，私人、集体、外资的投资比重在日益上升，投资随着市场的变动而变动，这就构成了投资的不确定性，城市规划如何面对这种不确定性成为规划面对的新问题。城市规划既是主动引导、控制，又是被动等待和服务。

三、城市规划的任务

城市规划是在一定时期内，对城市各类设施包括经济设施（工业、仓库、农田水利、商业旅游等设施）、社会设施（住宅、办公楼、教育、科研、医疗、文化、体育、娱乐等设施）及基础设施（道路、公交、供水、排水、煤气、热力、园林绿化等设施）所做的发展计划和综合部署，使其有机联系、各得其所。因此，城市规划实际上就是社会经济发展在城市空间上的“物化”规划，其任务是解决社会、经济和城市建设在城市空间上的协调发展问题。

城市规划的具体任务包括：根据国家城市发展和建设方针、经济技术政策、国民经济和社会发展长远计划、区域规划，以及城市所在地区的自然条件、历史情况、现状特点和建设条件，布置城市体系；确定城市性质、规模和布局；统一规划、合理利用城市土地；综合部署城市经济、文化、基础设施等各项建设，保证城市有秩序、协调发展，使城市的发展建设获得良好的经济效益、社会效益和环境效益。

（一）城市发展依据的论证和确定

1. 明确城市性质

城市性质系指一个城市在国家或地区政治、经济、社会发展中所处的地位和所起的主要作用，即城市的个性、特点、作用和发展方向。只有明确了城市性质，才能把城市规划的一般原则和一个城市的具体特点结合起来，使规划方案更切合实际。在确定城市性质时，首先要分析该城市在国民经济中的职能作用，即城市在国家或所在地区的政治、经济和文化生活中的地位和作用；其次要分析城市形成与发展的基本要素。具体可从下列五个方面着手。

第一，区域规划。区域规划体现了国家有关国土和城市发展的战略方针，是国民经济和社会发展长远规划在本地区的具体化，因而是地区范围内城镇体系发展的重要依据。确定城市性质时，首先要考虑区域规划在确定的该城市地区发展中的地位和作用，并以此作为主要依据，联系区域范围内城镇体系的布局和发展趋向、工矿企业的配置、交通运输的现状和发展前景等，进行综合的考虑。

第二，城市的自然条件和资源。城市所在地区的自然条件和资源，对城市的形成和发展有着重要的影响。因此，在确定城市性质时，需要同时对地区的地形、水文、地质、气象等自然条件和地理环境容量进行全面的了解，特别对直接影响城市发展的资源状况，如农业、矿产、人力、能源、水资源和风景旅游资源等，更要在调查分析的基础上做出恰当的评价。

第三，城市历史情况。城市的形成，一般都经过长期的历史过程。研究城市的历史，对指导今天的建设有着重要的借鉴作用。需要了解的情况一般应包括城市形成的自然地理条件和社会经济背景、城市的历史沿革、城址的变迁、城市的历史职能及规模、引起城市变化的原因、历史上受城市影响的地域范围、城市对外交通状况的变化及其对城市的影响等。

第四，城市的现状特点。现状是城市发展的基础，因此除了考虑城市未来的发展，城市现状特点在确定城市性质时也是需要考虑的重要因素之一。其内容包括城市现有生产水平及设施状况，城市用地现状及比例，主要工业企业的产品种类、生产能力、能源供应及“三废”排放与处理情况，城市交通情况，生产生活设施的配置，城市基础设施、绿化、环境等方面的现状和问题，以及城市周围农副业生产状况等。

第五，城市的物质要素。构成城市的工业、仓库、对外交通、居住与公共建筑、园林绿地及各项市政工程设施等。其中，为满足本市以外地区需要而设置的要素，其存在和发展对城市的形成和发展起着直接和决定作用的，一般被认为是基本要素，如大的工业，对外交通运输，非地方性的行政、教育和科研部门等。了解这些要素在城市中所占的地位和作用及它们的发展前景，有助于明确城市的性质。

2. 城市规模预测

（1）城市人口规模即城市的人口数量

在规划工作中，一般都以城市人口规模来表示城市规模。由于城市人口规模是城市规模的基础指标，因此预测或推算城市在规划期末或规划期间某一阶段的人口数量是城市总体规划的一项重要内容。不同规模的城市，在规划和建设上具有不同的特点和要求。根据我国情况，城市一般以城区常住人口为统计口径，将城市划分为五类七档：城区常住人口 50 万以下的城市为小城市，其中 20 万以上 50 万以下的城市为 I 型小城市，20 万以下的城市为 Ⅱ 型小城市；城区常住人口 50 万以上 100 万以下的城市为中等城市；城区常住人口 100 万以上 500 万以下的城市为大城市，其中 300 万以上 500 万以下的城市为 I 型大城市，100 万以上 300 万以下的城市为 Ⅱ 型大城市；城区常住人口 500 万以上 1000 万以下的城市为特大城市；城区常住人口 1000 万以上的城市为超大城市。

（2）城市人口的调查、分析与预测

在预测城市人口规模之前，首先要对城市人口现状进行必要的调查分析，掌握城市人口的现状构成特点及历年来变化情况。调查分析的基本内容包括：年龄构成、性别构成、劳动构成、流动人口、职工带眷系数比、人口增长率等。城市在一定时期内人口数量的变化，主要取决于社会经济的发展方式、条件和特点。推算城市人口的方法包括劳动平衡法、综合平衡法、带眷系数法等。应该指出，由于影响城市发展的因素极为复杂，因此不论用哪种方法拟定城市规模，都只能是一个有一定幅度的大体控制数。在实际工作中，可几种方法同时应用并相互校核。

3. 城市规划定额指标的确定

城市规划定额指标是由国家有关部门制定，并作为编制城市规划依据的技术经济指标。指标一般根据各国社会经济发展情况和科学技术水平而定，并随社会生产力的发展和科技的进步随时加以修正。各国标准不同，反映了国家的生产力水平。即使同一个国家，考虑到不同的情况，指标也往往规定一个幅度范围。因而，在制订规划时，要根据各城市的具体条件进行选用。

暂行规定中有关总体规划定额指标的主要内容如下：其一，城市人口规模的划分和规划期人口的计算，不同规模和类别的城市基本人口、服务人口和被抚养人口占城市总人口比例的参考数值。其二，生活居住用地指标，指居住用地、公共建筑用地、道路广场用地、公共绿化用地及其他用地的人均用地指标的总和。其分近期及远期两种，我国近期 24 ～ 35 平方米，远期 40 ～ 58 平方米。其三，道路广场用地指标及道路分类。城市每一居民占有城市道路广场面积，近期为 6 ～ 10 平方米，远期为 11 ～ 14 平方米。城市道路按设计车速分为四级，各级道路总宽度各不相同。不同性质和规模的城市应采用不同等级的道路。其四，城市公共建筑用地，分为市级、居住区级和居住小区级三级。每一居民占有城市公共建筑用地的指标（包括小区和街坊级用地在内），近期为 6 ～ 8 平方米，远期为 9 ～ 13 平方米。其五，城市公共绿地，也分为市级、居住区级和居住小区级三级。每一居民占有公共绿地的指标，近期为 3 ～ 5 平方米，远期为 7 ～ 11 平方米。

（二）城市用地评价和选择

1. 城市用地分析及评价

在城市总体规划中，需要对城市可能的发展用地从自然条件及社会条件等方面做出分析和评价，以便确定其在工程技术上的可能性和经济性，为合理选择城市发展用地提供依据。城市用地评价是编制总体规划的一项重要前期工作。

（1）构成用地自然条件的诸要素

第一，地形。地形直接关系到城市的选址、规划布局、平面结构和空间布置。地面的高程和用地各部位的高差，是竖向规划、排水及防洪等方面的设计依据。

第二，地质。地质条件对规划和建设的影响是多方面的。不同的地基承载力，关系到城市用地选择、建设项目分布、建筑层数和工程建设的经济性。需要收集的地质资料应包括地质构成、地震情况、土层构造、地基承压力、地下矿藏情况等。

第三，水文及水文地质。在进行用地评价时，应收集包括规划地区和相关地区在内的江河、湖泊、海洋、渠道的各种水文资料，也要收集地下水资料等。

第四，气象。气象条件对城市规划有多方面的影响，特别在为居民创造适宜的生活环境及防止环境污染方面。需要收集的气象资料应包括风向及其频率、风速、气温、降水量、蒸发量、暴雨强度和日照等。

第五，生物植被。一个地区的生物和植被条件可以影响到城市用地选择、环境保护、绿化、郊区农副业生产的安排、风景规划等方面。进行用地评价时，需要收集的有关资料应包括野生动植物种类和分布、生物资源、植被及生物生态等。

（2）构成用地的社会条件要素

第一，历史上形成的地区状况，如城市现状，现有铁路、机场或其他专用设施及风景区用地情况，文物古迹的分布，地下文物的埋藏范围等。

第二，各种政策因素，包括建设方针、农业政策（如保护耕地）等。在完成资料收集工作后，便可进行用地分析和评价。评价时，一般以自然环境条件作为主要内容，同时考虑人为的和社会的因素。评价时应注意综合鉴定，不仅要考虑各个环境要素的单独作用，更要从环境意义上考虑它们之间的相互作用和有机联系。同时，还要注意抓住对用地影响最突出的环境要素即主导要素进行重点分析和评价，以提供具体而可靠的依据。

分析评定的结果一般绘在用地评价图上。图中包括：不同再现期的洪水淹没线；地下水等深线；不同土壤承载力的范围；矿藏的范围；不宜修建地段的范围（地陡坡、活动性冲沟、滑坡、沼泽地及遭受冲刷的河岸地段）；

采用简单工程措施后可作为修建用地的范围（小型冲沟、沼泽地、采掘场和非活动性滑坡地段）；不能修建的地区范围（高产田、文物保护范围、原有工厂、铁路、水源保护区等）。亦可在上述工作的基础上，按前面提过的标准，直接绘出三类或四类用地的范围。

2. 城市用地组成及选择

（1）城市用地组成

城市一般由下列不同类型的用地组成，包括生活居住用地、工业用地主、市政公用设施用地等。同性质、规模的城市，用地的构成也各不相同。如工矿城市中，工业、运输和仓库的用地往往成为城市用地的主体；大学——科学城中，科研设计机构、实验基地和大专院校的用地构成了城市用地的重要部分；风景旅游城市中，风景区、园林和各种自然及人文景观用地在城市用地中占有相当比重。城市各项用地之间的内在联系，可通过编制城市用地平衡表反映出来。

（2）城市用地选择的原则

其一，尽可能满足城市工业、住宅、市政公用设施等建设在土地使用、工程建设和对外界环境方面的要求，尽可能减少工程准备的费用。

其二，注意新建与旧城改建、扩建的不同特点。新城选址一般是在区域规划过程中从区域范围内选定，旧城扩建则要考虑与现状城市的关系。

其三，要考虑城市的发展可能，要具有足够数量适合建设需要的用地。

其四，要有利于城市总体布局，使各类不同功能用地之间（特别是工业用地和生活居住用地之间）具有良好的相互关系。

其五，注意发挥城市现有设施的作用。

其六，贯彻有关城市建设方针。如节约用地、尽可能少占耕地（特别是高产农田）等。

（3）用地选择的方法和步骤

其一，对可供选择的用地进行综合评定，划出适宜进行建设（包括采取一定的工程准备措施后适宜建设）的用地和不适宜建设的用地范围。

其二，估算适宜建设的用地满足城市建设需要的程度（城市总用地的需要量当前在我国可按每人 100 ～ 120 平方米计算）。

其三，在适宜建设的范围内选择工业、生活居住、仓库、对外交通、市政公用设施等各种用地。

其四，和城市功能分区结合进行多方案综合比较，确定合理可行的方案。

在城市总体规划中，城市用地评价、城市用地选择和城市功能分区三项工作常常是互为条件、紧密结合的。一个合宜方案的获得，在城市总体规划中，城市用地评价、城市用地选择和城市功能分区三项工作常常是互为条件、紧密结合的。一个合宜方案的获得，往往是不断调整、反复修改和多方比较的结果。近年来，有的地方已开始应用数学方法和电子计算机技术来制定用地选择和用地功能组织的方案，并进行方案的比较，为更加科学、合理、快速选择用地和组织用地开辟了路径。

（三）城市组成要素的规划布置

1. 城市工业与仓库用地的布置

工业区，指按照城市规划、工业生产和环境保护的要求，在城市内集中布置工业企业的地区，这是当前工业企业在城市内布置的主要方式。合理安排工业区与其他功能区的相互位置，是城市总体规划的一项重要任务。

（1）城市工业区的规划布置原则

由于工业区占地广、职工人数多，对城市的布局结构和城市用地的发展方向影响大，因此规划时必须慎重周到，既要满足工业本身在用地上的各种要求，又要有利于城市总体的健康发展。一般来说，城市工业区的规划应遵循下列原则。

其一，符合工业生产本身的特点和要求。也就是说，要满足工业企业在位置、建设条件方面的要求，在用地的形状和大小方面的要求，在发展余地上的要求，在交通运输中环境卫生方面的要求，以及在水源和能源方面的要求。

其二，要尽量节约用地，充分利用荒地、薄地，不占或少占良田好地。平面布置上应尽可能集中、紧凑，给工厂之间的协作及原材料的综合利用提供方便。

其三，在城市用地组织上，工业与居住区之间要求隔开一段距离，并在隔离地带布置绿化作为卫生防护带。

其四，工业区一般应布置在城市的下风、下游地带，以减轻对城市的污染。

其五，散发有害气体的工业不宜过于集中在一个地段，特别是排放物有可能在大气中相互作用而导致新的有毒化合物产生的工厂，不能布置在一起。

（2）城市仓库用地的规划布置

在城市规划中，仓库用地并不包括工业企业内部、对外交通设施内部或商业服务业内部的仓库，而是指城市中单独设置的存放生产、生活资料的仓库、堆场及其附属设施的用地。一般可分为储备仓库、转运仓库、供应仓库、收购仓库几种。仓库用地布置的一般原则：其一，能满足仓库用地的一般工程技术要求。其二，有方便的交通运输条件。一般大型仓库必须具有铁路运输或水运的条件。其三，有利于建设和经营使用。同类仓库尽可能集中布置。不同类型和性质的仓库最好布置在不同的地段。其四，有足够的用地，并有一定发展余地，尽量节约用地。其五，沿河布置仓库时，要考虑城市居民生活、游憩利用河（海）岸线的问题，与城市直接关系不大的储备仓库和转运仓库应布置在生活居住区以外的岸边。其六，注意城市环境保护，防止污染，保证安全。

2. 城市对外交通运输规划

城市对外交通运输是指以城市为基点，与城市外部进行联系的各类交通运输的总称，是城市存在和发展的必要条件。城市对外交通运输设施的布置，是城市总体规划的一项重要内容。城市对外交通运输的组成和规模取决于这个城市的地理位置、职能、规模、发展潜力及其在全国或地区交通网中的地位。一个职能较为完备的城市一向都有多种对外交通运输方式，如铁路、公路、水运和空运等。这些运输方式各有自己的特点和适应范围，它们结成网络，共同为城市服务。

（1）对外交通规划的基本原则

其一，合理组织城市对外交通综合运输。按照各种运输方式的技术运营特点、货流条件与地区条件，综合利用它们的设备，互相协作，互相补充，各尽其长，各尽其用。

其二，充分发挥城市对外交通设备的效能。这就需要在规划布局时，尽量满足它们的技术经济要求，做到方便、高速、安全。

其三，尽量减少对城市的干扰。在满足交通运输要求的同时，要充分照顾城市利益，尽量减少对城市环境、卫生和交通方面的干扰，为城市的生产与生活创造便利条件。

其四，保证城市与交通运输密切配合，有计划、按比例地共同发展。在布局上要使城市与各类对外交通都具备发展的可能性，互不影响。

其五，尽量利用现有的交通运输设备。特别在旧城改建的过程中要充分发挥现有运输设备的作用。

（2）各交通要素在城市中的规划布置

车站的数量和分布与城市的性质、规模、地形、规划布局形式和铁路运输的性质、流量、方向等特点有关。铁路干线的布置除需满足铁路本身的运营要求外，还必须结合城市功能分区和城市发展要求统一考虑。水运一般分为内河运输和海港运输两种。港口是最主要的水路运输设施。正确选择港口位置，合理布置港口各项设施，安排好港口同城市工业、仓库和铁路、公路之间的联系，是水路运输规划布置中的主要任务。选择港口位置时，不仅要考虑港口在技术上的要求，同时也要考虑城市建设上的要求，应与城市总体规划布局和城市发展协调。航空港位置的选择要考虑到地形、地貌、工程地质和水文地质、气象条件、噪声干扰、净空限制、城市布局及交通联系等因素。

3. 城市生活居住用地的规划布置

城市生活居住用地是用于安排、布置城市各项生活设施的用地。在城市中，生活居住用地占有重要的地位。它是城市居民基本生活需要的物质环境，是城市用地的基本功能组成部分之一。在城市总体规划阶段，生活居住用地的规划任务是：正确选择整个城市生活居住用地，使它和城市其他功能部分具有合理的关系；正确确定生活居住用地的组织结构，使生活居住用地内的居住建筑、公共建筑和道路、绿地各组成部分形成有机的联系，并在用地规模上有合适的比例关系。

（1）城市生活居住用地的内容和构成

生活居住用地主要是为城市居民生活服务的。它应从功能上全面满足居民家庭生活和社会生活活动的需要。生活居住用地内除住宅外，还应有为其服务的各种公共建筑设施及与此相关联的辅助设施（市政公用设施、环境卫生设施、医疗救护设施、商业仓库、食品加工厂等）。

城市生活居住用地的构成一般可归纳为五个部分：①居住用地。居住小区或街坊内用于布置居住建筑、道路、绿化及家务院落的用地。②公共建筑用地。各种为居民生活所需和城市行政、经济等公共设施的用地。③公共绿地。除居住小区和街坊以外的各种公共绿化用地。④道路广场用地。居住小区和街坊外用的城市各种道路和广场的用地。⑤其他用地。如小型工业，或作坊、库房等用地。

（2）城市生活用地的分布

影响城市生活居住用地分布的主要因素有：①工业的性质、规模及其布置。城市工业采取的布置方式（集中式、分散式等）对生活居住用地的分布和组织往往有决定性的影响。②用地状况。主要指用地的自然条件，平原、丘陵和河网地区的生活居住用地分布显然各不相同。③交通运输条件。工业和居住区之间是否有便捷的联系，已成为确定用地相互关系的重要依据。④合理规模的要系。规模是否合理，主要从是否有利于城市经济建设与经营管理，是否有利于城市生活的合理组织和各项生活设施的配套而定。

生活居住用地的分布方式，基本上分集中与分散两种。从形态上来看，可归纳为以下几种情况。第一，团状，多数城镇属这种形态。随着外围工业的建设，生活居住区由内向外紧凑发展，依托旧城，并利用旧城设施基础。第二，组群状，常见于新建的工矿城市。由于工业布置分散，或是用地条件限制，形成几块生活居住用地。第三，星状，多在矿区，随矿点、油井建村，因而形成居民村星罗棋布的局面。散列有居民村环绕着中心村，中心村又环绕着更高一级的居民点，形成分级组织的城市生活居住区。第四，子母状，即用卫星城的方式来控制大中城市规模、分散居民的布局形态。卫星城和母城之间要有方便的交通联系。

（3）城市生活居住用地的组织与布置

不同规模、不同建设条件的城市，生活居住用地的组织结构方式也不同。大中城市由于人口及用地规模较大，生活居住用地的组织常采取多级结构方式，一般由若干个住宅组群或街坊群组成小区或邻里单位，再由若干个小区或邻里单位构成居住区，由多个居住区形成城市生活居住区。城市生活服务、供应设施及公共设施也相应分级配置，形成各级公共中心。小城市结构方式往往比较简单，生活居住用地仅由若干个小区或街坊组成。有的传统城镇没有明显的分级组织结构。日常生活服务设施不是布置在街坊或生活居住单元内，而是集中设置在主要街道上，与城市公共建筑一起构成综合性街道，形成居住用地“面”与公共生活“线”的结合。

在我国，一般以小区（人口规模约 1 万人）作为城市生活居住区的基本构成单位，在小区范围内安排居民日常生活必需的设施。由若干小区或街坊组成居住区（人口一般 3 ～ 5 万人），配备高一级的生活设施，并按级相应设置行政管理机构。生活居住用地的布置主要应考虑以下方面：合理选择生活居住用地，并根据规划布置的要求，对所选定用地的自然条件等进行分析，做到地尽其用；妥善组织生活居住区；有效而经济地组织交通；注意城市中心位置的选择；注意环境保护；注意利用原有的物质基础；创造良好的城市建筑艺术空间；留有适当的发展余地。

（4）生活居住用地的技术经济指标

生活居住用地一般要占城市总用地的一半左右，其大小对城市的规模和城市的建设经济影响很大。生活居住用地各项指标的确定还直接关系到居民的生活。制定切实的用地指标，将为建设用地的控制、规划方案的编制和规划方案的技术经济比较提供准绳和依据。生活居住用地指标是居住用地、公共建筑用地、道路广场用地和公共绿地等各个单项指标的总和，以每个居民所占有的用地面积来表示。我国现有城市生活居住用地的状况，一般在 30 ～ 40 平方米 / 人。为统一用地标准，国家曾多次颁布城市生活居住用地的指标与定额。1980 年，国家基本建设委员会对新建城市或旧城新建区的城市生活居住用地的指标又重新做了规定：生活居住用地近期按 24 ～ 35 平方米 / 人，远期按 40 ～ 58 平方米 / 人考虑。

4. 城市中公共建筑的规划布置

公共建筑是城市管理及居民生活所必需的公用设施，是城市生活机体中不可缺少的成分。公共建筑指标的确定是城市规划技术经济工作的内容之一，它不仅关系到居民的生活，同时对城市建设经济也有着一定的影响。公共建筑指标是按城市规划不同阶段的需要来拟定的。其内容包括两部分：总体规划阶段用作城市用地计算依据的城市总的公共建筑用地指标和城市主要公共建筑的分项用地指标；详细规划阶段用作公共建筑项目布置、建筑单体设计、规划地区公共建筑总量计算，以及建设管理依据的公共建筑分项用地指标和建筑指标。

（1）公共建筑分布规划的要求

第一，应具有合理的服务半径。服务半径是检验公共建筑分布是否合理的指标之一。确定服务半径要考虑到居民使用方便的要求和设施自身经营管理的经济性。不同设施有不同的服务半径。即使同样的设施，随使用频率、服务对象、交通条件及人口密度不同，服务半径允许有一定的变动幅度。一些密度较低的地方，服务半径可以定得大一点；反之，就应小些。

第二，要分级和配套设置。分级的档次要根据城市规模和布局特点来考虑，要与城市生活居住用户的组织结构相适应。居民日常生活所必需的设施，可均匀分散布置；非日常使用的设施，可适当集中，规模和服务半径可大一些。内容要配套，以满足居民日常生活的多种需要。

第三，要与城市交通组织协调。公共建筑往往是人流、车流集散点，因而应根据活动特点和城市交通、道路系统的规划，统一考虑安排。例如：幼儿园、小学应和居住区的步行道路系统相联系，避免车辆干扰；一些吸引大量人流、车流的公共建筑不宜过分集中，以避免拥挤造成交通堵塞。

第四，要考虑公共建筑本身的特点和对环境的要求。如医院要求有一个清洁安静的环境；露天剧场和球场既有自身发出的声响对环境的影响问题，又有防止外界噪声干扰表演和竞技的问题；学校、图书馆等单位一般不宜和剧场、游艺场布置在一起，以免互相干扰。

第五，要考虑城市景观组织的要求。公共建筑种类多、体量大、造型和立面丰富，又往往占据着城市人流最多、最重要的位置，因而是城市景观的重要组成部分，在城市设计中应给予重点考虑。

（2）公共活动中心的布置规划

公共活动中心的布置形式可归纳为以下几种：①广场式，即在广场四周布置大型公共建筑的形式。采用这一形式时，应避免城市车流穿越广场。②街坊式，即利用一个街坊成片集中布置公共建筑。可根据各类公共建筑的功能要求和行业特点，采取成级结合、分块布置的方式。③沿街式，即沿街布置公共建筑的方式。这是我国小城市公共活动中心常见的一种形式，但容易造成人、车交通混杂现象。

公共活动中心既要有良好的交通条件，又要避免交通拥挤、人车干扰，故需进行交通组织。公共建筑应按人流集散量的大小、与交通联系的密切程度进行合理分布。大中城市中心区交通过于频繁影响其功能使用时，可在中心区外建交通环路，以避免外来车辆穿越中心地区。在国外，为了分散市中心地区的交通压力，适应新区发展的需要，一些特大城市还采用了在新区建设新的副中心或辅助中心的做法。

（四）城市总体布局

当城市性质和规模大体确定后，在用地选择的基础上，对城市各组成部分进行统一安排、合理布局，使其各得其所，形成有机联系的整体，这是城市总体布局的主要目标。城市总体布局是城市的社会、经济、自然条件，以及工程技术与建筑艺术的综合反映，是一项为城市的长远合理发展奠定基础、指导城市建设的全局性工作，因而是城市总体规划的重要内容。

1. 城市布局形式和城市用地功能组织

（1）城市布局形式

城市布局形式是指城市的平面形状、内部功能结构和道路系统的形态。城市的布局形式是在长期的历史过程中自然形成，或根据规划建设而得，或是两者综合作用的结果。研究城市各种布局形式的形成及其特点，对制订城市规划具有一定的指导意义。

按照城市建成区平面形状的基本特征，布局形式大致可分为以下四类：第一，集中式布局或称块状布局，这是最常见的一种城市布局形式。这种布局形式土地利用合理、交通便捷，便于集中设置市政设施，容易满足居民生产、生活和游憩等需要。第二，带状式布局，即平面向长向发展的布局形式。这种形式往往是受地形条件、交通干线和工业布局影响的结果，即有的沿河岸或峡谷延伸，有的沿交通干线方向发展，有的则与带状工业区平行布置。第三，串联式布局，若干城镇以中心城市为核心，彼此相隔一定地域，沿交通干线或河流、海岸分布的形式。采用这种方式时，城镇之间联系相对松散，但灵活性较大，各城镇和郊区联系密切，环境较好。第四，组团式布局将城市用地分为几块的布局形式，一般是受自然条件影响的结果。第五，散点式布局由若干城镇组成城镇群，围绕中心城市分散布置的形式。各城镇在工农业生产、交通运输和其他事业的发展上，既是一个整体，又分工协作。这种布局形式，有利于生产力和人口的均衡分布。

（2）城市用地功能组织

城市用地功能组织是根据城市的性质和规模，在分析城市用地和建设条件的基础上，将城市各组成要素按其不同功能要求有机地组合起来，使城市具有一个科学、合理的用地布局。一般把按功能要求将城市中各组成要素进行分区布置的做法称为城市功能分区。城市用地功能组织是城市总体布局的核心，是研究城市各项主要用地之间的内在联系。根据功能分区的原则确定土地利用和空间布局形式是城市总体规划的一种重要方法。

城市用地功能组织和分区中应考虑的主要问题：城市及其周围经济影响地区应作为一个整体来考虑，在确定城市总体布局时，必须对城市所在地区的现状、自然、经济、资源等条件进行调查研究；合理安排各功能区位置，合理组织工业用地，综合考虑它与其他功能区之间的关系，是城市功能组织的一项极其重要的内容；正确处理各功能区之间的关系，为了保证城市各项活动的正常进行，各功能区的位置需要安排得当，要使它们之间既有便捷的联系，又避免互相干扰，特别要协调好工业区与居住区之间的关系；城市各组成部分应力求完整、避免穿插，应尽量做到阶段配合协调，留有发展余地。

2. 城市道路交通规划

城市交通规划是对城市范围内（包括郊区）的各种交通做出长期全面合理的安排。广义的城市交通规划还包括交通政策的制定、交通方式的选择和交通管理体系方案的拟定等。

（1）城市交通运输的组织原则

第一，合理布置大量吸引人流的公共建筑。大量吸引人流的建筑，如大型体育场、文娱活动场所、大百货商店、影剧院、车站、码头等，布置时不宜过分集中，以免造成集散困难和交通堵塞。这些建筑的出入口要避免直接布置在交通干道上。要妥善处理商业街与交通干道的关系，避免在交通干道的两侧或跨越交叉口设置商业群。

第二，引开过境交通和合理布置大型停车场。应力求将过境公路布置在城市用地边缘或在用地分区之间，尽量减少过境交通对城市道路系统的干扰。过境公路两侧要搞好用地安排，避免吸引过多的人流。在大城市修建外围环路可以吸引车流、减轻市区交通压力，是调整城市交通运输的有效措施之一。大型停车场是城市道路系统的重要组成部分，其规划布置直接影响到车流的控制。这样的停车场一般应设在城市外环路上，以减少进入市内的车辆。

第三，形成地上、地下结合的交通网络。随着城市交通运输的发展，平面的道路体系往往无法满足需要，建立由行驶在不同空间的各种交通工具所组成的立体交通体系，是解决这个问题的途径之一。目前，各国最广泛运用的配合地面交通的手段是高架交通、浅层和深层的地下交通等。

（2）城市交通规划的制订

城市交通规划的制订一般按下列步骤进行：第一，交通调查。调查城市交通现状，掌握城市各种交通流在时间、空间上的各种分布特点。调查内容一般包括：城市居民出行调查、货物流动调查、车辆起讫点调查。通过调查，获取各种交通流流量、流向的全面资料，为编制交通规划提供依据。第二，交通预测。根据城市人口增长和用地扩大情况、经济发展水平等因素，推算规划期内的交通量增长情况。交通预测的内容一般包括：①出行产生，即出行发生量；②出行分布，即出行量在各区的分布；③交通方式划分，即把预测的出行总量按一定比例分配给不同的交通方式，计算出各种交通方式所承担的交通流量；④交通分配，指交通总流量在道路网络中的分配。第三，规划编制。根据预测的流星流向图，编制完整的道路交通规划方案。其内容包括城市道路规划、客运规划和货运规划等。

3. 城市园林绿地系统及城市风景区规划

（1）城市园林绿地系统规划

城市园林绿地系统是指城市内由各种类型、各种规模的园林绿地组成的生态系统。城市园林绿地是城市用地中的一个重要组成部分，它可以改善城市环境，为居民提供游憩境域。在城市总体规划阶段，园林绿地系统规划的主要任务是根据城市发展的要求和具体条件，制定城市各类绿地的用地指标，并选定各项主要绿地的用地范围，合理安排整个城市的园林绿地系统，作为指导城市各项绿地的详细规划和建设管理的依据。

城市园林绿地系统是城市总体布局中构成的一个重要方面。规划布置时，需要从工业用地、居住区规划、道路系统及城市自然地形等方面的条件出发，综合考虑，全面安排。具体规划时，应注意下面两点：第一，均衡布置各项公共绿地。各种类型的公园是构成公共绿地的主体。公园的分布应该均衡，尽量使每个城市居民都能就近享用绿地。全市性公园可根据城市的规模和布局设一处或多处，要求位置适中，交通方便；区公园要求服务半径不大于1公里；居住区级的公园或小游园服务半径最好不超过500米。第二，结合自然地形，形成完整的园林绿地系统。城市园林绿地系统规划必须结合城市具体条件，与城市总体布局统一考虑。要充分结合城市自然地形、河湖山川及名胜古迹，体现城市特色。可利用市区的河道、丘陵或拆除的旧城墙地段布置绿带，特别是破碎的地形及其他不宜建筑的地段，应设法把它们组织到园林绿地系统中来。要利用街道绿化、江畔湖滨绿带、林荫道和大量分布的小块绿地，把各类公园绿地连接起来，构成一体。小城市还可以和周围自然环境相接，充分利用天然景色。

（2）城市风景区规划

城市风景区一般是指同城市毗连，或接近市区并和市区有便捷的交通联系，可供游览观赏的地区。城市风景区既可以作为单独的规划项目，也可以作为城市园林绿地系统的规划内容。

城市风景区规划布局原则包括五个方面：其一，充分利用自然风貌和景观。风景区一般面积较大，景区内容大多系天然形成或历史遗存，和大部分由人工创造的城市园林特点不尽相同。应尽可能保留原始自然风貌，不加或少加人工雕琢，使景区的固有特征能得到充分的发挥。其二，统一处理风景区和毗连的城市地区的艺术面貌，使它们互相衬托、渗透、补益，在形式和风格上求得协调。在风景区环境、水系、视界等方面的影响范围内，应尽量避免布置破坏景观的建设项目，特别是有可能对环境造成污染的工业。最好能在周围布置可以点缀或衬托风景的建筑物，以丰富景观内容。其三，尽可能把城市风景区纳入城市园林绿地系统，充分发挥景区在改善城市环境中的作用。其四，尽量利用城市道路和交通运输设施为风景区人流集散创造条件。一般情况下，城市和风景区之间应有两条以上通道，并尽可能组成环形交通系统。其五，充分利用城市的服务设施为风景区的游人服务。一般城市风景区只考虑游人当天游览的需要，服务设施比较简单，不需要单独设立服务基地，因而应尽量利用城市原有的服务设施。

4. 历史名城及城市文化遗产的保护

保护城市的历史环境及建筑，对于继承和发扬优秀文化传统，研究国家和民族的政治、社会、经济、思想、文化、艺术、工程技术等方面的发展历史等均具有重要意义。因此，在城市规划中制定措施，保存和保护有历史价值的地区、建筑群和建筑物（包括遗迹），甚至整座城镇，目前已日益得到人们的重视。1964 年，在联合国教科文组织倡导下提出的《威尼斯宪章》更在全世界范围内推进了历史建筑的保护工作。

（1）保护内容和范畴的确定

城市文化遗产主要由三部分组成：第一，历史建筑。包括：古建筑和在城市发展史、建筑史上具有重要意义的建筑，如代表某一历史时期建筑艺术和技术最高成就的作品或某种建筑艺术风格的代表作；著名建筑师设计的、在历史上占有一定地位的作品；艺术价值较高、对丰富城市建筑面貌有积极意义的某些外来风格样式的作品；作为城市标志的建筑（或建筑群）；代表城市地域特点或历史传统的民居建筑及和城市文化传统有关的街区；古典园林和其他反映城市历史形成格局和风貌的历史文化环境。第二，革命遗址及历史纪念地。具体包括与重大历史事件或革命运动有关的建筑遗址、古战场、古炮台，革命领袖及历史名人的故居、陵墓，烈士陵园等。第三，其他作为遗迹存在的各类历史文化遗存。如具有一定历史、科学和艺术价值的古文化遗址、古城址、古墓葬、古窑址、石窑寺、摩崖石刻及造像、古桥梁、经幢碑刻等。

（2）历史文化名城保护规划

下述内容虽主要针对历史文化名城，但其中谈到的一些问题和保护文物古迹的具体方法和原则，对非历史文化名城的城市也同样适用。如建设项目不当，影响城市的环境和布局、城市的文物古迹和风景名胜遭受到不同程度的自然和人为的破坏、历史名城的保护与建设和旅游事业的发展不相适应、行政管理和投资体制方面的问题。许多名城，特别是经济基础比较薄弱的中小城镇，对文物古迹、风景名胜的保护和开发缺乏必要的资金、材料和技术队伍，管理机构不健全，有关部门分工不明、职责不清，缺少必要的条例和规章制度。

历史文化名城保护规划就是以保护城市地区文物古迹、风景名胜及其环境为重点的专项规划，是城市总体规划的重要组成部分，广义地说，也包含保护城市的优秀历史传统和合理布局的内容。在编制保护规划时，应注意以下四点：第一，根据城市历史特点及其在国民经济中的地位、作用确定其性质和发展方向；第二，深入调查研究，突出名城特点；第三，在分级确定保护区和建设控制地带编制保护规划时，一般应根据保护对象的历史价值、艺术价值，确定保护项目的等级及其重点；第四，协调好各方面的关系，包括发展生产和保护名城的关系、旧城改造和现代化建设与保护古城风貌的关系、发展旅游事业和保护名城的关系，以及名城保护与其他各工作部门的关系。历史名城的保护规划和建设需要许多部门的密切协作和配合，特别是要协调好和计划部门，以及建筑工程和市政工程设计、文物、园林等部门的关系。

5. 城市环境保护规划

环境，是人类赖以生存的基本条件。但工业的发展、人口的聚集，既可以为城市的经济发展提供有利条件，也会给城市带来破坏自然环境和生态平衡的不利因素。因此，合理利用自然环境，防止环境和生态平衡遭到破坏，是城市规划应特别注意的问题。城市环境保护规划（又称城市环境规划）就是为保护和改善城市的环境质量，协调生态环境与城市发展的关系，根据一定的环境目标所拟定的规划。城市环境保护规划是进行城市环境管理的重要依据，是城市总体规划的一部分。

（1）环境与环境污染

环境是一个极其广泛的概念。从广义上说，它是人们周围的一切事物、状态、情况三方面的客观存在。它总是相对某一中心（主体）而存在，不同的中心有不同的环境范畴。城市环境一般认为由两部分组成：一是自然环境，即围绕着我们周围的各种自然因素的总和，由大气圈、水圈、岩石圈和生物圈等几个自然圈所组成，包括大气、水、土地、矿藏、森林、草原、野生动物、野生植物、水生生物等；二是人为环境，亦称社会环境，即人类社会为了不断提高自己的物质和文化生活而创造的环境，如城市、房屋、工业、交通、娱乐场所、文物古迹等。

目前城市环境污染的具体危害为：第一，大气污染，对人类生活环境威胁最大的是粉尘、二氧化硫、一氧化碳、碳化氢、二氧化氮及一些有毒重金属等。大气污染引起的常见病是各种呼吸道疾病和肺癌，同时还严重影响农、林、牧业的生产。第二，水体污染，指工业废水和生活污水中含有的污染水质的物质。第三，土壤污染，污染土壤的物质主要有重金属元素、有机物和无机盐、病原微生物等。其危害具有持续性，不易消除。

（2）环境保护的要求与措施

其一，从生态系统的观点确定区域性城市居民点体系的人口和工业的合理规模，城市之间应保持满足自然净化要求的距离。

其二，合理安排城市各类用地的位置，正确处理它们之间的关系，妥善进行城市总体规划布局。

其三，以预防为主，积极防治城市可能发生的各类污染。具体办法是：①规划时，严格遵照国家有关法规，审查各建设项目是否存在污染，慎重而合理地安排。②对一切企事业单位的新建、改建和扩建工程，由城市建设管理部门进行严格审查。工程中防止污染和其他公害的设施，应与主体工程同时设计、同时施工、同时投产。③对城市中已有的排放有害物质的工厂企业，要遵照国家和地方规定的排放标准进行改造。

其四，对污染环境的污水、废渣，要实行综合利用，化害为利，真正做到物尽其用。

其五，在城市郊区的农业生产中，使用高效、低毒、低残留农药。推广综合防治和生物防治，合理利用污水灌溉，防止土壤和农作物的污染。

其六，在城市中充分利用燃气和太阳能，改变生产和生活的能源结构，节约能源，防止大气污染。在城市规划中，应充分利用地形条件和绿化植物，阻隔声源、过滤空气及吸收尘埃。注意旧城改造，以改善旧城环境状况。

第三节　韧性理念下的城市规划

韧性理论引入城市学科后，其概念结合地区、国家、省域和城市层面的各级规划探索得到进一步丰富。联合国减灾署在亚洲城市应对气候变化韧性网络（Asian CitiesClimate Change Resilience Network, ACCCRN）项目中对韧性的定义基本遵循进化范式，认为韧性应具有冗余性、灵活性、重组能力和学习能力。地震应急倡议（earthquakeemergency initiative, EMI）组织《城市韧性总体规划》、日本《国土强韧性政策大纲》及荷兰《格罗宁根省空间规划》中对韧性的定义则更贴近非平衡范式。

一、韧性理论在城市规划中的演进

以时间线展示热点研究主题，发现领域内相关研究集中关注气候变化适应、生态系统服务、适应能力、城市生态和可持续等方面。自2000年以来，韧性城市规划相关研究可以划分为3个时期：2001—2007年的适应能力研究期、2008—2014年的气候变化研究期和2015年至今的城市生态研究期。

（一）2001—2007年的适应能力研究期

这一时期，韧性的概念刚刚由生态学领域引入城市研究，学界尚处于认识和学习韧性概念的过程。部分研究将韧性视作适应系统的研究分支，沿用了适应循环、适应能力等说法或对韧性和适应能力进行概念比较，韧性概念因包含应对能力、适应能力和转型能力等方面的丰富意义而广受关注，并首度出现研究热点。而随着研究差异逐渐突显，适应系统研究逐渐开始以“扰动后更新、再生、重组”等概念取代“韧性”一词。这一时期的研究偏重理论框架构建，涉及社会生态、生态系统和气候适应等方面。在社会生态方面，福尔克等指出韧性正越来越多地应用于社会—生态系统分析。沃克（Walker）等人探索了韧性在社会生态系统中的理论发展，并构建了“社会生态系统”框架。坎帕内拉从灾后恢复的角度指出城市韧性的关键在于社会关系网络的构建，强调重视公众参与网。在生态系统方面，祖拉斯（Tzoulas）等根据文献建立了城市绿色空间、生态系统和人类健康之间的概念框架，分析了影响城市生态系统的动态因素及其复杂的相互作用。科尔丁提出以“生态土地利用互补”（ecologicalland-use complementation, ELC）的方式丰富生物多样性，增强生态系统韧性图。在气候适应方面，斯密特（Smit）等指出适应性分析已开始应用于气候变化领域。

（二）2008—2014 年的气候变化研究期

全球气候变化促使应对气候变化的韧性城市规划研究得到学者普遍关注，包括：①从气候变化视角构建和补充韧性框架。泰勒（Tyler）等搭建了适用于城市气候韧性的规划框架，其中涉及城市系统、人及联系两者的机构，该框架应用于 10 个亚洲城市应对气候变化的韧性规划实践，取得了良好效果。贾巴雷恩（Jabareen）则从多种经济、社会、空间和物理因素入手，提出了应对气候变化风险的韧性城市规划框架（resilient city planningframework, RCPF）和行动建议。达武迪（Davoudi）等人则补充强调了抵御灾害和寻求变革的能力。②对水问题、飓风等气候变化次生灾害的应对。阿伦（Allan）等研究了气候变化对降水量的影响。卡特（Qutter）模拟预测了桑迪飓风登陆半年和 1 年后新泽西州的恢复情况。政府间气候变化专门委员会（IntergovernmentalPanel on Climate Change, IPCC）从能源、农业、工业、交通、城市和区域等角度评估了温室气体减少对应对气候变化的作用。③从生态和社会生态系统角度增强城市应对气候变化的韧性。大伦敦政府早在 2010 年公布的伦敦气候变化应对草案中，就提出以生态化概念和建模主动提升城市应对气候变化的韧性。罗伯茨（Roberts）等人提出以“社区生态系统适应”（community ecosystem-basedadaptation, CEBA）战略管理、恢复和保护生态系统，应对气候变化带来的负面影响。埃亨（Ahern）

从景观生态学视角提出了增强城市韧性的策略。埃文斯（Evans）则建议以社会政策和适应性实验的方式进行城市生态治理网。威尔金森（Wilkinson）也指出“社会生态韧性”在应对全球性挑战中的重要作用。

（三）2015 年至今的城市生态研究期

城市学科中的韧性概念始终与生态学关系密切，这一时期的研究从生态和景观视角出发，进一步证实生态在应对气候变化、增强城市韧性等方面的重要作用。安德森（Andersson）等人强调了城市生物多样性、生态系统服务管理及城市绿色基础设施规划治理的重要性和复杂性，认为绿色基础设施和城市生态系统服务能够密切城市与生物圈的联系，有助于提升城市应对变化的自组织能力，从而恢复城市生态韧性。埃亨（Ahenm）等从生物群落、景观环境、生态系统服务的角度建立了城市生态系统服务指标和生态系统服务评估工具，以根据不同项目类型、空间范围和目标制定城市规划设计方案。麦克弗森（McPhearson）等建议通过多样化管理手段保障生态系统服务，平衡社会生态系统的动态关系，提升城市韧性。这一时期延续了对气候变化的关注，并从气候变化与生态服务相互影响的视角深入研究。蔡尔德斯（Childers）等人提出了由生态理论向生态实践转变的城市设计—生态耦合模型，以增强城市气候适应的可持续性。

二、韧性城市在规划理论体系中的定位

（一）传统的规划理论体现了韧性思想

虽然韧性城市在最近几年才作为一个单独的研究课题被学者提出，但城市研究和规划科学中的韧性思维其实可以追溯到更早的时期。从已有的理论文献分析，既有规划理论中有关韧性的思维主要体现在四个方面。

第一类文献主要论述多元而富有活力的城市建成环境的特征。例如，雅各布斯（Jacobs）早在著名的《美国大城市的死与生》（The Life and Death of Great American Cities）一书中就探讨了城市功能混合、小街区和

多样性等的重要性。这些论述和城市韧性的许多基本特征不谋而合。达武迪（Davoudi）认为《雅典宪章》（Charter of Athens）是生态韧性的典型案例，因为该宪章通过对空间和时间秩序的追求，体现了以规划力量在一种稳态失效的时候实现另一种稳态的思想。当然，1978年签署的《马丘比丘宪章》（Charterof Machu Picchu）针对《雅典宪章》所提倡的严格的城市功能分区进行修正，认为过度的功能分割会丧失城市的有机组织，并提出生活环境和自然环境之间的和谐问题。以上这些特征有助于强化城市的适应和调整能力，可以看作城市韧性问题的雏形。

第二类文献探讨公众参与方式和规划决策的机制，比如阿恩斯坦（Arnstein）从公众参与角度分析了社会权力结构和公众参与社会问题的方式。她认为公众参与呈现出八种不同的方式，可以因此划分为三个等级，分别是无参与（nonparticipation）、象征主义（tokenism）和公众权力（citizen power）。公众权力的采用是实现城市韧性最重要的社会基础之一。

第三类文献讨论城市系统理论，这是将系统韧性用于城市研究之前一个必要的前置铺垫。比如贝里（Berry）认为城市和城市群正如其他任何系统一样，具有类似的构建原理和模型机制，并适用相似的分析。在20世纪60年代，西方城市规划学科曾经历了一段将规划视为系统科学，主张纯理性分析的发展阶段。尽管后续的规划理论通过强调规划师和公众的协调交流需求及利益相关者的政治价值取向等，批判了这种理想化的思维模式，但城市系统论仍然具有其可借鉴的方面。

第四类文献主要描述和分析了城市问题的不确定性（uncertainty）和模糊性（fuzziness），例如里特尔（Rittel）和韦伯（Webber）对于规划需要处理的“不确定的邪恶问题”（urban problems arewicked problems）的本质分析。

因此，尽管城市韧性是一个较新的词汇，但其基本思想的确立也是对传统规划理论的继承与再发展。需要指出的是，虽然以上的理论支撑为韧性城市思想的发展做出了必不可少的铺垫，然而城市韧性的创新价值在于面临现代城市系统空前的不确定性及城市自我调整适应能力的全面提高。

（二）韧性城市是实现可持续发展目标的创新途径

可持续发展自 1987 年在世界环境与发展委员会（WCED）的报告中提出以来，已经成为多数国家长期发展的指导方针。埃亨从本质上探讨了可持续发展和韧性之间的关系，他认为城市韧性应该被视作实现可持续发展的一种新思路。早期的可持续发展采用通过管理手段以控制变化和增长（growth control），来实现所谓的稳定性（stability）的目标。在这种安全防御（fail-safe）理念的支撑下，城市以一种或几种僵化的模式尽量抵抗或抑制不确定性扰动的影响。以此为指导的可持续发展实现途径往往推广程式化的城市形态解决方案，如精明增长模式（smart growth）或者新城市主义（new urbanism）。与此相对，韧性城市强调系统适应不确定性的能力，是一种安全无忧（safe-to-fail）的途径。它客观承认了不确定性扰动对城市造成的负面影响，但强调城市整体格局的完整性和功能运行的持续性。韧性思想的提出标志着城市研究者对可持续发展的意义和实现模式有了全新的认知。

城市是人类塑造的最复杂而又最典型的社会生态系统。在多种不确定性的扰动因素频发的今天，城市的脆弱性往往为人诟病，同时由于其密集的经济活动分布，扰动造成的损失也不可限量。城市韧性的概念探讨了实现可持续发展的全新途径，即在承认环境不确定性和自身能力有限性的基础之上，摒弃了工程和生态思想中必须达成平衡状态的偏见，以一种演进韧性的观点尊重社会生态系统基本的规律。在实现城市韧性这一目标的过程中，我们应该看到城市管治等社会要素在调整和适应过程中扮演的主导性作用。韧性机制的建立，比起单独考虑物质设施的投入，会更有效地促成城市对危机的公关能力。由此可见，当韧性的认知从工程转向演进维度时，城市韧性不应该被视作一种结果导向（outcome-oriented）的行动，而是一种过程导向（process-oriented）的行为。

城市韧性作为新兴的学术课题，还有很多亟待进一步探讨的课题。其一，尽管韧性城市的特征标准容易令人接受，韧性的程度却难以通过量化的途径表达出来。韧性因子及其权重的选取是一个难点。其二，由于不同地域和城市所面临的既有条件和环境不同，单纯比较两个或多个城市的韧性差异不是很有参考意义。相对而言，研究单个城市在一段时期前后的韧性变化更具有现实需要。其三，城市韧性的研究尚处于理论完善的阶段，实际推广程度还较低。尽管有些学术研究指出部分社区或者团体通过增强韧性取得了较理想的成果，但还未有完全以城市韧性为指导的实际案例。

对于我国而言，虽然在城市减灾方面业已取得了巨大的成就，但现行的模式从某种程度上来说还可以归为简单被动的工程学思维。社会管治和民众参与的力量尚未完全被发掘调动起来。从这个层面来看，城市韧性的课题对我国城市发展具有重要价值。然而，由于中国和西方国家之间存在的固有性差异，韧性措施的本土化无疑还有很长的道路。

三、国内外韧性城市规划设计研究分类比较

结合现有理论将韧性城市划分为基础理论研究、评价体系研究、模型模拟研究和实践项目研究几种类型，并对各类研究的国内和国际研究成果进行比较分析。

（一）基础理论研究

国际上对韧性城市规划的研究起步较早，形成了地方抗灾韧性（disaster resilience of place, DROP）理论模型、RCPF 韧性城市规划框架、联合国国际减灾战略（UnitedNations International Strategy for DisasterReduction, UNISDR）仙台框架网等较系统的理论研究。此外，还研究构建了针对不同主题的理论框架，如针对社会生态系统、居民健康及气候适应的韧性框架等，相关理论研究还在不断细化深入。

国内研究近几年刚刚起步，相关概念和框架多借鉴国际研究，并多以综述形式出现。在此基础上，也尝试构建针对性的理论框架，如参照仙台框架构建的城市巨灾风险综合管理框架、应对气候变化的韧性城市规划管理框架、雨洪韧性理论框架等。随着韧性理念接受度的提高，郑艳等人结合中国古代哲学与医学理论，开展韧性理论的本土化探索。但就目前而言，国内研究对韧性概念的接受度远不如综合防灾，对韧性城市规划缺少系统化、多元化的理论体系研究，面对当前规划体制改革，在各级国土空间规划体系中纳入韧性框架具有重要意义。

（二）评价体系研究

国际对评价体系的研究呈现出从单一静态到多重动态的演变趋势。单一静态的评价体系主要通过赋权换算评估特定阶段的城市韧性，如社会脆弱性指数（social vulnerabilityindex, SoVI）、DROP 模型、社区韧性评价基本指标（baseline resilienceindicators for communities, BRIC）和 4R（robustness, redundancy, resourcefulness, rapidity）指标体系等。多重动态评价体系补充关注了韧性的时空间动态变化，如弗雷泽（Frazier）等人在 BRIC 指标的基础上补充了时空间的相关因素，日本构建循环评价模型动态评价反馈国土韧性。地理信息系统（geographic information system, GIS）和景观格局指数 FragStats 计算等工具也广泛运用于评价结果分析和展示。而国内对评价体系的研究多建立在对国外评价体系的应用和改进上，少有对时空间变化的考虑。

（三）模型模拟和实践项目研究

国际研究针对城市自然灾害等风险，建构开发了一系列模型工具和参数标准，为韧性城市量化模拟提供了依据。国内研究中大量运用既有模型模拟技术展开量化研究，但在本土化模型开发和参数制定上仍有较大空白。

国际针对韧性城市规划设计已开展大量探索，部分国家和机构已形成较完善的行动措施。国内通过学习国际经验也已在城市层面开展一定项目实践，但多建立在综合防灾的基础上，且缺少对省域及国家尺度的研究，如北京城市副中心和上海浦东新区在综合防灾减灾规划中对提升城市韧性的响应、武汉对生态敏感地区新城韧性建设的探索、深圳在各级规划中对韧性规划维度的拓展。总体上尚未形成公认的系统化行动措施或工作指南，也缺少对不同城市特点的分类实践或试点。

四、我国韧性城市规划重要性

（一）韧性城市上升为我国国家战略

韧性城市的理念自 2005 年引进我国后，伴随着我国经济社会的快速发展同样也经历了一个较为快速的发展过程。当前，我国正处于“两个一百年”奋斗目标的历史交汇期，即将迈入全面建设社会主义现代化国家的新发展阶段，“安全发展”“可持续发展”成为我国现代化的必然要求。以习近平为代表的党和政府一直高度重视城市安全问题与自然灾害的治理，坚守“人民至上、生命至上”这一理念。

2016 年 7 月，习近平总书记在唐山地震四十周年祭中提出“两个坚持，三个转变”，强调“以防为主”，注重灾前预防，从源头上防范，大力推进新时代防震减灾事业改革发展。2017 年 6 月，中国地震局制定了《国家地震科技创新工程》，提出实施四项科学计划，“韧性城乡”计划就是其中之一，开启了各地韧性城市建设的征程。2018 年 3 月，我国正式成立“中华人民共和国应急管理部”，现代化应急管理事业正式进入新篇章。2019 年 5 月，颁布了《中共中央国务院关于建立国土空间规划体系并监督实施的若干意见》，提出新时代国土空间规划体系的构建要以绿色、安全、可持续发展为目标，强化灾害风险防范和提高规划韧性的建设要求。2020 年 1 月自然资源部印发的《省级国土空间总体规划编制指南（试行）》和同年 9 月印发的《市级国土空间总体规划编制指南（试行）》中，均强调“严守安全底线，增强国土空间韧性”。2020 年 11 月，党的十九届五中全会审议通过的《中共中央关于制定国民经济和社会发展第十四个五年规划和二〇三五年远景目标的建议》（以下简称《建议》）中首次提出建设“韧性城市”。《建议》提出，“增强城市防洪排涝能力，建设海绵城市、韧性城市”，标志着韧性城市正式上升为我国国家战略。

（二）韧性规划在国土空间发展中的重要性

国土空间系统与经济、社会、自然子系统的运行息息相关，各子系统相辅相成，不同的国土空间系统间也相互影响，同时上下位国土空间还存在着指导与反馈的关系。因此，灾害、动乱等子系统的扰动，将会影响整体国土空间系统，而增强城市安全韧性，保障经济社会自然子系统的稳定也是维护国土空间稳定的必要条件。

凡事预则立，不预则废，说的就是规划的重要性。灾害的发生包括事前、事中、事后三个阶段。在灾害发生前的平时阶段，科学合理的城市规划可以促进地域经济社会发展，进而增强防灾减灾能力。灾害发生时，充分的前期规划可以为市民提供避难场所，保障应急生活的物资供给。灾后重建阶段，更是需要城市规划为地域经济社会的恢复和市民生活秩序的恢复做出科学合理的指导。规划在防灾、减灾、救灾中所发挥的作用，体现在有韧性城市规划的灾后恢复重建过程与没有韧性城市规划的灾后恢复重建过程之间的差距。

韧性城市规划建设，可以在规划体系中以不同的形式或内容体现。在国土空间规划体系中的总体规划、专项规划及详细规划都有相关内容，在五年规划、政府报告等政府其他重要文件中也能反映。韧性城市规划建设，不论以何种方式出现，均强调全区域、全过程、全要素、多灾种、多主体的综合防范应对，融入城市总体规划的各个子系统中，包括城市空间管控、土地利用、市政基础设施等，构建高韧性的城市子系统。

我国韧性城市的规划建设始于 2015 年由南京大学团队编制的《合肥

市市政设施韧性提升规划》。之后，一方面随着国家“韧性雄安”应急课题和中国地震局“韧性城乡”科技创新工程的实施，带动了一批韧性城市的研究与建设实践；另一方面，我国有黄石、德阳、海盐和义乌四个城市入选洛克菲勒基金会100个韧性城市成员，得以借助国际资源进行韧性城市的规划建设探索，有力推动了我国韧性城市的规划建设。

五、我国韧性城市规划展望

（一）理论层面

1. 构建宏观统筹的韧性框架

结合当前国土空间规划，搭建自上而下的立体化、系统化宏观框架，指导各级各类韧性规划建设，对统筹衔接宏中微观韧性研究、有效提升国土空间韧性具有重要意义。目前，国内从城市和社区层面网已开展一定研究，但对省域及国家尺度的研究仍较少，在进一步丰富相关研究的同时，本土化的韧性理论体系也亟待构建。

2. 耦合气候适应与生态系统研究

传统城市防灾存在一定滞后性，难以将气候变化次生灾害导致的社会经济损失降至最低，对气候变化次生灾害的研究重点已逐渐由灾后救援转向灾前防控。建设生态设施网、提升生态系统服务网是应对气候变化次生灾害的可持续手段，生态脆弱性评价、生态环境容量测算、生态安全格局构建、生态系统服务功能评估、生态绩效评价等方法将更多应用于韧性城市规划设计研究中。

3. 完善敏感地区和重点地区的理论研究

以韧性理念指导敏感和重点地区的城市规划设计具有现实意义。海岸带城市地处生态敏感的海陆交错地区，受到频繁的海陆相互作用影响网，其海陆交错带、河流入海口和填海造陆区等敏感地区受灾后会产生系统内外的连锁反应。内陆城市较少受到台风、海啸影响，但气候变化导致的厄尔尼诺现象致使暴雨增多，因此产生的洪涝灾害为内陆城市带来重大社会经济损失。国内研究在学科合作的基础上，分类细化框架结构、指标体系等理论研究网，促进韧性城市规划设计研究的理论完善，不断丰富韧性框架下的中、微观研究。

（二）技术层面

1. 耦合多元量化技术

在实地调研的基础上，实时数据采集和大数据爬虫等多源数据获取技术、3S 技术，以及二、三维模型模拟预测等新技术方法在领域内得到发展应用，为韧性城市规划设计增加了科学性。面对城市问题和灾害的连锁反应，单一技术手段难以满足复杂的韧性研究，大数据获取、数字图像反演识别、3D 模型模拟预测与规划设计软件还将进行后续开发耦合，韧性城市规划设计的量化方法还将涌现，并不断催生新的研究热点。

2. 探索生态化减灾技术

堤岸设施、雨洪管渠等工程技术手段正不断成熟并应用于城市新区建设中。而城市老区的设施改造很大程度上受现有条件制约，因此因地制宜开展生态化技术探索具有重要意义。对于易受海陆相互作用影响的海岸带城市，建立智慧化灾害预警技术，建设与生态设施、生活设施相结合的灾害缓冲带；对于易受雨涝影响的重要内陆城市，开展依托柔性生态化技术的低影响开发建设等有益技术探索。

（三）实践层面

1. 鼓励韧性建设实践

理论探索是科学研究和技术进步的必由之路，实践应用则关系着实际问题的解决。当前国内外研究主要通过框架和模型构建的方式进行理论与实践的结合，距离项目实践和推广应用还较远。给予“产学研”类型的研究更多支持和侧重，有助于鼓励学者“转型”发展，如荷兰政府批准了

4TU（荷兰 4 所知名的理工类大学组成的联盟）韧性工程中心有关韧性基础设施设计施工和人才培养的提案。与非政府组织等开展项目合作也有助于推进韧性实践探索，如洛克菲勒基金会的“100 韧性城市”项目网、联合国减灾署的 ACCCRN 项目四和 EMI 组织韧性建设实践。

2. 保障多元主体参与

城市规划设计依托于城市发展实情，面对多元问题考验和多方利益诉求，最终决策结果往往是多方妥协、彼此均衡的最佳策略集合，关注多元参与主体是韧性城市规划设计的重要趋势之一。近年来，我国城市建设逐渐由原来政府部门和开发商的“一拍即合”发展为公众参与、共谋发展，部分发达国家已经形成相对完善成熟的公众参与体系，为各方利益主体提供发声机会。但我国的公众参与尚在起步阶段，如何平衡多元主体间的复杂博弈，保障各参与主体在韧性城市规划设计和运营管理中发挥作用还有待实践摸索。

3. 开展敏感地区和重点地区的实践探索

城市规划管理的缺失、度假村及渔村在海岸线禁建区违规建设，都增加了海岸带地区人员及财产损失的风险。韧性规划设计实践对海岸带等敏感地区的防灾安全和生态保护意义重大。发达国家对海岸带城市韧性规划设计开展的一系列工程实践做法，对我国具有重要的参考借鉴意义，例如：①通过后退原有堤岸形成缓冲风暴潮等灾害的泛洪区，使主要建设区远离灾害风险网；②在后退堤岸的泛洪区范围内进行自然生态建设，以生态环境作为首道堤防设施；③在近岸水域进行堤岸的自然生态化处理，采用沉排式石笼、截柳杆结合连根树桩、草木梢捆等护岸做法形成缓冲型生态设施，弱化波浪对海岸的冲刷，缓解堤岸设施的防波压力。此外，项目实施流程等也需进行相应规范。

暴雨、干旱等极端天气显著影响内陆城市韧性，城市海绵建设能够增强内陆城市含蓄水源的能力，借助下凹绿地、雨水花园、屋顶绿地和生态植草沟等海绵设施模拟城市开发前的雨水生态循环网，少量降雨时，积蓄并涵养雨水，大量降雨时，分担排水管渠压力。近年来，国内海绵城市建设试点也已初见成效网，相关工程做法将为提升内陆城市韧性提供经验。此外，以雨水管理税等机制进行海绵城市建设的市场引导，通过建立体系标准、政策法规等明确韧性规划的指导地位，可为内陆城市的韧性规划实践奠定良好的基础。

第三章　地质灾害与韧性城市规划

第一节　地质灾害与城市规划

一、地质灾害属性及分类

地质作用是促使地壳的物质组分、构造和表面形态等不断变化和发展的各种作用，其能量来自太阳辐射、日月引力、地球转动、重力和放射性元素蜕变等。地质灾害系指在自然和人为因素作用与激发下形成的，造成人类生命财产直接或间接损失的现象。发生在荒无人烟地区的崩塌、滑坡、泥石流等，没有直接造成人类生命财产的毁损，则称为环境地质问题。

（一）地质灾害属性

地质灾害的自然属性与社会经济属性是一个统一的整体。自然属性是指与地质灾害的动力过程有关的自然特征，如地质灾害的规模、强度、频次，以及孕育条件、变化规律等。社会经济属性主要指与成灾活动密切相关的人类社会经济特征，如人口和财产的分布、工程建设活动、资源开发、经济发展水平、防灾能力等。具体表现为以下七个方面。

1. 必然性与可防御性

地质灾害是地球内外力地质作用的产物，是伴随地球运动而生并与人类共存的必然现象。人类可通过探索研究，掌握地质灾害发生、发展的条件与时空分布规律，进行科学的预测预报，采取适当措施，有效防御地质灾害的威胁。

2. 随机性和周期性

由于地质灾害是在多因素影响下由多种动力作用形成的，其发生的时间、地点和强度具有很大的不确定性，是复杂的随机事件。一方面，地质现象本身的发生具有随机性；另一方面，人类的防灾减灾能力也具有一定的随机性。由于地球本身的演化发展具有周期性，以及地质灾害的孕灾和成灾的时间性，地质灾害亦具有周期性特征，研究地质灾害的周期性规律，可以节约防灾减灾的人力物力，提高防灾减灾效益。

3. 突发性和渐进性

按灾害发生和持续时间的长短，地质灾害可分为突发性地质灾害和渐近性地质灾害两大类。突发性地质灾害具有骤然发生、历时短、爆发力强、成灾快、危害大的特征，如地震、火山、滑坡、崩塌、泥石流等。渐进性地质灾害是指缓慢发生，以物理的、化学的和生物的变异、迁移、交换等作用逐步发展而产生的灾害，如土地荒漠化、水土流失、地面沉降、煤田自燃等。地质灾害的渐进性又为人类防御和减轻地质灾害的危害提供了基础。

4. 群发性和诱发性

许多地质灾害不是孤立发生的，而且一种灾害的结果可能成为另一种灾害的诱因，如我国西南地区因为有大量的危岩和滑体，暴雨后极易发生崩塌、滑坡，进而诱发泥石流灾害。

5. 成因多元性和原地复发性

多数地质灾害的成因具有多元性，受气候、地形、地貌、地质构造和人为活动等综合因素的制约。某些地质灾害还具有原地复发性特征，如川藏公路沿线的古乡冰川泥石流，一年内曾发生几十余次，国内罕见。

6. 破坏性与“建设性”

地质灾害对人类而言，主导作用是破坏，但相对而言，有时可能具有“建设性”作用，如上游水土流失可为下游提供肥沃的土壤。

7. 人为地质灾害的日趋显著性，防治的社会性和迫切性

由于人口激增，人类需求快速增长，经济开发活动日益强烈，地质环境日益恶化，导致大量次生地质灾害发生，如地面沉降、海水入侵、土地

荒漠化等，地质灾害给灾区社会经济发展造成广泛而深刻的影响。

（二）地质灾害的分类与分级

1. 地质灾害分类

目前，地质灾害具有多种分类方案。这里主要介绍中华人民共和国地质矿产行业标准《地质灾害分类分级（试行）》（DZ0238—2004）的分类体系。

（1）按致灾地质作用的性质和发生处所分类

地质灾害分为地球内动力活动灾害、斜坡岩土体运动灾害、地面变形破裂灾害、垮山与地下工程灾害、河湖水库灾害、海洋及海岸带灾害、特殊土灾害和土地退化灾害八类。

（2）按成灾过程的快慢划分灾型

根据活动过程把地质灾害分为突变型和缓变型。突然发生并在较短时间内完成灾害活动过程的地质灾害为突变型地质灾害；发生过程缓慢，随时间延续累进发展的地质灾害为缓慢型地质灾害。

（3）根据地质灾害的特征划分灾种

①突变型地质灾害。地震灾害、火山灾害、崩塌灾害、滑坡灾害、泥石流灾害、地面塌陷灾害、地裂缝灾害、矿井突水灾害、冲击地压灾害、瓦斯突出灾害、围岩岩爆及大变形灾害、河岸坍塌灾害、管涌灾害、河堤溃决灾害、海啸灾害、风暴潮灾害、海面异常升降灾害、黄土湿陷灾害、沙土液化灾害。

②缓变型地质灾害。地面沉降灾害、煤层自燃灾害、矿井热害、河湖港口淤积灾害、水质恶化灾害、海水入侵灾害、海岸侵蚀灾害、海岸淤进灾害、软土触变灾害、膨胀土膨缩灾害、冻土冻融灾害、土地沙漠化灾害、土地盐渍化灾害、土地沼泽化灾害、水土流失灾害。

2. 地质灾害分级

地质灾害分级是指以等级的方式划分一次地质灾害事件的活动程度或

破坏损失程度。根据灾害活动的强度或破坏损失程度、规模、速度等指标反映地质灾害的活动程度，称为灾变分级；根据地质灾害造成的人员伤亡、直接经济损失等指标反映地质灾害破坏损失程度，称为灾度分级；在灾害活动概率分析基础上核算出来的期望损失级别划分称为风险分级。

二、中国城市地质灾害

城市是一个综合区域，反映地质环境各个要素构成的综合特征，不同的地质环境条件对应着不同的地质灾害，城市地质灾害集中反映地质灾害优势灾种的特征。要想有效防治城市地质灾害的发生和最大限度减少地质灾害带来的损失，就必须正确进行防灾减灾的决策，而正确的决策要建立在对城市地质灾害的特征、类型及危险性评价的基础上。抓住城市地质灾害的基本特征和主要类型，有针对性地开展城市地质灾害的防治，既可达到减灾和保护地质环境的目的，又可为城市建设提供有利的条件和安全保障。

（一）中国城市地质灾害的基本特征

我国地域辽阔，地质地貌类型齐全，平原城市、沿海城市、山区城市及各类矿业城市类型多种多样。虽然城市地质灾害具有共性，但不同的城市类型决定了各个城市的地质灾害具有各自的特点。

1. 区城性

中国城市地质灾害的形成具有其特殊的区域性规律。中国沿海地区城市的主要城市地质灾害以海侵、海蚀为主；平原区城市的城市地质灾害表现为地下水漏斗引起的地质灾害；山区城市的城市地质灾害以崩塌、滑坡、泥石流等山地地质灾害集中而突出；大多数矿业城市的地质灾害为地面沉降、地裂缝、岩溶塌陷等。

城市所处的地质环境及地质灾害形成的基本规律决定了城市地质灾害具有综合叠加特征，一座城市往往存在多种地质灾害，城市地质灾害的发生随不同时间、不同条件表现的优势灾种不同。但无论如何，城市地质灾害一般首先服从于区域性规律，同时又必然反映城市自身特点。

2. 主灾性

某城市地质灾害的主要灾种即为该城市地质灾害的主灾性。城市地质灾害的主灾性主要特征表现为不同地貌类型城市的地质灾害的主灾性不同，即城市所处的地质地貌环境决定不同的主要灾种的发生。

（1）内陆平原城市的主灾性

平原区是中国城市主要的集中区域之一，该区域的主要城市地质灾害为：地震灾害、地面沉降、岩溶塌陷、地裂缝等。

（2）山区城市的主灾性

与山区城市关系最密切的地质灾害当属崩塌、滑坡、泥石流等。此外，局部地区水土流失严重，在高纬度、高海拔地区的城市尚存在冻土灾害，位于地壳稳定性较差、构造发育区域的城市要考虑地震危险。

（3）沿海城市的主灾性

沿海城市的地质灾害与内陆平原城市有相同之处：以地震灾害、软土震陷、砂土液化和地面变形灾害、地面沉降、岩溶塌陷、地裂缝为主。除此之外，沿海城市重要的地质灾害还包括：海水入侵、港口淤积、盐渍化，以及海浪、潮汐等地质营力对海岸带岩土体的改造破坏等。

（4）矿业城市的主灾性

该类城市大多数是伴随矿产资源开发而兴建、发展起来的。因此，该类城市的地质灾害特点必然与矿产资源开发密切相关，矿产资源开发不可避免地形成地下采空区，采空塌陷便成为矿业城市最普遍存在的地质灾害类型。此外，地表塌陷、废矿渣堆载及其环境污染、滑坡、泥石流等也是该类城市普遍存在的地质灾害。

3. 影响性

城市地区由于人口密度大、工业产值高，固定资产多，所以无论是哪种地质作用形成的何种地质灾害，一旦发生，将会造成比非城市地区大得多的经济损失和人员伤亡。所以，重视和加强城市，特别是大中城市的地质灾害防治工作，具有更为突出的政治和经济意义。

（二）中国城市地质灾害的基本类型

城市地质灾害主要是以地质营力作用而引起的自然灾害，它包括两个基本条件：致灾的动力条件，即因地质动力作用形成的灾害事件；致灾的后果条件，即对人类生命财产和生存条件、环境产生损毁的地质事件。中国城市地质灾害的类型多种多样，不同地区不同城市的地质灾害类型既有相同之处，也有各自的特点。

1. 按地质动力学分类

地质灾害产生的主要原因是在地质灾害形成的地质地貌等自然条件下，在各种动力（包括内、外动力）的推动作用下成灾的。同样，中国城市地质灾害的形成按地质动力学的标准也主要分为内动力地质作用城市地质灾害和外动力地质作用城市地质灾害两种类型。

2. 按地质体（环境）变化速度分类

按照本分类原则，城市地质灾害可以大致分成突发性城市地质灾害和渐变性城市地质灾害两大类。突发性城市地质灾害包括地震、火灾、崩塌、滑坡、泥石流、地裂缝等；渐变性城市地质灾害包括地面沉降、海水入侵、垃圾污染、建筑地基变形、海岸侵蚀等。

三、我国主要城市地质灾害及其灾前评估分析

不同的城市有各自不同的地质灾害，各种城市地质灾害又有不同的表征现象和主控因素，对主要的城市地质灾害进行分析是防灾、减灾的关键和前提。

（一）平原区主要城市地质灾害及其灾前评估因素

我国平原城市所存在的主要地质灾害类型一般有：地震灾害、地面沉

降、岩溶塌陷、地裂缝等。

1. 地震

我国地震活动的特点是：分布广、频率高、强度大、震源浅、危害大。我国地震烈度Ⅶ度以上地区面积达 312 万 km²，约占国土总面积的 32.5%，我国有 1/3 的大城市和 2/5 的中等城市位于地震基本烈度 V Ⅶ度及 V Ⅶ度以上地区。北京、天津、西安、兰州、太原、包头、海口、呼和浩特、汕头、海口等城市的地震烈度达到Ⅶ度，为地土液化及未来可能的震中位置。

2. 地面沉降、岩溶塌陷及地裂缝

地面沉降是在自然和人为因素的作用下形成的地表垂直下降现象。致灾的自然因素主要为构造升降运动，以及地震、火山活动等；人为因素一般为过度开采地下水、油气及其他局部性荷载体。岩溶塌陷主要是岩溶洞隙上方的岩土体在人为或自然动力的作用下，发生形变而向下陷落。

地裂缝是地表岩土体在人为或自然动力的作用下产生开裂而在地面形成裂缝的现象。包括地震地裂缝、构造地裂缝、非构造地裂缝及混合成因的地裂缝。此类城市地质灾害的生成规律具有一定的相关性，进行灾前评估时最关键是要抓住岩土体性质致灾因素，这样就可以大致判断该类城市地质灾害可能发生的位置和致灾程度。其他灾前评估重要因素是该类灾害的主要诱因——地下水的动态变化规律。

（二）沿海区主要城市地质灾害及其灾前评估因素

中国沿海地区城市由于处于环太平洋地震带上，自然地质灾害发生的频次较大，再加上沿海地区城市发展较快，城市建设等人类活动对本身的地质环境改造力度较大。因此，沿海城市的地质灾害发生频次和严重程度也较为严重。沿海城市地质灾害和平原区城市地质灾害既有相同之处，即地震灾害（软土震陷、砂土液化）、地面沉降、岩溶塌陷及地裂缝，也有不同之处，即沿海城市极易受土地盐渍化、海水入侵、风暴潮灾害、海岸蚀退灾害的影响，部分港口城市甚至出现港口淤积的现象。沿海城市地质灾害的致灾因素主要的特殊方面是海水作用对城市的影响，其灾前评估的主要因素为以下方面：地壳下降（构造运动强度、地壳下降速率）；海平面上升（气候变化、温室效应）；地面沉降（岩土性质及其沉积年代、地下水的动态变化）；其他作用的影响（河流淤积致使三角洲扩大、海浪的侵蚀致使海岸后退）等。沿海城市的地质灾害危险性评估应从上述方面进行，确定与之相关的主要影响因素并具体分析。

（三）山区主要城市地质灾害及其灾前评估因素

山区城市的地质构造一般较为复杂，突发性的地质灾害严重。山区城市的地质灾害最为常发的当属泥石流、滑坡、崩塌，以及局部的水土严重流失、高纬度高海拔区域城市的冻土灾害等。

对山区城市地质灾害的灾前评估，首先应确定该城市的基本地质条件（岩性、构造、地形地貌）及灾害的触发条件（降水量及其集中程度、人类工程活动的强度和频度）。在此基础上对其致灾因素，即地质环境因素（地形地貌、地层岩性、地质构造）、自然因素（气候条件河流侵蚀强度、沟谷发育程度、植被覆盖程度、地震烈度、人类工程活动强度及频度）进行灾前分析、评估，对灾害进行预测、防范和治理。

（四）矿业城市主要地质灾害及其灾前评估因素

矿业城市大都是因矿产资源的开发而兴起的，因而该类城市的地质灾害与矿业开发密切相关。矿产资源的开采使城市地下形成巨大的采空区，采空区的地面塌陷便成为矿业城市除其他地质灾害外，最具典型代表的城市地质灾害类型。另外，矿产资源的开发过程中产生的“三废”不但占用大量的储存空间，而且容易造成岩土和水体的污染，如果堆放不合理甚至可能造成局部的滑坡、泥石流等地质灾害。

对矿业城市地质灾害的灾前评估首先要确定采空区的分布，但采空区的塌陷与否还要取决于围岩的性质、开采强度、顶板厚度、地下水活动强度、人类作用的影响等因素。其中，人类作用的影响——地表建筑物、抽排地下水在此是最重要的因素。

矿业城市中主要的地质灾害——地面塌陷的灾前评估因素主要包括：开采强度（采深、采厚、采空区面积）、围岩性质（岩性、岩体结构、顶板厚度）、施工方式（开采速率、掘进方式、预留矿柱类型）及人类活动的影响（抽排地下水强度、地表荷载及加荷速率等）。

四、城市地质灾害防治规划

（一）地质灾害对城市安全和城市规划的影响

城市地质灾害的发生和潜在隐患危害城市的安全。为保证城市的安全，按照城市规划的工作阶段，城市地质灾害对城市规划的影响体现在两大方面。

第一，对城市总体规划阶段的影响：①城市用地适用评价结论的科学性；②城市用地选择和用地发展方向的合理性；③城市用地总体布局和对各类用地具体部署的适当性；④城市综合防灾规划的完整性。

第二，对城市详细规划和具体项目选址的影响：①具体地块的建设性质和适建范围的合理确定；②具体地块建筑高度、建筑密度、建筑容积率和重要建筑具体位置的合理确定；③具体地块工程防护措施、防护范围、安全间距的合理确定。

（二）城市地质安全战略和城市地质灾害防治规划的特点

城市安全涉及城市防洪、抗震、消防、人防、地质和犯罪诸方面。城市规划最主要的任务和最本质的特性是建设用地的选择和安排。从这个意义上说，城市地质安全对城市规划本身的影响最为直接。因此，合理编制城市地质灾害防治规划，合理确定城市地质灾害防救的城市地质安全战略，对城市的发展影响重大。

在新形势下针对城市地质灾害，尤其是城市地质人为灾害对人民生命财产和城市生活、生态环境造成了巨大损失，为了有效防治城市地质灾害，并给城市规划编制及工程项目选址、设计、建设提供充分和必要的依据，就必须编制城市地质灾害防治规划。

城市地质灾害防治规划属于城市规划的理论范畴，按工作阶段可分为总体规划和详细规划两大阶段。总体规划阶段的城市地质灾害防治规划主要解决城市地质安全战略和城市地质灾害危险性评价、灾害分区、重点防治区城和防救对策等城市总体规划层面的地质灾害防治问题。城市地质安全战略是城市总体安全战略的重要组成部分，其核心是确定城市地质灾害防救的目标、原则、灾害预防、应急、恢复，以及重建的重点、措施和总体战略部署。城市地质灾害防治规划除在城市总体规划文件中必须有“城市用地评价”和“城市综合防灾规划”的相关章节和专题报告外，对于地质灾害多发和有地质灾害潜在危险的地区，必须编制城市地质灾害防治专项规划。详细规划阶段的城市地质灾害防治规划主要针对城市部分区城提出地质灾害评价及具体的防治措施。

（三）城市地质灾害防治规划的基本内容和与相关规划的关系

1. 城市地质灾害防治规划的基本内容

（1）城市地质自然灾害调查

在全面调查的基础上分析城市各项地质灾害的空间分布、形成原因、诱发因素、危害程度和影响范围，掌握城市地质自然灾害的构成因素及其特点。需要掌握的主要资料：①区域地震资料：区城地震动参数区划，区城地震活动断裂分布与推测，区城历史与现今地震震中、烈度及城市抗震设防等级，城市重点区城、典型区域地震安全性评价资料。②城市区城地质构造资料：地下断层、暗河、熔岩、山体地质构造分布情况。③城市工程地质勘查普查资料：城市区城地表岩土结构、地基承载力、地下水位、含水层。④区城采矿资料：城市邻近区城地下矿藏、现有或废弃矿井及开采区、采空区位置和地面深度、尾矿和废渣区位置、城市区域采石矿场位置。⑤灾害性气象资料：台风、暴雨等灾害性气候发生情况及造成山洪、滑坡、泥石流的资料等。

（2）城市地质人为灾害调查

调查分析由于高切坡、深开挖的采石、隧道、建筑基础施工和采矿、人防工事等工程可能导致或引发山体滑坡、泥石流、地面塌陷、水土流失等地表性地质自然灾害的发生，对事故点、危害区域、危害程度进行评价。

（3）城市地质灾害危险性评价

在对地震、滑坡、塌陷等城市各项地质自然灾害和人为灾害深入分析的基础上，按照对城市影响的程度、范围进行单项区划，并在此基础上加权叠合，对城市地质灾害的危险性进行综合评价和综合区划，将城市区城和拟发展的区城按危险等级进行分区，如Ⅰ类区（安全区、适宜建设区）、Ⅱ类区（较安全区、有限制的建设区、须采取工程防范措施）、Ⅲ类区（较不安全区、须采取工程防范措施和严格控制的建设区）、Ⅳ类区（危险区及禁止建设区），为城市用地选择和项目选址提供依据。

（4）城市地质灾害防治规划的成果和深度

参照《城市规划编制办法》，城市地质灾害防治规划文件包括规划文本（文本和图则）、附件（规划说明、专题报告、基础资料）。

城市地质灾害防治规划主要图纸：①城市地质灾害分布图；②区城地质构造图；③城市地形地貌现状图；④城市地下矿藏、矿井及开采区分布图；⑤城市地质灾害影响范围分析图；⑥城市地质灾害分区评价图；⑦城市用地评价图；⑧城市地质灾害重点防范区城分布图；⑨城市地质灾害防治规划图。

城市地质灾害防治规划主要专题报告和规划文本重点内容：根据城市地质情况的复杂性、地质灾害的危险性，有必要对城市影响特别大的地质灾害作为专题进行研究、专题内容、数量根据具体需要确定。主要的专题和重点内容有：城市抗震、避震规划与对策，城市地质灾害危险性评估报告，城市主要地质灾害隐患评估及其防治对策，对现城市规划用地的安全性评价和调整建议，城市地质安全战略及灾害防救组织体系等。

2. 城市地质灾害防治规划与相关规划的关系

（1）与城市总体规划的关系

城市地质灾害防治规划与城市总体规划的关系体现在两个方面：其一，城市地质灾害防治规划是城市总体规划的重要依据。城市地质灾害防治规划是城市用地评价的主要内容，在开展城市用地评价、选择城市用地发展方向和进行用地功能布局中，必须根据翔实、确切的地质普查资料、地震资料、地下矿井及采空区分布等资料，论证地质灾害及隐患的影响范围、程度，确认该地区作为建设用地的适用性和适用范围，确保用地的安全性。其二，城市地质灾害防治规划是城市总体规划的重要组成部分。城市总体规划必须包含城市地质灾害防治规划的相关内容。

（2）与城市综合防灾规划的关系

城市综合防灾规划由城市地质灾害防治规划、城市防洪规划、城市排涝规划、城市消防规划、城市抗震规划和城市人防规划组成，城市地质灾害防治规划是城市综合防灾规划的重要内容之一。

（3）与城市抗震规划的关系

地震是城市地质灾害防治的重点。城市地质灾害防治规划和城市抗震规划关系密切，但二者的研究目的和角度不同。城市抗震规划从城市地震减灾的角度，研究城市的抗震等级、地震区划、避震疏散、建筑抗震加固，以及通讯指挥、交通、供电等城市生命线工程防灾措施等城市抗震的目标、战略和部署，规划的目的是力求将地震所致的损失降至最低。城市地质灾害防治规划是从用地安全性、适用性的角度，通过地质灾害影响评价，为城市发展选择地质灾害影响程度最小的用地区域，并对城市区域内的地质灾害及隐患提出防治措施。城市抗震规划的相关内容要纳入城市地质灾害防治规划。

五、地震

（一）地震及相关概念

地震即地面震动，它与风雨、雷电一样，是一种极为普遍的自然现象。强烈的地面震动，即强烈地震会直接或间接造成破坏，成为灾害，统称为地震灾害，简称“震灾”。由于地震是地球内部缓慢累积起来的应力突然释放而引起的大地突然运动，因而是一种危害最大的潜在自然灾害。直接地震灾害是指由强烈地面振动波及形成的地面断裂和变形，引起建筑物倒塌和破坏，造成人员伤亡和经济损失。与地震相关的灾害，包括地面振动、地表断裂、地面破坏及海啸等。

大量地震灾害统计表明，一次地震可在瞬息间毁灭整个城市或一个城市区域，破坏价值数十亿至上百亿美元的城市设施及建筑物，从根本上使城市的社会经济功能完全瘫痪。从全球来看，历史上发生在城市的地震并不多，但地震造成的损失却集中在城市。这是因为城市人口集中，工商业密集，建筑物鳞次栉比，一旦市区及附近地区遇有大震，损失就非常巨大。

强烈地震一旦发生在人口密集的城市或其邻近地区，将会造成巨大灾难。抗震规划设计的目的就是减轻地震损失，降低震害伤亡，使人民的生命财产损失降至最低，同时使地震发生时诸如消防、救护等活动得以维持和进行。

1. 震源与震中

地震一般发生在地球内部地壳和地幔中的特殊部位，通常把地球内部发生地震的地方称为震源。理论上常将震源看作一个点，实际上它是具有一定规模的区域。震源在地面上的投影叫震中。与震源相类似，震中也是一个区域，即震中区。

2. 震级与烈度

地震震级与地震烈度是表征地震特征的基本参数，在抗震防灾规划和工程设计中常以此为重要依据。

（1）地震震级

地震的震级即地震的级别，它表示地震震源释放能量的大小。目前，国际上比较通用的是 1935 年里克特（Richer，C.F.）提出的里氏震级。它是以标准地震仪所记录的最大水平位移（振幅 A，以 um 计）的常用对数值来表示该次地震震级，并用 M 表示，即 M=lg A。

（2）地震烈度

地震烈度是指某一地区受到地震以后，地面及建筑物等受到地震影响的强弱程度。对于一次地震来说，表示地震大小的震级只有一个，但是由于各区域距震中远近不同，地质构造情况不同，所受到的地震影响不一样，所以地震烈度也有所不同。一般情况下，震中区烈度最大，离震中越远则烈度越小。震中区的烈度称为“震中烈度”，用 1 表示，我国和国际上普遍将地震烈度分为 12 个等级。1~3 度，人无感觉；4 度，人有感觉，吊灯摇晃；6 度，建筑可能有损坏；7 度，砖石房屋多数有轻微损坏；8~9 度，大多房屋损坏、少数倒塌；10 度，许多房屋倒塌；11 ～ 12 度，普遍毁坏。例如，1976 年 7 月 28 日唐山一丰南地震，震级 M=7.8，震中烈度为 10 ～ 11 度。地震烈度与震级是一个问题的两个方面，它们之间的相互关系可以用下式近似表达：M=0.581（烈度）+1.5。

3. 地震基本烈度

基本烈度是指某一地区，在今后一定时间内和一般场地条件下，可能普遍遭遇到的最大地震烈度值，即现行《中国地震烈度区划图》规定的烈度。所谓“一定时间内”系以 100 年为期限。100 年内可能发生的最大地震烈度是以长期地震预报为依据。此期限只适用于一般工业与民用建筑的使用期限，我国规定 6 度以上的地区为抗震设防区，低于 6 度的地区称为非抗震设防区。地震烈度在 6 度以上的城市都应编制抗震防灾规划，并纳入城市总体规划，统一组织实施。位于 7 度以上（含 7 度）地区的大中型工矿企业，应编制与城市抗震防灾规划相结合的抗震防灾对策或措施。

4. 抗震设防烈度和设计烈度

我国建筑物抗震设计的原则是“小震不坏、中震可修、大震不倒”。当遭受到低于本地区抗震设防烈度的多遇地震影响时，建筑物可能损坏，但经过一般修理或不需要修理仍然可以继续使用；当遭受到高于本地区抗震设防烈度的罕遇地震影响时，建筑物不致倒塌或发生危及生命安全的严重破坏。

（1）设防烈度

抗震设防烈度是指国家批准权限审定，作为一个地区抗震设防依据的地震烈度。一般情况下，取 50 年内超越概率 10% 的地震烈度，相当于基本烈度。其中，超越概率系指地震事件超过某一重现期发生的频率。设防烈度的经济意义很大，“小震不坏，大震不倒”具体体现为以下三种水准要求。

第一，50 年内，超越概率 63% 的地震烈度，为众值烈度，比基本烈度低 1.5 度：建筑处于正常使用状态（小震不坏，建筑处于弹性阶段）。

第二，50 年内，超越概率 10% 的地震烈度，相当于基本烈度：损坏控制在可修复范围（建筑部分达到塑性阶段，控制变形在许可范围）。

第三，50 年内，超越概率 2%~3% 的地震烈度，为罕遇地震：避免倒塌（建筑处于塑性阶段，控制变形避免倒塌）。

（2）设计烈度

设计烈度是在基本烈度的基础上，根据建筑物的重要性按区别对待的原则进行调整确定的，这是抗震设计时实际采用的烈度。

（3）建筑抗震类别

根据建筑物重要性确定不同的抗震设计标准，通常分为甲、乙、丙、丁四类。①特殊设防类。特殊设防类是指使用上有特殊设施，涉及国家公共安全的重大建筑工程和地震时可能发生严重次生灾害等特别重大灾害后果，需要进行特殊设防的建筑。简称“甲类”。抗震设防标准应高于本地区抗震设防烈度（基本烈度）1 度，并采取特殊抗震措施。②重点设防类。重点设防类是指地震时使用功能不能中断或需尽快恢复的生命线相关建筑及地震时可能导致大量人员伤亡等重大灾害后果，需要提高设防标准的建筑。简称“乙类”。抗震设防标准应高于本地区抗震设防烈度（基本烈度）1 度。③标准设防类。标准设防类是指大量的除甲、乙类以外按标准要求进行设防的建筑。简称“丙类”。抗震设防标准应采用本地区抗震设防烈度，即基本烈度。④适度设防类。适度设防类是指使用上人员稀少且震损不致产生次生灾害，允许在一定条件下适度降低要求的建筑。简称“丁类”。抗震设防标准应采用本地区抗震设防烈度，即基本烈度。抗震设防标准应低于本地区抗震设防烈度（基本烈度）1 度，设防烈度为 6 度时不应降低。

（二）地震分类

1. 按地震成因划分

地震按其成因分为两大类，即天然地震和人为地震。天然地震又分为构造地震和火山地震。构造地震是天然地震的主要形式，它是由地层下深处岩石破裂、错动把长期累积起来的能量急剧释放，引起山摇地动，约占地震总数的 90%。其次是由火山喷发引起的地震，称为火山地震，约占地震总数的 7%。人为地震是由人为活动引起的地震，如工业爆破、地下核爆炸等。此外，在深井中进行高压注水及大水库蓄水后增加了地壳的压力，有时也会诱发地震。一般人们所说的地震，多指天然地震，特别是构造地震，这种地震对人类危害和影响最大。

2. 按人类感觉划分

地震按照人类感觉分为有感地震和无感地震。在一般情况下，小于 3 级的地震，人们感觉不到，称为微震或无感地震；3 级以上的地震称为有感地震。地球上平均每年发生可以记录到的大小地震次数达 500 万次，有感地震 15 万次以上，其中能造成严重破坏的地震约 20 次。

3. 按震源距离划分

地震按照其震源距离地表的远近划分为浅源地震、中深源地震和深源地震。通常把地震距离地表 70 km 以内的地震称为浅源地震；深度在 70~300 km 的地震称为中深源地震；深度在 300 km 以上的地震称为深源地震。我国除了东北和东海一带少数中深源地震，绝大多数地震的震源深度在 40 km 以内；大陆东部的震源更浅一些，多在 10~20 km。

4. 按地震震级划分

按里氏震级可将地震分为 10 级。一般来说，小于 2 级的地震人们感觉不到，称作微震；2~4 级的地震人们已有所感觉，物体也有晃动，称有感地震；5 级以上，在震中附近已引起不同程度的破坏，统称为破坏性地震；7 级以上为强烈地震或大地震；8 级以上称特大地震。到目前为止，所记录到的世界最大地震是 2011 年 3 月 11 日发生在日本本州东海岸附近海域的 9.0 级地震。

（三）地震分布

1. 地球上主要有两组地震活动带

（1）环太平洋地震带：沿南北美洲西岸至日本，再经我国台湾地区到达菲律宾和新西兰。

（2）地中海南亚地震带：西起地中海，经土耳其、伊朗、我国西部和西南地区、缅甸、印度尼西亚与环太平洋地震带相衔接。

我国地处两大地震带中间，是世界地震多发国之一。从历史地震状况看，全国除了个别省份，绝大部分地区都发生过较强的破坏性地震，许多地区的地震活动在目前仍然相当强烈。

2. 我国地震分布

我国主要分布着三条地震带：一条是北起贺兰山经六盘山南下穿越秦岭，沿川西直至云南省东南部的南北地震带；东西地震带有两条，一条沿陕西、山西、河北北部向东延伸直至辽宁省东北部，另一条西起帕米尔高原，经昆仑山、秦岭直至大别山区。

地震已成为我国城市自然灾害危险度最大的“首灾”，其一是中国地震活动分布区域广，6 度及其以上地区占全部国土面积的 60%，因而震中分散，难以捕捉防御目标。其二是我国地震的震源浅、强度大，据多年统计有 2/3 地震发生在大陆且基本上是位于距地表 40 km 以内的浅源，因而对地面建筑物和工程设施破坏严重。其三是我国位于地震带、地震区域上的重要城市多，全国有 200 多个城市位于地震基本烈度 7 度及其以上地区，在 20 个特大城市中有 70% 在 7 度以上地区，尤其像北京、天津、西安、兰州、太原、大同、包头、海口等市甚至位于基本烈度 8 度的高危险区域中。

（四）影响地震灾害的主要因素

1. 震级

按照震级的大小，可将地震分为弱震（震级小于 3.0 级的地震，通常人们感觉不到）、有感地震（震级等于或大于 3.0 级，小于或等于 4.5 级的地震）、中强震（震级大于 4.5 级，小于 6.0 级的地震）、强震（震级等于或大于 6.0 级的地震，其中震级等于或大于 8.0 级的地震又称为巨大地震）。可见，震级越大，地震释放的能量就越多，就越容易造成地震灾害。

2. 发震时间

统计表明，发生在深夜和凌晨的大地震，由于人们都在室内熟睡，造成的人员伤亡要大于白天发生的地震。周末白天发生的地震，造成的人员伤亡要大于工作日白天发生的地震。另外，冬天和夏天、雨天和晴天发生地震后，造成的人员伤亡也会有一些差异。

3. 发震地点

发生在人口稠密地区的地震，造成的人员伤亡和财产损失远远高于人口稀少地区；发生在易产生地震次生灾害地区（位于地震破碎带和易发生崩塌、滑坡、泥石流等地震地质灾害区域，以及易发生火灾、环境污染、有毒有害物质扩散、地震海啸等区域）的大地震造成的人员伤亡和财产损失要大于次生灾害不易发生的地区。如2001年11月14日，青海省昆仑山口西发生8.1级地震，在地表形成了长达430千米的构造变形带，最大水平位移近7米，最大垂直位移近4米。但由于地震发生在人迹罕至的高原地区，没有造成人员伤亡和大的经济损失。而2010年4月14日，青海省玉树发生7.1级地震，形成长约23千米的地表破裂带，造成较大损失。

4. 震源深度

发生地震的震源深度越深，地震波的能量到达地表的就越少，就越不容易造成灾害。反之，震源深度越浅的地震，越容易形成地震灾害。按照震源深度可将地震分为浅源地震（震源深度小于60千米）、中源地震（震源深度等于或大于60千米，小于300千米）、深源地震（震源深度等于或大于300千米）。目前，世界上记录到的最深地震是1934年6月29日发生在印尼苏拉威西岛东部的地震，震级为6.9级，震源深度为720千米。我国震源深度最深的地震是1969年4月10日发生在吉林省珲春市的5.5级地震，震源深度为555千米。

5. 地震序列

一次大的地震发生后，震中区域内的山体、场地和建（构）筑物等都会遭受一定程度的损害。其后，如果再遭遇强余震、双震和震群，就会造成更严重的破坏。如1997年发生的新疆伽师强震群，震中区内的大多数房屋在持续不断的强震袭击下受到毁灭性的破坏。

6. 人口密度

发生在人口相对密集地区的浅源大地震，往往会造成巨大的人员伤亡和财产损失。如1755年11月1日发生在葡萄牙首都里斯本附近海域的8.7级地震，造成约9万人死亡。1923年9月1日发生在日本关东地区的7.9级地震，造成死亡和失踪14万余人。1976年5月31日发生在秘鲁钦博特的7.6级地震，造成6万多人死亡。1995年1月17日发生在日本阪神的7.2级地震，造成约6500人死亡。2003年12月26日发生在伊朗巴姆的6.3

级地震，造成约4.5万人死亡。2015年4月25日发生在尼泊尔博克拉的8.1级地震，造成8786人死亡。

六、城市抗震防灾规划

（一）城市抗震防灾规划的内容

城市抗震防灾规划应包括以下内容。

（1）易损性分析和防灾能力评价、地震危害性分析、地震对城市的影响及危害程度估计、不同程度地震下的震害预测等。

（2）城市抗震防灾规划目标、抗震设防标准。

（3）建设用地评价与要求：根据地震危害性分析、地震影响区划和震害预测，划出对抗震有利和不利的区域范围，不同地区适宜的建筑结构类型、建筑层数和不应进行工程建设的地域范围。其中包括：①城市抗震环境综合和评价，包括发震断裂、地震场地破坏效应的评价等；②抗震设防区划，包括场地适宜性分区和危险地段、不利地段的确定，提出用地布局要求；③各类用地上工程建设的抗震性能要求。

（4）抗震防灾措施：①市、区级避震通道及避震疏散场地（如绿地、广场等）和避难中心的设置与人员疏散的措施；②城市基础设施的规划建设要求，如城市交通、通信、给排水、燃气、电力、热力等生命线系统，以及消防、供油网络、医疗等重要设施的规划布局要求；③防止地震次生灾害，要求对地震可能引起的水灾、火灾、爆炸、放射性辐射、有毒物质扩散或者蔓延等次生灾害要有防灾对策；④重要建（构）筑物，超高建（构）筑物，人员密集的教育、文化、体育等设施的布局、间距和外部通道要求。

（5）防止次生灾害规划，其中主要包括水灾、火灾、爆炸、溢毒及放射性辐射等次生灾害的危害程度、防灾对策和措施。

（6）震前应急准备及震后抢险救灾规划。

（7）抗震防灾人才培训等。城市抗震防灾规划中的抗震设防标准、建设用地评价与要求、抗震防灾措施应当列为城市总体规划的强制性内容，作为编制城市详细规划的依据。

（二）城市抗震防灾规划目标与对策

1. 城市抗震防灾规划目标

为了提高城市的综合抗震防灾能力，最大限度减轻城市地震灾害，抗震规划应确定城市总体布局中的减灾策略和对策，确定抗震设防标准和防御目标，确定城市抗震设施建设、基础设施配套等抗震防灾规划要求与技术指标。

（1）逐步提高城市的综合抗震能力，最大限度减轻城市地震灾害，保障地震时人民生命财产的安全和经济建设的顺利进行。

（2）当遭受多遇地震时，城市一般功能正常；要害系统不遭受较重破坏，重要工矿企业能正常或很快恢复生产，人民生活基本正常。

（3）当遭受相当于抗震设防烈度的地震时，城市一般功能及生命系统基本正常，重要工矿企业能正常或者很快恢复生产；其震害不致使人民生命安全和重要生产设备遭受危害，建筑物（包括构筑物）不需要修理或者经过一般修理就可继续使用，管网震害控制在局部范围内，尽量避免造成次生灾害，并便于抢修和迅速恢复使用。

（4）当遭受罕遇地震时，城市功能不瘫痪，要害系统和生命线工程不遭受破坏，不发生严重的次生灾害。

（5）对各城市的地震危害性，直接采用国家地震部门颁布的《中国地震烈度区划图》规定的基本烈度，作为抗震防灾规划的防御目标。

2. 城市抗震防灾要求

（1）选择建设项目用地时应考虑对抗震有利的场地和基地，避免在地质上有断层通过或断层交汇的地带，特别是有活动断层的地段进行建设。选择建筑场地时，划分对建筑有利、不利及危险的地段。

（2）构建筑物基础与地基处理。同一结构单元不宜设置在性质截然不同的地基上；同一结构单元不宜部分采用天然地基，部分采用人工地基；当地基有软弱黏性土、液化土、新近填土及严重不均匀土层时，宜采取措施以加强基础的整体性和刚性。

（3）规划布局的抗震减灾措施：①城市抗震防灾规划中，对人口稠密区和公共场所必须考虑疏散问题。地震区居民点的房屋建筑密度不宜太高，房屋间距以不小于 1.1~1.5 倍房高为宜。烟囱、水塔等高耸构筑物，应与住宅（包括锅炉房等）保持不小于构筑物高度 1/3~1/4 的安全距离。易于酿成火灾、爆炸和气体中毒等次生灾害的工程项目应远离居民点住宅区。②抗震防灾工程规划设计要为地震时人员疏散、抗震救灾修建临时建筑用地留有余地。③道路规划要考虑地震时避难、疏散和救援的需要，保证必要的通道宽度并有多个出入口。④充分利用城市绿地、广场作为震时临时疏散场地。

（4）在单体建筑方面应选择经济上合理、技术上可行的抗震结构方案。矩形、方形、圆形的建筑平面，因形状规整，地震时能整体协调一致并可使结构处理简化，有较好的抗震效果。Ⅱ形、L 形、V 形建筑平面，因形状凸出凹进，地震时转角处应力集中，易于破坏，必须从结构布置和构造上加以处理。

（5）在抗震设防区不宜设置的房屋附属物。房屋附属物，如高门脸、女儿墙、挑檐及其他装饰物等，抗震能力极差，在抗震设防区不宜设置。

（6）采用轻质材料建造主体结构和围护结构。在满足抗震强度的前提下，尽量采用轻质材料来建造主体结构和围护结构，以减轻建筑物的重量。

（三）城市用地抗震评价

城市用地是城市规划区范围内赋以一定用途与功能的土地的统称，是用于城市建设和满足城市机能运转所需要的土地。通常所说的城市用地，既是指已经建设利用的土地，也包括已列入城市规划区范围内尚待开发建设的土地。广义的城市用地，还可包括按照城市规划法所确定的城市规划区内的非建设用地，如农田、林地、山地、水面等所占的土地。

城市用地抗震评价是城市抗震防灾规划的一项重要内容，是进行城市基础设施、城区建筑等各项抗震防灾规划的基础，主要包括：城市用地抗震防灾类型分区、场地地震破坏效应及不利地形影响估计、抗震适宜性评价。

1. 抗震防灾规划工作区划分

（1）编制模式：城市抗震防灾规划按照城市规模、重要性和抗震防灾要求，分为甲、乙、丙 3 种编制模式。甲类模式，位于地震烈度 7 度（地震动峰值加速度大于等于 0.10 g）及以上地区的大城市编制抗震防灾规划应采用甲类模式。乙类模式，中等城市和位于地震烈度 6 度（地震动峰值加速度等于 0.05 g）地区的大城市应不低于乙类模式。丙类模式，其他城市编制城市抗震防灾规划应不低于丙类模式。

（2）规划工作区划分：规划工作区（working district for the planning）是进行城市抗震防灾规划时根据不同区域的重要性和灾害规模效应及相应评价和规划要求对城市规划区所划分的不同级别的研究区域。进行城市抗震防灾规划和专题抗震防灾研究时，可根据城市不同区域的重要性和灾害规模效应，将城市规划区按照 4 种类别进行规划工作区划分。一类规划工作区，甲类模式城市规划区内的建成区和近期建设用地应为一类规划工作区。二类规划工作区，乙类模式城市规划区内的建成区和近期建设用地应不低于二类规划工作区。三类规划工作区，丙类模式城市规划区内的建成区和近期建设用地应不低于三类规划工作区。四类规划工作区，城市的中远期建设用地应不低于四类规划工作区。不同工作区的主要工作项目应符合《城市抗震防灾规划标准》（GB50413—2007）的要求。

2. 城市用地抗震防灾类型分区

城市用地抗震防灾类型分区应结合工作区地质地貌成因环境和典型勘查钻孔资料，根据地质和岩土特性进行分类：I 类，松散地层厚度不大于 5 m

的基岩分布区；Ⅱ类，二级及其以上阶地分布区，风化的丘陵区，河流冲积相地层厚度不大于 50 m 的分布区，软弱海相、湖相地层厚度大于 5 m 且不大于 15 m 的分布区；Ⅲ类，一级及其以下阶地地区，河流冲积相地层厚度大于 50 m 的分布区，软弱海相、湖相地层厚度大于 15 m 且不大于 80 m 的分布区；Ⅳ类，软弱海相、湖相地层厚度大于 80 m 的分布区。

（四）生命线抗震防灾规划

1. 生命线抗震防灾对象

城市抗震防灾规划中所指的基础设施与通常意义上的市政基础设施、生命线工程的含义有一定差异，前者是指维持现代城市或区域生存的功能系统及对国计民生和城市抗震防灾有重大影响的基础性工程设施系统，包括供电、供水和供气系统的主干管和交通系统的主干道路，以及对抗震救灾起重要作用的供电、供水、供气、交通、指挥、通信、医疗、消防、物资供应及保障等系统的重要建筑物和构筑物。在地震工程研究中，通常把城市基础设施泛称为城市生命线系统或生命线工程。

（1）供电系统：城市供电指挥调度中心、电厂系统（发电主厂房及主要设备）、输变电系统（电厂的主变电站和分设在各地的主变电站）、高压输电线路。

（2）供水系统：城市供水指挥调度中心，水源取水、输水构筑物，水厂主要建（构）筑物（水池、泵站、水塔等），供水主干管网。

（3）燃气系统：城市供气指挥调度中心，气源厂、门站、储气站、调压室等供气枢纽工程中的主要建（构）筑物和关键设施，供气主干管网。

（4）交通系统：城市交通指挥调度中心，交通枢纽工程（机场、港口、火车站、汽车站等），主要道路、桥梁、隧道、码头、铁路等交通系统关键节点和路线。

（5）通信系统：电信（移动等）、邮电、有线电视、无线、网络等系统的主要枢组建筑物，长途光缆中继站、通信塔、微波站等主要构筑物，关键电信设备。

（6）医疗系统：医院的主要建筑物、城市急救系统的主要建筑物（急救中心、血站、红十字中心等）、各医疗机构救助资源。

（7）消防系统：城市消防指挥中心、各消防单位装备、城市消防设施等。

（8）物资保障系统：城市的物资储备设施（粮库、战略物资储备库等）、物流系统等。

2. 生命线抗震防灾规划原则

当城市遭受抗震设防烈度的地震影响时，城市生命线工程的震害不致使人民生命安全和重要生产设备遭受危害，建筑物（包括构筑物）不需要修理或经过一般修理仍然可以继续使用，管网震害应控制在局部范围内，尽量避免造成次生灾害并便于抢修和迅速恢复使用。

（1）与抗震救灾有关的部门和单位（如通信、医疗、消防、公安、工程抢险等）应分布在建成区内受灾程度最低的地方，或者提高建筑物的抗震等级并有便利的联系通道。

（2）供水水源应有一个以上的备用水源，供水管道尽量与排水管道远离，以防在两种管道同时被震坏时饮用水被污染。

（3）多地震地区不宜发展燃气管道网和区域性高压蒸汽供热，少用和不用高架能源线，尤其绝对不能在高压输电线路下面搞建筑。

3. 生命线抗震防灾要求和措施

（1）应针对基础设施各系统的抗震安全和在抗震救灾中的重要作用提出合理有效的抗震防御标准和要求。

（2）应提出基础设施中需要加强抗震安全的重要建筑和构筑物。

（3）对不适宜的基础设施用地，应提出抗震改造和建设对策与要求。

（4）根据城市避震疏散等抗震防灾需要，提出城市基础设施布局和建设改造的抗震防灾对策与措施。

第二节 城市地质灾害防治规划现状及措施

一、中国地质灾害防治的现状

1. 主要成就

中华人民共和国成立以来，我国地质灾害防灾减灾工作取得了卓越显著的成效。早在 20 世纪 70 年代，“三线建设”中地质灾害防灾工作就受到中央政府的高度重视。1989 年，国务院规定地矿部承担地质灾害防治工作的组织协调职责。随后地质矿产部制定颁发了全国地质灾害防治工作规划纲要，提出应当贯彻执行对地质灾害的防治与经济社会发展相协调的战略。1994 年，中国政府在《中国 21 世纪议程》中指出了 21 世纪应对自然灾害的战略指导思想：提高对自然灾害的管理水平；加强防灾减灾体系建设减轻自然灾害损失；减少人为因素诱发、加重的自然灾害。2003 年 11 月，中国颁布了《地质灾害防治条例》，使地质灾害防治有了法律依据，其中第十三条规定“编制和实施土地利用总体规划、矿产资源规划以及水利、铁路、交通、能源等重大建设工程项目规划应当充分考虑地质灾害防治要求，避免和减轻地质灾害造成的损失。编制城市总体规划、村庄和集镇规划应当将地质灾害防治规划作为其组成部分”规定了地质灾害防治要与土地利用规划、城市规划等衔接的基本要求。2008 年 1 月施行的新修订的《中华人民共和国城乡规划法》规定“防灾减灾”是城市总体规划、镇总体规划的强制性内容。2006 年 1 月，中国颁布了《国家突发地质灾害应急预案》。2005 年至今，中国已经完成了全国地质灾害防治“十一五”“十二五”规划，各省自治区直辖市和大部分易发区的市（县）均发布实施了应急预案和防治规划。此外，自然资源部就资质管理信息报送和应急响应等出台了一系列规章制度。

中国地质灾害防灾减灾体系综合来看主要成就包括：中国地质灾害防灾减灾法律法规体系初步建立；地质灾害调查工作取得重要进展，基础工作逐步加强；地质灾害监测与预防技术措施日臻完善；地质灾害应急预案日趋成熟；灾后重建保障工作日渐规范。

2. 存在问题

同时，也应该看到中国地质灾害防治规划与现实需求存在较大差距，主要体现在：地质灾害防治规划缺少交叉学科综合研究的理论与技术支撑；地质灾害防治规划没有受到地方政府足够重视，是一种“被动式”的规划，大多停留在“纸上规划”的层面，对地质灾害防治难以起到实质性的指导作用；中国地质灾害防治规划与土地利用规划、城市总体规划之间的衔接问题在相关的法律条文中仅有方向性的指导意见，在操作层面上各规划之间却难以实现有效衔接，规划之间“部门特征”“各自为政”十分明显；地质灾害防治规划中缺失有关减灾的土地开发政策措施；地质灾害防治规划支持系统才刚刚起步；区域地质环境基础数据监测、调查滞后，数据库尚未建立或数据得不到及时更新，人类活动的空间分布及其密度等社会经济数据则更加薄弱。鉴于中国地质灾害防治中存在的不足，应从土地利用规划的角度，借鉴国际地质灾害防治的先进理念，构建以土地规划为基础的地质灾害防治综合规划体系框架，以期对地质灾害防治的理论方法建设有所裨益。

二、地质灾害防治综合规划体系框架构建

地质灾害防治是复杂的系统工程综合防治，需考虑区域自然孕灾环境、社会孕灾环境、土地和城市规划管理、社会组织管理等各方面的因素。土地利用规划对区域土地利用和城市建设有统筹安排和管控作用，美、欧、日等国家非常重视土地利用规划等软措施在地质灾害防治中的应用研究，通过归纳总结，以土地规划为基础的地质灾害防治综合规划体系框架的构

建可从以下五个方面进行。

第一，加强基础理论研究，促进地质学、灾害学、土地规划学、公共管理学等学科向纵向深入发展和横向交叉融合，为地质灾害防治提供系统的理论支撑；第二，构建技术框架支持系统，主要围绕区域基础地质数据的调查、综合减灾规划支持系统、城市发展安全评估系统、重点灾害区的风险评估、监测预警系统的建立、规划之间的衔接、地质灾害防治工程技术等进行构建；第三，构建政策框架支持系统，主要围绕减灾法案、防灾减灾规划、土地规划与土地审批的立法、有利于防灾减灾的土地利用政策、地质灾害风险带开发限制管理措施、地质灾害防治知识培训、非政府组织支援制度建设、群测群防体系建设等内容进行构建；第四，以土地利用规划为统领，以土地利用政策为手段，以地质灾害规划、地质灾害风险图为基础，围绕城市规划、城市设施规划、建成区更新、更新引导地区规划、公众参与等内容展开，实现土地利用规划、城市规划与地质灾害防治规划的衔接；第五，在第四部分的土地规划和城市发展所形成的土地利用控制分区的基础上，依据区域地质灾害空间分布状况和防治的轻重缓急程度，围绕设施的抗灾化、防灾据点、物资储备、信息提供、居民组织等方面进行建设，从而形成一个以土地利用规划为载体，以土地利用政策为中心，以基础理论为支撑，以各种规划之间的有效衔接为依托，以政策框架支持系统和技术框架支持系统为抓手的地质灾害综合防治理论框架。

三、基础理论支持系统

以土地规划为基础的地质灾害防治综合规划体系框架需开展土地利用规划学、地质学、公共管理学、土壤学、生态学、社会管理学等基础学科理论的横向交叉研究作为支撑。中国在土地利用规划中对地质学、生态学、土壤学等方面的研究与应用是薄弱环节，在土地利用规划编制中有关区域地质灾害调查成果尚未得到深入的应用，土地利用规划编制和实施与地质灾害防治规划编制与实施之间的衔接明显不足。因此，要从水文地质学、工程地质学、环境地质学、灾害地质学、生态地质学、土壤学等学科理论深入研究地质灾害形成机理、发育规律，分析区域土地资源的空间分布特征、土地利用的优势及其限制因素，预测可能引发的潜在地质灾害及其风险，形成地质灾害风险图。

开展土地利用规划、城市规划等编制方法、指导原则、理念创新的研究，在土地规划中提出土地资源优化配置的方案，制定土地利用空间发展方向、空间发展形态、规划目标、功能定位、时序安排、指标控制等，科学合理规划引导社会经济活动的空间布局与安排，促进土地利用与地质灾害防治规划的有效衔接，夯实地质灾害防治的物质空间规划。

高效的公共管理机制和健全有序的社会组织是地质灾害防灾减灾的基本保障。目前，中国地质灾害防治工作由政府的相关职能部门“一手包揽”，各部门之间横向合作协调性不够，地质灾害防灾减灾工作效率不高；抗灾救灾的社会组织松散无序，没有形成外部管理统筹协调、内部管理专业规范的高水平“备战”组织。因此，要加强行政管理、公共政策、公共安全管理、应急管理等学科理论的研究，形成前瞻性的防灾指导思想和系统性的防灾管理体系，以政府为核心整合社会的各种力量，广泛运用政治、经济、管理、法律的手段，强化政府对地质灾害防治管理的能力，建立健全的地质灾害防治公共管理机制，引导抗灾救灾社会组织向规范化、准专业化方向发展。加强社区居民救灾组织建设防灾救灾知识培训，提高社区和个体的救灾防灾能力，形成“政府 + 非政府组织 + 志愿者 + 媒体 + 社区居民”的多层次、综合协调的“公救 + 共救 + 自救”的防灾减灾管理体系。

四、技术框架支持系统

土地利用规划作为一种空间规划要发挥其在地质灾害防治中的基础性作用，需有一系列的技术支持。技术框架支持系统就是为规划提供基础数据和技术支撑的。技术框架支持系统研究内容包括：交叉学科基础理论综合研究、区域基础地质数据资料调查、综合减灾规划支持系统、城市发展安全评估系统、地质灾害监测预警系统的构建、重点灾害区的风险评估和地质灾害防治工程技术措施等。其中，交叉学科基础理论综合研究与区域基础地质数据资料调查的有关论述在上文已有提及，本部分就其他内容展开讨论。

（一）综合减灾规划支持系统

减灾规划支持系统是具有综合分析与强大处理能力的基础信息数据库。该数据库包含的区域数据有：地质灾害的种类、灾害影响范围、地形地貌、土壤、植被等区位特征数据，以及区域内的建筑数量、建筑类型、基础设施的设计标准、维修记录、人口数、人口结构、教育水平、企业数、企业类型等人类活动的数据。减灾规划支持系统主要作用是预测在各种灾害发生情景下的灾害破坏和可能的经济及社会损失。地质灾害防治规划的支持主要体现在四个方面。第一，评估规划区的抗灾性；第二，预测在不同灾害情景下的灾损程度及其空间分配；第三，帮助规划者制定资源分配的最优方案，达到最有效的短期紧急抗灾和长期减灾；第四，可以帮助规划者评估减灾政策的效用，从而对可选政策进行优先排序。

（二）城市发展安全评估系统

城市发展安全评估系统是为地质灾害规划与土地利用规划和城市规划之间的有效衔接和协调而设计。该系统可为土地利用规划和地质灾害防治分区的规划目标、功能定位、时序安排、指标控制等方面是否协调提供决策工具。特别是在土地利用规划和地质灾害防治分区规划在规划目标非一致性情景下优先目标的确立，以及有效调控的技术、经济和管理措施提供有效的协同机制。城市发展安全评估体系中的问题是按照城市发展政策的类型组织的，政策类型包括土地政策、交通政策、环境管理政策、公共安全政策、城市分区规划政策、小区建设标准政策、公共投资政策及其他政策。每个政策类型下面包含了多个问题，评估该政策类型中的各个具体政策是否有利于防灾减灾，比如土地利用政策下包含的问题有：（1）土地利用规划图中是否明确划分了自然灾害风险区域；（2）土地政策是否不鼓励或限制在自然灾害风险区内的开发或再开发；（3）土地利用规划是否充分考虑了未来的城市增长，并有相应的政策为将来城市发展配备足够的低灾害风险的土地资源等。

（三）地质灾害监测预警系统的构建

建立地质灾害监测预警系统是实现对地质灾害状况和发展趋势实时动态监测的手段，也是提高公民减灾防灾、保护地质环境意识的重要举措。地质灾害监测预警系统通常由四个系统构成：突发性地质灾害监测预警系统、缓变性地质灾害监测预警系统、地质灾害监测预警信息与分析系统和地质灾害监测预警管理系统。地质灾害监测预警系统通常需与其他监测系统互联共享，比如气象监测系统、地壳运动监测系统等。地质灾害监测预警网络系统的建设可重点围绕以下内容进行：（1）健全完善各级地质灾害监测预警机构和网络系统；（2）结合国土整治与开发在人口聚居区、经济发达地区和典型地区实施突发性或缓变性地质灾害监测预警试验区，为全面技术推广积累经验；（3）结合国家重大工程建设，针对不同类型工程可能引发地质灾害的不同特点配合相关行业建立专门的地质灾害监测预警系统，如矿山工程、水利工程和重要交通工程等；（4）建设全国地质灾害调查与监测数据库并实现实时更新，各级资源共享；（5）编制发布地质灾害监测预警技术规程体系规范监测工作，实现监测数据统计标准化。

（四）重点灾害区的风险评估

地质灾害的防治要统筹规范、重点突出。在财力和技术水平的限制下不可能对所有地质灾害进行全面治理，因此在区域土地利用与规划中必须在研究地质灾害灾情的基础上弄清哪些灾害危害最严重，需要优先治理，以及实施治理的技术可行性和经济效益如何，只有这样才能使有限的资金用在刀刃上，发挥最大的社会经济效益。同时，必须综合考虑区域地质灾害的危险性、孕灾环境稳定性，以及这些承灾体的脆弱性，对地质灾害风险进行评估。据此，对地质灾害高风险区进行重点监测和防护。

（五）地质灾害防治工程技术措施

土地利用尽量避开灾害易发区域是土地利用规划防灾的重要指导思想，但在现实社会经济活动中不可能做到完全避开灾害易发区。如不可避免地选择在灾害易发区进行经济建设活动，就必须采用工程防治措施进行防护，以降低灾害发生所造成的损失。地质灾害的防治大致分为两种类型：（1）限制地质灾害活动条件，削弱地质灾害活动程度。如为增强斜坡稳定程度，防治滑坡活动采取的抗滑桩，以及防渗沟、防治崩塌采取的锚固等。（2）保护受灾体，使其避免地质灾害的可能破坏，或强化设施的抗灾化。如为防治泥石流灾害修建的导流堤、隧道、明硐等；为提高工程抗震能力而采取的钢板夹层、橡胶垫等；依据灾害类型和风险程度变化，通过防震设计等途径增强建筑的抗灾能力等措施。

五、政策框架支持系统

政策框架支持系统是地质灾害综合防治的政策保障。政策框架支持系统涉及的内容主要包括：防灾减灾法案与地质灾害防治规划、土地利用规划与土地利用政策、群测群防体系建设、灾害救援队伍建设、地质灾害防治知识培训等。

（一）防灾减灾法案与地质灾害防治规划

防灾减灾法案是区域防灾减灾的指导思想和法律保障，历来受到国际社会的重视。防灾减灾法案主要围绕防灾计划的制定、灾害预防、灾害应急对策、灾后重建、与防灾相关的财政金融措施及其他必要的防灾对策等方面，设立详细的标准。以美国为代表的西方发达国家防灾减灾法案体系十分健全。美国于1988年通过了灾害紧急援助法案。2000年，美国立法院对该法案做了重新修订，形成了减灾法案，法案强调通过减灾规划降低城市灾害脆弱度，成立国家灾前减灾储备基金，支持州或地方政府编制防灾减灾规划。日本早在1961年就颁布了《灾害对策基本法》，2003年做了修订。该基本法对防灾减灾的重大事项做出了明确的规定，主要包括：各级政府乃至民众对于防灾减灾所负有的责任；防灾减灾组织机构的设置；防灾减灾规划的制定；关于防灾的组织建设、训练实施和物资储备等各项义务；发生灾害后的应急程序和职责；支援灾后重建的财政特别措施等。基本法是日本其他灾害对策法律制定的依据，目前已形成了灾害预防相关法、灾害紧急对应相关法、灾后重建和复兴法及灾害管理组织法等庞大的灾害对策法律体系。此外，安全减灾标准化也是防灾减灾的重要内容，国际标准化组织如ISO、IEC近年来在制定公共安全标准指南、公共安全管理体系的标准和安全应急标准等方面做了大量的工作，对安全减灾建设工作意义重大。

地质灾害防治规划是区域地质灾害防治的依据，以物质空间规划为核心内容与区域土地利用、城市规划等全面协调与衔接。规划内容主要包括七个方面：（1）规划准备；（2）灾害评估；（3）减灾能力评估；（4）确定减灾目标；（5）减灾政策制定；（6）规划实施办法；（7）规划评估更新。

（二）土地利用规划与土地利用政策

土地利用规划与土地利用政策可引导区域土地利用方向、调控区域土地利用空间模式、引导基础设施建设和城市建设密度等，从而规避或降低地质灾害造成的损失。主要通过以下五个方面的政策途径实现。（1）土地开发政策。为实现所规划的发展模式，土地利用规划可通过一系列的土地开发政策，如土地分区、小区建设设计标准、建设密度指标、建筑质量标准、城市发展边界、生态敏感区等来指导旧城改造和新区开发。（2）公共投资。地方政府可通过对基础设施和公共设施的投资来引导未来的土地开发模式，实现规划目标。（3）土地税收政策，地方政府可通过制定特殊税种和税区来增加在特定区域土地开发的成本，或者是通过税收优惠或减税政策来鼓励符合城市发展目标的土地开发，从而控制开发量和强度。（4）土地征收。对一些具有巨大公共价值的土地，地方政府可以采取土地征收的办法将土地开发权买断。这些土地一般包含环境生态敏感带、地质灾害多发区域等。（5）公众参与公共教育。在规划编制的过程中，规划师应该通过广泛的公众意见征询，增加公众对城市长期发展中可能碰到的各种地质问题的认知，形成具有广泛社会共识的城市发展远景蓝图。

（三）群测群防体系建设

地质灾害防治的群测群防体系是我国基层长期地质灾害防治实践工作的经验总结。我国于 2004 年 3 月 1 日颁布的《地质灾害防治条例》第十五条规定，“地质灾害易发区的县、乡、村应当加强地质灾害的群测群防工作。在地质灾害重点防范期内，乡镇人民政府、基层群众自治组织应当加强地质灾害险情的巡回检查，发现险情及时处理和报告”。地质灾害防治的群测群防体系在法律上有了明确的规定。具体来说，群测群防体系是指县、乡、村地方政府组织城镇或农村社区居民为防治地质灾害而自觉建立与实施的一种工作体制和减灾行动，是有效减轻地质灾害的一种“自我识别、自我监测、自我预报、自我防范、自我应急和自我救治”的工作体系。长期的地质灾害防治工作表明，在偏远山区城镇和农村地区，这是行之有效的地质灾害防治手段。在我国基层乡镇和农村社区，地质灾害防治的知识和技能还十分薄弱，今后应在农村社区和广大群众中加强对地质灾害的识别、监测、预报、防范、应急和救治等方面知识的传输和培训，形成“个体 + 农村社区 + 乡镇”全面覆盖的群测群防体系。

（四）灾害救援队伍建设

灾害救援队伍建设是地质灾害防治工作的重要内容。从国际经验来看，救灾队伍建设可从救灾专业队伍和志愿者支援组织建设两个方面进行。救灾专业队伍隶属政府救灾机构，是掌握专业救灾技能、配备特种救灾装备、经过专门培训的综合专业救灾队伍。专业队伍具有训练有素、装备精良、常备不懈、一专多能的专业优势，能应对各种复杂的抢险救灾任务，是地质抢险救灾的主要力量。志愿者支援组织是非政府组织救灾力量的总称。国际上，日本在志愿者支援组织建设方面积累了丰富的实践经验，通常分为“注册志愿者”制度和一般志愿者组织。“注册志愿者”即采用了事前讲习和训练并注册在案的志愿者制度，并对志愿者的达成资格和业务内容做了规定。“注册志愿者”是准专业救灾队伍，具有较高的救灾技能。一般志愿者组织是社会各界人士或非政府组织，为了灾害救援的需要临时设立的志愿者组织。

（五）地质灾害防治知识培训

地质灾害防治知识培训目的是提高个体对地质灾害的识别、防范、救治等方面的基本技能，提高自救和互救能力。因此，对公众实施全方位、系统性的灾害知识宣传与救护技能教育，是减少地质灾害损失的重要手段。地质灾害防治知识宣传与培训可以通过以下方式进行：（1）在灾害防治的法律中明确防灾部门开展防灾减灾宣传普及活动的责任，以及公民参与的义务；（2）设立地质灾害防灾日，通过媒体宣传、警示牌、宣讲会、仿真体验等举行各种宣传普及活动；（3）在中小学开展防灾教育实现自护与减灾教育的普及；（4）在村级、社区等基层行政区组建自主防灾组织，在灾害发生后首先是居民的“自救”及邻里和社区的“共救”；（5）政府防灾部门在每年的防灾预算中应预留一定的防灾经费，安排专业防灾人员向全社会开展地质灾害宣传普及活动。

六、地质灾害综合防治规划

地质灾害综合防治规划是在基础理论、政策框架和技术框架的支持下开展的，以区域地质灾害防治规划和土地利用规划为中心，集成物资储备、设施抗灾化、城市规划、城市设施规划等软、硬措施进行。综合防治的目标就是基于区域土地利用、开发和保护的目标区域地质环境的空间分布特征，以及地质灾害的类型、空间分布特点，实现土地利用规划和地质灾害防治的规划目标、功能定位、时序安排、指标控制等方面协调一致，综合城市规划、防灾措施、公众组织等实现地质灾害的综合防治。

土地利用规划是围绕区域地质环境的空间分布特征、地质灾害的类型、空间分布特点等进行区域土地利用的空间布局，特别是对建设用地进行合理的空间规划布局和安排，同时也要结合城市规划、建成区更新规划、更新引导地区规划、城市设施规划、公众参与等软规划、硬措施进行全面统筹协调安排建设用地。地质灾害防治规划主要以区域防灾规划为中心，依据区域地质灾害风险等级，引导城市发展方向，控制建设用地范围。应根据风险等级及各种基础设施、建筑等抗灾要求的不同进行强化抗灾化处理。此外，防灾据点的建设、物资储备、地质灾害信息公布、居民组织教育等也是地质灾害防灾规划的重要内容。

应从地质灾害风险评估和土地利用规划两条主线，对区域地质灾害防治分区和建设用地合理的空间规划布局做出全面协调和统筹安排，构建土地利用规划与地质灾害防治规划之间衔接的技术框架和标准，探索土地利用规划和地质灾害防治分区规划之间优先目标的确立及有效调控的技术、经济和管理措施，构建土地利用规划与地质环境防治的协同机制。

第三节　震后重建案例分析

一、唐山震后重建规划

地震是“百灾之首”，在人类文明史上，以文字记载下来的最早的自然灾害便是地震。1976年7月28日发生的唐山地震是历史上罕见的大地震。在《中华人民共和国防震减灾法》颁布施行将近25周年之际，回顾唐山震后规划建设的历程，分析总结其经验教训，对建设安全的城市人居环境进行深入的思考，具有特殊的价值和意义。

（一）唐山震后重建规划的过程及主要内容

1976年7月28日的大地震，使百年工业城市瞬间被夷为废墟，铁路交通、邮电通讯、供电、供水完全中断，道路桥梁、工厂设备和农田水利设施遭到严重破坏，生产性建筑倒塌和遭严重破坏的达80%，生活建筑倒塌和遭严重破坏的达94%。震后，国务院联合工作组和来自北京、上海、天津、河北等14个省、市有关单位的专家教授和工程技术人员先后抵达唐山灾区调查研究，参与唐山重建规划。1976版的《河北省唐山市总体规划》编制工作即在此背景下展开。唐山震后重建规划可以分成编制前期准备、规划编制、规划批准、规划修订等几个阶段。

1. 唐山震后重建规划内容

（1）规划指导原则

党中央、国务院为震后唐山的发展确定的总目标为：将新唐山建设成为科技发达、经济繁荣、生活方便、环境优美的社会主义现代化城市。重建唐山的指导思想大体可概括为：①城市规划建设应反映所处地区的特殊性，考虑工业生产合理布局的制约条件；②应充分、有效地利用自然资源和人力、物力及地理位置的优越条件，促使经济各部门协调发展。具体的震后重建规划的指导原则于 1976 年 9 月 15 日提出，概括如下：①备战备荒为人民；②集中发展小城镇，限制发展大城市；③工农结合，城乡统一；④有利生产，方便生活，先生产后生活；⑤搬迁原有严重污染企业及位于压煤区和采空区的企业和建筑。

（2）选址及城市空间结构

唐山市是以 100 多年前开滦煤矿的发展为基础建立起来的，陶瓷、煤炭、水泥等重工业是城市发展的主要产业推动力。地震前的唐山城市格局由主城区和距其东部 25 km 的东矿区两个片区组成，出于震后城市生产生活安全的迫切需要，城市空间结构和选址的规划变得尤为重要。当时，城市选址有两种意见，一是原地重建，二是异地重建，两者各有优缺点。原地重建优点是可以保留唐山的产业体系及社会经济文化特色，减少搬迁征地费用，节约土地资源，有利于城市原有基础设施的利用；而异地重建则可有效避开地震活动断裂带、空出压煤区、节省原地重建的清墟费用。最后，规划采用了混合型的布局方式，除在老市区安全地带的原地重建并适当向西、北发展外，将机械、纺织、水泥等工业及相应生活设施迁至主城区北部 25 km 的丰润县城东侧建设新区。由此，唐山市被有机地分散成三大片区，中心城区、丰润新区和东矿区，从而形成南、北、东三足鼎立的“一市三城”的分散组团式城市布局结构。

2. 分区性质及规划策略

唐山震后规划按老市区、东矿区、丰润新区三区进行城市布局，每一个分区在城市性质及职能、规划策略等方面均有翔实的考虑，而针对老城区、东矿区及丰润新区各区的用地布局也均建立在对各自现状条件及发展潜势的综合研究基础之上。老市区是唐山地区的政治、经济，文化中心，震中所在的路南区，因大量压煤，震毁严重，工程地质条件差，规划放弃不再恢复，只保留部分有代表性的地震遗迹。东矿区是煤矿城镇，基本在原址恢复建设，以矿为建点，形成矿区小城镇，本区中心由林西迁往唐家庄。丰润新区是以纺织、机械、电子产业为主的工业新区。将路南区的38个工厂迁到新区建设，新建大型水泥厂、热电厂，明确功能分区，以林荫路为界分东西两部分，西部以居民生活区为主，东部以工业区为主。

唐山震后重建规划所考虑的内容基本上涵盖了一个现代化城市规划所具有的所有方面，包括住区、公共建筑及绿化、道路交通、市政工程及防灾等方面。生活居住区主要分布在新华道、文化路及建设路一带，改变了原有工业、居住混杂布局状况；加强了住宅抗震设防建设；居住区按3～5万人进行规划。其由4～5个居住小区组成；公共设施按两级配套设计，小区内设置居民委员会，中小学、托幼园所、粮店，副食店、小吃店等，居住区内设置街道办事处，派出所、百货、邮电、储蓄、电影院、综合修理部、书店、药店、煤气调压站、热力点等；住宅以4~5层条式楼房为主，适当布置一些点式6层住宅。

市政工程及防灾规划则通盘考虑城市供电、供水、防洪、排水、环保及邮电通讯等设置，充分考虑防灾需要。各市政专项均以"多条腿走路"为原则，在市区不同方位建了四个水厂，形成多水源环形供水；供电采用多电源环形供电方式；通讯采用有线、无线通信相结合，机房分建的手段；确定了唐山市新的地震烈度，即八度设防区，同时将城市生命线工程设防标准适当提高到九度；在建筑抗震方面，确定与之对应的内浇外砌，砖混加构造柱、框架轻板等建筑结构。

（二）唐山震后重建规划特性分析

1. 应急性

应急性是震后重建规划的一大特性。灾后建设应急住房安置受灾群众、恢复其生活生产及城市生命线工程恢复等，都是地震灾后规划应首要考虑的问题。地震灾害的突发性导致整个城市体系的崩溃，震后重建刻不容缓。因此，在此背景下编制重建规划更要求高效、快速。1995年1月26日即成立了地震恢复重建总部，负责制定恢复重建规划；1995年3月27日，《恢复重建规划指针》首先编制完成，距离地震爆发仅仅只有两个月。随后，在综合各方意见之后，于1995年6月30日正式颁布《神户市恢复重建规划》。重建规划的应急性还表现在规划人员的早期进入。两院院士周干峙指出，规划早期进入以后，就可以把临时安排、长远规划、阶段规划一直到总体规划都安排好。

2. 阶段性

震后重建规划的阶段性体现在两个层面，分别为规划编制过程层面和规划编制内容层面。规划编制过程即以应急性为基本原则，分阶段地进行城市震后重建规划的编制。表现为可先确定主要的方针政策及主要的规划结构和拟解决的主要问题，而后逐步进行各个分项规划的分析和设计。规划编制内容，即震后具体的规划重建一般分为三个阶段：应急安置期（震后一个月内）；过渡安置期（震后一个月到半年）；永久安置期（震后半年到三年）。震后重建规划内容也分阶段地进行阐述和设计，这与传统总规中的分期实施有相似之处，但很明显，其阶段的划分同传统总规中的近期、远期和远景规划又有着时间跨度上的显著差异。

3. 冲突性

震后重建规划的冲突性体现在其目标实现和具体设计中。就目标实现层面而言，其各个目标之间体现着较强的冲突性。震后重建规划的作用和目标为提高重建的效率和速度，引导重建进程以使重建的区域经济体系尽可能比灾前更具抗灾能力。最重要的一点，即探究重建努力和在其中的巨大投资以一种动态提升区域发展的方式来进行，同时指出了以上三个目标实现的冲突性。首先，以最高效和快速的方式进行重建可能会放弃其原有的抗灾性能并阻止其进一步发展；其次，加强重建社区的抵抗灾害的功能会使重建的阶段和周期变长，使其过程低效；最后，它还会以一种阻止增长和发展的方式被执行。另外，冲突性同样体现在具体设计层面，如各种社会主体之间关系的协调等，尽管这也是传统总体规划中要解决的重要问题。

4. 偏倚性

地震灾害的巨大破坏性将抗震城市的建设提到了前所未有的高度。因此，在城市震后重建规划中也给予抗震防灾规划以传统总体规划中所未曾有过的重视。另外，偏倚性还充分体现在对震后重建中的紧急问题的重点考虑上，如灾后城市选址模式、住区重建规划及生命线工程的恢复规划等。其对抗震防灾的侧重性和对紧迫民生问题的针对性成为震后重建规划的一大特色。从编制流程上来看，重建规划也是遵循地震、地质部门提供的相关地质评估资料进行规划布局的统筹考虑，与一段城市总体规划编制中只以抗震防灾专项规划来贯彻其防灾抗灾理念不同，震后重建规划将抗震防灾的规划原则贯彻始终，从城市结构形态、设防区划、避震疏散、生命线工程到防止地震次生灾害等都在总体规划的布局及各项专业规划中加以贯彻和体现。

5. 跨越性

跨越性即重建规划在原有水平上的跨越式提升。震（灾）后规划不能纯粹是“重建”，不能纯粹是“恢复”，还必须解决原有城市人居环境发展过程中的一些“痼疾”，并应用最新的规划理论，实现规划地区的跨越式提升和发展。如阪神震后规划提出了“创造性复兴”的概念，大庆市灾后重建不搞简单恢复。中规院院长李晓江认为，“重建规划是一个非常复杂的规划，要根据资源环境和地质条件对整个受灾地区的经济社会布局，包括人口布局做一个大的调整。这是一个非常重要的契机，利用灾后恢复重建的机会，把过去犯的历史性错误改正过来，在未来的发展中让人与自然更加和谐”。可见，重建规划的跨越或提升性已是公认的特性之一。

6. 安居性

安居性即将住房建设作为重建规划最主要的规划内容之一，因为只有灾区群众及时得到安置，才能安定民心，进而迅速恢复生产、重建家园。印度古吉拉特邦地震后重建规划、巴基斯坦北部地震后重建规划都将住房作为“重心”，将“民用住宅用地”作为首先确定的规划用地类型，将居住区规划作为“首要编制的规划”，神户重建规划也将“重建市民的生活”作为“分目标进行的重建规划”的首要内容，这些皆反映了安居性已经成为重建规划的特性之一。安全性，即震后重建规划对安全倍加注重。如阪神震后规划将“安全城市建设”作为重要内容，分“紧急应急对应期”“复旧期”“复兴前期”“复兴后期”四大阶段，将提高房屋耐震性能和加强国民防灾意识作为重中之重等。

毋庸置疑，唐山市的飞速发展离不开最初唐山震后重建规划的指导，唐山震后重建规划也在不同程度上具备着以上所述的震后规划的一般性特点。然而，深入分析唐山的震后重建规划，可以发现其还具备着如下鲜明特征，如坚持以人为本、高度统筹、公众参与、创新性城市大格局理念等特点。这些特征不仅有力保证了唐山重建规划的高速度、高质量地进行，在不少方面也具有开创性，为中国城市规划事业做出了重要贡献。

（三）城市震后重建规划的思考

1. 正确发挥城市规划专业在震后规划中的作用

城市生态环境的集聚性、非自然性，决定了其脆弱性，因此城市灾难某种程度与城市发展相伴随，也决定了城市规划在减灾防灾方面的任重道远。哥伦比亚大学地球与国际气候预测研究所的灾难风险专家麦克斯·迪力（Maxx Dilley）认为，国际社会应该把应对灾难看作城市发展规划的一部分，在自然环境脆弱的地区，对当地的发展规划应该加入适当的风险预测内容，应当将研究城市灾害的分布及其客观规律作为城市规划和防灾减灾工作的关键环节，在进行城市安全和城市灾害潜势评价、震后城镇重建中应特别重视灾害预防问题，严格执行国家有关法律法规和技术标准，真正把城乡安全问题作为头等大事，保证城市的安全——这可能是城市规划专业在震后规划中应起的最重要的作用之一。

2. 重视震后规划的社会学因素

唐山地震中，现代大工业文明塑成的唐山产业工人的优秀素质对救灾重建起了关键的作用。灾害发生后，虽然人们缺乏救灾知识、技术与工具，但作为城市人群主体的产业工人的团结性、纪律性、协作性、组织性、战斗性，仍保证了灾难之时无序中的有序，震后企业的废墟自动成为工人聚集的处所，并在此基础上形成了无数规模不等的有组织的救援力量，这种力量遍布了整个唐山市，其作用是不可低估的。地震灾难中民众所普遍展现的善、勇、义、仁、孝、慈等优秀品质感天动地，民族凝聚力震古烁今，是抗灾救灾、重建家园的宝贵精神财富。震后规划要尊重、维护这种珍贵的财富，将之视为实施震后规划建设的重要力量。同时，要进行灾后社会心理调查和分析。在震后规划中注重社会因素还应包括对社会弱势阶层各方面的倾斜，以最大限度追求社会和谐与社会共生。除对震后规划进行经济效益、环境影响评价外，还应对震后规划和重大建设项目做社会影响评估。

3. 将生态修复和生态重建作为震后规划的重要内容之一

一场大地震后，震区山川变形，满目疮痍。然而，亡羊补牢，未为晚矣。经济学的“破窗理论”提示人们在最艰难的情况下，也要向最好的方向和结果努力。地震最主要的负效应之一是破坏了震区原有相对平衡的生态环境，并因此严重威胁了人们的生存。从这一角度而言，遵循生态学原理，在合理评估灾区基本生存容量的基础上，趋利避害，进行生态修复和生态重建是震后规划的重要内容之一，如地震导致的采空区塌陷是唐山市的三大灾种之一，被称为“百年沉降区”，对此异常不利的条件，唐山震后规划包括两方面：一是“避”，就势构筑了园林化的、组团式的城市格局基础；二是在以后的城市建设中，充分利用了采空塌陷区所形成的蓄水功能，营建具有自然森林风貌，集游憩、观赏和水上活动为一体的休闲公园——南湖公园。南湖地区的生态修复和重建是地震地区趋利避害、生态修复及重建的经典案例之一，具有重要的示范意义。

4. 建立震后规划“编制—实施—反馈”动态机制

震后重建是一个漫长而艰难的过程，我国唐山市花了十年时间完成重建，日本神户震后重建也用了八年。然而，对震后规划而言，各方往往要求在有限的时间内拿出相对成熟的方案。这具有相当大的难度，既反映了震后规划的应急性特征，又决定了“应急”的震后规划具有某种内在的不合理性的较大可能性，在这一情形下，必须强调建立震后规划在实施过程中的不断动态反馈修正机制。

要想保证震后规划“编制—实施—反馈”机制的顺利实施，至关重要的一点是注重利益主体在重建规划编制和实施中的重要作用。首先，在编制时期，就应采取多参与主体的编制方式，即通过运用多个责任相关者共同决策的方法，重视多方人员的合作和参与，除政府官员和技术专家外，应同时考虑吸收社会学家、心理学家、法律专家及地震受害者的意见。其次，在规划实施阶段，应积极培育社区的主观能动性，将其作为重建规划的驱动单位及反馈规划的重要主体，如日本神户的《防灾和福利委员会》确立了“防灾和福利社区”，以小学区为基本单位收集公共意见，实现具体的规划效果反馈，从而完善了“编制—实施—反馈”的震后规划动态机制。

二、汶川震后重建规划

2008 年 5 月，汶川特大地震灾害给四川、陕西、甘肃部分地区造成了强烈的破坏。在国家力量的主导下，我国政府以举国之力推动了灾区的灾后恢复重建。限时三年的灾后重建运动，一方面迅速积聚了大量投资和建设项目，改善了受灾地区的基础设施、公共服务设施和生产设施体系；另一方面，也整合了工业化、城镇化与新农村建设等国家发展战略。国家主导灾后重建与发展型灾后重建成为汶川地震灾后恢复重建的突出特征，这也标志着我国已经形成了一个成熟的灾害应对机制，即以国家推动的发展应对灾害。

（一）国家规划：灾后重建的起点

汶川地震之后，规划先行成为灾后重建实践的重要原则之一。针对汶川地震灾后恢复重建，中央政府及相关部委机构制定了一个总体规划和城镇体系规划、农村建设规划、城乡住房建设规划、基础设施建设规划、公共服务设施建设规划、生产力布局和产业调整规划、市场服务体系规划、防灾减灾和生态修复规划、土地利用规划等九个分别针对具体领域灾后恢复重建的专项规划。

国家层面的规划行动从地震之后的第 11 天即开始启动。2008 年 5 月 23 日，国务院抗震救灾总指挥部成立灾后重建组，组织开展灾害损失评估、地质灾害评估、环境承载力评估等工作，为科学编制规划奠定基础。5 月 26 日，中共中央政治局召开会议，研究部署抗震救灾和灾后重建工作。6 月 1 日，国务院宣布成立国家汶川特大地震灾后重建规划组，由国家发改委会同有关部门和四川、甘肃、陕西省政府组成重建规划组，共同组织灾后恢复重建规划的编制和相关政策研究。6 月 6 日，国务院办公厅发布《国家汶川地震灾后重建规划工作方案》，对总体规划及九项专项规划的编制要求、部门分工和完成时间进行了部署。9 月 19 日，国务院正式发布由规划组编写的《汶川地震灾后恢复重建总体规划》，宣告政府主导灾后重建系统的启动。随后，各专项规划也由发改委和相关部委、省政府陆续发布。

规划实际上回答的是“如何进行灾后重建”这个问题，对此总体规划表现出极富野心的一面，提出要将整个地震灾区重新布局，就像面对一幅平整光滑的棋盘，正着手移动棋子一般。总体规划首先将地震灾区的国土空间划分为适宜重建区、适度重建区和生态重建区，并赋予其不同的功能定位。适宜重建区定位为推进工业化城镇化，集聚人口和经济，建成振兴经济、承载产业和创造就业的区域，将被纳入一些主要的跨区域经济区，如成（都）德（阳）绵（阳）经济区、天水经济区、关中经济区。适度重建区定位于保护优先、适度开发、点状发展、适度集聚人口和发展特定产业的区域。生态重建区则将以保护和修复生态为主，形成只有少量人口散居的自然保护区。在这种不同功能定位的区分下，城乡布局、产业结构布局、人口布局、土地利用布局都在总体规划的棋盘之中。

随后总体规划分别对城乡住房、城镇建设、农村建设、公共服务、基础设施、产业重建、防灾减灾、生态环境、精神家园等方面的重建规划要点进行了阐述，由此构成了汶川地震灾后重建的内容。总体规划呈现的灾后重建远远超出了消除地震影响、修复地震破坏的层面，而成为一个对灾区社会施行全面改造的多元进程。这一进程里至少集中了住房建设、产业调整、设施建设和社会管理四个方面。

1. 住房建设

住房建设是汶川地震灾后重建中涉及范围最广，也是最基本的一项内容。几乎所有的灾害损失报告里都会提到灾区城乡居民住房大量毁损，“家家有房住”也是总体规划所设定的重建目标之一。根据总体规划，整个灾区将在灾后重建期间加固 168.36 万户，新建 218.87 万户农村居民的住房，加固和新建城镇居民住房 4712.99 万平方米和 5489.29 平方米。对于城镇居民住房恢复重建，规划要求主要采取市场运作的方式，政府的引导作用主要体现为做好灾后住房恢复重建与现行城镇住房供应体系的衔接，重点组织好廉租住房和经济适用住房建设，合理安排普通商品住房建设，并配套建设公共服务设施、基础设施、商贸网点和公共绿地等。在农村住房恢复重建方面，规划明确要求其与新农村建设相结合，要改进建筑结构，满足现代生活需要，节约用地，保护生态。同时，规划要求各级政府机构要组织规划农村住房设计，提供多样化的住房设计样式和施工技术指导，这也就意味着对农村住房建设的更多的干预和规控。

2. 产业调整

产业的发展和协调一直是国家发展策略中的主旋律，汶川地震对产业的破坏直接影响了灾区经济发展目标。灾后重建规划提出产业重建要以市场为导向，以企业为主体，涉及工业、农业、旅游业、商贸、金融业与文化产业。工业结构调整方面除了重点发展电子信息、重大装备、汽车及零部件、新材料新能源、石油化工、磷化工、精细化工、纺织，以及食品、饮料、中药材等农林产品加工产业，主要是通过产业集聚区建设培育特色优势产业集群，吸引东中部地区的产业转移。直接针对企业的恢复重建也是工业调整的策略之一。列入总体规划的恢复、重建、新建企业项目共3601项，包括东汽、二重、攀长钢、长虹、九洲、宏达、阿坝铝厂、厂坝铅锌矿、成州矿业等中央企业和地方骨干企业，以及军工企业和部分中小企业、劳动密集型企业、带动农民增收作用大的农业产业化经营龙头企业和少数民族特需商品定点生产企业。在农业生产方面，总体规划聚焦于恢复重建专业化、标准化、规模化、生态化的农产品生产基地，明确提出扶持农业产业化经营龙头企业和各类农业专业合作组织，以及农产品加工、收购、仓储、运输、流通等基础设施的恢复重建，以支持现代种植养殖技术、农业科技推广体系、农业科研机构和农业信息服务体系等手段促进农业结构调整。旅游业和文化产业主要是围绕受灾地区丰富的景观、历史文化、民俗、民族特色资源恢复重建或新建旅游景点及其服务设施。商贸产业方面的规划主要是城乡服务设施网点、物流、储备等设施，城镇以恢复重建百货店、超市、便利店、专卖店、商业街等为主，农村则主要以恢复重建“万村千乡市场工程”农家店为主。金融业重建规划主要是关注商业银行、保险公司等分支机构的布局和恢复重建。

3. 设施建设

设施建设贯穿了整个总体规划，成为支撑灾后重建的绝对要素。从市政公用设施到农业生产与服务基础设施，从教育到文化自然遗产，从交通到水利，从工业企业恢复重建到生态保护区的建设，从文化产业设施建设到精神家园，所有方面都包含了设施建设的内容。

例如：城镇市政公用设施建设包括，修复或新建道路4057公里、桥梁851座、公交场站657处，修复或新建供水厂466座、供水管网6516公里、燃气储气站218处、供气管网2843公里、热源厂7座、供热管网47公里，修复或新建污水处理厂358座、污水处理管网8056公里、垃圾处理场55座、垃圾处理转运站752座；农业生产与服务建设包括，建设集中供水设施4586处、分散供水设施300 151处、农村公路39 948公里，建设县、乡级客运站49个、363个；基础设施建设包括，农村沼气设施430 010处、垃圾收集转运处理设施15 759处、修复受损农田10.05万公顷，恢复重建农业生产大棚2880万平方米、畜禽圈舍2211万平方米、养殖池塘1.23万公顷、机电提灌站9982座、机耕道18 392公里，建设农作物良种繁育场（站）79个、畜禽良种繁育场141个、水产良种繁育场32个，建设市、县、乡级农业技术综合服务站5个、51个、1271个等。

4. 社会管理

灾后重建总体规划对社会管理的关注主要体现在人口安置、公共服务、生态环境及精神家园等部分。人口安置主要是指受灾群众的安置，总体规划提出的总体原则是在规划区内就近分散安置，同时鼓励长期在外地务工经商的农村人口及其家庭成员转移到就业地安家落户。总体规划所列公共服务包括教育和科研、医疗卫生、文化体育事业、就业和社会保障、党政机构建设，是灾后重建的重点关注内容。按照规划的要求，公共服务设施的恢复重建将根据城乡布局和人口规模推进标准化建设，以促进基本公共服务均等化。其中，学校、医院等被安排在恢复重建序列的首位，并要求严格执行强制性建设标准规范，以保障建筑质量。对于教育和科研、医疗卫生、文化事业、就业与社会保障及党政机构方面，恢复重建不仅仅包括服务体系和基础设施的建设，还包括从业人员能力的提升等。生态环境的恢复重建主要着力于生态修复和环境污染的监测与治理。精神家园是首次进入灾后重建国家规划的主题，它主要回应了震后受到社会广泛重视的心理重建问题。

（二）地方政府的接力：规划蓝图的具体化

1. 功能区划调整

与国家级的总体规划的主体功能区布局相对应，什邡市的总体实施规划首先也将国土空间按照地形地貌划分为生态重建区、适度重建区和适宜重建区。生态重建区占全市面积的 39%，主要包括北部的九顶山自然保护区、蓥华山风景名胜区两个山地片区。约占全市面积 48% 的南部平原和浅丘地带与中部丘陵地带则被划为适度重建区。适宜重建区是实施规划中城乡居民点集中、人口规模扩大和工业用地扩展的地区。根据总体实施规划，在灾后重建过程中，什邡市将在现有城市建成区基础上扩大城区范围和人口数量，以形成具有强大内聚力和辐射力的中心城区。中心城区之外，则主要依托发展国家级重点集镇师古镇、省级重点集镇洛水镇和市级重点农贸型城镇马井镇，带动中部和西南部坝区的发展。在北部山区的适度重建区内，实施规划提出的重点发展是蓥华山风景区入口处的蓥华镇。

在农村布局方面的突出要点是鼓励农村居民适度集中居住，以大村庄建设带动新农村建设。规划要求，“撤并因灾失去耕地的农村居民点和零散自然村。对于交通条件好、发展潜力大的村庄，引导其发展扩大。对发展潜力一般且在规划区内难以搬迁的村庄，鼓励村民向临近村庄集聚。对规模小、交通不便、受地质灾害或其他自然灾害影响严重的村庄，实施搬迁”。在这一思想的指导下，不管是由于避让地质灾害点，还是为了大村庄建设，规划希望通过灾后重建，“逐步将现有的 250 个村庄合并为 134 个，其中中心村 40 个，基层村 94 个”。

功能区划的调整和城乡居住点的重置必然引起人口的重新布局。同时，实施规划对人口布局的调整也呼应着功能区划和城乡局部的调整。规划提出要按照城镇人均 100 平方米、农村人均 150 平方米的标准，确定人口密度和建成区面积。因此，“北部山区的红白镇、蓥华镇、八角镇要减少人口数量，集镇人口以达到经济规模下限为宜；中部坝区的各镇保持现有人口规模，严格控制人口机械增长；平坝的中心城区和建制镇可适当扩大人口规模，积极吸纳人口转移”。这就意味着，要想达到新的平衡，就需要通过各种方法促进人口的转移，并且这种转移主要是指人口从农村向城镇转移、从生产生活条件恶劣的山区向丘陵和平坝地区转移。于是，加快城镇化进程又反过来成为推动农村人口向城镇转移的要素，具体采取的措施则主要是“教育移民”“劳务移民”和“福利移民”等。

2. 项目建设

项目建设是灾后重建工作完成情况的度量。重建项目是灾后重建规划的具化，完成重建项目也就等同于完成灾后重建任务，因此对于抽象的灾后重建任务完成度的评判也就转换为对可操作的重建项目的完成度的度量。具体来说，是以灾后重建项目动工与完工数量与投资额的完成数目来判断灾后重建任务的完成情况。2009 年 5 月 12 日，汶川地震一周年之际，发改委人员接受采访时说：“到目前看来，恢复重建的进展还是非常顺利的。到今年 4 月底，恢复重建的项目已经开工了 2.1 万多个，占规划任务的近 60%，完工项目 600 多个，完成投资超过 3600 亿元，占整个恢复重建规划总投资规模的 36%。也就是说，在过去的半年多时间里已经完成了超过 1/3 的工作量。应该说恢复重建的进度还是很好的。”

什邡市的灾后重建项目主要包括两类，一类是北京市对口援建项目，一类是什邡市组织建设的灾后重建项目。

（1）北京市对口援建项目

北京市对口援建项目主要集中在城乡居民永久性住房、基础设施和公共服务设施三个方面。2008 年度，列入北京援建计划的城乡居民永久性住房建设项目包括解决灾区农村 9 万无房户永久性住房问题、修建 2000 套面积 10 万平方米的城市廉租房（2008 年计划完成 600 套共 3 万平方米）、在红白蓥华洛水三镇修建集镇廉租房 500 套面积 25 万平方米（2008 年完成 300 套共 15 万平方米）。基础设施方面主要是广青公路（广汉至什邡市青牛沱，全长 78.33 公里，总投资 16.1 亿元）、城市恢复发展区二纵五横主干道及配套管网，位于洛水镇的什邡市工业集中发展区三纵三横骨干道路及配套管网，乡镇公路主要是沿山旅游公路和红白蓥华洛水三镇的集镇道路，另外一项是红白蓥华洛水三镇的集镇供水设施。公共服务设施建设项目几乎包括了什邡市所有的重点幼儿园、小学、中学、医院（2 所）、卫生院（3 所）和敬老福利院（8 所）。

（2）什邡市组织建设的灾后重建项目

什邡市组织建设的灾后重建项目更是类目繁多。城乡住房方面 15 个乡镇都有各自的住房建设项目，共计规划建成 10.1 万套。市政设施方面共规划道路、供水、供气、公交场站和垃圾处理中心等建设项目 57 个，估算总投资 374 000 万元。农村建设方面共规划 36 个农业生产生活设施建设项目，包括农田修复重建、木耳大棚设施重建、肉猪标准化养殖场、渔业池塘恢复重建、机耕道、提灌站、农机服务设施、良种繁殖基地、仔猪标准化繁殖场、引进推广优良种禽、猪养人工授精网络建设、农业有害生物预警与控制区域站建设、农产品质量检测中心、农业信息平台、农业“四中心”建设项目、动物疫病控制中心、乡村排水沟渠、乡村垃圾收集转运处理设施、农村供水设施、农村沼气池重建、草地生态恢复重建、生猪标准化规模养殖示范场、家禽规模养殖场、推广稻鸭共作技术、肉牛肉羊养殖小区建设等。公共服务设施建设分教育、医疗卫生、文化体育等类目。

教育类重建项目纳入了什市所有的 52 所义务教育阶学校、3 所普通高中、2 所中等职业学校、1 所特殊教育学校和 19 所幼儿园。医疗卫生设施建设则分为 44 个建设项目，文化体育设施建设项目则多达 109 个。此外，还包括 2 个文化遗产建设项目、125 个就业与社会保障建设项目、103 个社会管理建设项目。在基础设施建设方面，主要包括 6 个交通建设项目和 21 个水利建设项目。生产力布局与产业调整建设项目首先纳入了近 190 家工业企业的 197 个生产线建设项目。7 个旅游业重建项目则围绕特色农家乐和农家山庄、惊奇欢乐谷、餐饮街区、温泉酒店、景区道路及服务设施的建设而展开。根据什邡市汶川地震灾后恢复重建年度计划表，什邡市列入重建的项目共计 985 个，估算总投资达到 4 473 523.24 万元。这两个数据分别是什邡市“十一五”规划建设项目的近 10 倍与 270 多倍。

三、川西地区震后重建规划

（一）项目选址经验

1. 重建选址应安全可靠

地震灾后重建最首要关注的问题是安全问题，就是指建设工程项目必须安全可靠，在地震灾害的背景下，重建项目以抗震安全性为主，其他安全性因素综合考虑。通常合适的重建选址是从源头降低建筑震害的关键一步，也是经济最优、效果最好的方法。通过对之前川西地区灾后重建项目选址的分析及上文提到的抗震技术研究，重建项目应采用避让和治理相结合的原则进行选址，主动避让有潜在安全隐患的用地环境，若规划条件不足，则应对选址环境进行合理的整治。

为确保最终重建选址的安全可靠，首先重建选址应避开潜在危险性较大的地段。例如：建设用地应避开地震断裂带，避免地震灾害隐患；临河地区重建选址应高于常年洪水的最高水位线，具体高出距离应根据各地方的规划要求以及场地的实际情况进行分析，避免洪涝灾害；临山地区的重建基址应选择周边山体坡度较为平缓的地段，并控制建筑建设用地与山体之间保持一定的距离，避免山体滑坡、泥石流对场地内建筑产生影响。其次，应对拟选定的重建基地进行详细的地质勘查分析和灾害勘测评估，确认建设地基土质是否坚固牢靠。最后，对于规划条件不允许而选择的重建基地，应采取相应的技术手段对安全隐患进行防护，如山体护坡、挡水坝等。

2. 服从区域产业发展需求

地震灾后的重建选址应从长远考虑，满足安全上的需求只是其中一个最基本的考虑因素，选址地点作为以后受灾人民生活、生产的地方，还应该充分考虑用地条件与产业发展的匹配程度。通常情况下，不同功能的产业对建设用地的条件有不同需求，用地周边交通状况、基础设施建设情况、自然资源、用地大小、用地的地形地貌等都会对产业的发展产生影响。例如：发展农业的项目则要求周边有大量农田用地且距较近，对交通状况、用地条件要求很少；发展工业的项目要求基地周边有良好交通运输条件，对于用地本身则要求其大小、形状等，能够满足工艺流程的布置和未来发展的需求；对于发展旅游业的项目则主要要求周边自然环境优美、交通便捷、基础设施健全等。

3. 利用和保护环境资源

环境资源是地球上所有生物生存和发展的基础，是自然馈赠人类的宝贵财富，理应对其进行保护和合理的利用。首先，应该注重对环境的保护，通常建筑的建造过程即为永久性的安置过程，势必会对环境资源带来破坏，为了减小这种破坏作用，在建设用地的选址上应该注重对现有建设基地的利用，避免粗放式的开发模式，注意节地、节水、保护植被绿地。其次，良好的自然环境会对建设项目的发展产生有利影响，应在建筑选址中加以利用。对于农业来说，耕地是经济收入来源的依托，选址中应避免对耕地的破坏；对于工业来说，良好的自然条件能为员工舒适的工作环境，从而能提高他们的工作效率；对于旅游业来说，其立身的根本就是良好的自然环境，利用好环境资源能在很大程度上提升其经济效益。

（二）总平面规划经验

1. 总平面抗震设计

建筑群落的总平面布置应能够避免在建筑单体破坏后再发生连带灾害，产生不必要的人员伤亡或财产损失。从这一点来说，合理的总平面布置不能叫作抗震技术，应该称为避震技术。在总平面规划布置时应考虑两个因素：首先，总体布局应有顺畅的交通流线，是人员能够快速高效的撤离到安全地段；其次，规划时应提供安全的避难空间，要求倒塌的房屋不会危及人员的生命安全。

常见的布局方式有三种：一是行列式。行列式布置是将统一朝向的建筑，按合理间距成排布置，使得每栋建筑都有较好的通风和日照，常用于居住区规划。这种布置方式往往会形成道路方格网化，在地震发生时，避难人流被分成若干股，便于人员疏散，但设计时应尽量闭合通行路线，条件不允许时应避免出现过长的尽端道路，同时还应控制建筑的建筑，避免房屋横向倾倒堵塞疏散通道。

二是围和式。围和式布置是指将建筑布置于场地四周，中间围合庭院的方式，能够使土地利用率最大化，一般在小的公建或私人庄园中使用。这种布置方式的交通流线便捷，同时提供了大面积的疏散避难空间，疏散人员可以就地安置。但设计时也应控制围和面的封闭程度，保证有足够的通道通向场地外。

三是台地式。当用地内地势高差较大时，将场地平整为不同的台地，然后再按上述两种方式布置的方式叫台地式布置。这种方式的布置往往会形成相互平行的疏散流线，在设计时应增设台阶、坡道，加强流线之间的联系，使平行交通变成网格交通。

2. 满足产业发展需求

（1）农业发展型

川西传统聚落就是以这种产业发展形成了林盘式布局，主要表现为建筑以小聚居、大分散、成组成团的方式进行布置，但这种分散式布局方式不利于现代农业生产资源的整合，同时也存在比较大的土地资源浪费，不太适合现代农业的发展。因此，在农业型灾后重建项目的总平面布置时，首先应该布局紧凑、形成规模，既有利于较少耕地占用情况，又有利于资源整合和相关配套设施的投入；其次，大聚居下形成小组团，将关系（包括生产关系、生活关系）连接紧密的各户组合形成小的组团，符合传统农民的生产生活习惯；最后，在用地规划上，应确保每户农宅能就近配套设置独自的菜园用地，满足他们平时的生活需求。

（2）小商业发展型

小商业产业模式在川西传统聚落的小城镇体系经常出现，常表现为生长式的网状体系，但这种布局方式很难形成商业人流的闭合，不符合现代商业发展需求。因此，在此类项目的总平面规划中，应更多借鉴现代商业步行街的规划手法。首先，对于功能混合型商业（如商住混合），主要应控制各功能组合的分区，通常情况下，沿街做商铺，内侧供其他功能使用；其次，对于纯商业型项目，则应将能吸引人流的大型商铺靠内布置，其他小的店面布置于通往这个商铺的交通流线两侧；最后，交通流线应简单、便捷，并通过组织立体交通和水平交通，形成人流闭环，避免尽端式交通出现。

（3）工业发展型

这种经济发展模式在川西传统聚落中没有出现，属于现代化的产业模式，因此在灾后重建中，该类项目在充分考虑现代产业发展需求的基础上，借鉴现代发展比较好的工业产业园的成功经验，结合自身用地条件进行规划设计。通常是按照产业的工艺流程进行分区，并合理组织交通流线，使各分区既相互独立，又联系紧密。

（4）旅游发展型

旅游发展型与纯商品发展型的规划要求一致，只是吸引人流的方式为旅游产业资源（如自然景观、历史文物等），在项目设计上要求其规划应反映一定的文化特征，并能够提供进行相关民俗文化活动的场地，此外总平面规划还应在加强场地内部的景观环境设计的同时，处理好场地与周边环境关系，营造良好的旅游商业氛围。

3. 体现地域性文化特征

不同的项目在总平面布置上，对地域型文化体现的控制程度应该有所不同，主要还是应以经济发展为主要出发点，根据产业的具体需求量身而定。

应尊重地形和自然气候。川西地区山地和丘陵地形较多，所有项目必须对地形地貌和气候环境的地域特征有所回应，通常川西传统聚落的街道空间常由街、巷、道三级组成，但各层级道路的尺度都较小，往往形成了一种逼仄的空间感觉。对交通需求较大工业产业来说，这种形式并不是适宜，因此控制好街、巷、道的层级关系，形成各功能空间在交通上均匀过渡就好。而对于旅游产业、小商业、居住区等，这种文化体现就显得比较重要，往往要在尺度上加以控制，如街道高宽比控制在1:1左右，宽度控制在6 m左右等。在景观布置上也应体现地域性文化特征，主要是在景观材料和景观元素的选择上进行表达，但具体应按照现代科学的做法进行。景观材料应尽量选用当地材料，能唤起当地人们的归属感，如川西灾后重建中树种常选择当地的黄葛树，铺装材料常选择当地生产的红砂岩。

（三）建筑单体设计经验

1. 建筑单体抗震设计

建筑功能方面抗震设计包含建筑的体型、空间控制、平面形态及流线组织。

（1）控制建筑体型及空间尺度

第一，建筑体型应尽量保证对称，这里的对称不仅仅指的是造型上的对称，主要指的是结构上的对称。对称结构使得建筑整体的刚度中心与质量中心重合。刚度中心是建筑在地震时的旋转中心，质量中心是建筑在地震作用下所受的合力中心。

第二，应控制建筑单体的高宽比和长宽比。长宽比是指建筑水平方向上的总长度与总宽度的比值，当建筑的长宽比过长时，长边方向的应力就远比短边方向的应力要强，并且这种不均等的受力方式很难再重新分配消解，往往会很形成长边方向墙体的开裂和结构破损，最终导致整个建筑倒塌。

第三，应合理搭配竖直空间分布。通常小体量空间由于结构支撑较多以及质量中心和刚度中心更为接近，所有受扭转效应较小。在空间分布时，应使地震施加扭矩较大的建筑底层采用小体量空间，而建筑上部使用大体量空间。

（2）控制建筑平面形态

第一，建筑的平面布局应该尽量规则简单。在地震中 L 形、T 形、H 形、U 形的平面布置往往会优先破坏，主要原因为建筑凸出部分与主体部分的刚度差异较大，在地震作用下运动方式不同步，主体容易受损，另外在体型转角处为应力和扭矩的集中点，该处极易发生破坏。

第二，同一平面上的结构应分布均匀。均匀的结构体系使各结构受力构建能够较好分担地震作用力，即使某一构件损坏，其他构件也能为其提供支撑。

第三，应加强建筑外围的结构抗震性能。在地震中外围结构主要抵抗建筑的扭转变形，由于距刚度中心较远，其受到的扭转力矩较大，当结构不足以承受这种形变时，建筑将发生倾倒。

（3）合理组织疏散

流线建筑单体的平面设计应有便捷、安全的交通流线。地震发生持续时间一般较短，留给使用人员的逃生时间十分有限，有效的疏散会大大减小地震中的人员伤亡。第一，交通流线应有明显的导向性，避免不必要的曲折。具体数据可参照建筑设计防火规范的相关要求，如在房门与垂直交通之间的距离应控制在 15 m 以内。第二，应控制疏散通道及通道上洞口的宽度。第三，应加强疏散路径上的结构稳定性，确保通道安全可靠。针对在汶川及雅安地震中出现的楼梯间在所有结构体系中最先破坏这一问题，国家科研团队研究出了楼梯梯段与梁之间采用滑动支座连接的构造方式。这种构造方式不同于传统的刚性连接方式，它将梯段的下端与建筑主体结构断开，使其不参与整体结构受力，从而确保了楼梯的安全性。

（4）合理选择结构体系和细部构造做法

在灾后重建设计项目中，首先应综合考虑建筑的功能需求、抗震设防深度、场地的地质条件、各结构体系的造价成本及震害特征等，选择出适合设计项目的结构体系。例如：发展小商品经济的建筑应优先考虑选用钢筋混凝土结构，使建筑使用上具备可变性；发展工业产业的建筑则应该选择钢结构，以增加建筑空间的净高和净宽。其次，在确认选择的结构体系之后，应对建筑模型进行地震力模拟计算，加强局部构造的抗震能力。

2. 满足产业发展需求

川西地区地震灾后重建的建筑单体设计除了在造型及装饰上需要考虑地域性建筑文化，其有关建筑功能方面设计应与常规项目一样，采取产业决定功能的导向性设计模式，即每一种功能空间的设定、尺度把控及布置方式必须建立在实际的功能需求上，不能完全按照川西民居的平面布置方式生搬硬套。通常情况下，建筑单体功能设计主要是通过建筑平面设计和建筑空间尺度把控来回应产川西地区地震灾后重建的建筑单体设计除了在造型及装饰上需要考虑地域性建筑文化，其有关建筑功能方面设计应与常规项目一样，采取产业决定功能的导向性设计模式，即每一种功能空间的设定、尺度把控及布置方式必须建立在实际的功能需求上，不能完全按照川西民居的平面布置方式生搬硬套。通常情况下，建筑单体功能设计主要是通过建筑平面设计和建筑空间尺度把控来回应产业发展需求，此外对于服务型产业还应加强建筑的造型设计以推动产业发展，具体的经验做法将在下节进行说明。

第一，使用方便的原则。建筑平面应根据具体的使用需求设定功能空间，并按照各功能空间的关联程度，做好彼此间的分区和连接关系。例如：商住户型应包含店铺、起居室、卧室、厨房、卫生间等，并按功能关系做私密性空间和公共性空间的分区；工业建筑则应按工艺流程设置和区分功能空间。此外，各功能空间的平面尺寸和净高也应满足使用功能的需求，如小商铺的空间净高一般控制在 3.6~4.2 m。

第二，舒适性的原则。各功能空间的净宽、净长、净高在满足功能使用的基础上，应控制一定的冗余度，使功能空间在使用上更加舒适。此外，还应控制建筑空间的高宽比，在不浪费空间的基础上，尽量避免空间感觉过于压抑。

第三，多元化的原则。建筑平面划分不应过分死板，使各空间能够根据实际需求拆分合并，满足多元化的功能需求。

3. 体现地域性文化特征

在川西地区地震灾后重建的建筑单体设计上，建筑的结构形式和功能空间应利用现代的技术手段，结合当前人们的生活习惯和使用需求进行理性的创作，而建筑的造型、装饰手法则应积极体现川西的地域性建筑文化，但是这种地域性文化的体现不能完全模仿传统的川西民居风格，而应该根据其形态特征进行现代化演绎，避免出现灾后重建千篇一律的现象。

第一，在建筑体型上应保留川西民居轻盈精巧的形态特征，控制建筑的高宽比在 1:1~1:2，对于建筑容积率要就较高的地块，可以借鉴传统川西建筑中退台的处理手法，消解建筑过于瘦高的映像。

第二，在建筑形象上应该保留川西传统民居最为明显的三段式特征，即墙基台阶、穿斗式墙身和坡屋顶。但具体设计上则应按实际需求进行现代化演绎。

第三，在建筑功能上应保留川西民居传统的灰空间处理手法，如檐廊、大出檐、天井。这种处理方式是川西民居为了适应当地的炎热多雨潮湿的气候特征形成的，对现在的川西地区来说一样适用。同时，在装饰上体现川西的地域性建筑文化。在建筑在实际的灾后重建项目设计中，这种符号的应用应根据项目的投资金额、项目的地位重要性等综合考虑，对于投资金额较少、项目地位重要性较弱的项目，建筑装饰尽量减少，反之则加强装饰符号的应用。

第四章　洪涝灾害与韧性城市规划

第一节　洪涝灾害与城市规划

一、洪涝灾害

（一）定义

当洪水、涝渍威胁到人类安全，影响到社会经济活动并造成损失时，通常就说发生了洪涝灾害。洪涝灾害是自然界的一种异常现象，一般包括洪灾和涝渍灾，目前中外文献还没有严格的“洪灾”和“涝渍灾”定义，一般把气象学上所说的年（或一定时段）降雨量超过多年同期平均值的现象称为涝。

1. 洪灾

洪灾一般是指河流上游的降雨量或降雨强度过大、急骤融冰化雪或水库垮坝等导致的河流突然水位上涨和径流量增大，超过河道正常行水能力，在短时间内排泄不畅，或暴雨引起山洪暴发、河流暴涨漫溢或堤防溃决，形成洪水泛滥造成的灾害。洪水可以破坏各种基础设施，造成人畜死伤，对农业和工业生产会造成毁灭性破坏，破坏性强。防洪对策措施主要依靠防洪工程措施（包括水库、堤防和蓄滞洪区等）。

2. 涝灾

涝灾一般是指本地降雨过多，或受沥水、上游洪水的侵袭，河道排水能力降低、排水动力不足，或受大江大河洪水、海潮顶托，不能及时向外排泄，造成地表积水而形成的灾害，多表现为地面受淹、农作物歉收。涝灾一般只影响农作物，造成农作物的减产。治涝对策措施主要通过开挖沟渠并动用动力设备排除地面积水。

3. 渍灾

渍灾主要是指当地地表积水排出后，因地下水位过高，造成土壤含水量过多，土壤长时间空气不畅而形成的灾害，多表现为地下水位过高，土壤水长时间处于饱和状态，导致作物根系活动层水分过多，不利于作物生长，使农作物减收。实际上，涝灾和渍灾在大多数地区是相互共存的，如水网圩区、沼泽地带、平原洼地等既易涝，又易渍。山区谷地以渍为主，平原坡地则易涝，因此不易把它们截然分清，一般把易涝、易渍形成的灾害统称涝渍灾害。

洪涝灾害可分为直接灾害和次生灾害。在灾害链中，最早发生的灾害称原生灾害，即直接灾害。洪涝直接灾害主要是洪水直接冲击破坏、淹没所造成的危害。例如：人口伤亡、土地淹没、房屋冲毁、堤防溃决、水库垮塌；交通、电信、供水、供电、供油（气）中断；工矿企业、商业、学校、卫生、行政、事业单位停课、停工、停业，以及农林牧副渔减产减收等。

次生灾害是指在某一原发性自然灾害或人为灾害直接作用下，连锁反应所引发的间接灾害。如暴雨、台风引起的建筑物倒塌、山体滑坡，风暴潮等间接造成的灾害都属于次生灾害。次生灾害对灾害本身有放大作用，它使灾害不断扩大延续，如一场大洪灾来临，首先是低洼地区被淹，建筑物浸没、倒塌，然后是交通、通信中断，接着是疾病流行、生态环境的恶化，而灾后生活生产资料的短缺常常造成大量人口的流徙，增加了社会的动荡不安，甚至严重影响国民经济的发展。

（二）洪涝灾害分类

（1）按照地貌特征，城市洪涝灾害可分为 5 种类型

①傍山型。城市建于山口冲积扇或山麓。在降水量较大或大量融雪时，易形成冲击力极大的山洪和泥石流、滑坡等地质灾害，导致重大人员伤亡和财产损失。②沿江型。城市靠近大江大河，一旦决堤会被淹没，特别是上游的危险水库一旦垮坝，城市就非常危险。有些江河泥沙淤积造成堤内

河床高于两岸而成为悬河，如黄河下游与永定河中下游。沿江城在外河水位高于内河时排水困难，遇雨容易内涝。北方由南向北的河流下游早春融冰在下游冰塞或形成冰坝容易形成凌汛。③滨湖型。城市位于湖滨，汛期水位高涨时低洼地遭受水灾，下风侧湖面水位壅高不利于城市排水，易加重内涝。④滨海型。城市位于海滨，地势低平。如因城市建筑布局不当或超采地下水造成地面沉降，内涝更加严重。受到台风、温带气旋或强冷空气影响时，海面出现向岸强风，若再遇天文大潮顶托，容易引发严重的风暴潮与洪涝灾害。地震引起的海啸对沿岸的冲击更为强烈，但时间较短、范围较窄。⑤洼地型。城市建于平原低洼或排水困难地区，雨后积水不能及时排泄形成沥，可分为点状涝灾、片状涝灾和线状涝灾 3 种类型。

（2）按照城市洪涝的灾害特点可分为 4 种类型

①洪水袭击型。城市因暴雨、风暴潮、山洪、融雪、冰凌等不同类型洪水形成的灾害，共同特点是冲击力大。②城区沥水型。降雨产生的积水排泄不畅和不及时，使城市受到浸泡造成的灾害。其中，点状涝灾范围不大，积水不深，但治理分散；片状涝灾受淹面积较大，已由点连成片；线状涝灾主要分布在河道沿岸。③洪涝并发型。城市同时受到洪水冲方和地面积水浸泡。④洪涝发生灾害型。洪涝灾害对城市工程设施、建筑物、桥梁道路、通信设施及人民生命财产造成损害，特别是造成城市生命线事件、交通事故、斜坡地质灾害、公共卫生事件及环境污染。

（三）洪涝灾害特点及成因

1. 洪涝灾害特点

①城市水灾害损失远超过非城市区。

城市的特点决定了城市一旦发生洪灾，可能造成的生命财产等损失将会远远超过非城市地区。历次较大的洪水灾害，城市的水灾害损失都占有相当的比重。例如：1991 年华东等地区发生特大洪灾，经济损失达 685 亿元，虽然城市受灾绝对面积在整个受灾面积中的比重不大，但其中 50% 以上的经济损失为城市受淹的损失。1994 年华南发生特大洪灾，广西柳州被淹，直接经济损失 21 亿多元；梧州 3 次被淹，仅 6 月份受淹即损失 24 亿多元；广东经济损失 231 亿元。

②城市水灾害损失逐年增加。

城市水灾害与城市化进程一致，并且与人类活动和洪水特性有关。由于社会经济的发展，生产力水平的提高，社会财富和人口不断向城市集中。随着城市的发展，城市洪灾更为严重，城市水灾害损失还有继续上升的趋势。例如，安徽省合肥市在中华人民共和国成立前夕还是一个只有 5 万人，建成区面积 2 km^2 的小城市，到 1992 年已发展成为人口 82 万，面积 76 km^2 的大城市。中华人民共和国成立以来，1954 年、1980 年、1984 年和 1991 年发生 4 次较大洪水，淹没面积分别为 13 km^2、11.2 km^2、18 km^2 和 5.5 km^2，直接经济损失分别为 200 万元、1300 万元、4000 万元和 7000 多万元，洪灾损失逐年增加的趋势极为明显。

③城市水灾害影响城市的可持续发展。

洪水灾害会影响城市的发展进程。我国古都开封，在宋朝时就有 100 多万人口，其繁华兴盛当时不必多说，就是放在今天也是一个举足轻重的城市。但是由于其特殊的地理位置，经常遭受黄河洪水灾害，几度兴废，其发展受到严重制约。城市是国家和地区的政治、文化、经济中心和重要的交通枢纽，在整个国民经济中具有举足轻重的地位，其影响自然较一般地区重要。因此，城市水灾害不仅能对城市造成严重的影响，而且能对社会发展造成较长时期的不良影响，其至影响社会的稳定。

（四）洪涝灾害防治的主要措施

暴雨洪涝灾害给人类带来的损失是巨大的，并且随着气候变暖，旱涝灾害的发生有增强之势。为了防灾减灾，将损失降至最低，我们应该采取有效的手段和对策。

1. 要努力提高暴而预报及汛期的气候预测准确性，加强暴雨灾害研究暴雨可以直接成灾，而持续性大暴雨或者是连续的数场暴雨更可能造成洪涝灾害。因此，准确预报暴雨的地点、范围、强度等，以及准确预测洪涝灾害的发生，对于更好地做防汛准备工作，减轻灾害造成的损失是至关重要的。加强对暴雨及洪涝灾害的研究，大力推进暴雨天气预报，要充分利用新一代雷达、卫星、闪电定位等监测手段，进一步完善数值天气预报系统，建立和完善以气象信息分析、加工处理为主体的气象灾害预报预警系统，加强上下游联防，全面提高气象灾害预警服务能力和水平。

2. 提高气象保障服务能力，完善灾害应急响应系统

对于大暴雨这类灾害性天气，强降水过程多从中尺度天气系统中产生。因此，为了更好地防灾减灾，一方面要大力加强对中小尺度天气系统的科学研究，提高对暴雨，大暴雨等灾害性天气的预报能力和业务监测水平；另一方面，要加快中小尺度监测基地的建设和改造，以便更好地发挥作用。暴雨洪涝灾害一旦发生，可及时发布突发气象灾害预警信号及突发气象灾害防御指南。气象灾害防御指挥部门要启动气象灾害应急预案，各级气象灾害相关管理部门及时将灾害预报警报信息及防御建议发布到负责气象灾害防御的实施机构，使居民及时了解气象灾害信息及防御措施。在应急机构组织指导下，有效防御、合理避灾防灾，安全撤离人员，将气象灾害损失降到最低。

3. 及时进行灾害评估

灾情评估是气象灾害预警系统的重要环节，是拟定减灾、抗灾和紧急救援对策的定量依据。一方面，根据可能发生的气象灾害特征，结合灾区的经济密度、人口密度、减灾实力、预测灾害能力等综合指标，建立科学、有效、完整的评价体系，包括评价目标、评价指标、评价模式、评价结构、评价群体等内容，灾前预先估测气象灾害的损失，做出灾前评估。另一方面，根据对受灾范围、人口伤亡程度、健康状况的破坏、被毁生产和生活条件及其他经济损失和环境损失的客观统计，及时开展灾后评价。要建立和发

展灾害影响评估模型和风险管理体系，实现灾害影响的定量化评估，为政府、决策部门和公众提供灾害监测、预警信息及减缓灾害影响的技术措施。

4. 加强暴雨洪涝灾害防御的工程性措施

当前防洪减灾的主要工程性措施有以下三项：首先是修筑堤防，整治河道，以保证河水能顺利向下游输送，利用防堤约束河水泛滥是防洪的基本手段之一，是一项现实而长期的防洪措施。其次是修建水库。最后是在重点保护地区附近修建分洪区（或滞洪、蓄洪区），使超过水库、堤防防御能力的洪水有计划地向分滞洪区内输送，以保护下游地区的安全。

5. 改善生态环境，增强暴雨洪涝灾害防脚的公众意识

维护生态平衡，植树造林，治理水土流失，森林可涵养水分，保持土壤不遭雨水冲刷。气象防灾减灾工作是一项长期的全民工程，各级人民政府及其有关部门要建立气象防灾减灾宣传教育长效机制，将减灾教育纳入公民义务教育体系之中，采取多种形式向社会进行广泛宣传教育；要大力发动群众参与，增强群众防灾、避灾、躲灾意识，充分利用各种舆论宣传工具，突出大众化、科普化，达到统一思想，提高气象防灾减灾认识的目的。

二、城市防洪防涝总体规划

洪涝灾害的防治是城市防灾的重要部分，各城市的总体规划中都有防洪的内容，在市政设施规划中还有雨水排除规划的内容。防洪规划主要是要保证上游的客水不进入城区，城市雨水管道主要解决城市内部低重现期雨水的排除，但是一旦发生超过雨水管道设计标准的降雨时，城市内就可能产生内涝和积水，如果积水出现在交通干道（如下凹式立交桥区）处，就会造成交通中断或堵塞，如果积水漫过地下设施的出入口，则可能造成地下设施被淹没。因此，有必要对于超过雨水管道设计标准，而又低于城市防洪标准的涝水的处置进行研究，使其不对城市的正常运行产生影响。

近年来，全球气候变化导致的极端天气频发，城市局地暴雨灾害的频

度和强度不断增加，影响范围日益扩大。同时，城市规模扩大加剧了热岛效应，城市区域的降雨规律发生了明显改变，城市局地短历时超标准降雨频繁发生。虽然城市内涝和积水造成的危害没有洪水大，但其发生的频率比洪水高，对城市正常运行的影响也是客观存在的，所以必须针对超过雨水管道设计标准的降雨产生的内涝积水问题加以研究并提出解决措施，即针对城市排涝问题进行系统研究。

（一）城市防洪防涝规划的基础资料

1. 城市概况分析

城市概况分析主要是对城市位置与区位情况，城市地形地貌概况，城市地质、水文、气候条件，城市社会、经济情况等基本情况进行整理分析。同时，对总体规划中关于城市性质、职能、规模、布局等内容进行解读，分析其中与城市排水相关的绿地系统规划、城市排水工程规划、城市防洪规划、道路交通设施规划、城市竖向规划等内容。

2. 城市排水设施现状及防涝能力评估

（1）城市排水设施现状调查

为了更好地、有针对性地编制城市排涝规划，需要对城市排水设施的现状进行分析评估。主要需要调查的数据包括：城市排水分区及每个排水分区的面积和最终排水出路、城市内部水系基本情况（如长度、流量、流域面积及城市雨水排放口信息现状）、城市内部水体水文情况（如河流的平常水位、不同重现期洪水的流量与水位，不同重现期下的潮位等）、城市排水管网现状（如长度、建设年限、建设标准、雨水管道和合流制管网情况）、城市排水泵站情况（如位置、设计流量、设计标准、建设时间、运行情况）。同时，对可能影响到城市排涝防治的水利水工设施，比如梯级橡胶坝、各类闸门、城市调蓄设施和蓄滞空间分布等也需要进行调研。

（2）城市排水设施及其防涝能力现状评估

对于城市排水设施及其排涝能力，笔者认为在现状调查与资料收集的基础上，宜采用水文学或水力学模型进行评估。其中，对于排水设施能力应根据现状下垫面和管道情况利用模型对管道是否超载及地面积水进行评估。同时，需要通过模型确定地表径流量、地表淹没过程等灾害情况，获得内涝淹没范围、水深、水速、历时等成灾特征，并根据评估结果进行风险评价，从而确定内涝直接或间接风险的范围，进行等级划分，并通过专题图示反映各风险等级所对应的空间范围。

对于模型的应用，在此阶段应建立城市排水设施现状模型，包括排水管道及泵站模型（包含现状下垫面信息）、河道模型（包括蓄滞洪区）、现状二维积水漫流模型等，才能满足现状评估的需求。对于小城市，如果确无能力及数据构建模型，也可采用历史洪水（涝水）灾害评估的方法进行现状能力评估和风险区划分。城市防洪工程规划具有综合性特点，专业范围广，市政设施涉及面多，因此在工程设计中要收集整理各种相关资料，一般包括地形地貌、河道（山洪沟）纵横断面图，地质资料，水文气象资料，社会经济资料等。

3. 地形和河道基础资料

（1）地形图

地形图是防洪规划设计的基础资料，收集齐全后，还要到现场实地勘查、核对。各种平面布置图、不同设计阶段、不同工程性质和规划区域大小等，都对地形图的比例有不同的要求。

（2）河道（山洪沟）纵横断面图

对拟设防和整治的河道和山洪沟，必须进行纵横断面的测量，并绘制纵横断面图。纵横断面图的横断面施测间距根据地形变化情况和施测工作量综合确定，一般为 100 ～ 200 m。在地形变化较大地段，应适当增加监测断面，纵、横断面监测点应相对应。

4. 地质资料

（1）水文地质资料

水文地质资料对于堤防、排洪沟界定线，以及防洪建筑物位置选择等具有重要作用，主要包括：设防地段的覆盖层、透水层厚度及透水系数；地下水埋藏深度、坡降、流速及流向；地下水的物理化学性质。水文地质资料主要用于防洪建筑物的防渗措施选择、抗渗稳定计算等。

（2）工程地质资料

工程地质资料主要包括设防地段的地质构造、地貌条件；滑坡及陷落情况；基岩和土壤的物理力学性质；天然建筑材料（土料和石料）场地、分布、质量、力学性质、储量及开采和运输条件等。工程地质资料不仅对于保证防洪建筑物安全具有重要意义，而且对于合理选择防洪建筑物类型、就地选择建筑材料种类和料场、节约工程投资具有重要作用。

5. 水文气象资料

水文气象资料主要包括：水系图；水文图集和水文计算手册；实测洪水资料和潮水位资料；历史洪水和潮水位调查资料；所在城市历年洪水灾害调查资料；暴雨实测和调查资料；设防河段的水位-流量关系；风速、风向、气温、气压、湿度资料；河流泥沙资料；土壤冻结深度、河道变迁和河流凌汛资料；等等。水文气象资料对于推求设计洪水和潮水位，确定防洪方案、防洪工程规模和防洪建筑物结构尺寸具有重要作用。

6. 历史洪水灾害调查资料

收集历史洪水灾害调查资料（包括历史洪水淹没范围、面积、水深、持续时间、损失等），研究城市洪水灾害特点和成灾机理，对于合理确定保护区和防护对策，拟定和选择防洪方案，具有重要作用。对于较大洪水，还要绘制洪水淹没范围图。

7. 社会经济资料

社会经济资料包括：城市总体规划和现状资料图集；城市给水、排水、交通等市政工程规划图集；城市土地利用规划；城市工业规划布局资料；历年工农业发展统计资料；城市居住区人口分布状况；城市国家、集体和家庭财产状况等。社会经济资料对于确定防洪保护范围、防洪标准，对防洪规划进行经济评价、选定规划方案具有重要作用。

8. 其他资料

根据城市具体情况，还要收集其他资料。例如：城市防洪工程现状，城市所在流域的防洪规划和环境保护规划，建筑材料价格，运输条件；施工技术水平和施工条件；河道管理的有关法律、法令；城市地面沉降资料、城市防洪工程规划资料、城市植被资料等。这些资料对于搞好城市防洪建设同样具有重要作用。

（二）城市防洪标准

城市防洪标准是指采取防洪工程和非工程措施后所具有防御洪（潮）水的能力。一个国家的防洪标准要与其国民经济发展水平相适应。我国的防洪标准的制定，参照了现有的或规划的防洪标准，并参考国外城市的防洪标准，考虑一定时期的国民经济能力等因素。

防洪工程设计是以洪峰流量和水位为依据的，而洪水的大小通常以某一频率的洪水量来表示。防洪工程的设计是以工程性质、防范范围及其重要性的要求，选定某一频率作为计算洪峰流量的设计标准的。通常洪水的频率用重现期倒数的百分比表示，如重现期为 50 年的洪水，其频率为 2%，重现期为 100 年的洪水，其频率为 1%，显然，重现期越大，则设计标准就越高。

目前，国内防洪标准有一级和二级两个标准分级，即一级标准为设计标准，二级标准作为校核标准。由于城市防洪工程的特点，根据我国城市防洪工程运行的实践，城市防洪工程采用一级标准在确定防洪标准时，防洪标准上下限的选用应考虑受灾后造成的影响、经济损失、抢险难易及投资的可行性等因素，当城市地势平坦排泄洪水有困难时，山洪和泥石流防洪标准可适当降低。城市防洪标准确定还要结合城市特点，可以对城市进行分区，按不同分区采取不同的防洪标准。地形高低悬殊的山区城市，不能简单依据城市非农业人口总数确定城市防洪标准，事实上，地面较高的部分市区可能不会遭受任何洪水威胁，这部分市区面积内的人口、财产不应统计在内。这时，应分析各种量级洪水的淹没范围，根据淹没范围内的非农业人口和损失大小确定防洪标准。如我国重庆市结合山城高差大的实际情况，主城区按百年一遇的防洪标准，部分沿江建筑物、构筑物按两百年一遇洪水标准，重要建设工程按国家有关标准执行，同时还考虑三峡工程建成后的回水影响。

我国幅员辽阔，水文、气象、地形、地貌地质等条件非常复杂，各个城市的自然条件差异较大，不可能把各类城市防洪标准完全规定下来，因此应根据需要和可能，并结合城市具体情况适当提高或降低，但应报上级主管部门批准。对于情况特殊的城市，经上级主管部门批准，防洪标准可适当提高或降低。

（三）总体规划基本原则

主要防洪对策有以蓄为主和以排为主两种。

1. 以蓄为主的防洪措施

（1）水土保持修筑谷坊、塘、坡、树造林及改造坡地为梯田，在流域面积内控制径流和泥沙，不使其流失，并防止其进入河槽。（2）水库蓄洪和滞洪。在城市防洪区上游河道适当位置处利用湖泊、洼地或修建水库拦蓄或滞蓄洪水，削减下游的洪峰流量，以减轻或消除洪水对城市的危害。调节枯水期径流，增加枯水期水流量，保证供水、航运及水产养殖等。

2. 以排为主的防洪措施

（1）修筑堤防。筑堤可增加河道两岸高程，提高河槽安全泄洪能力，有时也可起到束水固沙的作用，在平原地区的河流上多采用这种防洪措施。（2）整治河道。对河道截角取直及加深河床，加大河道的通水能力，使水流通畅，水位降低，从而减少洪水的威胁。

3. 防洪防涝对策选择

城市所处的地区不同，其防洪对策也不相同，一般来说，主要有以下几种情况：（1）在平原地区，当大、中河流贯穿城市，或从市区一侧通过，市区地面高程低于河道洪水位时，一般采用修建防洪堤来防止洪水浸入城市。（2）在有河流贯穿的城市，当河床较深，洪水的冲刷易造成对河岸的侵蚀并引起塌方，或在沿岸需设置码头时，一般采用挡土墙护岸工程。这种护岸工程常与修建滨江道路结合。（3）城市位于山前区，地面坡度较大，山洪出山的沟口较多，对于这类城市一般采用排（截）洪沟。而当城市背靠山、临水时，则可采取防洪堤（或挡土墙护岸）和截洪沟的综合防洪措施。（4）当城市上游近距离内有大、中型水库，面对水库对城市形成的潜伏威胁，应根据城市范围和重要性质，提高水库的设计标准，增大拦洪蓄洪的能力对已建成的水库，应加高加固大坝，有条件时可开辟滞洪区，而对市区河段则可同时修建防洪堤。（5）城市地处盆地，市区低洼、暴雨时，所处地域的降雨易汇流而造成市区淹没。一般可在市区外围修建围堰或抗洪堤，而在市内则应采取排涝的措施（修建排水泵站），后者应与城市雨水排除统一考虑。（6）位于海边的城市，当市区地势较低，易受海潮或台风袭击威胁，除修建海岸堤外，还可修建防浪堤，对于停泊码头，则可采用直立式挡土墙。

（四）规划内容

很多城市靠近江、河、湖泊，若遇水位上涨、洪水暴发，对城市生产生活有很大的威胁，因此在新建城市和居民点选址时，就应当把防洪问题作为比较方案的内容之一。现有城市在制订规划时，应把防洪规划包括在内。

1. 城市防洪规划的内容

收集城市地区的水文资料，如江、河、湖泊的年平均最高水位、年平均最低水位、历史最高水位、年降水量（包括年最大、月最大、五日最大降雨量）、地面径流系数等。调查城市用地范围内，历史上洪水灾害的情况，绘制洪水淹没地区图和了解经济损失的数字。靠近平原地区较大江河的城市应拟订防洪规划，包括确定防洪的标高、警戒水位，修建防洪堤、排洪阀门，制订排内涝工程的规划。在山区城市，应结合所在地区河流的流域规划全面考虑，在上游修筑蓄洪水库、水土保持工程，在城区附近疏导河道，修筑防洪堤岸，在城市外围修建排洪沟等。有的城市位于较大水库的下方，应修建泄洪沟渠，考虑万一溃坝时，洪水淹没的范围及应采取的工程措施。

2. 城市排涝规划的内容

城市排涝规划编制主要应包括以下几个方面：城市概况分析、城市排水设施现状及防涝能力评估、规划目标、城市防涝设施工程规划、超标降雨风险分析、非工程措施规划。城市排涝工程规划主要包括三个方面内容：雨水管道及泵站系统规划、城市排水河道规划及城市雨水控制与调蓄设施规划。

（1）雨水管道及泵站系统规划

此部分规划内容与传统的城市雨水排除规划内容基本一致，在确定排水体制、排水分区的基础上，进行管道水力计算，并布置排水管道及明渠。

（2）城市排水河道规划

此部分规划内容与传统的城市河道治理规划内容基本一致，在确定河道规划设计标准及流域范围的基础上，进行水文分析，并安排河道位置及确定河道纵横断面。

（3）城市雨水控制与调蓄设施规划

在明确不同标准下城市居住小区和其他建设项目降雨径流量要求的基础上，应首先确定建设小区时雨水径流量源头削减与控制措施，并核算其径流削减量。如果通过建设小区时雨水径流量源头削减不能满足需求，则需要结合城市地形地貌、气象水文等条件，在合适的区域结合城市绿地、广场等安排市政蓄涝区对雨水进行蓄滞。

由于城市排涝系统是一个整体，以上三个方面也彼此发生影响，因此有必要构建统一的模型对上述三个方面进行统一评价调整。具体过程为：首先，根据初步编制好的雨水管道及泵站系统规划、城市内部排水河道规划及城市雨水控制与调蓄设施规划，分别构建雨水管道及泵站模型（含下垫面信息）、河道系统模型、调蓄设施系统模型，并将上述三个模型进行耦合。其次，根据城市地形情况构建城市二维积水漫流模型，并与一维的城市管道、河道模型进行耦合。再次，通过模型模拟的方式模拟排涝标准内的积水情况。最后，针对积水情况修订规划方案并带入模型进行模拟，得到最终规划方案。在修订规划方案时，应在尽量不改变原雨水管道和河道排水能力的前提下。主要采用调整地区的竖向高程、修建调蓄池、雨水花园等工程措施，并对所采取措施的效果进行模拟分析。

（五）城市防洪与总体规划

城市的地理位置和具体情况不同、洪水类型和特征不同，因而防洪标准、防洪措施和布局也不同。但是城市防洪规则必须遵循一定的基本原则，归纳起来就是：城市防洪规划要以流域防洪规划和城市发展总体规划为基础，综合治理，对超标准洪水提出合理对策；城市防洪设施要与城市给水、排水、交通、园林等市政设施相协调，保护生态平衡；防洪建设要因地制宜、就地取材、节约土地、降低工程造价。

1. 与流域防洪规划的关系

（1）对流域防洪规划的依赖性

城市防洪规划服从于流域防洪规划，指的是城市防洪规划应在流域防洪规划指导下进行，与流域防洪有关的城市上下游治理方案应与流域或区域防洪规划一致，城市范围内的防洪工程应与流域防洪规划相统一。城市防洪工程是流域防洪工程的一部分，而且又是流域防洪规划的重点，因此城市防洪总体规划应以所在流域的防洪规划为依据，并应服从流域规划。

有些城市的洪水灾害防治还必须依赖于流域性的洪水调度才能确保城市的安全，临大河、大江城市的防洪问题尤其如此。城市防洪总体设计应考虑充分发挥流域防洪设施的抗洪能力，并在此基础上，进一步考虑完善城市防洪措施，以提高城市防洪标准。

（2）城市防洪规划独立性

相对于流域防洪规划，城市防洪规划有一定独立性。流域防洪规划中一般都已经将流域内城市作为防洪重点予以考虑，但城市防洪规划不是流域防洪规划中涉及城市防洪内容的重复，两者研究的范围和深度不同。流域或区域防洪规划注重于研究整个流域防洪的总体布局，侧重于对整个流域的防洪工程及运行方案的研究；城市防洪是流域防洪中的一部分。流域防洪规划由于涉及范围广，不可能对流域内每个具体城市的防洪问题做深入研究，因此城市防洪不能照搬流域防洪规划的成果，对城市范围内行洪河道的宽度等具体参数，应根据流域防洪的要求做进一步的优化。

2. 与城市总体规划的关系

（1）以城市整体规划为依据

城市防洪规划设计必须以城市总体规划为依据，根据洪水特性及其影响，结合城市自然地理条件、社会经济状况和城市发展的需要进行城市防洪规划，是城市总体规划的组成部分。城市防洪工程是城市建设的基础设施，必须满足城市总体规划的要求。所以，城市防洪规划必须在城市总体规划和流域防洪规划的基础上，根据洪（潮）水特性和城市具体情况及城市发展需要，拟订几个可行防洪方案，通过技术经济分析论证，选择最佳方案。

与城市总体规划相协调的另一重要内容是如何根据城市总体规划的要求，使防洪工程的布局与城市发展总体格局相协调。这些需要协调的内容包括：城市规模与防洪标准、排涝标准的关系；城市建设对防洪的要求；防洪对城市建设的要求；城市景观对防洪工程布局及形式的要求；城市的发展与防洪工程的实施程序。在协调过程中，当出现矛盾时，首先应服从防洪的需要，在满足防洪的前提下，充分考虑其他功能的发挥。正确处理好这几方面的关系，才能使得防洪工程既起到防洪的作用，又能有机地与其他功能相结合，发挥综合效能。

（2）对城市总体规划的影响

城市防洪规划也反过来影响城市总体规划。由于自然环境的变化，城市防洪的压力逐年增大，一些原先没有防洪要求或防洪任务不重的城市，在城市发展中对防洪问题重视不够，使得建成区地面处于洪水位以下，只能通过工程措施加以保护；开发利用程度很高的旧城区，实施防洪的难度更大。因此在城市发展中，应对新建城区的防洪规划提出要求，包括防洪、排涝工程的布局，防洪、排涝工程规划建设用地，建筑物地面控制高程等，特别是平原城市和新建城市，有效控制地面标高是解决城市洪涝的一项重要措施。

（3）防洪工程规划设计要与城市总体规划相协调

防洪工程布置要以城市总体规划为依据，不仅要满足城市近期要求，还要适当考虑远期发展需要，要使防洪设施与市政建设相协调。①滨江河堤防作为交通道路、园林风景时，堤宽与堤顶防护应满足城市道路、园林绿化要求，岸壁形式要讲究美观，以美化城市。②堤线布置应考虑城市规划要求，以平顺为宜，堤距要充分考虑行洪要求。③堤防与城市道路桥梁相交时，要尽量正交。堤防与桥头防护构筑物衔接要平顺，以免水流冲刷。通航河道应满足航运要求。④通航河道、城市航运码头布置不得影响河道行洪。码头通行口高程低于设计洪水位时，应设置通行闸门。⑤支流或排水渠道出口与干流防洪设施要妥善处理，以防止洪水倒灌或排水不畅，形成内涝，同时还可以开拓建设用地和改善城市环境。在市区内，当两岸地形开阔，可以沿干流和支流两侧修筑防洪墙，使支流泄洪通畅。当有水塘、洼地可供调蓄时，可以在支流口修建泄洪闸。平时开闸宣泄支流流量，当干流发生洪水时关闸调蓄，必要时还应修建排水泵站相配合。蓄滞洪区是防洪体系中不可缺少的重要组成部分，滞洪区的建设和规划要从流域整体规划和城市总体规划出发，以城市可持续发展为基本目标，充分利用现有工程和非工程措施，根据地形和地貌，以及流域特点和地理位置进行规划。

第二节　城市防洪规划现状及措施

一、城市防洪规划的问题及原因

城市防洪规划是城市防洪建设的总体规划，归属于城市总体规划并在其中占据着较为重要的地位。做好城市防洪规划是确保城市防洪建设工作顺利开展的基础。在城市建设过程中，要依据城市的实际情况，有针对性地做好防洪规划，减少洪涝灾害问题的发生，避免对城市中的基建设施造成破坏，对人们的生活造成不良影响。

（一）现代城市“内涝”问题

城市防洪规划是一项系统性的工程，其是由防洪总体规划、排水规划、防洪排涝等规划所组成的有机体，上述各项规划在实际开展期间可能会存在较为严重的脱节情况，这种脱节情况的存在，会导致城市中的排水、蓄水、滞洪等各项环节难以合理结合，会增加城市中洪涝灾害的发生概率。

第一，河道被占用，缺少泄洪管道。随着城市规模的不断扩大，这不仅会导致城市对河道进行占用，还会对城市原有的防洪体系造成破坏，使暴雨产生的洪水缺乏排出通道，从而导致“内涝”的产生。此外，人们对于城市防洪规划缺乏正确的认识，导致城市防洪安全存在极为严重的安全隐患。

第二，防洪排涝设施差。城市中的大量管网常年未修，存在堵塞、排水不畅通等多项问题，一旦遇到连雨、暴雨天气，会导致城市内出现较为严重的积水现象，这会给城市中人们的出行造成不良影响。

第三，城市硬化面积大。现代城市建设过程中的面积不断扩大，这也就导致城市中的地面硬化范围不断扩大，加大了径流系数，使城市中洪水量过大，这会造成城市中出现严重积水。

（二）现代都市出现“内涝”的主要原因

都市防洪体系是一项复杂的系统性工程，需要从多方入手构建起城市防洪体系，局部修建防洪设施将无法从根本上解决城市防洪问题。城市防洪规划的缺失将导致城市防洪处于“各自为战”的境遇，无法系统地发挥出城市防洪体系的防洪作用，导致“内涝”问题产生。总体来说，城市发生洪涝的原因有四点。

第一，天气恶化。气候变化导致人类面临全球变暖，受极端天气的影响，极端降雨天数不断增多，这会对城市的降雨与排水造成影响，城市内涝风险加大。

第二，城市盲目扩建。在城市建设过程中会出现盲目与水争地的情况，这会导致城市中和周围的湖泊变小，河道变窄，导致城市中湖泊、河道的泄洪能力降低。多数城市的排水基础建设落后于现代城市的发展进程，这会导致城市的低洼区出现严重积水，影响城市的交通环境。

第三，河道下泄能力有限。城市外部排水河道下泄能力有限，当遇到暴雨天气时，会导致河道泄水能力达不到泄水要求，情况严重时会发生倒灌现象；城市中的水体无法起到滞洪水、蓄水的作用，这也是造成城市发生内涝的一项重要原因。

第四，部门多，管道差。城市中的防洪、排涝规划会涉及水利、交通、市政排水等多个部门，各个部门难以相互协调。此外，由于城市中的排水管网多年未修，排水管道发生拥堵，但没有及时对管道进行维护，没有完善的应急预案。

二、做好城市防洪规划的有效措施

（一）协调好城市防洪规划与城市总体规划间的关系

协调好城市防洪规划与城市总体规划间的关系应当做到三点：第一，以城市防洪规划为指导。城市防洪规划是指导现代城市建设中的一项关键依据，防洪保护范围应与城市范围相一致，同时还要对城市未来一段时间的整体发展趋势进行充分考虑，这也会使防洪范围不断扩大。城市郊区和中心城市应该依据城市的具体情况进行合理界定，采用不同的防洪标准进行设防。由于受多种不同因素影响，我国城市先有总体规划，再有防洪规划，这也就会导致我国防洪规划处于一个相对被动的状态，增加了现代城市的发展成本，造成资源浪费。

第二，明确城市防洪规划对象。城市是城市防洪规划的主要对象，而现代城市作为一个多元体，城市中存在大量与城市防洪相关的基础工程，各种工程在城市中相互交叉存在。城市防洪规划不仅要对这些城市中的各种基础设施提供防洪保障，进行深入研究，而且还要与城市中的各种基础设施内容进行合理协调，对各项基础设施进行适当改善，确保其作用能够得到合理发挥，避免城市中出现洪涝灾害。

第三，深入研究城市规划情况。在城市中进行防洪规划时，要做好相应的协调工作，具体协调的工作内容包括城市规模与防洪、除涝的具体标准，城市建设对防洪的实际要求，城市景观对防洪工程布局的具体要求等多项内容。在协调期间，一旦出现矛盾，应当以服从城市防洪需求为关键，在确保可以满足防洪的情况下，再考虑其他功能的实现，避免防洪达不到要求，导致城市在发展过程中出现洪涝灾害，造成严重的经济损失。

（二）服从流域或区域防洪做好城市防洪规划

城市防洪规划是一项复杂的工作，在具体规划过程中，要对城市的实际情况进行深入分析，要对城市中的防洪规划内容的具体范围及深度情况进行研究，因为不同城市的防洪规划的范围和深度会存在较大差距，流域或区域防洪规划期间应注重对整个流域防洪格局情况的治理，提高对具体工程及工程在应用过程中运行方案的深入研究。城市作为流域中的一个关键点，在该点上需要解决的问题的研究深度有限，这将会对城市防洪规划具体工作的开展造成相应的影响。因此，在城市防洪规划期间，应当在流域防洪规划的具体指导下，具有针对性地指定与流域相关的城市上下游治理方案，确保城市最终的防洪规划与流域滑坡区域规划保持一致，城市范围内的流域性工程要与城市防洪工程的最终规划相一致，同时也允许与流域防洪工程的具体规划存在一定差异性。

（三）协调好城市防洪规划与自然景观之间的具体关系

河流两岸是城市最重要的自然景观，能够供人们观光、接触自然，因此应当加强对城市两岸生态景观的重视，做好相应的设计工作。城市防洪规划期间，应当尊重自然，回归自然。建设城市防洪堤可以使城市与水之间形成一道屏障，这会限制城市居民与水相接触，会对生态环境造成严重破坏，并且会破坏城市的美观。因此，在进行防洪设计时，应当在防洪堤上设置亲水步道、广场、台阶等，通过对地形的合理应用，种植大量的树木，花草，在城市中营造良好的自然景观供人们欣赏，实现水利工程生态化。

三、城市洪涝治理体系的智慧化转型

（一）城市洪涝韧性的智慧化治理目标

智慧化的城市洪涝韧性治理就是要解决传统城市雨洪管理低效与碎化问题，以资源全民共享、治理全局覆盖、政务全网通办、全域泄洪安全、产业全面提质、设施全城连接为基本目标需求，以动态监控、智能分析、精准预测为基本特征，全面提高城市的雨洪检测、水资源调度、雨水应急反应与安全保障水平，实现政府管理与服务的智慧化转型。

城市洪涝韧性治理的智慧化就是将韧性城市的自控性、自组织和自适应思维与海绵城市的生态治理理念、智慧城市的智慧服务技术相结合。借助大数据技术、5G 网络和智能中枢等高新技术手段，连接城市洪涝韧性建设的信息孤岛，联合防涝工程的布局碎片达成城市洪涝韧性项目从规划设计、施工维护到政府运营的全生命周期智能化管理，使城市雨水资源管控走向全域化、网格划、精细化和动态化。同时，在统一的地理空间框架下整合多要素、多时段的城市洪涝时空数据，并通过空间要素关联整合各类动态变化的信息数据，形成统一的城市洪涝灾害应急管理时空信息数据库，实现覆盖全面、数据精准的城市洪涝韧性规划“一张图”管理，满足快速化、智能化的城市决策需求。

韧性城市、海绵城市与智慧城市都是前沿的城市管理理念，规划领域已逐步尝试这方面的探索，全国两会提案也在积极倡导智慧城市、规划信息化、多图合一与海绵城市理念的结合，智慧化的城市洪涝韧性建设必然是未来解决城市洪涝问题最有效的路径选择，也是当前城市洪涝治理困境的核心突破思路。

（二）智慧化管理的制度完善

城市管理制度和政策机制是影响城市洪涝韧性建设质量的根源因素。从法规体系来看，城市洪涝韧性治理的相关法律法规体系十分薄弱，远不能满足城市洪涝韧性治理的管控引导要求；从责任制度来看，城市洪涝韧性建设的管理绩效考核制度极不完善，部门职责亟待明晰；从引导系统来看，城市洪涝韧性治理的标准规范体系存在空白，相关的技术规范和图集导则亟待完善；从准入机制来看，当下建设门槛存在“高资质、大规模”的要求，大量技术达标的中小企业难以参与其中。城市洪涝韧性建设的管理制度完善当以法律法规体系、绩效责任制度、政策引导系统和建设准入机制四个方面为主要突破口，以“强法律、明责任、定标准、降门槛”为管理制度改革的基本纲领，提出智慧化的改进措施与办法，整体改善城市洪涝韧性建设效果。

具体而言，“强法律”的核心在于弥补现有法律的缺陷和强化现有管理办法的约束力，除需建立专门的城市洪涝韧性建设管理办法外，还应依托城市总体规划等具有法律约束力的文件，强化城市洪涝韧性建设的管控力度。“明责任”的重点在于工作绩效的考核与奖励制度，不仅要建立政府部门的考核奖励制度，还应兼顾社会力量的积极性，建立私企单位的考核奖励制度。“定标准”和“降门槛”的重点在于确定现有机制中标准与门槛的强弱度，既不能过高致使建设难度过大，也不能过低导致工程质量低下。

（三）智慧化运营的优化策略

城市洪涝韧性建设低效和管理粗放问题除了在管理制度上树立智慧化、精细化的治理理念，还需把政府的服务运营策略优化作为提升城市洪涝韧性建设能力的重要手段。从当前实践来看，统筹性、便捷性、协同性、时效性和工程性不足是城市洪涝韧性治理体系长效运营的最大阻碍。具体而言，即城市洪涝韧性建设工程的运营粗放无序、政务通畅性弱、设施布局混乱、监管时效不足和建设部门联动不足，这也是城市洪涝韧性智慧化运营的策略优化基础。

1. 治理项目全域协同是城市洪涝韧性治理体系长效运营的必要前提

要建立“市域—城市—街区”的全域协同治理体系，统筹全城自然绿色设施与人工治理工程设施，包括大江大湖等大型防洪资源跨域协同治理、公园水道等基础防洪设施全城统筹治理、社区道路等微型洪涝韧性工程的协同对接，共同实现雨水全域循环。

2. 治理项目精细组织和系统管理是城市洪涝韧性建设策略优化的核心内容

借助大数据和 GIS 等智慧技术，以洪涝治理设施编号入库、雨洪模拟预警等措施实现城市洪涝韧性建设的精细组织；依托城市洪涝韧性治理信息管理平台，构建城市洪涝韧性治理政务办理专线，公开城市洪涝韧性建设项目信息，实现城市洪涝韧性治理政务的高效性与畅通性；同时，通过明晰部门职责分工、强化城市洪涝韧性工程的设计审核、鼓励社会资金投入、细化公众参与渠道等方面，实现综合全面的系统管理。

3. 治理项目的有效管控是城市洪涝韧性智慧化运营的重要手段

以无人机、遥感和大数据等技术方法，完成大到整个城市的城市洪涝韧性建设项目的动态管控，小到各项重要洪涝治理设施的定期养护。此外，以具体部门监管城市洪涝韧性建设进度，以群众监督管理部门的职权落实，也是城市洪涝韧性治理监管的重要内容。

（四）实施保障与反馈机制

城市洪涝韧性治理的智慧化仅依靠管理模式上的转型是远远不够的，洪涝治理项目相关的建设范围广，涉及城市地下管道、城市生态空间规划等众多领域，这就决定了城市洪涝韧性建设需要翔实的实施保障机制以协调各方利益主体意见。同时，由于城市洪涝韧性建设具有较长的周期性，各环节实时变化，因此需要完善的建设反馈机制以调整各环节建设内容。总体而言，智慧化城市洪涝韧性建设的实施保障和反馈机制应重点关注三个维度的内容。

1. 完善数字化信息服务机制是基础

按照智慧城市建设要求，通过建立在线监测网络，对典型城市洪涝治理项目实施动态监测，建立信息收集与共享机制，以集中反映城市洪涝韧性建设、运营和管理的全过程信息，逐步实现雨水动态监控和综合调度，为城市洪涝韧性建设的有效实施提供现代数字化管理手段，为政府部门的城市洪涝韧性建设决策提供科学化的现实依据。

2. 建立精准监测与实时反馈机制是关键

智慧化的城市洪涝韧性建设利用互联网、卫星等科技手段，依托遥感技术的监测能力、大数据的数据分析能力及云计算高效的处理能力，对城市地表水污染总体情况进行实时监测，及时反馈城市各路段积水状况，以实时应对地表径流量变化，实现城市水系统智能调控和精细化管理，使城市快捷、智慧、弹性地应对内涝问题。

3. 确定城市洪涝韧性建设循环调节机制是必要措施

城市洪涝韧性建设各环节的循环调节机制是其智慧化的集中体现。智慧化的城市洪涝韧性建设需依托大数据、遥感等监测技术准确把握各项洪涝治理设施的变化动态，借助信息服务平台的综合处理能力，有针对性、有根据地对城市洪涝韧性建设各环节进行实时调整，确保城市洪涝韧性建设稳定持续开展。

城市洪涝韧性治理与智慧城市的融合是解决我国城市洪涝灾害问题的新趋势，尽管当前智慧技术在城市洪涝韧性治理中的应用尚浅，但未来的建设前景空前巨大。城市洪涝韧性建设过程中管理碎片化、建设模式落后等问题有赖于在组织管理上贯彻统筹治理理念，在技术实践中运用智慧技术实现突破。其中，政府的管理、运营和服务的智慧化转型与突破是提升城市洪涝韧性治理能力的核心因素。

城市洪涝韧性治理的智慧化既要解决现有管理的法律法规问题、绩效责任问题和建设准入问题，也要处理好设备养护、信息平台建设等实施反馈问题，更要增进政府部门间的协同治理，促进社会资本参与，鼓励市民参与交流，以智慧运营为核心实现城市洪涝韧性治理体系的转型突破及服务保障机制的优化提升。

第三节　以韧性理念为基础的海绵城市规划

一、海绵城市

（一）海绵城市内涵

海绵城市是指城市能够像海绵一样，在适应环境变化和应对自然灾害等方面具有良好的“弹性”，下雨时吸水、蓄水、渗水、净水，需要时将蓄存的水“释放”并加以利用。海绵城市建设应遵循生态优先等原则，将自然途径与人工措施相结合，在确保城市排水防涝安全的前提下，最大限度地实现雨水在城市区域的积存、渗透和净化，促进雨水资源的利用和生态环境保护。建设“海绵城市”并不是推倒重来，取代传统的排水系统，而是对传统排水系统的一种“减负”和补充，最大限度地发挥城市本身的作用。在海绵城市建设过程中，应统筹自然降水、地表水和地下水的系统性，协调给水、排水等水循环利用各环节，并考虑其复杂性和长期性。

（二）海绵城市的本质与目标

1. 海绵城市的本质——实现城镇化与资源环境的协调发展

海绵城市的本质是改变传统城市建设理念，实现与资源环境的协调发展，最大限度地保护原有生态系统。海绵城市遵循的是顺应自然、与自然和谐共处的低影响发展模式，实现人与自然、土地利用、水环境、水循环的和谐共处，保护原有的水生态，对周边水生态环境影响很低。海绵城市建成后，地表径流量能保持不变。因此，海绵城市建设又被称为低影响设计和低影响开发。

2. 海绵城市的目标——让城市“弹性适应”环境变化与自然灾害

海绵城市统筹低影响开发雨水系统、雨水管渠系统、超标雨水系统，多层次、弹性应对不同重现期降雨。一是保护原有水生态系统。通过科学合理划定城市的“蓝线”“绿线”等开发边界和保护区域，最大限度地保护原有河流、湖泊、湿地、坑塘、沟渠、树林、公园草地等生态体系，维持城市开发前的自然水文特征。二是恢复被破坏水生态。对传统粗放城市建设模式下已经受到破坏的城市绿地、水体、湿地等，综合运用物理、生物和生态等技术手段，使其水文循环特征和生态功能逐步得以恢复和修复。三是推行低影响开发。在城市开发建设过程中，合理控制开发强度，减少对城市原有水生态环境的破坏。四是通过各种低影响措施及其系统组合有效减少地表径流量，降低暴雨对城市运行的影响。

（三）海绵城市基本原则

第一，规划引领。在城市各层级、各相关专业规划及后续的建设程序中，应落实海绵城市建设、低影响开发雨水系统构建的内容，先规划后建设，体现规划的科学性和权威性，发挥规划的控制和引领作用。

第二，生态优先。城市规划中应科学划定蓝线和绿线。城市开发建设应保护河流、湖泊、湿地、坑塘、沟渠等水生态敏感区，优先利用自然排水系统与低影响开发设施，实现雨水的自然积存、自然渗透、自然净化和可持续水循环，提高水生态系统的自然修复能力，维护城市良好的生态功能。

第三，安全为重。以保护人民生命财产安全和社会经济安全为出发点，综合采用工程和非工程措施提高低影响开发设施的建设质量和管理水平，消除安全隐患，增强防灾减灾能力，保障城市水安全。

第四，因地制宜。各地应根据本地自然地理条件、水文地质特点、水资源禀赋状况、降雨规律、水环境保护与内涝防治要求等，合理确定低影响开发控制目标与指标，科学规划布局和选用下沉式绿地、植草沟、雨水湿地、透水铺装、多功能调蓄等低影响开发设施及其组合系统。

第五，统筹建设。地方政府应结合城市总体规划和建设，在各类建设项目中严格落实各层级相关规划中确定的低影响开发控制目标、指标和技术要求，统筹建设。低影响开发设施应与建设项目的主体工程同时规划设计、同时施工、同时投入使用。

（四）我国海绵城市建设的政策脉络与理论研究

2012 年 4 月，“低碳城市与区域发展科技论坛”首次提出了“海绵城市”的概念；2013 年 12 月，在中央城镇化工作会议中提出了要建设自然积存、自然渗透、自然净化的海绵城市；2014 年 10 月，住建部编制了《海绵城市建设技术指南》；同年 12 月，财政部、住建部与水利部联合下发《关于开展中央财政支持海绵城市建设试点工作的通知》，开展了全国首批海绵城市建设试点申报工作；2015 年、2016 年，我国分两批共确定了 30 个国家级海绵城市建设试点城市；2018 年 12 月，颁布了《海绵城市建设评价标准》，强调达成海绵城市建设目标应采用“渗、滞、蓄、净、用、排”等方法。

与此同时，学术界也开始了研究热潮。俞孔坚提出城市水韧性是以强大的自然系统作支撑的；仇保兴等总结了海绵城市的基本内涵与理论实践，为后续海绵城市的研究奠定了基础；吴丹洁等通过借鉴国际 LID（低影响开发技术）的建设经验，为我国海绵城市建设提供了对策和建议；李兰等建立了“SPONGE”系统框架，提出需融合生态、管理、服务等要素建设海绵城市。通过分析文献可以看出，我国海绵城市的前期关注热点主要是海绵城市的理念探索与顶层设计，后期逐步过渡到技术应用与工程实践，未来多专业融合雨水管理技术研究、绿色生态设施建设、智慧型海绵城市将会是新兴趋势。

二、韧性城市理念下海绵城市建设的现状

2020年11月,《十四五规划和二〇三五年远景目标的建议》中明确指出，要推进以人为核心的新型城镇化，强调提升城市防洪排涝能力，建设海绵城市、韧性城市。

（一）韧性城市与海绵城市

一些学者就海绵城市建设中引入韧性城市理论进行了研究。丁继勇等在分析海绵城市建设“碎片化”问题及成因的基础上，从管控机制、技术标准和法规体系等方面提出了整体性治理的对策和建议，重点从社会韧性维度提出了协同治理结构及治理机制体系；陈天等基于生态韧性视角，构建了城市水生态韧性评价体系和基于城市水环境导向的城市设计技术体系；周艺南等将低影响技术措施和跨尺度生态韧性治水融合，建构了雨洪

韧性城市设计的理论框架，体现了城市面对灾害应具有避免、恢复及适应的能力；沈雷等提出在海绵城市顶层设计中引入韧性理念，以此增强城市面对自然灾害时的自我修复能力；朱正威提出可将海绵城市防灾减灾的直接目标提升为现代城市的韧性治理体系，以韧性治理的路径优化海绵城市的实践方案。

"海绵城市"向"韧性城市"转变，进一步强调了对城市灾害从"对抗"到"适应"的理念转化。以上海为典型代表的很多城市都通过建设绿化屋顶等方式实践了海绵城市的概念，但是海绵城市理念仅适用于日常的雨洪管理，在面对其他灾害和各种紧急事件时，如何提高城市系统性的抵御力、恢复力和适应力，提升城市规划的预见性和引导性又成了更为复杂的问题。

由此可见，当前我国海绵城市的韧性规划设计与建设管理仍处于发展与规范阶段，需要进行更深入的研究，通过引入韧性理念能为我们带来一个全新的思路。

（二）海绵城市发展的现实困境

1. 过度依赖不科学的灰色基础设施

随着在国家层面上被提出，海绵城市受到了各界学者的广泛关注，然而某些城市在海绵城市建设过程中并未真正理解海绵城市的概念，甚至与传统市政模式混淆在实施过程中存在部分偏差，导致结果与概念背道而驰。我国普遍存在城市内涝的现象，传统城市建设模式高度依赖灰色基础设施，大量修建防洪排涝系统，未把水生态循环利用考虑在内。其中，用加粗管道、加固防洪闸、增大排水泵等无节制修建灰色基础设施的措施排放径流雨水，也被误认为是海绵城市的发展途径。盲目开发和建设海绵城市，并不能长远解决城市的水系统问题，反而会造成城市水生态问题的进一步恶化。目前，城市建设缺少系统规划、缺乏韧性思维。过去的城市能够抵御暴雨是依靠着周围自然的生态循环系统，比如古时李冰运用"深淘滩、低作堰"

的方法将水引走。海绵城市建设应基于自然、适应自然，实现对雨水的自然沉淀、渗透、净化，从而提高城市生态韧性水平。

2. 专业人才匮乏

海绵城市建设中的绿色基础设施、雨水花园等规划布局需要较高的专业水平，推动我国海绵城市发展需要专业人才来突破相关技术瓶颈。目前，我国海绵城市建设技术主要参考《海绵城市建设技术指南》，尽管其指出了海绵城市开发的基本原则与规划，但是我国城市南北跨度大，各地生态环境存在较多差异，并不能因地适宜，具有一定的局限性。海绵城市建设涉及水利、生态等多学科，且建设过程耗时长、建设范围广、人才需求量较大。目前，我国人才储备机制尚不完善，海绵城市建设的人才总量缺失严重，尤其是综合性专业人才匮乏，创新成果较少，存在人才供需不平衡的困境。尽管我国有关部门开展了多次海绵城市专项培训，但培训人数有限、时间短，并不能有效提高整体的专业素养。

3. 缺乏系统管控

海绵城市建设需要城市规划设计、园林绿化、建筑、水利、市政等部门的共同参与，管理复杂，难度较大，其管理水平直接影响海绵城市建设的进度。海绵城市建设领导小组中大多数是临时人员，没有相关的实践经验，更难以协调推进海绵城市建设工作，并存在着职能交叉、权责不明等问题。此外，由于相关部门涉及的利益与焦点不同，缺乏统筹协调机制。在实际工作中，各部门倾向于完成基本的本职工作，如果没有统一协调的行政管理体系就难以协同治理，甚至会导致海绵城市建设工期延长、开销更大。另外，海绵城市的宣传推广力度不够，居民对海绵城市建设的认知度、热情度普遍较低，这与地方的协调管理机制也是不可分割的。

三、韧性理念下海绵城市的创新发展

（一）科学制订海绵城市总体规划

将韧性城市理念引入海绵城市建设中，对于传统城市雨洪治理模式来说是一次转型与突破。在海绵城市建设中应充分发挥规划的引领作用。海绵城市总体规划属于规划体系中的专项规划层次。海绵城市总体规划主要为了实现以下目的：确定海绵城市建设目标和具体指标，提出海绵城市建设的总体思路；提出海绵城市的自然生态空间格局，明确海绵城市建设策略，划定海绵城市建设分区，并提出建设指引；落实海绵城市建设管控要求，将雨水年径流总量控制率目标分解到管控单元；明确海绵城市近期建设重点。

为实现海绵城市建设目标，转变城市发展理念，贯彻“节水优先、空间均衡，系统治理，两手发力”的治水思路，海绵城市总体规划编制确定了如下基本原则。

第一，保护优先。城市开发建设应优先保护河流、湖泊、湿地、坑塘、沟渠等水生态敏感区，优先利用自然排水系统与低影响开发设施。

第二，生态为本，自然循环。充分发挥山、水、林、田、湖等原始地形地貌对降雨的积存作用。充分发挥植被、土壤等自然下垫面对雨水的渗透作用。充分发挥湿地、水体等对水质的自然净化作用。努力实现城市水体的自然循环。

第三，因地制宜。以城市水文气象、经济社会发展水平为基础，结合城市本地条件，因地制宜确定海绵城市建设目标和具体指标，根据城市降雨、土壤、地形、地貌等因素，因地制宜采取“渗、滞、蓄、净、用、排”等措施。

第四，统筹推进。长期规划与分步实施相结合，问题导向与目标导向相结合，统筹发挥自然生态功能和人工干预功能，实施源头减排、过程控制、系统治理，切实提高城市排水、防涝、防洪和防灾减灾能力。

（二）保护和修复城市水生态系统持续推进低影响开发

在传统的城市建设规划下，城市的生态系统如河流、绿地等已被破坏，只能综合利用各方面专业的技术手段，逐步修复城市的生态水系统，从而恢复城市水韧性。LID理念提倡城市与自然相适应，实现既能发挥城市功能，又能调节城市水生态的双重效果。在城市建设规划中，应科学合理划定保护边界与区域，减少建筑对原有生态的干扰，使建筑适应当前生态系统。我国一些典型海绵城市试点地区认真落实“源头消纳滞蓄、过程减速消能、末端弹性适应”的建设理念，取得了显著的成果。如上海的后滩公园，通过建立人工湿地，实现净化污水、缓和洪水破坏力的效果。因此，生态韧性理念是海绵城市建设的核心与关键。

（三）提高设施系统化、智慧化建设水平

目前，我国存在海绵城市建设与后期监管脱节的现象，部分试点城市更多关注建设实施而忽视了海绵城市建成后的运行管理。海绵城市建设可以与智慧城市建设相结合，实现海绵城市的智慧化。智慧水务通过运用各种信息化技术、监测技术及人工智能技术等，实现对城市水务系统的实时监测、信息互通与智能决策，为海绵城市的规划建设、防洪排涝及监测管理提供了可靠的技术支持。另外，海绵城市的建设多采用灰绿色建设相结合的理念，过程中整个城市体系的水系统发生了较大改变，因此还需对海绵系统的运行及各项指标进行维护与管理。但是传统的人力检测存在耗时费力、反应迟缓、系统不完善等问题，显然无法满足现有海绵系统运行维护的需要，因此应引入智慧化的管理方式，整合市政基础设施与智慧监管设备，形成一套系统的城市工程设施体系，实现智慧运维，从而提高海绵城市设施智能化监测水平，充分发挥海绵城市的工程效益。

（四）重视专业人才培养构建多技术体系

海绵城市发展建设中规划设计、建设监管等方面的技术人员紧缺。一方面，政府应加大对高校海绵城市研究的经费支出，使高校建立起海绵城市建设培训体系，在建筑、水利等相关专业开设系统的海绵城市课程，加强学生对专业理论的学习，联合政府、科研院创立人才培养中心；另一方面，加大政策扶持力度，对外引进海绵城市相关人才。此外，海绵城市的建设过程中涉及多学科、多尺度、多维度和多系统等综合性因素，因此应构建多专业、跨尺度、重交叉的海绵城市建设技术体系与建设模式，并大力培养海绵城市建设人才。各地区的生态环境不同，海绵城市建设过程中的侧重点也不同，各城市应根据区域特点制定适宜的技术标准，加强多学科交叉，各专业协同配合，推动海绵城市建设的创新发展。

（五）重视建设公众教育倡导多元参与

海绵城市建设应注重多元主体的参与，建立“政府 - 社会资本 - 项目公司 - 公众”共同参与的机制体制。其中，社会公众作为海绵城市发展建设过程中最大的参与主体，发挥着不可或缺的作用。为了有效促进海绵城市的发展，政府应积极向居民宣传海绵城市理念，让群众体会到海绵城市建设对所在地区生态系统改善及防洪抗涝的深远影响。另外，有些政府部门、开发商等相关人员对海绵城市的概念与实施并不完全了解，一些违背了基于自然的核心理念的概念也被混入其中，使居民对海绵城市建设发挥的效益产生误解。因此，地方政府可以借助网络发布短视频和进行微信推送，通过通俗而又不失趣味的内容吸引公众的眼球，从而普及广大群众对海绵城市的认知。同时，以社区为单位，通过张贴宣传标语、定期开展知识讲座、鼓励居民献计献策等方式，提升公众的主人翁意识与参与意识。

（六）完善建设管控体系健全法律法规政策体系

科学合理的管控机制与健全完善的法规政策是海绵城市社会韧性的重

要体现。通过建设职责分明的监管部门，明确海绵城市建设过程中各阶段的管控主体，提供科学合理的技术支持，加强政策支持，以提升海绵城市建设中的社会韧性。在促进城市水文循环、改善人居环境、创建生态宜居城市等方面，海绵城市建设涉及多个主体的参与，应以理念变革为导向，将海绵城市建设与制度创新相结合，促进各部门协调配合。各地方政府应在现有海绵城市建设顶层设计的基础上，根据地方特色制定具体的规章制度，完备相关配套法律法规，重点完善针对 PPP（政府与社会资本合作）模式的法律法规。

四、南宁市海绵城市总体规划

南宁市近 20 年时间，城市摊大饼式发展，建设用地迅速增加。1995 年，南宁市中心城区建设规模为 94.33 km，2014 年建设用地规模已达 250.76 km^2，20 年间建设用地翻了 2.5 倍。城市的快速发展带来了水环境污染、水资源紧缺、水安全缺乏保障、水文化消失等一系列问题。

南宁市海绵城市总体规划从宏观、中观、微观三个层次制定了相应的规划方案。宏观方面，在区域层次上构建了海绵空间格局构建，制定了海绵建设策略；中观方面，在流域层次上规划了流域的海绵系统方案，确定了流域性重要的海绵设施用地布局及规模；微观方面，在管理单元层次上分解了年径流总量控制率等目标，落实到每个管理控制单元，为指导控规编制提供了重要的技术支撑。

（一）城市自然生态空间格局构建及建设策略

1. 自然生态空间格局构建

海绵城市的总体格局是城市的山体、水系、植被、田园及湖塘与城市建筑空间组合、相互关系的综合反映。海绵城市总体格局关系到城市的生态、环境的构建，是城市海绵建设的基石。通过对海绵基底的研究分析及对照城市总体规划的未来实现，规划南宁市中心城区海绵城市建设，形成

“一江穿城，三山环抱，四核镶嵌，三区互动，十八水系枕世城”的格局。

一江穿城，指国江，流域面积6120 km，水面面积26.76 km^2，是郁江上段，属西江水系。三山环抱，指北部高峰岭，南部狮子岭，东部天堂岭。四核镶嵌，主要指环城山系嵌入城市内部的4座山体，分别为五象岭、青秀山、天堂岭、牛湾岭。三区互动，指现状高速环路内部的老城区，城市东北发展方向的三塘片区，城市南向发展的五象新区。十八水系枕邕城，即南宁市区境内河网众多，城区内共有内河18条，长约550 km，这些河道在南宁的社会发展进程中具有特定的作用，突出表现在对南宁传统的生活用水、防洪排涝、工业供水、交通航运、农业灌溉等功能。

2. 城市海绵建设策略

第一，发展引导。南宁市中心城区从南北向岛江方向纵切，形成的城市剖面依次是上游山林水库、郊野乡村、城乡混合区、城中村棚户区、配套设施完好的城区段，表层土地利用由疏而密，地下空间开发由弱而强。这类土地开发利用业态随着城市进程向外蔓延。海绵城市建设强化城市内部疏解功能，能适当降低内部开发强度。通过整合棚户三旧复新计划，提供更多的公共服务功能和绿地空间，实现城中村、棚户区的综合改造提升。在郊野农村进行大规模的生态治理，借助外围高速公路、铁路网络系统的带状防护布置渗滞调蓄空间。

第二，分段治理。城市内部基础设施建设的完好程度与公共服务设施的配套一样，越往中心城区排水管网等污水收集处理设施越完备，城中村则配套不全，到郊野农村则为自然排水。由此，在上游形成的农业种植面源污染、养殖点源污染不能得到有效治理而任意排放；中游棚户区分布地带因管网配套不足、覆盖不全而污水漏排；下游地区因截流管渠敷设限制而溢流频发。从污染的模式可知，从内河上游至外江，分别有自然净化不足形成的面源污染，以及中下游直排污染、溢流污染。规划应结合不同区段地物污染特征，通过在城市上游保水、蓄水，增加源头活水，增强自然净化功能，同时加强对农业面源、点源污染治理的政策引导和工程措施补救，做好源头治理。在城市中游段通过外江水利枢纽补水，加强配套管网设施建设，严格控制内河冲沟蓝线被侵占，降低河道水体污染。城市下游则结合滨河绿地、公园广场等公共空间，实现初期雨水的污染治理，同时加大对溢流污染的治理，增加分散、小型的污水处理设施，实现污水和溢流污染的综合治理。

第三，圈层保护。城市在建设过程中受市场驱动导向，核心城区开发强度越来越高。从海绵城市构建角度分析，越往中心城区城市建设越发致密，不透水层面越来越高、越来越厚。规划应通过强化外围山体绿地的壳状保护功能，修复城乡接合部的散乱发展。提升城中村、棚户区的基础设施配套，重构中心城区，对致密的老城区进行功能疏解，拆墙透绿、拆旧补绿，增加更多公共空间，实现在不同保护圈层体系下城市内部基质趋于稳定和良性。在外围山体硬壳圈层保护下，郊野、田园保护层更为均布，弥合城乡接合部的分裂，使硬质核心城区稀松而有弹性。在明晰的发展轴向强化下，城市上游水源功能得以保护，以五象、吴圩为主导发展轴向，实现城市中心致密区的功能疏解，在三塘发展轴向上突出自然生态的保护性开发建设。

（二）流域海绵系统规划

在自然汇水流域分区的基础上，结合南宁市用地、道路规划布局及雨水管网布置，充分考虑南宁市控规管理单元划分，应对应23个流域。以心圩江流域为例，心圩江上游海绵基底状态良好，湖塘零星分布，尚处于未开发状态。但目前心圩江水质较差，劣Ⅴ类，主要污染物为BOD、氨氮、总磷等，上游面源污染较重；水系沿岸部分地段堤岸裸露，滩涂堆砌大量生活垃圾。

流域海绵系统规划主要遵守以下原则：尊重现状，识别保护现状海绵体；以规划用地为依据；识别开敞建设空间；以流域系统性为基本原则，根据水文模拟识别关键节点，体现系统性；兼顾流域三旧改造、内涝风险。

流域海绵系统规划方案在尊重流域现状特征问题及现状用地特征的基础上，充分结合城市规划用地布局，规划布置调蓄设施、滨水缓冲带、湿地公园、生态雨水腕道、海绵公园等流域性重要海绵设施，对存在上游面源污染的流域重点提出污染控制的措施，对现状存在坑塘水系等自然海绵体的区域，提出水面零净损失规划控制方案，以确保在城市开发过程中对自然海绵要素的保护。同时，规划方案充分衔接《南宁市城市排水（雨水）防涝综合规划（2014—2020））》，对流域进行竖向规划指引及雨水主干管布置；充分衔接《南宁市“中国水城”建设规划》及《南宁市“百湖之城”建设控制规划》，对流域内河湖泊进行相应规划布置。

（三）基于海绵功能区划的海绵建设控制指标构建

南宁市海绵功能区划深入分析了城市用地的建设状态、城市空间的开发强度、城市排水体制的分布情况、城市水体水质、城市大型绿地空间分布，同时兼顾了城市内涝区分布，城市旧村、旧厂、旧城镇等分布现状等要素，通过多因素空间分析，划定南宁市海绵功能区。共分为以下十类，分别是合流制溢流污染与径流控制区、现状高密度建筑径流与污染控制区、现状中密度建筑径流与污染控制区、现状低密度建筑径流与污染控制区、规划高密度建筑径流与污染控制区、规划中密度建筑径流与污染控制区、规划低密度建筑径流与污染控制区、大型绿地雨水径流与污染控制区、水生态保护区和水生态修复区。

结合功能区特征及海绵城市建设控制目标，规划对不同功能区有针对性地选择建设控制标准，具体建设控制要素包括：雨落管断接、硬化铺装改造、雨污分流改造、合流溢流口年溢流次数减少率、下沉式绿地、透水铺装、单位硬化面积雨水调蓄容积、屋顶绿化、雨水资源利用、水质等。

（四）基于管控单元的年径流总量控制率目标分解

1. 控制目标分解

南宁市年径流总量控制目标分为城市总体目标、流域单元指标、控制单元指标和宗地地块指标四个层级。以城市径流控制率总体目标为基准，根据每个流域单元的差异，确定每个流域单元的径流总量控制率。影响因素包括河流水质、土地利用、合流制管网比例、内涝风险区占比、土壤渗透性能。在每个流域单元内，确定其下属管控单元的径流总量控制率指标，即以流域指标为基准，考虑现状用地比例和内涝风险高低，确定每个单元的指标调整幅度。对于每个单元的控制率目标，使用《南宁市海绵城市规划设计导则》中确定的宗地目标，自下而上校核该单元的控制率目标。最后，使用单元控制目标对所属流域控制目标进行校核，进而对整体控制率目标进行校核，直到满足总体目标为止。

2. 各管控单元控制目标规划

管控单元的划分体现两个特点：一是系统协调性，管理单元的划分应以流域划分为基础，是在流域划分的基础上进一步划分的管理控制单元。二是便于管理性，管理单元边界的划分参考行政边界、自然山体河道、主要交通干道等要素，每个管理单元面积总体控制在 2 ～ 4 km，便于管理控制。结合流域划分方案，南宁市海绵城市共划分 202 个管控单元。

海绵城市概念自提出以来，逐渐演变成了一种城市发展方式。它强调通过加强城市规划建设管理，充分发挥建筑、道路、绿地、水系等系统对雨水的吸纳、蓄渗和缓释作用，有效控制雨水径流，实现自然积存、自然渗透、自然净化。海绵城市建设在我国目前仍处于起步阶段，规划方法、建设途径、管理保障措施等都需要探索。海绵城市建设应坚持规划引领、统筹推进。南宁市海绵城市总体规划定位合理，确定了海绵城市建设总体目标，制定了海绵城市建设策略，提出了海绵城市建设管控要求。

第四节 滨海城市避难空间规划

一、滨海城市灾害区域分类

（一）滨海城市

滨海城市是以海岸线为界限，以海洋为依赖背景，向陆地延伸发展而形成的靠海的城市。与内陆城市相比，滨海城市拥有绝对的区位优势，丰富的资源、开阔的水域空间、独特的生态系统、多样化的土地利用方式，是人类活动与陆地和海洋环境联系紧密且集中的地域，也是城市防灾规划中可以巧妙利用的弹性空间。

近代以来，世界上大部分经济与文化活动都在滨海地区开展，众多的滨海城市发展，形成了巨大的世界滨海城市带，推动着全球经济与社会的发展。在西方，美国的主要城市群集中在以纽约、费城为代表的东太平洋的城市带；欧洲集中在以巴黎及荷兰的阿姆斯特丹港口城市为代表的太平洋城市带。带带相连的滨海城市群，成为世界经济发展的动力，世界范围内的滨海城市开发已经成为经济全球化的必然趋势。

我国的滨海城市濒临太平洋西部从北到南，主要包括：辽宁省的大连、东港、凌海、营口、盘锦和葫芦岛等，河北省的秦皇岛、天津，山东省的潍坊、东营、烟台、青岛、日照、威海等，江苏省的南通、连云港、盐城等，上海，浙江省的温州、宁波、舟山、海门、乍浦等，福建省的福州、漳州、厦门、宁德、莆田、泉州等，广东省的湛江、茂名、阳江、珠海、汕头、汕尾等，广西壮族自治区的防城、北海、钦州，海南省的海口、三亚等。由于处于东半球中纬度地区，气候宜人，物产丰富，长三角、珠三角、京津冀，以及以青岛、烟台、威海为一体的山东沿海经济带，改革开放后已经初具雏形，如我国长三角、珠三角、京津冀都市群。1984 年，我国政府决定进一步开放，主要包括天津、上海、大连等沿海地区的14个港口城市。滨海城市的区域发展战略定位加速了我国东南部滨海城市经济的崛起，也成为交通发达、人口密集、经济繁荣的地区。

（二）滨海城市灾害分类

从我国滨海城市范围来看，可将滨海城市按照不同方式进行分类。按照气候特征，跨越了暖温带、亚热带和热带三个气候带；根据地形地貌的特点，可分为平原型的滨海城市、丘陵型的滨海城市和山地型的滨海城市；根据不同灾害发生时会引起灾害高易损性的特征，可分为地势低洼的填海地区、人口高密度的中心地区、具有重大危险源的地区及高灾害风险地区等。

其中，福建、浙江、广东、海南四省的滨海城市，因为其独特的地理位置，是遭受风暴潮影响最大的区域，也是台风常常登陆的地区，是海洋型灾害及气象型灾害频发地区。如2005年，广东省发生风暴潮达到28次，福建省发生风暴潮也达到26次。与此同时，以上4个省份都是我国滨海城市中比较富庶的地区，当海洋型和气象型灾害频发时会带来很大的经济损失。虽然上海市也是风暴潮高发区，但是由于上海市的预防工作成绩显著，有效减少了上海城区沿黄浦江两岸遭受风暴潮等海洋型灾害的损失，使上海成为以上省市区域中遭遇风暴潮等灾害概率最小的城市。

由辽宁、天津、河北、山东、江苏、广西构成的6个省、市、自治区近年的灾害统计表明，由于基本上加强了灾害防御，所以灾害损失风险程度基本居中。除广西壮族自治区以外，其他五省市在北部各省乃至全国的经济发展中占有举足轻重的地位。1989—2008年的19年中，北部海域共计发生风暴潮等海洋型灾害30余次，直接经济损失达280亿元。从地理位置上看，这些省、市、自治区位于的区域除广西壮族自治区外，几乎覆盖了我国由渤海湾和辽东湾组成的渤海地区，由胶州湾与莱州湾连接的山东近海区域，以及隶属于东海范围的江苏海域在内的从辽东半岛到长江入海口包括渤海及黄海在内的广袤的北部海域。

滨海城市地势复杂，其中有些滨海城市依山而就，有些滨海城市冲积而成，有些滨海城市是介于山地和平原之间的丘陵地带。山地型滨海城市是山地下沉或依靠山地形成的滨海城市，它们集中于辽东和山东半岛及闽粤等地。以广东为例，潮州就是广东东部的滨海城市，全市北高南低，集中分布在饶平和潮安北部的山地、丘陵就占其总面积的65%。另外，根据历史记载，天津市滨海新区塘沽就是自南宋建炎二年（公元1128年）黄河改归南流入淮时，作为原北流入海口的塘沽完全断流前，就已经冲积而成。因此，滨海城市的地形地势比较复杂，对于滨海城市的灾害防御和疏散避难需要区别对待，加以研究。

（三）滨海城市灾害特征

由于滨海城市所处的特殊地理位置，其成为人才资源、财富资源及技术管理等方面的集结中心。然而，由于我国滨海城市多处在陆海交替、气候多变地带，受到海洋和陆地的双重影响，自然灾害发生频率很高，多发生台风、洪水、海啸及海洋地质等灾害，同时港口运输与物流业的发达，滨海地带聚集大量的化工和其他高危产品，形成了巨大的危险源。我国滨海城市灾害有以下特征。

1. 重大灾害频发

近年来，我国恶劣天气明显增多，重大自然灾害和重大事故频繁发生。2005年是我国沿海地区的风暴潮重灾年，风暴潮发生的次数远高于多年平均值4次/年的历史记录，造成的经济损失也是历年最大。仅2005年的7月18日—10月2日，我国滨海地区共发生了11次台风型风暴潮，其中有9次造成了严重灾害，和上年相比增加了5次。而且2005年风暴潮灾害发生的特点是不仅次数多而且时间集中，同时影响的范围很广，导致严重的经济损失。其中，台风型风暴潮灾害主要集中发生在浙江省有4次、海南省有3次和福建省有3次。另外，全年还发生了9次温带风暴潮，波及我国主要滨海城市及主要省份有大连、上海、天津、厦门、海南，以及山东、浙江、广西等多个省市遭受不同程度的灾害和人员伤亡，经济损失是1989年以来最惨重的一次。

2. 工业生产事故高居不下

目前，我国城市安全生产总体状况趋于良好，但各类事故频繁发生。2010年的7月16日，辽宁省大连市的输油管道突然爆炸发生火灾，导致数万吨的原油直接流入大海，严重危害到当地正常的渔业和养殖业的生产。2010年的7月28日，吉林省吉林市的永吉县两家化工厂装化学品原料的7000多只原料大桶被水冲入松花江，造成水质污染。同日，南京因在没有事先请示和调查的情况下开挖地面，造成丙烯管道爆燃事故。一天之后，广东省东莞市因人为偷排氯气，导致氯气经下水道挥发约1公里远。另据《经济参考报》的统计，2010年我国造成重大社会影响的工业灾害不仅仅是广东、江苏和辽宁等沿海省市。在2010年的1月17日，吉林省吉林市的龙潭区吉星化工厂也发生了火灾并引起严重爆炸事故，近百辆的消防车历经2个多小时才将大火扑灭。2010年的3月18日，广东省广州黄埔石化总厂也发生了重大火灾和爆炸。仅2010年，我国每个月就至少会有10起导致工业污染的事故出现，和2009年同期相比增加了约50%。

3. 灾害的叠加和连锁反应

滨海城市是经济发展的引擎，我国的天津滨海新区和河北各港口、长三角、珠三角、山东半岛等滨海城市，2009年出口额9359.16亿美元，占全国比重高达75.9%，可见滨海城市为我国的经济发展做出了巨大贡献。滨海城市也形成了人口、资源的集结中心。港口运输与物流业的发达，滨海地带聚集大量的化工和其他高危产品，形成了重大危险源。灾害一旦发生往往形成灾害链，引发一系列次生灾害，造成灾害叠加和连锁的现象。如，2015年天津港的瑞海公司危险品仓库发生了“8·12”重大火灾爆炸，这是一起特别重大的安全生产责任事故。起火原因是天津东疆保税港区的瑞海国际物流有限公司隶属的，位于滨海新区第五大街和跃进路交叉路口码头内装有易燃品的集装箱，于2015年8月12日发生爆炸。现场火光冲天，天空中腾起几十米高的烟雾火花四溅，并引发周围的建筑物和码头内停放的大批货物，导致次生灾害的发生，造成了严重的财产损失。天津港的“8·12”的特别重大爆炸火灾是严重的安全生产责任事故，由火灾引起爆炸导致危险化学品泄露，造成交通瘫痪、房屋受损及人员伤亡，同时，化工和其他高危产品对附近的生态产生一定的影响，形成了环环相扣的城市灾害链。

4. 高度集聚造成疏散困难

随着我国城市化的进程和经济建设的快速发展，以往的空地或农田内一座座的高楼大厦如雨后春笋般拔地而起，塑造了高密度的新滨海城市景观。由于受到土地资源具有属性的限制，土地供需矛盾，尤其是高密度地区用地供需矛盾日益尖锐。城市人口高密度的集中住房需求的增长，导致住房密度过大。由于地价的高昂和土地供应的短缺，造成同一地区内的新建居民社区、新建商业区、新建文化区等功能不同的建筑物紧密相连，带来了城市内集中高密度新区的形成，因此当灾害出现时会造成不可估算的损失。我国滨海城市大规模的高密度住宅与综合办公楼多于20世纪90年代末建设，而我国的城市防灾设施及应急疏散方法，还是计划经济体制下建立起来的，往往对传统防灾救灾研究具有较强的能力，但对新的环境中灾害研究相对薄弱。滨海城市具有灾种多样性、复杂性，目前针对城市高密度地区的安全疏散仍存在许多盲点和空白。

二、滨海城市空间特点

（一）滨海城市空间结构类型

我国的滨海城市从空间结构上来说可以分为三种较为典型的空间结构，即与海洋紧密相连的外海模式、与内海、内湖相连的内湾模式、与内河相连的河网模式。外海模式的城市空间构成是沿着海岸线面向大海直接展开布局，这些城市的空间与大海紧密相关；而内湾模式则一般并不直接和大海发生紧密关系，而是引海水入城市，构成内海或者开挖河流引海水汇成内湖，使整个城市空间围绕着内海（湖）布局；河网模式则是通过密集的河流系统构成与水相伴的城市空间。

（二）滨海城市的空间尺度

和其他城市一样，滨海城市也存在空间尺度关系的概念。所谓的空间尺度是城市要避免海洋带来的不利影响，并满足城市中生存的人的合理需求，进行妥善布局，或由于生存的人超载及海洋带来的不利影响超出了城市承载能力，城市无法合理布局带来的人、海洋、城市这三者之间的不同尺度关系。空间尺度一般跟人的感受有着直接联系。我国滨海城市建设目前存在的一些问题包括：超级街区问题；商业、办公性质用地的建筑体量过大、高度过高、建设的强度过大；行人通道畅达性与连贯性差等。此外，灾害的风险同时具有自然属性和社会属性，灾害风险的表现程度和空间的尺度之间存在着相互作用的关系。对比国外已建成良好风貌的滨海城市地块尺度中布局规模和形态，可以看出在现有路网骨架的基础上，国外滨海城市普遍存在着中、小尺度的街区和高密度的道路方格网。居住街区尺度在 80 ～ 20 米，提升了空间的活力，也积极倡导居民步行，其灵活的空间增强了灾害时城市的弹性适应能力。

通过上述对滨海城市的研究分析，可以看到城市除以居住空间为主外，居民生活的商业、道路、休闲娱乐等所需的绿地、公园等其他配套设施也是城市基础的构成部分，绿地、公园、道路也是灾害中可以避难疏散的地带。

（三）避难空间

避难空间是在发生突发性灾害时，人们的逃生路径和接纳灾民的生活场所。逃生路径是突发灾害时，民众逃生避难最终到达目标避难地点时所经过的通道。灾民的生活场所是具备避难配套设施、救援物资、紧急医疗救护空间，以及有效保证灾民安全的用于避难、灾后恢复阶段生活安置的空间。它兼具空间属性和社会属性。

避难空间其特点表现为安全、防御及适应等条件。具有一定防灾能力的空间结构与形态，具备减少城市灾害带来的不良影响的环境空间。保证人们的生命安全是避难空间的主要目标。避难空间按其空间位置可分为城市外部物质空间、地下防灾空间、地上建筑避难空间及其附属空间环境。城市空间包括：体育馆、学校操场、广场、绿地、公园及城市公共防灾空间等。避难空间按其本质功能可分为应对地质灾害性、海洋性、气候性灾害的避难空间；针对多灾与人为灾害的紧急避难空间；从灾害的强度分析可分为短期避难空间和长期避难空间。避难空间是在灾前预警阶段和灾后恢复阶段为居民提供安全避难和基本生活保障的特殊场所，其避难逃生通道、城市路网安全通畅成为疏散、避难的必要保障。避难空间还涉及对城市灾害的预报、防护、抗御、救援等多方面的内容。

三、滨海城市避难空间规划

（一）避难场所分类分级与疏散路径规划

1. 避难场所类型

针对我国滨海城市的灾害特征，避难场所大致可分为三种类型。

第一，依据自然灾害具有的不同特征与人为灾害所具有的特征，可以把疏散避难场所分类为四种形式：气象型灾害避难场所、海洋型灾害避难场所、地质型灾害避难场所和人防工程避难场所。其中，气象型避难场所主要针对台风、暴雨及其诱发的洪涝灾害。由于海啸成因来自气象灾害风暴潮或者地质灾害地震，所以海洋型避难场所主要是抵御海啸冲击的避难所。地质型灾害避难场所主要针对地震、泥石流等灾害所设置，根据《城市抗震防灾规划标准》具体可分为避震疏散避难场所、明确规定的防灾据点和防灾公园。人防工程避难场所主要是针对恐怖袭击等人为灾害而设置。

第二，按照避难场所依据灾害造成的影响可以分类为：室外的场地型避难场所和在室内的场所型避难场所。场地型避难场所主要以城市外部开放空间为主，适用于地震导致的房屋大面积倒塌情况，主要包括城市广场、公园、停车场、体育场等；场所型避难场所主要依托于防灾类型的建筑设施空间，适用于洪水、海啸等灾害导致的地面无处可避难的情况，包括中小学校、屋顶平台等。

第三，随着国民经济的快速增长，在城镇化进程中集约利用城市土地背景下，城市建设出现向多层或高层纵向发展的态势。依据垂直和水平维度立体化避难功能进行分类，分为地上垂直避难所、地面避难场地和地下避难所。地上垂直避难所包括高层建筑避难层等；地面避难场地包括体育馆、社区活动中心、大型公共场所、公园、广场等；地下避难所包括地下室、地下储藏空间等。

2. 避难场所分级

目前，我国室外场地型避难场所多采用以满足地震灾害应急避难需求为主，同时兼顾其他自然灾害。滨海城市避难场所分级仍然根据中华人民共和国国家标准《地震应急避难场所场址及配套设计》（GB 21734—2008）规范的要求，避难场所根据避难阶段和时序可分为三类，即Ⅰ类避难场所、Ⅱ类避难场所、Ⅲ类避难场所。根据避难阶段和时序划分的避难场所分级形式，Ⅰ类避难场所及Ⅱ类避难场所都属于固定（长期）的避难场所用地，Ⅲ类避难场所属于紧急避难场所用地。根据选择的场地的区位和行政管辖范围，还可以分为市级避难场所、区级（含新区）避难场所、街道级（社区、大单位）避难场所。

3. 疏散路径规划

人在突发灾害时疏散行为选择与需求应该是防灾空间规划的重要依据。因此，结合疏散行为的相关特性，合理布局疏散路径及防灾空间设计，是滨海城市避难空间体系构建的重要内容。

从以往实际逃生道路的选择上看，灾害发生时，在没有避难疏散指挥管理者的有效组织和管理的情况下，虽然逃生的人们可能因恐慌而出现一时的混乱，但是人们常常选择自己熟悉的道路或通道逃生，而逃生道路的容量与逃生时人的移动速度、人流的密度的关系密切关联。实践证明，当道路上人流密度为 1.4 ～ 2 人 / 平方米时，人的移动速度大致在 1.2 ～ 0.85 米 / 秒，人与人之间的距离过小，就会发生拥堵。因此，测算突发灾害时需要逃生的人数，同时考虑老人、儿童的行为特点及结合不同的道路类型和交通状况，按照便捷高效的要求，就可以求得逃生道路所需要的大致空间容量、空间配置及空间形态的表现形式。加强地段道路与整体运输道路的系统连接功能，从而制定符合人行为特性的合理的避难疏散路径。因此，逃生路径规划与疏散行为相结合的原则是制订逃生路径规划的有效方法。

（二）避难空间的选址条件与配套管理

滨海城市不同类型避难疏散场所的选址和规划布局是关爱人的生命，保证城市安全的问题，是每个城市管理者必须首先面对的重大课题。避难空间场所需要在灾时或灾后极短时间内为灾民提供必要的救助。为此，在规划之前，需要根据城市路网状况、地块的安全性及避难需求等因素，综合分析避难所选址区位及相应的避难路径，以期为突发的滨海城市灾害服务的应急避难系统提供应有的支持。应充分考虑人的避难行为，灾害避难所是灾后为人们服务的应急设施，其避灾行为对灾害避难所的规划效能有很大的影响。不同区域人口分布、不同的地区灾害特征在很大程度上决定了避难所设计的选址、规模、可用空间的功能配置和配套的选择。避难场所选址的可达性及其与周边设施的连通性显得更为重要。其抗灾性和可修复性是场所选址与规划设计的重要条件。

以建设地质型避难疏散场所为例，其选址与规划设计应符合《建筑抗震设计规范》GB50011、《城市抗震防灾规划标准》GB50413、《建筑抗震设计规程》DGJO8-9 等相关标准的要求，与避难疏散场所专项规划、控制性详细规划有效结合在一起。优先选择地势较为平坦、适宜的地区。充分考虑场地的安全问题，基于对地震断裂带、崩塌、滑坡、泥石流、地裂缝、地面沉降等城市历史地质灾害易发生的危险地段分布，以及河岸边缘分布情况的综合考虑，避开管线、危险化学物品储放地等对人身安全造成威胁的地方。如表 4-2，我国滨海城市避震场所技术指标类比。通过 GIS 软件进行以上各灾害因子的叠加分析，做出适宜性评价。同时，地质型避难疏散场所规划应注意安全疏散出入口的集散空间的设置方法。

在管理与配套功能上，地质型避难场所的基础设施主要包括交通、供水、供电、应急物资、通信等“生命线”系统，并且每个避难场所都应该配置与外界相通的一条或一条以上的疏散道路，但是必须能够满足避难场所全体避难人员二次疏散的需要。至于疏散道路的等级一般可以按照城市道路交通等级进行划分，将城市快速路、主干道作为救灾主干道，次干道作为疏散主通道，支路作为疏散次通道，同时明确应急出入口位置和数量。救灾主干道和疏散主通道一般不应低于 15 米，疏散次通道应不低于 3 米。连接固定（长期）避难场所的救灾主干道或者疏散主通道，应急出入口不少于 4 个；连接紧急避难场所的疏散次通道，应急出入口不少于 2 个，且方向相反。充分考虑预留的应急道路，防止建筑的倒塌对道路造成堵塞。应设置避难引导标识，尽快妥善安置灾民避难。供水方面，灾害之前设置好应急保障供水来源，组织水管线和应急储水设施。保障灾民基本生活用水和救灾用的需求。同时，避难所内应根据接纳灾民的人数配备相应的发电设备，主要供避难设施内部照明和与外界交流的通信设备使用。

（三）滨海城市公共空间弹性改造策略

1960 年，由霍林（Holling）引入生态系统的弹性和稳定性论文研究，之后推广至经济、社会、心理等诸多领域。弹性理论在防灾减灾中提出的背景是根据“弹性”的特征，这一概念逐渐被应用到城市规划领域中，也正是城镇化进程速度快，在如此高度复杂的“压缩”城市化环境一旦受到冲击，伴随放大和加重的效应，会变成全新的状态。城市表现出的脆弱性和不可预测性，缺乏弹性的城市是不可持续的。

滨海城市弹性公共空间是指当城市暴露于危险中时，能够有效吸收和化解变化，并从影响中恢复的能力。“弹性”的视角反映了思维范式的转变，在应对气候变化和减缓自然灾害方面，包括两个基本因素：一是“抗冲击性”，致力于提升城市应对风险的能力，积极做出应对；二是“适应性”，在渐变事件及突发事件发生后，通过及时有效的方式抵抗、吸收和化解，帮助城市从冲击中尽快恢复和转化。

滨海城市可通过城市公共空间弹性改造，提高和增强城市气象型灾害的风险。例如，英国布伦特十字购物中心河段地区位于伦敦北部，保存着商业遗址的显著特征，工业历史悠久。该地区包括工业用地、商业用地，因此介于城市、乡村和工业区之间。由于其主要的“U”型道路与历史悠久的环形泰晤士河平行，全球化变暖所带来的海平面上升的风险，洪水持续肆虐造成泛滥决堤，水溢堤坝对居民生命财产造成威胁。同时，服务于河道的绿色基础设施薄弱，不具备吸引力，亟须更新改造。根据英国伦敦市总体规划设计，提出了增强泄洪能力的方法和途径，建立可持续社区、综合购物中心、公共空间、绿化空间和滨河通道，打造有河流贯穿的城镇中心，方法如下。

第一，利用河岸带生态恢复技术，保证河流的自净能力和自我恢复能力。积极推动创建湿地，保障生态系统稳定性，形成生物多样性。修建为排水而挖的沟渠、网络化的水道实施综合治理，降低洪水灾害的风险。

第二，桥梁设计需保证桥下能安全宣泄设计洪水量，桥梁净空高度在设计洪水位标高之上计算。

第三，提出可持续城市排水系统应对措施，解决防洪、排涝等问题。

（四）滨海城市可持续的排水系统

1. 滨海城市蓄水空间的立体化构建

滨海城市蓄水空间可充分结合公共和私有开放空间资源，从宏观到微观尺度，从地上到地下，全方位和立体化的建造，对减轻气象灾害的危害具有重大的意义和作用。在城市中利用街区道路、绿地公园、体育运动场等空间，构建位于地上的保水空间。平时作为休憩场所，灾时为短暂蓄水、滞留雨水提供条件，也可通过位于地上的地渗透区、建筑地下空间，建造并设计滞洪蓄水空间。可将灾害时的洪水转化成平时城市供水的水源，实现可持续发展。

在位于白金汉集镇中心近一公顷的建筑区域，进行了全面翻新工程。这一区域有一半向大乌斯河倾斜，面临洪水的危险。设计的成功之处在于通过挖掘和填充，创造了一个大型的地下空间，作为停车场之用。地上部分则在任何洪水水位之上，并且有安全的进出通道。停车场在大部分洪水情况下可以正常使用，在河的一侧装有防洪墙。若有百分之一的恶劣洪灾情况，洪水将越过防洪墙，进而整个停车场将作为蓄洪区，这对于河道泄洪有好处。这处建筑在环境部门洪水早期预警系统里做了备案，洪水到来前有充足的时间清走停放的车辆。这一设计方案获得了 2008 年英国国家建筑设计奖。

英国萨福克大学（伊普斯威奇校区）于 2008 年新建了一栋濒临伊普斯威奇湿坞码头的教学楼。这栋六层建筑地处第三洪区，面临着来自码头和奥威尔河口潮汐洪水的危险。评估显示，该建筑遭遇洪水风险很高，每年有百分之 0.5 的概率能突破现有防洪设施的洪水。通过创新设计，一座高架桥搭在了该建筑与毗邻的学生公寓之间，而学生公寓正好面向杜克大街。洪水来袭时，将可从教学楼安全通往杜克大街。

2. 滨海城市绿色基础设施规划

1980 年，绿色通道成为多学科交叉融合的研究热点，被称为绿色通道运动（greenways movement）。1990 年，绿色基础设施（green infrastructure, GI）由美国提出，强调城市自然环境和开敞空间之间的联系，避免原有的自然生境支离破碎，保护生物多样性。1999 年，美国在《可持续发展的美国》报告中确定了将绿色基础设施作为社区永续发展的重要战略之一。直至现在，构建城市多功能的绿色基础设施，形成基于自然生态系统的开放空间网络，与城市公园、景观生态、生态廊道等理论与实践密切相关，是长期可持续发展的规划设计途径和方法，有助于为城市和社区居民创造健康的城市环境。以美国绿色基础设施为例，融合不同尺度、不同类型的生态建设和保护规划。在国家宏观层次的尺度上，战略性的生境建设、绿色开敞空间规划、森林生态系统建设、实施绿色街区和"雨洪管理"系统与城市景观相结合的措施；在市、镇和县的中观层次尺度上，进行防灾减灾的考虑，提供生态栖息地和生态斑块；在社区微观层次的尺度上，注重绿色屋顶、雨水花园和生物滞留地等方面的建设。

改变传统粗放式城市建设中的城市病和生态危机，以及传统的工程性治水和"灰色"基础设施，对保护环境、抵御灾害尤为重要。防灾减灾以"水"治理为主，推广生态型雨洪管理思想和技术，使城市像海绵一样，以安全为主，遵循生态优先原则。

借鉴国外的经验，根据吴良镛院士的《人居环境科学导论》，将空间划分为区域、城市、社区和建筑四种不同尺度。在我国，可针对不同尺度等级制定与之相对应的策略，营建绿色基础设施，改善人居环境。在区域尺度上，建设适合城镇发展需求的区域基础设施，引导合理的区域发展形态，构筑生态大格局和环境共同体，加强生态系统的修复和利用，环境联防联控。在城市尺度上，合理布局，注重多层次、功能复合、系统性的生态网络结构，减少灰色基础设施，将城市绿地系统与慢行交通系统相结合，是城市形象的直接体现。在社区尺度上，突出自然环境生命支撑功能的作用，避免生境破碎化，有机连接社区与公共绿地、绿色廊道，实现与整体格局的联动，提高公众参与的意识。在建筑尺度上，设计绿色生态建筑，将与建筑界面相连的外部人工环境与自然环境相结合，创造适宜的人居场所。

（五）滨海城市道路交通规划策略

从城市交通与城市总体布局视角出发，基于现有的城市交通布局，充分挖掘疏散功能，构建滨海城市空中、地面和地下立体的交通网络，也是滨海城市疏散通道建设的基础。

城市道路布局可归纳为几种典型的形式，包括方格棋盘式、环状放射式等。其中，方格棋盘式的路网便于组织交通，避免了高密度的滨海城市中心交通的拥堵。同时，方格棋盘式交通具有灵活性，规划适宜的街区尺度，有利于减少汽车的使用频率。环状放射式可从城市中心各个方向延伸，然而其对功能集聚和轴向导向性比较强，不利于形成功能的混合布局。因此，针对滨海城市交通的特点，当发生灾害造成部分街道受损时，方格棋盘式更具优势，可提升城市应对灾害的能力。

结合方格棋盘式城市道路网络，设置不同类型的疏散通道，根据不同的防灾机能可将滨海城市道路划分为四个层级，包括救灾主干道、疏散主干道、疏散次干道和支路。救灾主干道：结合滨海城市快速路或高等级公路，城市外部可救援，对外可有效进行疏散，确保滨海城市内部安全通行的道路。疏散主干道：结合滨海城市主干道，与救灾干道形成网络连接，以城市内部自救为主，是避难灾民通往避难场所的有效路径，也是救援车辆运送救灾物资至各防灾据点的有效路径。疏散次干道：结合滨海城市主干路或次干路，与疏散主干道形成网络连接的道路。同时，需要排查桥梁这样的联结点的安全隐患，保障疏散相关桥梁的有效连通。支路：可作为滨海城市辅助型路径，连接前三个层级的道路形成网络，打通微循环，发挥支线道路“毛细血管”的作用，有利于缓解灾害造成的主干路与次干路的交通压力。

建设滨海城市快捷有效的疏散交通系统，提高道路网格系统的疏散能力，提高公交线网的通达性和站点服务覆盖率。同时，提出鼓励步行和自行车交通绿色出行的措施。改善步行环境，增强步行、自行车交通网络的连接性和便捷性，提升景观价值，有利于城市可持续发展。特别是灾害发生后，多数灾民是徒步疏散的，规划安全、便捷的步行路线，可实现灾民在紧急疏散过程中的有序进行，如伦敦战略性步行路网及自行车线路规划。特别是对于滨海城市现有交通，在保持原有道路肌理的基础上，对其进行分级，并赋予相对应的防灾机能。

整理整个城市的道路网，对于条件不成熟的要改建加建，增加道路网密度，均衡道路交通流分布，并疏通原有道路网络。增加防灾设施，形成完善的滨海城市疏散网络体系，如美国纽约以行人优先为导向的交通路网建设。除了考虑滨海城市公路交通体系，海上、空中、地下交通同样对疏散至关重要。例如，直升机作为空中救援的交通工具十分普遍，合理规划停机坪的位置，提供直升机起降的场地。

第五章　火灾与韧性城市规划

第一节　火灾及其危害

一、火灾

（一）概念释义

火是物体燃烧过程中所发生的强烈氧化反应，是能量释放的一种现象，可散发光和热。火燃尽了人类茹毛饮血的历史，点燃了文明的辉煌，对火进行利用和控制是人类文明进步的一个重要标志。不过，火一旦失去控制，就会演变成火灾。火灾不仅会造成财产损失、建筑物烧毁，还能导致人员伤亡。从火进入人类历史起，人类也开始了和火灾的斗争。

2021年，全国共接报火灾74.8万起，直接财产损失67.5亿元。具体来看，其中较大火灾84起，比2020年增加9起；重大火灾2起，比2020年增加1起，已连续6年未发生特别重大火灾。冬季用火、用电、用气增多，历来是火灾事故高发期。据统计，近5年平均每年冬季发生火灾20.4万起，占全年的57.2%，明显高于夏秋季节。

（二）特点

火灾可以自然发生，如森林自燃引起的森林火灾，也可以人为发生。人为造成的火灾有两种情况：一种是由于粗心大意、安全意识差而引起的火灾；另一种是人为纵火，这是一种犯罪行为，要受到法律的严厉制裁。

火灾通常有以下四个特点：第一，突发性强。火灾的发生往往很突然，难以被人预料，并且火灾发展来势凶猛，瞬息万变，影响区域广。第二，破坏性大。火灾不仅会导致人员伤亡，还会给国家财产和公民财产带来巨大损失，严重时会引起基础设施破坏（包括供电、供水、供气、供暖、交通和通信等城市生命线系统工程)、生产系统紊乱、社会经济正常秩序破坏、生态环境破坏等。第三，灾害复杂。由于火灾发生地的建筑、物质、火源的多样性，人员的复杂性及消防条件和气候条件不同，使得灾害的发生、发展过程极为复杂。第四，易形成灾害链。对于城市或工业企业，其社会生产或生活的整体功能很强，一种灾害现象的发生，常会引发其他次生灾害，造成其他系统功能的失效，如火灾引发爆炸、爆炸又引发火灾，形成灾害链，破坏力极大。

(三)分类

了解起火原因和可燃物类型，有助于消防队员采取正确的灭火手段。国家标准《火灾分类》(GB/T4968—2008)中根据可燃物的类型和燃烧特性，将火灾分为A类、B类、C类、D类、E类、F类六种不同的类别。

A类火灾：固体物质火灾。这种物质通常含有有机物，在燃烧时能产生灼烧的余烬，如木材、棉、毛、麻、纸张等。

B类火灾：液体或可熔化的固体物质火灾。这些物质包括汽油、煤油、原油、甲醇、乙醇、沥青、石蜡等。

C类火灾：气体火灾。如煤气、天然气、甲烷、乙烷、丙烷、氢气等燃烧引起的火灾。

D类火灾：金属火灾。如钾、钠、镁、钛、锆、锂、铝镁合金等引起的火灾等。这些金属单质性质活泼，遇水、强氧化剂等会引起爆炸和燃烧。

E类火灾：带电火灾。物体带电燃烧引起的火灾。

F类火灾：烹饪器具内的烹饪物(如动、植物油脂)燃烧引起的火灾。

二、火灾危害

(一)火灾对人体的伤害

1. 直接伤害

火灾现场烈火熊熊、浓烟滚滚，会给人体造成许多直接伤害。

（1）火焰烧伤。火焰表面温度可以达到 800 ℃。人体所能承受的温度仅为 65 ℃，超过这个温度就会被烧伤。深度烧伤还会伤及内脏，导致严重并发症，危及生命。

（2）浓烟灼伤和窒息。燃烧会生成大量的烟雾，烟雾浓度由单位烟雾中所含固体微粒和液滴的多少决定，烟雾温度依据其与火源的距离而变化。距火源越近，温度越高，烟雾浓度越大。高温烟雾不仅能引燃其他物质，还会伤害人体。当人吸入高温的烟雾，就会灼伤呼吸道，造成组织肿胀、呼吸道阻塞，引起窒息死亡。

（3）中毒。所有火灾中的烟雾均含有毒气体，如二氧化碳、一氧化碳、一氧化氮、二氧化硫、硫化氢等。现代建筑的装修材料多为合成材料，其中的高分子化合物在火灾时的高温燃烧条件下可以热解出剧毒悬浮微粒烟气，如含有氰化氢、二氧化氮等，这些有毒物质的麻醉作用能致人迅速昏迷，并强烈刺激人的呼吸中枢和肺部，引起中毒性死亡。资料统计表明，火灾中死亡人数的 80% 是由吸入有毒气体所致。

2. 间接伤害

火灾的高温、浓烟不仅会给人体带来直接伤害，还会对人体造成间接伤害，常见的有以下两种。

（1）砸伤、埋压。火灾区域的温度根据不同的燃烧物质而有所变化，通常为 1000 ℃左右。在这样的温度下，一般建筑材料的受热时间若超过耐火极限时间，就会发成坍塌。坍塌造成砸伤、摔伤、埋压等伤害是显而易见的，这种伤害主要表现为体外伤或内脏创伤引起的失血性休克。

（2）刺伤、割伤。火灾造成建筑物、构筑物坍塌，许多物体经各种理化性质的爆裂都会形成各种样式的利刃物，随时可能刺伤、割伤皮肤或肌肉，甚至直接刺破、割破血管和内脏，使人因脏器损伤或失血过多而死亡。

火灾有时单独发生，有时和其他灾难一起发生，甚至一些灾难相互交织、促进，导致灾情更为严重。例如：一家小餐馆发生火灾时，如果抢救不及时，可能引爆店内的燃气管，引发爆炸；如果火灾正好发生在输气管道附近，将引起大爆炸。地震会引起房屋倒塌、煤气管道破坏，此时吸烟可能诱发爆炸，进而发生火灾。这些现象不仅在工业生产中可能会遇到，在家庭中也可能会遇到。因此，加强火灾的防范意识，提升逃生自救的技能十分重要，应向全民推广。

（二）火灾的社会危害

火灾能烧掉人类经过辛勤劳动创造的物质财富，焚毁工厂、仓库等建筑物，大量生产、生活资料化为灰烬。火灾造成的间接损失往往比直接损失更为严重，发生火灾后，受灾单位的停工、停产、停业，相关单位生产、工作、运输、通信的中断或停止和灾后的救济、抚恤、医疗、重建等工作，都需要大量人力、物力、财力的投入。

火灾还能毁坏文物古建筑，造成不可挽回的损失，难以用经济价值计算。火灾还能引起不良的社会和政治影响，影响正常的社会秩序、生产秩序、工作秩序、教学和科研秩序及公民的生活秩序。当火灾规模比较大，或发生在首都及省会城市、人员密集场所、经济发达区域、名胜古迹等地方时，导致不良社会影响更为严重。有的会引起人们的不安，有的会损害国家的声誉，有的还会引起不法分子趁火打劫、造谣生事，造成更大的损失。

近年来，某些国家时常发生森林大火，造成森林周围的城镇整座被毁、人员搬迁，引发严重的社会动荡。2016 年，美国西部森林大火过火面积 688 平方米，相当于新加坡的国土面积，5000 人参与救灾，每日救火行动花费折合成人民币为 4000 万元，烧毁 57 座居民区，威胁 2000 座建筑物。

三、火灾自救

（一）火灾逃生误区

一旦发生火灾，火场里或周围的人员往往显得惊慌失措，甚至失去判断力，采取一些盲目且不正确的逃生方式，造成伤害。火灾逃生常见的误区有以下六点。

1. 冒险跳楼逃生

发生火灾时，当选择的逃生路线被大火封死，火势愈来愈大、烟雾愈来愈浓时，人们就很容易失去理智。这种情况下，切记不要跳楼、跳窗，而应另谋生路，万万不可盲目采取冒险行为。

2. 盲目从高处往低处逃生

高层建筑一旦失火，人们总是本能地认为，只有尽快逃到一层，跑出室外，才有生的希望。殊不知，盲目往楼下逃生，可能自投火海。因此，在发生火灾时，需要镇静，确定自己的位置及火灾发生的位置，采取正确的逃生方向和路线。有条件的可登上房顶或在房间内采取有效的防烟、防火措施以便等待救援。

3. 向光亮处逃生

突遇火灾时，人们总是习惯向着有光、明亮的方向逃生，殊不知在火场中，光亮之地正是火魔肆无忌惮地逞威之处。

4. 盲目跟着别人逃生

当人突然面临火灾威胁时，极易因惊慌失措而失去正常的判断能力，第一反应就是盲目跟着别人逃生。常见的盲目追随行为有跳窗、跳楼，逃（躲）进厕所、浴室、门角等。克服盲目追随的方法是平时要了解与掌握一定的消防自救与逃生知识，避免事到临头没有主见。

5. 从进来的原路逃生

这是许多人在火灾逃生中会发生的行为。因为大多数建筑物内部的道路出口一般不为人们所熟悉，一旦发生火灾，人们总是习惯沿着进来的出入口和楼道进行逃生，当发现此路被封死时，已失去最佳逃生时机。因此，当进入一幢新的大楼或宾馆等场所时，一定要对周围的环境和出入口进行必要的了解与熟悉，以防万一。

6. 盲目匍匐

匍匐逃生能避免有毒浓烟的侵害，但是在逃生人员众多时，不顾周围环境盲目匍匐前进，可能会被后面急于逃生的人群踩伤，以致最后无力逃出火场。匍匐前进需活学活用，在分清场所和当时情况时使用。

（二）高层建筑火灾自救

高层建筑发生火灾时，消防救援人员赶到火灾现场仍需要一定的时间，且高层建筑着火扑救难度极大。因此，除了在发现火情的第一时间拨打“119”报警，大家都应掌握高层建筑物发生火灾时的应急逃生知识，做到有备无患。常见的自救方法有如下六种。

第一，戴。火灾发生时会产生高温及烟雾，佩戴防护目镜甚为重要。这样可以保护眼睛，避免烧灼及刺激性气体对眼睛的损害。

第二，捂。火灾发生时会产生大量有毒的烟雾，用湿口罩、湿毛巾等物品捂住口鼻，是防止吸入性损伤的重要措施。

第三，憋。在通过浓烈火焰区域时，一定要暂时屏住呼吸，避免吸入有毒气体导致肺部损伤。

第四，裹。用浸水的衣服、棉被、毛毯等裹住身体，可有效防止“引火烧身”。

第五，低。火灾发生时会产生大量的有毒气体，故应采取低姿势，沿消防通道向下逃离。

第六，躲。火灾发生时，由于火场条件限制，不能离开火灾发生场所时，应选取洗手间作为躲避空间。

当被围困在高层建筑时，不要盲目跳楼，因为盲目跳楼可能会造成非常严重的坠落伤，如脊柱骨折、颈椎骨折、内脏破裂出血等，甚至导致坠楼身亡。这里有一些被围困在高层建筑时的逃离技巧，比如可将绳子或衣服、皮带、床单、窗帘、被面等撕成条状连接起来当作救生绳，下滑到没有起火的楼层再视情况逃生。在火势极大、不能通过消防通道逃生时，可利用建筑物外墙上的（完好结实的）下水管、避雷线、煤气管道等逐层下降至未着火楼层或地面逃生。

（三）商场火灾逃生

商场火灾中多数死亡是因不懂疏散逃生知识，选择了错误的逃生方法或者错过逃生时机而造成的，因此要了解基本的逃生方法。进入商场后，要注意在门口、电梯间、扶梯等处张贴的紧急疏散通道示意图，熟悉所处环境。如果是常去的商场和超市，平时更要注意这些要点。

商场是物资高度集中的场所，商品种类繁多，发生火灾时可利用的物资很多。例如：可利用绳索或把布匹、床单、窗帘撕条拧绳，拴在牢固的窗框、货架等物件上，沿绳缓慢下滑到地面或下层的楼层内顺利逃生；可将毛巾、口罩浸湿后捂住口鼻通过浓烟地带；还可穿戴商场经营的各种劳动保护用品，如安全帽、摩托车头盔、工作服等，避免烧伤和落物砸伤；若商场内经营五金等商品，还可利用各种机用皮带、消防水带、电缆线来开辟逃生通道。

商场人群聚集，特别是批发商场，一旦发生人员四处逃窜，首先要镇定，判断周围环境，寻找就近的逃生通道和避难场所，不盲目追随，不盲目朝光亮处跑。需要强调的是，当前很多豪华商场和购物中心修建有大型露天观景平台或游泳池，这些都是非常有用的避难场所。

（四）地下商场火灾逃生

由于地下商场通道少且窄，周围密封，空气对流差，烟雾和高温不易消散，火灾扑灭更为困难。一旦发生火灾，人们会更为紧张，逃生心情更加急迫，失去平常的冷静，以致不知消防通道或安全出口的位置，跑散时辨不清方向，结果慌不择路，不顾后果，失去有利的逃生机会。身处地下商场遭遇火灾时如何安全脱险呢？

第一，要有逃生的意识，凡进入地下商场的人员，一定要对其设施和结构布局进行观察，记住疏散通道和安全出口的位置。

第二，地下商场一旦发生火灾，要立即配合工作人员关闭空调系统，停止送风，防止火势扩大。同时，要立即开启排烟设备，迅速排出地下商场内的烟雾，以降低火场烟雾浓度，提高火场能见度。

第三，关闭防火门，防止火势蔓延，把初起火灾控制在最小范围内。对初起火灾，应采取一切可能措施将其扑灭。

第四，采用自救和互救手段迅速逃生到地面、避难沟、防烟室及其他安全区。

第五，逃生时，尽量采用低姿势前进，最好用湿毛巾、湿手绢掩住口鼻，不要深呼吸。

（五）电影院或剧院火灾逃生

影剧院里都设有消防疏散通道，并装有门灯、壁灯、脚灯等应急照明设备，用红底白字（有些是绿色荧光灯）标有“出口处”或“非常出口”“紧急出口”等标示。发生火灾后，观众应按照这些应急照明指示设施所指引的方向，选择人流量较小的疏散通道迅速撤离，从而最大限度保全生命。电影院或剧院火灾逃生自救技能有以下五种。

第一，当观众厅发生火灾时，大火蔓延的主要方向是舞台，其次是放映厅，逃生人员可利用舞台、放映厅和观众厅的各个出口迅速疏散。

第二，当放映厅发生火灾时，由于火势对观众厅的威胁不大，逃生人员可以利用舞台和观众厅的各处出口进行疏散。

第三，逃生人员疏散要听从影剧院工作人员的指挥，切忌互相拥挤、乱跑乱窜，否则会堵塞疏散通道，影响疏散速度。

第四，疏散时，逃生人员要尽量靠近承重墙或承重构件部位行走，以防坠物砸伤。特别是在观众厅发生火灾时，逃生人员不要在剧场中央停留。

第五，若烟气极大时，宜弯腰行走。匍匐前进需慎重选择，因为这些场所人群聚集，惊慌情况之下易发生踩踏事件。

（六）地铁火灾逃生

地铁已逐渐成为城市里的一种重要交通工具，客流量大，人员密集，一旦发生火灾，极易造成群伤。地铁里发生火灾，主要的逃生自救技能有以下四种。

第一，及时报警。利用手机拨打“119”，也可以按动车厢内的紧急报警按钮。在两节车厢连接处均贴有红底黄字的“报警开关”标志，箭头指向位置即是紧急报警按钮所在位置，将紧急报警按钮向上扳动即可通知地铁列车司机，以便司机及时采取相关措施进行处理。

第二，行驶中遇险勿砸窗跳车，在处理突发事件中，司机会尽可能将列车开到前方车站处理。通常只需几分钟就可到下一车站。列车运行期间，乘客千万不要采取开门、砸窗、跳车等危险行动。

第三，留意车上广播，在隧道里应听从列车员的指挥，不要盲目奔跑，以防进入另一条列车疾驶的隧道发生意外。

第四，使用消防设施。列车上的灭火器均摆在车厢显眼的位置，并有明显标志。使用方法是：先打开金属盖板，取出灭火器，然后拉开插销，对着火源灭火。

（七）飞机火灾自救

飞机上都备有自动灭火器，机舱内还有手持式灭火器，如果发现起火，立即召唤乘务人员，因为他们知道装备的位置及使用方法。一般小火可以及时扑灭，避免在乘客中引起恐慌，如见到火苗，可用飞机上的毛毯或衣服将其压灭。飞机发生火灾时的逃生要点主要有以下几点。

第一，飞机最易发生危险的时候是在起飞和降落时。起飞时应花几分钟时间仔细看安全须知录像或乘务人员的演示，做到万一碰到紧急情况时心中有数。

第二，不同机型的逃生门位置不同，乘客上了飞机之后，要留意与自己座位最近的一个紧急出口。万一飞机起火紧急迫降时，要在浓烟中找寻出口，把门打开。

第三，飞机飞行过程中，一旦出现意外情况，一定不要慌乱，要听从乘务人员指挥，越慌乱越容易出错。

第四，机舱有烟雾时，要戴好氧气面罩，它可以使旅客在有烟的环境中安全呼吸至少 15 分钟。走向紧急出口时应尽可能弯曲身体，贴近机舱地面减少烟雾吸入。

第五，机舱门一打开，充气逃生滑梯会自行膨胀，此时应采用下蹲姿势迅速跳到救生滑梯上，除去身上尖锐的物品以免刺破滑梯影响后面的人逃生。滑到地面后，立即远离飞机。不要直接跳下飞机，避免跌伤。

四、城市火灾及相关研究

（一）城市火灾相关概念

1. 城市火灾危险源

火灾危险包含火灾危害和火灾风险双层含义。火灾危害是指因为火灾造成的破坏及损失；火灾风险指的是火灾发生的可能性，表明这种风险还在可控范围中未造成一定的破坏。因此，火灾危险源定义为在人类生产、生活过程中存在引起火灾的要素。这些要素一般具有一定的潜在性，只有在发生火灾时才会明确地显现出来。

目前，学术界普遍认可二类危险源理论，按照危险源在事故发生、发展过程中的作用，将危险源划分为第一类危险源和第二类危险源两类。火灾中的第一类危险源一般为带有能量的可燃物或者载有可燃物的物质，部分物质存在爆炸的可能。城市常见的一类火灾风险源有加油站、加气站、危险化学单位、燃气管道等；第二类危险源是导致约束或限制一类危险源的失效的因素，如机器违规使用造成过热、消防责任制度落实不到位等。

2. 火灾风险评估

火灾风险评估是指对评估范围内发生火灾的危险性和危害性进行的综合评价。其评估过程包括选取影响火灾的风险的核心要素，建立火灾风险指标体系，选用科学的研究方式确定各项指标的权重值，然后根据研究区的实际进行赋分计算，求得火灾风险指数，划分火灾风险等级。火灾风险评估的结果可作为制定消防救援措施的重要参考，实现减少火灾造成的人员伤亡及财产损失的目标。

3. 城市火灾风险分区

《城市消防规划规范》（GB51080—2015）中城市消防安全布局要求结合城市火灾风险评估，对城市不同区域进行部署和安排，并制定对应的消防安全措施。本文引入城市火灾风险分区的概念，城市火灾风险分区是指根据火灾发生的可能性和后果及火灾风险程度，将城市划分为火灾高风险区、火灾中风险区、火灾低风险区三类区域，区分不同区域的火灾风险程度。

4. 消防救援站

消防救援站是指政府消防队和专职消防队的所在驻地，是消防队员加强理论学习、提高专业能力、强化救援技能、提升业务素质的关键场所。按照业务类型，将消防站分为普通站、特勤站和战勤保障站三种类型。其中，普通站划分为一级站、二级站和小型站。每类消防站根据消防站建设标准配备人员、装备、设施等，根据消防救援站的等级及所处位置划分消防安全责任区的范围，是保障城市消防安全最基本的战斗单位。

（二）相关理论

1. 安全系统工程

安全系统工程理论由系统工程理论发展而来，它是以系统安全为目标，通过运用系统相互依赖和作用各部分之间的关系，预先识别、分析系统存在危险要素，采用科学的方法量化评价系统的危险性，并采用对应措施控制风险，使系统的风险控制在可接受范围之内。它是专门研究利用系统工程的原理，制定最优方案以保证系统能够安全运行的科学技术。

城市火灾风险评估是安全系统工程应用的分支，安全系统理论一方面将城市火灾作为一个系统，通过分析影响城市火灾发生、发展的要素，选取影响城市火灾的危险源作为火灾风险评估的重要指标；另一方面，将城市消防安全作为一个系统，分析影响城市消防安全的消防救援实力、区域信息，并将历史灾情作为火灾形势分析的基础，构建城市火灾风险评估指标体系，评估地区发生火灾的可能性及严重程度，找出当前城市消防安全系统的危险性。本文以消防救援站的布局优化作为控制风险的解决途径，以达到城市功能安全运转目的。

2. 中心地理论

德国地理学家克里斯塔勒创建的中心地理论推动近代区位论发展，是现代理论地理学研究重要组成部分。他在对德国南部城市和农村进行大量调研的基础上，于 1933 年出版《南德的中心地》，提出中心地网络和相对规模理论等。中心地理论是城市资源合理配置的基础理论，其中消防救援站作为城市重要的消防资源也要优化布局。其空间布局首先遵循行政原则，根据行政管理，消防队伍分为总队级、支队级、大队级。总队对支队行政管理，对应支队对大队行政管理。其次，消防救援站空间布局遵循交通原则，消防救援具有明显的时效性，到达事故发生地越晚，火灾造成的破坏越严重，消防救援站布局在便于车辆迅速出动的临街地段，以接到出动指令 5 分钟内到达火灾事故发生地。

3. 离散定位模型

离散定位模型主要是设施点对周边需求点的覆盖研究，应用范围较为广泛，包括医院、消防救援站、学校等设施的选址问题。当前应用最广的三个模型是最大覆盖模型（MCLP）、区位集覆盖性模型（LSCP）及 P- 中值模型。其中，Church 和 Revelle 最早提出最大覆盖模型图，后来经

Berman 改进为广义最大覆盖模型，该模型能够解决 N 个供应点覆盖最多需求点的问题；区位集覆盖性模型是由 Toregas 等人最早提出的，用以解决要覆盖所有需求点至少需要多少设施点，该模型用于解决消防救援站和救护车等的应急服务设施的选址应用较为普遍; Hakimi 提出的 P- 中值模型，在给定数量和位置需求点和设施点位置前提下，为 P 个设施点找到合适的位置，使得方案最优化。在本文消防救援站的方案设计中，三种模型都有涉及，离散定位模型通过 ArcGIS 工具实现。

（三）国外研究进展

1. 国外火灾风险评估的研究现状

火灾风险评估是火灾科学应用研究的分支学科，诞生于 20 世纪 70 年代，随着城市进程的加快，大量人口的涌入，城市建筑也朝着超高、超大、超密集、超新颖的方向发展，原有的建筑设计规范不合时宜。在此背景下，发达国家开启性能化防火设计研究，进而开启对建筑的火灾危险的定量评估。1985 年，英国首先颁布第一部性能防火规范，掀起了消防安全工程学和性能化防火设计方法理论及技术的研究的狂潮，并演变成国际化的趋势。随着各国的参与研究，火灾风险评估也取得一大批成果。Magnusson 等人在火灾模拟方面引入了随机性分析，提出了可靠性理论和定量风险分析的方法。20 世纪 80 年代，美国实施国家级的火灾风险评估项目，开展用于建筑内部的综合火灾风险方法；1996 年，澳大利亚的防火规范改革中心推出的《防火工程指南》中包含系统火灾风险分析等。

随着火灾科学及其应用性研究的不断深入与发展，各国都根据自身的消防安全状况及经济条件开展了大量的火灾实验与研究，逐渐形成一套成熟完整的火灾风险评估体系，其中最具代表的三个国家分别为美国、英国、日本。

（1）美国

当前,美国城市火灾风险评估比较常用一种方法为灭火分级制(FSRS)。

将灭火系统主要因素综合评估，划分成 1 ～ 10 的等级，由低到高火灾风险水平提高。其中，第 1 级为最安全级，第 10 级为火灾风险水平最高级，必须采取对应的策略研究。具体评估方法为先收集该社区的公共消防资料，并利用 FSRS 分析这些数据，从而确定其火灾风险等级。

（2）英国

英国火灾风险评估的后果类型，分为个体生命风险、社会生命风险、财产风险、环境风险和历史遗产风险五大类。以卫生与安全行政部门的可容忍性的风险框架为基础，划分风险评估区，确定风险评估方案。评估最大可能的生命、财产损失和火灾频率。求总的风险、评估可容忍的风险水平，确定最不利规划场景，根据总风险水平与全国容忍度标准对比，确定针对的消防措施。

（3）日本

日本全国火灾风险评估、划分等级已经形成一种制度，向社会公开。评估要素包括城市、街道、地区的气象条件、木质结构的建筑物、消防通信设施、消防运行机制等，对木结构建筑物的延烧采用火灾工程学的方法，对通讯和灭火采用统计方法，定量计算市街地内木结构建筑物每年预料的燃烧损失量，并根据计算量的大小，确定城市等级，表示城市潜在的火灾危险程度。

2. 国外消防救援站布局研究现状

关于消防救援站布局的研究国外早在 20 世纪 60 年代开始探索，20 世纪 70 年代有学者在思考提高消防救援站作为应急设施的效率。例如：Larson RC 利用超立方体排队模型探索消防车的布局；Ricciardellis 等人考虑突发事件中服务区的划分，也是消防责任区划定早期研究；Hells waiter 以消防响应时间为依据，构建消防站选址的优化模型；Pandav Chaudhary 等人以尼泊尔的首都加德满都为研究区域，选取道路的距离、土地性质、距河流的距离和人口密度等影响要素，利用 GIS 构建消防站适宜性分区图，确定适合消防站布局的区域。

（四）国内研究进展

1. 国内城市火灾风险评估现状

范维澄院士等在2004年编著的《火灾风险评估方法学》，是国内第一部系统介绍火灾风险评估理论和方法的专著，在介绍火灾风险分析的概念和基本方法的基础上运用数理统计理论、风险分析理论、系统安全理论对火灾风险评价方法进行了全面、系统而详细的阐述。当前，火灾风险评估多采用层次分析模型构建火灾风险评估指标体系，运用模糊综合评价法、熵权法、主成分分析等方法进行数理分析。

城市火灾风险评价指标体系的研究。李华军、梅宁等人选取危害度、危险度和安全度三项要素，构建了一个多级多指标的城市火灾危险性综合评估体系，并以青岛市三个典型区域进行实证分析。易立新在辨识火灾危险和火灾风险两个概念基础上，提出了城市火灾危险指数、城市火灾抗灾指数、城市火灾风险指数的概念，构建了定量和定性相结合的城市火灾风险评价指标体系。陈曼英将模糊理论运用到地铁这一特殊区域的火灾风险评估过程中，采用故障树分析方法辨识火灾危险源，从数理统计理论、风险分析理论和系统安全理论出发，选取人、设备、管理、环境指标构建地铁火灾风险评价指标体系。吴立志等人针对我国城市和经济的特点，建立了居住区的火灾风险评价指标体系，并根据城市的复杂性和多样性对火灾风险评价指标体系予以调整。

城市火灾风险评价方法的研究。我国关于火灾风险评估的研究相对一些发达国家起步较晚，随着天津、上海、成都、沈阳四个消防科学研究所等科研单位和高校开展研究，取得了不少的成果。火灾风险评估是采用系统科学的理论和方法，对系统安全性进行预测、分析、认识，以寻求系统安全最佳决策的过程。火灾风险评估方法大体可分为三大类，分别是：通过对研究对象的火灾风险进行系统、细致的检查，得出评估结果的定性分析法；以火灾风险分级系统为基础，通过对火灾危险源进行确定权重并赋分，根据综合得分与火灾风险等级标准对比得出火灾风险等级的半定量分析方法；综合考虑发生火灾事故的概率及火灾产生的后果，用量化的方式表示火灾风险大小的定量分析方法。

2. 国内消防救援站布局研究现状

国内关于消防站布局研究比较晚，直到 20 世纪 90 年代开始才有学者进行探索。陈艳艳等人探索应用最短路径法或最优路径法实现消防站优化布局，结合火灾发生概率和救灾延迟损失、系统工程矩阵法及迭代法并利用开发软件辅助下求解消防站布局的难题，同时方磊等人构建数学模型解决消防站布局与降低成本的问题。

丰国炳等人将模糊评价法引入消防站布局中，尝试构建消防救援活动与消防站的对应关系。周俊以火灾风险评价为前提，借用 GIS-MCE 划分火灾风险等级，并利用可达性模型对消防站进行布局优化，选取福州市的闽江北岸三区进行实证分析。朱均煜充分发挥微型消防站的力量，与公共消防站建设互为补充，通过构建城市微型消防站灭火救援能力评价体系，分析当前微型消防站不足，并提出建议。王先杰引入事故簇节点的概念，将消防救援需求点转换成事故簇节点，借用 GIS 空间分析功能，建立选址模型，提出消防站的优化策略。刘尚等人提出，消防布局应遵守系统全面的原则，结合新理论与技术，同时对不同的地区，要从实际出发，建立有层次的消防布局优化模型。

五、城市火灾风险评估

（一）城市火灾风险评估原则

火灾风险评估的结论与实际是否相符，一定程度取决于评价指标的选取是否科学。指标选取过多，大大增加了评估的工作量与难度，指标选取过少，缺乏足够的代表性，容易造成评估结果的片面性。本文结合以往学者的研究，提出以下火灾风险评估原则。

第一，系统性原则。火灾风险评估指标体系应力求系统化、整体化、科学化，涉及影响城市火灾风险的各个因素，本文选取城市区域信息、火灾风险源、火灾灾情、消防实力四大子系统，构建城市火灾风险评估的有机整体，既能够反映城市火灾风险的整体性，同时各个子系统之间及内部的指标关系明确。

第二，科学性原则。城市火灾评价指标的选取、火灾风险评估指标体系的建构、各项指标权重的确定及赋分都要科学合理，能够反映各指标与火灾风险的关系，最大限度保证评价过程及结果科学，真实反映城市火灾风险状况。

第三，可操作性原则。评估指标与评估的对象、层次及目标有关。一是所选指标资料具有可获取性；二是指标资料数据有针对性，不宜过多过泛，以定量为主；三是定性与定量两种类型指标数据相结合，结合专家赋值，将定性指标量化，采用层次分析法构建判断矩阵，通过计算模型进行定量分析。

（二）城市火灾风险评估程序

火灾风险评估步骤一般包括：确实火灾风险分析目标，划分评估单元，收集、整理和检验辨识研究区内风险源，构建火灾风险评价指标体系，选择合适的评估方法，定权重、赋值、求分值，最终确定火灾风险等级。城市火灾风险评估程序主要包括以下六个步骤。

第一，风险分析目标。明确评估范围，重点收集影响城市火灾风险相关的各种资料与数据，按照确定的范围进行火灾风险评估，制定火灾风险分析目标。

第二，划分火灾风险评估单元。根据研究需要，将研究范围划分不同火灾风险评估单元，便于确定不同区域的火灾风险程度。

第三，风险源辨识。城市火灾发生往往与火灾负荷量和触发条件有关，通过实地调研及资料查询，辨识影响城市火灾的风险源，将火灾风险源进行定位、分类及统计数量，并进行重要度比较。

第四，建立评价指标体系。通过对火灾发生、发展、蔓延进行系统分析，选取影响城市火灾风险的指标，根据指标之间的关系，建立城市火灾风险综合评估指标体系。

第五，定权重、赋值、求分值。利用层次分析法，借助 MATLAB 软件构建判断矩阵，求出各项指标的权重，制定赋分标准，根据研究区的实际情况进行赋分，并结合权重值求出城市火灾风险评估的分值。

第六，风险等级确定。根据城市火灾风险评估指标体系总分值的区间，制定火灾风险等级标准，将城市火灾风险评估综合得分与风险等级标准进行对比，最终确定城市火灾风险等级。

（三）城市火灾风险评估体系建构

1. 城市火灾影响要素系统分析

城市火灾风险评估重要前提是剖析城市火灾发生的条件，选取影响火灾风险的因素，通过对指标进行量化处理，对城市火灾风险进行评估。从区域灾害系统论角度分析，I 类和 II 类火灾风险源组成的致灾因子作用在城市系统（承灾体 / 孕灾环境），同时受城市消防救援实力影响火灾造成的破坏及损失、火灾发生的关系。

影响城市火灾发生要素包含历史火灾灾情、城市区域信息、火灾风险源、城市消防救援实力四个子系统。历史火灾灾情是对城市发生火灾数据的梳理，根据以往的火灾记录作为消防救援的参考依据，历史火灾灾情记录越详细，消防救援效率越高。城市区域信息直接影响城市火灾损失大小，同等火灾破坏下不同城市造成损失也不相同。I 类火灾风险源具有潜在危险性受存在条件的限制，II 类火灾风险源控制着 I 类火灾风险源触发，当 II 类火灾风险对 I 类火灾风险源限制失去控制时将引起城市火灾的发生。消防救援实力对火灾危险源控制，影响城市火灾的发生及损失大小，以及其包含的消防救援站、消防装备、消防救援力量等各有差异，消防救援实力越强，城市火灾发生的可能性及造成的损失可能性越小。

2. 城市区域信息的影响要素

城市作为一个功能复杂的综合体，大致归纳为居住区、商务区、工业区、仓储区等文化区，城市发展时期包含旧城区与新城区。旧城区防火等级普遍偏低，其分布与客流量巨大的商业区高度重叠，易造成不可弥补的损失和巨大影响，因此必须加强消防救援站建设及管理，提高出警率和消防救援成功率。从城市暴露性、城市脆弱性两方面分析对城市火灾发生过程中有重要影响的城市区域信息要素。

（1）城市暴露性

①人口密度：人口密度反映城市人口集中分布，城市人口聚集，产业、设施、建筑等城市要素密集，发生火灾的可能性越大，一旦发生火灾，造成的人员伤亡及财产损失越大。

②弱势人口比重：儿童、老人及残疾人等受身体机能限制的人群多为消防救援中的弱势群体，该群体表现为消防救援知识及技能明显不足，防范家庭火灾的发生较为重要。本文将 0 ～ 14 岁（儿童）、60 岁及以上年龄段（老人）的人群拟定为消防救援的弱势群体。

③受教育程度人口比：一般而言，受教育程度越高，在消防救援方面的知识储备和技能训练优势越发明显。按受教育程度分为大学及以上、高中、初中、小学、文盲五大类。

④经济发展速度：反映一定时期内城市国民经济的发展状况，经济发展速度、国民经济比例协调及经济效果三者统一，说明城市经济持续稳定增长，片面追求经济发展速度，将加剧城市的不稳定性。同等破坏力的火灾，经济发展速度快的城市造成的危害可能更高。

（2）城市脆弱性

①交通状况：尽早达到事故地点展开消防救援活动是减少人员伤亡及

财产损失的重要条件，交通状况包含道路建设情况和通行情况两方面。道路建设方面要求城市道路的宽度不应小于两侧建筑的防火间距；道路通行方面在保证交通安全前提下优先通行消防车辆，根据5分钟消防车到达事故发生地点的原则，必须城市道路保持适当的密度和通畅度。

②文物古迹：文物古迹多为砖木结构，防火等级低，易于发生火灾。文物古迹的等级越高，数量越多，火灾损失价值越大。本文选取文物保护单位及历史建筑作为地区指标的主要衡量对象。

③消防安全重点单位：依据《中华人民共和国消防法》及《河北省消防安全重点单位界定标准》，城市中火灾风险高、发生火灾易造成重大损失及影响的单位包含商场、宾馆、公共娱乐场所、医院、学校、国家机关等在内12大类单位。消防安全重点单位的数量及管理对城市火灾风险评估影响巨大。

④高层建筑密度：城市火灾统计资料表明，火灾高发或者火灾后果严重的建筑多为大型综合体建筑、地下建筑、高层建筑等，根据《城市消防规划规范》《建筑设计防火规范》等要求，建筑物的前后间距不能小于10米。

3. 城市火灾风险源的影响要素

（1）一类风险源

①燃气管网情况：当前城市能源使用以燃气为主，燃气的使用覆盖大部分城市居民家中，越来越多的燃气火灾事故的发生给居民的生命财产带来巨大的损失，因此选用燃气的长度及密度反映城市燃气使用情况。

②电器使用情况：根据历年火灾原因分析，电气线路故障是城市火灾的主要原因，电气设备安装及使用不合规范的问题突出，易造成电线短路引起火灾，本文选取电器的用电量作为参考指标。

③易燃易爆单位数量：易燃易爆单位火灾危险大，一旦发生火灾易造成重大人员伤亡及财产损失，严重甚至威胁社会稳定。本文选取易燃易爆单位数量作为参考指标。

（2）二类风险源

①气象因素：空气湿度、温度、风速、风向等都会对城市火灾发生、发展及蔓延造成影响，根据火灾数据分析表明，风速是影响火灾蔓延的重要因素，当风速低于 4.0 米 / 秒时，火灾蔓延速度很快，易造成严重后果。本文选取温度、湿度、风力作为参考指标。

②机器故障：城市的发展离不开机器的使用，机器本身具有火灾的潜在风险，不当的使用会发热，引发机器的自燃。本文选取近五年火灾机器故障次数作为参考指标。

③人为原因：城市火灾的发生还与人行为相关，消防责任相关人员安全意识淡薄，消防制度落实不到位，将加剧火灾发生的频率。本文选取近五年人为火灾次数作为参考指标。

4. 历史火灾灾情

城市火灾的发生存在一定的规律性，通过对历年火灾灾情进行统计分析，对城市未来火灾进行预测，采取针对性的消防救援策略，降低城市火灾风险。为方便统计分析，本文选用火灾起数、直接经济损失等作为参考指标进行衡量。

5. 消防救援实力的影响要素

城市消防救援实力影响着城市火灾发生后人员伤亡及财产损失的大小，进而影响城市火灾风险水平。本文选取 119 火警线达标、消防救援站、5 分钟消防救援可达覆盖率、消防力量、消防装备、消防水源 6 个指标作为衡量城市消防救援实力的参考。

① 119 火警线达标。119 火警是消防救援接警的窗口，主要联通消防通信指挥中心和各消防救援站，受理火灾及其他灾害事故报警并及时报告、调度出警。119 火警线建设应符合现行国家标准《消防通信指挥系统设计规范》（GB 50313）。119 火警线达标率越高，火灾风险越低。

②消防救援站。消防救援站是影响消防救援实力的重要因素，消防救

援站的数量及空间布局优化作为降低城市火灾风险水平的核心举措。本文选取消防救援站等级数量及分布密度作为参考指标。

③5分钟消防救援可达覆盖率。迅速到达事故发生地是有效降低火灾破坏的重要条件，也是消防救援实力的重要体现，按照消防救援站布局5分钟到达责任区边界的原则，本文选取现有的消防救援站5分钟消防救援可达覆盖率作为参考指标。

④消防力量。消防力量主要指当前现役的消防队员，分为政府专职消防队员、企业专职消防队员、乡镇消防队员、消防文员及消防志愿队员等。根据《城市消防站建设标准》规定，消防救援站与消防员数量相匹配，消防队员数量及作战水平直接影响消防救援行动的效率和水平。本文选取消防队员占总人口比例及消防队员职业技能鉴定通过率作为主要参考指标。

⑤消防装备。消防装备包括消防车辆、防护器具、消防器材等，消防救援站中消防装备的数量、完好程度等情况体现着城市消防救援实力。其中，《城市消防站建设标准》等相关规范规定了不同等级消防站的消防装备的配备标准。本文选取消防车数量、消防装备完好率作为主要参考指标。

⑥消防水源。地市消防用水主要由天然水体及市政给水系统供给，消防供水能力很大程度上影响消防救援行动开展，其中消火栓连接水带、水枪从城市消防用水系统取水实施灭火。本文选取消火栓分布密度及完好率作为参考指标。

第二节　城市消防规划现状及措施

一、城市消防规划理论研究

（一）城市消防规划理论和方法

1. 城市消防的概念

城市消防规划是对一定时期内城市消防发展目标、城市消防安全布局、公共消防设施和消防装备的综合部署、具体安排和实施措施。城市消防规划是一项政策性、综合性的技术工作。

2. 城市消防规划的理论和方法

通过对已有研究文献的分析归类，从研究内容上涵盖消防规划中火灾风险评估和消防安全布局、消防站选址和布局、消防责任区及消防设施规划等问题，针对这些具体问题，国内外学者相继提出以下理论。

（1）区域火灾评估理论

火灾风险是当下消防规划研究的热点问题之一。通过建立火灾分析评价体系对区域火灾风险进行分级，从火灾发生概率的角度优化指导消防站的布局规划。许多学者对此有相关的研究：易立新以火灾风险识别为出发点，论述了火灾风险管理的火灾风险识别、评价以及管理的三个环节，并提出相应的管理对策；陈朝阳在实践研究中，对成都市区域火灾风险进行了评估等级划分，并针对性地提出了城市减灾措施；林丽等以淮安市为例，运用 GIS 手段对火灾风险评估进行研究，探讨消防站规划布局问题。

（2）火灾动力学理论

火灾动力学理论从火灾形成的过程、特点、发展趋势的角度为消防规划中制定火灾报警及扑救延迟的合理时间提供依据。丁显孔基于火灾动力学理论论述了消防时间的重要性，并提出了针对性的策略和建议；陈艳艳、郭国旗等，从建立火灾发生的概率模型入手，研究灭火延时导致的经济损失情况，提出消防站的优化布局设计。

（3）多目标模糊优选理论

多目标模糊优选理论在消防规划中被用在消防站的选址上，在多个备选场地的前提下，通过相关因素的综合筛选，得出最优方案。徐志胜、龚啸等对消防选址决定因素进行了分析，在此基础上构建选址评价指标体系，并提出消防站选址多目标模糊评价模型。

（4）图论

图论是运筹学的一个分支学科，就是以“图”为研究对象。“图”指的是由若干给定的点及连接两点的线所构成的图形，其中用点表示事物，用连接两点间的线表示相应的两个事物之间具有的特定关系，通过这种图形关系就可以描述某些事物之间的某种特定关系。陈晖、李晋娜等运用图论理论对消防站、救护站等进行了分析和求解；姬东基于图论最短路径问题的分析方法，从“图”的角度探究城市消防站的选址问题；更进一步的，赵宪雅基于运筹学图论中的 Floyd 算法，深入的讨论消防站的选址问题，并在实例中通过 MATLAB 编程对 Floyd 算法求得最短路径进行了验证。

（5）区位理论

区位理论的形成最早开始于德国的 Weber 在 1909 年发表的关于工业区位的论文，文中对设施选址问题进行了论述；美国学者 Michael Teitz 在 1968 年提出了城市公共设施区位理论，对城市公共服务设施合理布局进行研究，并开始强调要兼顾公平与效率；Owen 和 Deskin 在 1998 年研究了公共设施的区位布局模型，并提出了相应的布局方法。

（6）可达性理论

可达性理论是通过对通行难易程度，即两点之间的通行能力的评价，研究事物空间关系的合理性，进而对城市设施的布局提供依据。苟刚等利用 GIS 平台，评估消防站的可达性，探讨消防站的选址问题；而后，武照人以北京市丰台区为实例，对基于定位—配给模型的消防站布局优化结果，通过可达性评价指标进行分析验证。

目前，应用在消防规划研究中的方法有很多，但总体上可以分为以下三类：第一类是数学上的计算分析方法；第二类是结合新技术和软件衍生出来的分析方法；第三类是基于逻辑分析的层次分析法、聚类分析法等。

3. 城市消防规划的编制

就当前城市消防规划编制情况而言，一般分为两类：一类是在城市总体规划编制中，以一个章节的形式纳入消防安全的概念和部分原则性内容；另一类是在城市总体规划的层次上，以专项编制的形式深入、科学地完善城市消防安全和规划建设的内容。据统计，当前国内大部分县级以上城市相继完成了消防专项规划的编制工作，并且向一般建制镇逐渐拓展。但除部分大城市以外，很多城市在消防规划的编制上只是对城市总体规划的落实，在与抗震、人防等相关规划的协调上还不足，没有起到对城市总体规划的反馈作用。

理论与实践总是相生相伴，城市消防规划也是如此，规划编制以理论体系为指导，相关的研究也是以规划编制实践为载体，两者相辅相成，不断丰富、发展和完善。未来的城市消防规划编制，一定是结合理论方法与计算机技术，对城市火灾风险和总体安全布局进行深度分析而进行的工作。另外，随着城市规划面向全域空间覆盖的整体推进和城市各种专项规划的深入，城市消防规划将向更深的层面和更广的范围推进。

二、城市消防规划原则与要求

城市消防规划工作是城市消防工作的一个重要组成部分，是指导城市公共消防设施建设，构建城市消防安全体系，提高城市预防和抵御火灾的主要途径。通过编制城市消防规划，以消防规划为依据实施消防管理工作，彻底消除当前城市面临的诸多消防问题，为城市的发展营造良好的消防安全环境。由此可见城市消防规划的重要性。

城市消防规划是对城市消防安全布局和城市消防基础设施建设所做的专业规划。城市消防规划经批准后应纳入城市规划，作为城市消防建设的依据。城市消防建设应在城市消防规划的引导和控制下实施。

城市消防规划是城市总体规划中的一项重要的专业规划，其任务是对城市总体消防安全布局和消防站、消防给水、消防通信、消防车通道等城市公共消防设施和消防装备进行统筹规划并提出实施意见和措施，为城市消防安全布局和公共消防设施、消防装备的建设提供科学合理的依据。

（一）城市消防规划的基本任务

城市消防规划的基本任务包括：结合城市建设的规模和性质，在城市功能布局上满足消防安全布局的要求；结合城市的各项市政建设，安排各项公共消防设施的建设，逐步完善消防站、消防给水、消防通信等的建设；确保消防车通道畅通无阻；合理确定重要公共建筑，高层建筑，易燃、易爆工厂、仓库等的位置；制定城市旧区改造方案；结合市政建设，综合考虑城市防火、抗震和人防工程规划建设。

（二）城市消防规划的内容

城市消规划涉足的内容十分广泛，主要包括：第一，调查、收集和研究城市消防规划工作所必需的基础资料。第二，根据城市长远发展设想及区域规划等，拟定城市消防安全布局，确定城市消防站、消防道路等布置方案。第三，结合城市新区开发和旧城区改造，拟定消防给水管网、消防通信、消防装备等设施的建设利用、改造的原则、步骤和办法。第四，确定城市各项消防基础设施和工程措施的原则与技术方案。第五，根据城市总体规划和城市基本建设计划，安排城市各项近期项目，同时安排市政消防设施近期建设项目，保障两者同步进行，为城市建设项目单项工程设计提供依据。第六，其他根据各地城市自然条件、现状条件、性质、规模和建设速度等需要规划的内容。

（三）城市消防规划编制原则

第一，遵循上位法。严格按照国家有关规划和消防的法律、法规、规范、标准的规定编制消防规划，维护法制统一。

第二，协调统一。依据城市和小城市总体规划，并与城市和小城市其他专业规划相协调。

第三，远近结合。既要立足当前，又要着眼长远，尊重现实，科学预测，处理好近期建设和长远发展的关系，做到安全实用、技术先进、经济合理。

第四，科学布局。统筹考虑城市和小城市的安全布局、消防站、消防供水、消防车通道和消防通信等内容，确保城市和小城市消防规划的完整统一。

（四）编制城市消防规划的一般要求

城市消防规划是城市总体规划中的一项重要的专业规划，其任务是对城市总体消防安全布局和消防站、消防给水、消防通信、消防车通道等城市公共消防设施和消防装备进行统筹规划并提出实施意见和措施，为城市消防安全布局和公共消防设施、消防装备的建设提供科学合理的依据。

第一，城市消防规划的编制应在当地人民政府的领导下，由当地公安消防机构会同规划行政主管部门负责组织，委托具有相应城市规划设计资格的设计单位具体编制。编制经费由当地人民政府拨专款予以解决。

第二，规划设计单位在编制消防规划之前，应全面收集与城市消防规划有关的城市基础现状材料，在深入调查研究、多方案比较论证的基础上开展编制工作。

第三，城市消防规划的编制应执行国家现行的有关法律、法规和技术规范的规定，依据城市总体规划，与城市其他专业规划相协调，从实际出发，统一规划，合理布局，建立既满足城市总体消防安全需要，又便于实施的城市消防安全体系。

第四，在城市消防规划审批前，当地人民政府应组织有关部门和专家对消防规划进行评审。规划设计单位应根据评审意见对城市消防规划做进一步修改。

第五，城市消防规划修改完成后应报当地人民政府审批，并报当地人大常委会公告。经批准的城市消防规划是城市消防建设的依据，应纳入城市总体规划并按计划与城市其他基础设施同步建设。当消防专业规划不适应于实际需要，需进行修改时，应报原审批部门批准。

三、城市总体布局及消防安全要求

城市总体布局是城市的社会、经济、自然条件，以及工程技术与建筑艺术的综合反映，是城市总体规划的重要工作内容，是一项为城市长远合理发展奠定基础的全局性工作，并且是用来指导城市建设的百年大计。城市总体布局在城市性质和规模大体确定的情况下，在城市用地选择的基础上，对城市各组成要素进行统一安排、合理布局。

（一）对城市总体布局的要求

①在城市总体布局中，必须将生产、储存易燃易爆化学物品的工厂、仓库设在城市边缘的独立安全地区，并与人员密集的公共建筑保持规定的防火安全距离。对布局不合理的旧城区影响城市消防安全的工厂、仓库，必须纳入近期改造规划，有计划、有步骤地采取限期迁移或改变生产使用性质等措施，消除不安全因素。

②在城市规划中，应合理选择液化石油气供应站的瓶库、汽车加油站和煤气、天然气调压站的位置，使之符合防火规范要求，并采取有效的消防措施，确保安全。合理选择城市输送甲、乙、丙类液体和可燃气体管道位置，严禁在输油、输送可燃气体的于管上修建任何建筑物。构筑物或堆放物资。管道和阀门井盖应当有标志。

③装运易燃易爆化学物品的专用车站、码头，必须布置在城市或港区

的独立安全地段。装运液化石油气和其他易燃易爆化学物品的专用码头，与其他物品码头之间的距离不应小于最大装运船舶长度的两倍，距主航道的距离不应小于最大装运船舶长度的一倍。

④城区内建的各种建筑，应建造一级、二级耐火等级的建筑，控制三级建筑，严格限制四级建筑。

⑤城市中原有耐火等级低对相互毗连的建筑密集区或大面积棚户区，必须纳入城市近期改造规划，并采取防火分隔、提高耐火性能、开辟防火间距和消防车通道等措施。

⑥地下铁道。地下交通隧道、地下街，地下停车场的规划建设与城市其他建设，应有机地结合起来，合理设置防火分隔、疏散通道。安全出口和报警，灭火。排烟等设施。安全出口必须满足紧急疏散的需要，并应直接通到地面安全地点。

⑦在城市设置集市贸易市场或营业摊点时，城市规划部门应会同公安交通管理部门、公安消防监督机构、工商行政管理部门，确定其设置地点和范围不得堵塞消防车通道和影响消火栓的使用。

（二）对城市组成要素布局的要求

1. 工业布局

第一，在布置上应满足运输、水源、动力、劳动力、环境和工程地质等条件，以及综合考虑风向、地形、周围环境等多方面的影响因素，同时根据工业生产火灾危险程度和卫生类别、货运量及用地规模等，合理进行布局，以保障其消防安全。

第二，按照经济、消防安全、卫生的要求，应将石油化工、化学肥料、钢铁、水泥、石灰等污染较大的工业及易燃易爆的企业远离城市布置。将协作密切、占地多、货运量大、火灾危险性大、有一定污染的工业企业，按其不同性质组成工业区，一般布置在城市的边缘，毗邻居住区。

第三，对易燃易爆和能散发可燃性气体、蒸汽或粉尘的工厂，要布置在当地常年主导风向的下风侧，并且是人烟稀少的安全地带。

第四，工业区与居民区之间要设置一定的安全距离地带，可起到阻止火灾蔓延的分隔作用。

第五，布置工业区应注意靠近水源并能满足消防用水量的需要；应注意交通便捷，消防车沿途必须经过的公路建筑物及桥涵应能满足其通过的可能，且尽量避免公路与铁路交叉。

2. 仓库布局

第一，应根据仓库的类型和用途、火灾危险性、城市的性质和规模，结合工业、对外交通、生活居住等的布局，综合考虑确定。

第二，火灾危险性大的仓库应布置在单独的地段，与周围建筑物要有一定的安全距离。石油库宜布置在城市郊区的独立地段，并应布置在港口码头、船舶所、水电站、水利工程、船厂及桥梁的下游，如果必须布置在上游时，则距离要增加。

第三，化学危险品库应布置在城市远郊的独立地段，但要注意与使用单位所在位置方向一致，避免运输时穿越城市。

第四，燃料及易燃材料仓库（煤炭、木材堆场）应满足防火要求，布置在独立地段，在气候干燥、风速较大的城市，还必须布置在大风季节城市主导风向的厂风向或侧风向。

第五，仓库应靠近水源，并能满足消防用水量的需要。

3. 居住区布局

第一，居住区消防规划的目的在于按照消防要求，结合城市规划，合理布置居住区和各项市政工程设施，满足居民购物、文化生活的需要，提供消防安全条件。

第二，在综合居住区及工业企业居住区，可布置市政管理机构或无污染、噪声小、占地少、运输量不大的中小型生产企业，但最好安排在居住区边缘的独立地段上。

第三，居住区住宅楼之间要有适当的分隔，一般可采用绿地分隔、用公共建筑分隔、用道路分隔和利用自然地形分隔等。

第四，居住区的道路应分级布置，要能保证消防车驶进区内。单元级的道路路面宽不小于 4 米；居住区级道路，车行宽度为 9 米，尽头式道路长不宜大于 200 米，在尽端处应设回车场。在居住区内必须设置室外消火栓。

第五，液化石油气的储配站要设在城市边缘。液化石油气供应站可设在居民区内，每个站的供应范围一般不超过 1 万户。供应站如未处于市政消火栓的保护半径时，应设消火栓。

四、消防规划管理与实施中存在的问题与措施

（一）实施消防规划过程中存在的问题

城市公共消防设施建设落后于城市建设，城市消防安全布局存在严重隐患，尤其是近年来城市建设规模扩大、超常规发展，不少城市消防规划没有真正发挥作用或根本无消防规划，致使一些易燃、易爆企业逐渐成为城市中心地带，这无异于在城市中心安放了一颗“定时炸弹”。再有，消防装备落后，预防和扑救火灾的能力不适应城市和社会发展的要求，也是很大的隐患。

据调查，目前我国部分城市编制了较全面、详细的城市消防规划，对城市总体布局在消防安全上的要求，消防站布点和设置的具体地点，消防水量和火灾时水压的要求，消防车通道的设置、规划，火灾报警与消防通讯指挥等都提出了明确的要求。也有一部分城市只进行了局部规划或对部分地区提出了规划设想，但仍存在一些城市公共消防基础设施建设存在欠账问题，市政消火栓、集中接处警通信系统等存在疏漏。上述问题的存在，主要是因为一些地方城市政府在发展经济，尤其是城镇规划建设中，认识不到位、措施不得力，忽视甚至削弱城市公共消防设施建设。一些新建城区、开发区在建设经费不足时，首先砍掉的就是消防设施建设项目，以致老账

未还，又欠新账。归纳起来主要表现在以下四个方面。

第一，对公共消防设施的重要性认识不到位。公共消防设施是保卫城市建设和人民生命财产安全的重要公共设施，是一项科学性、技术性很强的工作。但从目前的情况看，一些职能部门普遍缺乏消防专业知识和技术力量，在消防设施建设中，新建开发区不重视，过去老城区不维修，更谈不上经费的加大投入。

第二，经费不足影响城市公共消防设施建设。城市公共消防设施主要指消防站、消火栓、消防装备和通信。但由于公共消防设施的建设属于地方财政拨给、专款专用，加上地方经济发展的态势，因此在经费上不能正常加以投入。

第三，政府部门干涉。有关部门执法不严，导致市政消防设施建设得不到应有的保障。城市公共消防设施建设在设计之初就要有消防部门参与，但由于地方保护主义等行为的影响，致使一些企业在建设中未严格送审，失去了消防法规的行为约束，形成自由发展建设的态势。

第四，人为损坏城市公共消防设施的现象时有发生。市政公共消防设施，特别是消防给水管道、消防栓等，由于城区改造、街道拓宽、建筑用地而被有关部门拆除、掩埋，有的甚至被一些单位和个人擅自圈占、砸坏、挪作他用，这些人为的因素加剧了城市公共消防设施数量的减少。

（二）实施消防规划管理及对策

要想改善目前城市实施消防规划存在的弊端，建立合理布局、功能齐全、数量充足、完备好用的公共消防设施体系，就必须把握好下面的原则。

1. 城市消防规划管理原则

城市在实施消防规划管理中，应以城市规划法为依据，根据《中华人民共和国消防法》及其实施细则的有关规定及《城市消防规划建设管理规定》实施依法管理。城市消防规划是城市公安消防监督机构会同城市规划主管部门及其他有关部门共同编制的，因此在实施消防规划中消防监督机构城市规划主管部门应各尽其职。对与消防安全有关的城市建设工程项目，从设计审查到竣工验收工作，必须有公安消防监督机构参加。

城市人民政府必须深刻认识城市消防规划是城市规划建设的重要组成部分，是一定时期内城市消防建设发展的目标和计划，是城市消防建设的综合部署和城市消防建设的管理依据。因此，进行城市消防建设，要结合城市建设的规模和性质，在城市功能布局上满足消防安全布局的需要，结合城市的各项市政建设，在可靠的工程技术基础上安排各项市政消防设施的建设；根据城市的规模、性质和功能分区，安排消防站及其消防装备建设规划；结合市政建设，综合考虑城市防火、抗震和人防规划建设等。

2. 城市公共消防设施的规划和管理

城市消防安全布局和消防站、消防给水、消防车通道、消防通信等公共消防设施，应当纳入城市规划，与其他市政基础设施统一规划、统一设计、统一建设。下面是部分公共消防设施规划和管理细则，同时也可作为编制消防规划和实施消防规划的技术参数和要求。

（1）消防站

消防站是保护城市消防安全的一项不可缺少的重要公共设施。消防站设置以适应迅速扑救火灾的需要，保卫社会主义现代化建设和人民生命财产的安全为目标。

①消防站的位置和用地应在城市总体规划中，按照国家建委颁发的《城市规划定额指标暂行规定》和公安部颁发的《消防站建筑设计标准》的有关规定确定。已确定的消防站位置和用地，由城市规划部门进行控制，任何个人和单位不得占用。如其他工程建设确需占用，必须经当地城市规划部门和公安消防监督机构同意，并应按照规划另行确定适当地点。

②消防站的布局，应以消防队尽快到达火场，即从接警起 5 分钟内到达责任区最远一点为一般原则设立，每个消防站责任区面积宜为 4 ～ 7 平方千米。

③高层建筑、地下工程、易燃易爆化学物品企业、古建筑比较多的城市，应当建设特种消防站，以适应扑救特殊火灾的需要。

④对于物资集中、运输量大、火灾危险性大的沿海、内河城市，应当建立水上消防站。

⑤对于基本抗震烈度在6度及6度以上的城市，消防站建筑应当按该城市的基本抗震烈度提高一度进行设计和施工，确保在发生地震灾害时不会影响消防站正常工作。

⑥设置消防站，可以合理利用高层建筑或电视发射塔等高度大的建（构）筑物，建设消防瞭望台，并应配备相应的监视和通讯报警设备，便于及时、准确发现着火目标。

（2）消防给水

城市消防给水工程是城市消防规划管理中的重要组成部分，是迅速、有效扑灭火灾的重要保证。

①城市消防规划建设与供水部门应当根据城市的具体条件，建设合用的或单独的消防给水管道、消防水池、水井或加水柱。消防供水应当充分利用江河、湖泊、水塘等天然水源，并应修建联通天然水源的消防车通道和取水设施。未经规划部门批准，任何部门都不得破坏天然水源。

②城市、城市、居住区、工厂、仓库室外消防用水量，应按同一时间内的火灾次数和一次灭火用水量确定。同一时间内的火灾次数和一次灭火用水量应按照《建筑设计防火规范》的规定确定。

③城市消防给水管道应敷设成环状，其管径、消火栓间距应当符合《建筑设计防火规范》的规定。市政消火栓规格必须统一，拆除或移动市政消火栓时，必须征得当地公安消防监督机构同意。

④对于城市原有消防给水管道陈旧，水压、水量不足的，供水部门应当结合供水管道进行扩建、改建和更新，以满足城市消防供水要求。

⑤城市中大面积棚户区或建筑耐火等级低的建筑密集区，无市政消火

栓或消防给水不足或无消防车通道的，应由城市建设部门根据具体条件修建消防专用蓄水池，其容量以 100 ～ 200 立方米为宜。水池的保护半径为 150 米。

⑥城市消火栓被损坏时，应由供水部门及时修复，确保消防队灭火时的供水需要。

（3）消防车通道

合理设置消防车通道，在发生火灾时确保其畅通无阻是消防道路规划建设管理的根本任务。消防道路规划应满足以下要求。

①街区内应当合理规划建设和改造消防车通道。消防车通道的宽度、间距和转弯半径等均应符合有关的规范要求，保证消防车辆畅通无阻。

②对于有河流、铁路通过的城市，应当采取增设桥梁等措施，保证消防车道的畅通。

③在规划城市桥梁、地下通道、涵洞时，应考虑消防车最大载重量和特种车辆的通过高度。

④消防车通道建成后，任何单位或个人，不准挖掘或占用。由于城建需要，必须临时挖掘或占用时，批准单位必须及时通知公安消防监督机构。

（4）消防通讯

消防通讯装备是城市火灾报警、受理火警、调度指挥灭火力量的重要公共消防设施。消防通信系统一般包括有线通信系统、无线图像系统、图像成熟和计算机系统。消防通讯规划要求如下。

① 100 万人口以上的城市和有条件的其他城市，应当规划和逐步建成由电子计算机控制的火灾报警和消防通讯调度指挥的自动化系统。

②小城市的电话分局和大、中城市的电话局至城市火警总调度台，应当设置不少于两对的火警专线。建制镇、独立工矿区的电话分局至消防队火警接警室的火警专线，不宜少于两对。

③一级消防重点保卫单位至城市火警总调度台或责任区消防队，应当

设有线或无线火灾报警设备。

④城市火警总调度台与城市供水、供电、供气、急救、交通、环保等部门之间应当设有专线通讯联络。根据国家有关消防法规规定，城市公共消防设施的规划管理，应由城市规划、供水、供电、电信和市政工程等部门贯彻实施，公安消防监督机构负责监督。

（5）城市消防规划对园林绿地的利用

城市园林绿地有保护环境、调节气候等多种功能，还有防灾的功能。绿地在火灾发生时，是良好的防火分隔地带，能阻止火势的蔓延。园林绿地系统在消防规划如能加以利用，不仅对于减少城市的火灾危害，防止火势蔓延引起大面积火灾有重要意义，而且对于保护环境、调节气候、防震和战备防空、自然保护等都有十分重要的意义。

第一，均衡分布，联成完整的为消防利用的园林绿地系统。应将公共绿地在城市中均衡分布，并联成系统，做到点（公园、花园、小游园）、线（街道绿化、江畔滨湖绿带、林荫道）、面（分布面广的小块绿地）相结合，使各类绿地连接成为一个完整的系统，以发挥园林绿地为消防利用的最大效果。多搞一些小游园，特别是分散在居住区内的小游园，比全市集中搞一两个大公园效果更好。有火灾发生时，它是居住区内良好的防火分隔地带；有地震临震预报时，它便于居民就近疏散。

第二，因地制宜，与河、湖、山川自然环境相结合。北方城市要结合以防风沙、水土保持为主；南方城市要结合以遮阳降温为主；工业城市要结合以卫生防护绿地为主；风景城市要结合广泛的绿地系统内容。规划布局要充分利用名胜古迹、河湖山川自然环境。小城市一般便于与周围的自然环境连接，郊区的农田、山林、果园等可纳入市内。

3. 实现规划的保障措施

（1）加强消防管理工作

①提高对消防工作的认识，加强对发展消防事业的领导，是实施消防

规划的关键措施。消防工作涉及面广，各级领导要以对国家和人民高度负责的态度，将消防规划分阶段实施内容纳入政府的长期目标责任中，并应切实有效执行。

②从法制上保证规划的顺利实施。对于各项消防法律、法规、规范、标准等，全社会应共同遵守、执行。

③消防规划必须不折不扣地纳入城市规划，并应与城市建设同步实施。各有关部门，如计划、财政、规划等应大力支持和协作，以保证消防规划真正起到应有的作用。

④加强消防监督。着重检查城市建设中有关公共消防设施的规划和建设，督促城市建设和管理部门维护和改善城市公共消防设施，加强建筑设计防火审核工作，严格依法查处火灾事故和违反消防法规的行为。

⑤落实资金是实施规划的根本保证。资金问题一直是困扰消防规划实施的最直接原因。大多城市的公共消防设施不足，消防通信系统落后，拓路难，拆迁难，往往难就难在资金上。这就要求各级领导正确处理好安全工作与经济效益间的关系，从社会经济发展的宏观方面来重视消防经费的投入。

消防站、消防给水、消防车通道、消防通讯的基本建设和消防部队的装备，属于固定资产投资范围之内的，由地方审批后，其经费应当列入地方固定资产投资计划。与城市市政公用设施直接关联并由公安部门使用的城市公共消防设施的维修费用，在城市维护费列支。城市公用消防建设和维护资金的预算管理办法，由公安部会同有关部委制订。城市企业、事业、机关、学校等单位内的消防设施建设和维护资金，由各单位自行解决。因工程建设等原因损坏或拆迁的市政消火栓，其修复费用全部由损坏、拆迁单位负担。

（2）营造消防大环境，加快实施近期目标的步伐

消防工作是一项社会化程度极强的工作，它牵系着千家万户的安全。

广泛开展消防宣传和教育，普及消防知识，让每一个公民都认识到消防工作的意义，是城市消防规划得以长期、稳定实施的充分条件。城市消防规划一般都有近期规划目标和远期规划目标，我国许多城市发展的速度十分惊人，而消防方面的工作却远远滞后，这是不符合城市健康发展的规律的。因此，我们必须加快步伐，尽快实现规划中的近期目标，以免账越欠越多。

①完善现有公安消防站的装备配备，特别是基础配备，一些早已达到服役年限的车辆装备应及早投资更新，以免贻误战机。

②增加特种消防车辆装备，如排烟车、照明车、大容量水罐车、登高消防车等，以便应付日益增多的高层和地下建筑火灾。

③完善消防通信系统，使报警、接警、调度指挥三个环节都达到规范规定的要求。

④加强城市供水管网建设。通过室外消火栓灭火是国内外目前通用的基本措施。我国许多城市消火栓设置远远满足不了保护半径的需求，一些消火栓的连接管径小，无法保证灭火所需的水压、水量，一些消火栓被埋压、圈占，一些新建的开发区也未按规定设置消火栓，因此各地应根据实际情况，有计划、有步骤地完善市政消防供水管网及消火栓建设。

⑤抓好城市消防通道的拓宽与开通。一些集贸市场、闹市区的商业摊点和暂时无法拆迁的棚户区、旧城区等防火间距过小，火灾发生后极易火烧连营的地段，应采取强制手段，或取缔占道经营，或打通消防通道，或拓宽城区道路。

⑥高度重视城市消防安全布局。城市消防安全布局是消防工作做到以预防为主的关键所在，是决定消防工作大环境好坏的重要因素，是消防安全的基础。因此，城市消防安全布局是城市消防规划的重点之一，必须引起城市消防、计划、规划、城建、国土等部门的高度重视。对现有易燃易爆危险品生产、储存单位存在的问题，近期应以控制规模、技术改造、转产转向、加强防火监督为主，远期应创造条件搬迁或拆除。对于新建易燃

易爆危险品生产、储存单位，在选址定点工作中，应严格遵照“设在城市边缘的独立安全地区，并与人员密集的公共建筑保持规定的防火安全距离”的原则，妥善进行选址。

五、韧性视角下观象山历史文化街区消防规划

（一）韧性视角下历史文化街区消防规划原则

1. 动静结合，动态适应

韧性理念一直强调对待灾害不是以消灭为目的，而是主动去学习、适应灾害，直至拥有足够强大的、能够应对下一次灾害冲击的能力。所以，韧性视角下的历史文化街区消防规划的运行模式不仅仅是单纯的预防和抵抗，而是为街区应对火灾提供一种范式，使之可以用不同的方式灵活应对火灾的全过程。同时，动态的适应过程还需要与静态的发展目标相结合，对街区不同发展阶段进行预测，确保能够拥有更全面的方式来应对火灾对其产生的影响，综合提高街区应对火灾危害的能力。

2. 因地制宜，一街一策

历史文化街区普遍都存在着消防安全问题，这是历史文化街区的共性，但是各个街区又由于地形、气候、居民生活习惯等差异使得每个街区都有着自身的特殊性。因此，想要消除每个街区的消防安全隐患这个共性，就需要结合街区自身实际情况，抓住特殊性，具体分析潜在风险，有针对性地做出消防规划。

3. 保护优先，合理改造

在保护的基础上合理规划，确保消防改造后街区的真实性、完整性和延续性。同时，在改造过程中要运用多种保护、利用和更新方式，加强各类历史文化遗产与现代城市功能的有机整合，全面提高街区的消防安全水平。

（二）建筑消防规划

历史建筑是历史文化街区风貌和历史的主要载体，是街区内重要的保

护对象，也是火灾最初发生的场所之一，因此对建筑进行消防改造，减小各建筑的火灾风险，是提高街区抵御能力的必要措施。由于历史建筑的耐火等级低，保护要求特殊，因此需要对街区内部不同类型的建筑采取不同的保护措施。

1. 提高建筑耐火极限

历史建筑的主体结构、内部装饰等大都是由木质等易燃物构成，有很高的安全隐患，因此根据建筑的保护级别、材料的易燃程度进行不同处理。对建筑中受历史保护的、裸露的砖、石、木等传统材质和钢质的柱、梁等结构构件及疏散楼梯，应采用防火涂料进行涂刷、喷淋、浸渍等方式处理，改变易燃物的燃烧性能；对不受历史保护限制的部位，应优先采用防火板进行保护；对非文保建筑，可将建筑零部件进行拆解和半拆解相结合的方式进行修缮，如更换木楼板、使用石膏等耐燃物作为替代材料，提高材料阻燃性能。

由于观象山历史文化街区内的建筑与上海市历史建筑的结构与建造时间相似，因此上海市历史建筑的消防改造方法对街区内建筑的消防改造具有一定的适用性。例如，上海市优秀历史建筑益丰洋行的消防改造，在确定相关保护规范后，确定保留有独特风貌的北立面和西立面的外墙，并在原外墙内做钢筋混凝土内衬墙，由新浇筑的内衬墙将阁楼板和屋面层的边框架梁、边框架柱连接在一起，作为建筑的受力体系，提升了建筑的耐火等级。

2. 改变建筑内部格局

火灾一般是从一个很小的着火点逐渐蔓延开来的，在建筑内部增添防火墙、防火门等阻燃物，分割建筑内部空间，可以有效减轻火灾的蔓延；同时也应清理建筑冗余装饰、杂物，减少建筑易燃物；应保证建筑内部疏散通道、出入口的畅通，确保疏散效率。对历史建筑中的特殊空间，如厨房、仓库等火灾易发处做单独的隔离处理，在技术手段上对其墙壁、屋顶等进行阻燃处理，同时对内部存储物、燃气、电线线路等做定期维护，减少火灾发生。

3. 建筑避雷

由于观象山历史文化街区内受地形影响而高低起伏，如观象台办公楼等建筑“孤零零”地矗立在山头，极易受雷电侵扰，从而引发火灾。因此，各建筑应设置避雷针、避雷网等防雷避雷设施。同时，对历史建筑已有的防雷设施进行检修，排除故障，对已损坏的防雷设施要及时补充，防止雷电致灾事故的发生。

（三）防灾避难场所规划

1. 防灾避难场所

通过前文的分析发现，历史文化街区人口密度大、老龄化现象较为严重，居民疏散能力较弱，很容易因疏散不及时引发人员伤亡；同时，街区道路空间狭窄，疏散时容易出现拥挤踩踏事故，发生二次伤害。因此，设置防灾避难场所并合理组织疏散路线，不仅可使居民快速躲避火灾危害，也可以减少踩踏事故的发生。本文将历史文化街区防灾避难场所分为两级，确保每一个居民都能够进入避难空间，保障居民人身安全。

（1）街区内部公共避难场所

根据就近疏散、因地制宜原则，将现状调研中 12 处空间较大的开敞空间设置为临时避难空间，具有临时躲避、集中转移的功能，并配备应急消防水源和消防设施、医疗急救箱、应急通信等设施作为应急使用，同时分别与疏散通道相连，在入口处设立引导标识。此外，街区内老人、病患较多，应对避难空间、疏散通道做无障碍设计，例在坡道加装扶手、加装轮椅坡道斜挂设备等。

（2）邻里避难场所

除了设置街区内部公共的应急避难场所供居民集中应急使用，街区内疏散不及时、疏散能力较弱的居民可在自家院落周围就近避难。因此，需要对于街区内各院落进行空间治理，通过拆除没有历史价值的一般建筑、违法违章建筑开辟新的开放空间，为附近居民提供短时间内聚集和自救的场所。

2. 应急指示牌

明确应急指示标牌、疏散路径，在避难场所、关键路口等设置醒目的安全应急标志，帮助居民快速找到避难场所，同时在火灾风险高的建筑、观象山公园设立禁止明火的警告标志，警示来往人员严格用火，塑造严谨用火的氛围。

（四）基础设施规划

1. 消防救援设施规划

完备的消防救援设施在火灾扑救过程中具有重要作用。消防救援设施分为两类：一类为街区内部用于自救的、固定的市政消防设施；另一类为可移动的消防救援力量，即消防站的建设。

（1）市政消防设施

日本十分重视历史文化街区的自救能力，不仅在街区内设置高密度的消防设施，还会通过定期举行消防演练的方式来检验消防设施是否保持正常运行。而我国历史文化街区与日本街区在建筑结构、街巷空间等方面有相似的特征，因此我国可借鉴日本经验，设置高密度的消防设施来保证街区的消防安全。

在街区内现状和规划自来水管网的基础上布置室外消防栓，同时应增大街区的消防栓密度，按照不大于 80 米的间距进行布置，并增加水压水量克服地形限制。在上文火灾风险高、保护等级高的建筑内设置便携式消防器材或自动灭火设施，提升各建筑自身消防灭火能力。

除此之外，保障消防供水也是街区消防安全的重中之重，回顾我国历年历史文化街区的火灾事故，都有消防水源保障力度不够的问题存在。历史文化街区消防水源主要分为两种：一种是街区内的天然水源，如河流、水塘等；另一种则是人工水源，如供水管网、人工水池等。两种类型的消防水源相互补充、相互协调，共同组成了街区的消防供水体系。通过调研发现，象山历史文化街区内无天然水源，因此为了保障街区的消防供水，应完善街区内的消防供水系统，与日常生活供水相结合，在济宁路、平原路等建设 DN150-DN200 给水管道，在 DN<100 mm 的街巷则设置灭火器、水缸等小型、简易消防设施及装备。另外，观象山公园由于管线铺设不便，应在山上增设消防水池，用以满足山林防火需求。

（2）消防站建设

消防站是历史文化街区消防救援的中坚力量，对街区的消防安全起着重要的作用，但是街区外的城市消防站由于辖区面积较大、距离较远等特点，往往会出现“远水救不了近火”的困扰。因此，培育街区内部微型消防站，增设更适合历史文化街区道路空间特征的微型消防车等装备，对街区自身救援的时效性和适应性具有一定的意义。

①将原有公安消防支队第一中队辖区面积扩大到 5.19 平方千米，用地面积由原先 1400 平方米增至 3300 ～ 4800 平方米，建筑面积扩充至 2300 ～ 3400 平方米，车库 5 ～ 7 个，车辆 4 ～ 6 辆，并在现有装备基础上进行更新完善。

②在青医附院微型消防站的基础上，在街区的晨星学校内增添居住区微型消防站，作为城市消防站的补充，与青医附院微型消防站之间相互支援，提高街区的自救能力。按照相关规定，微型消防站的建筑面积不宜小于 80 平方米，消防车停车场地不宜小于 6 平方米，配备至少两辆消防摩托车。

③改进观象山森林火灾消防站，由于观象山公园面积相对较大，且为火灾的易发区，因此提高公园的消防救援能力对整个街区的消防安全有着至关重要的意义。由于山体道路相对难行，因此前期以人工扑救灭火为主，

建议在山体两处消防储备室的基础上，在山体各处增设消防救援设施。

（五）消防通道规划

1. 消防通道

历史文化街区的主要问题是街巷空间狭窄，但是出于对街区保护的考虑，不能按照城市消防的技术规范进行改造，否则会破坏街区空间肌理。因此，需要对现有道路进行重新整合与合理分工，确保在不改变道路现状的基础上实现功能的最大化。基于此，本文根据不同种类消防车的尺度，充分利用现有道路通行条件，将街区内部道路划分为三级通道，以此为街区的救援与疏散提供保障。

根据前文对观象山历史文化街区的现状调查发现，街区内现状宽度大于 4 米的道路为观象一路、观象二路、禹城路，这四条道路通行条件较好，可作为大型消防车通道、主要救援疏散通道，同时严格治理车辆乱停乱放行为，疏通道路，保证消防通道通达性；现状宽度小于 4 米大于 2 米的缓坡道路则作为小型消防车和次要应急消防通道；阶梯道路由于消防设施通行困难，设置为三级人工消防通道。

2. 静态交通

历史文化街区疏散难、救援难的原因除了自身道路空间狭窄，也有人为对现有道路空间挤占的因素存在，导致街区道路形成“先天不足，后天畸形”的特点。其主要表现在车辆的随意摆放对现有道路空间的侵占，这不仅容易引起道路阻塞，严重的还会妨碍消防救援设施的通行和人员的疏散。因此，对街区静态交通进行合理的安排是提高道路疏散能力与通行能力的必要手段。

目前，地下公共停车场可以供 200 个车位，大大缓解了短期街区内停车难的问题。除此之外，在近期建议结合居民实际用车需求，在已施划路内停车道路的基础上，增设单侧路内停车线，但是要保证路面通行大于 4 米的最低消防要求，并取消不规范车位；在规划管理上建议采取居民与附近单位专用停车位共享的社会化管理，满足居民需求；在远期，逐渐限制进入街区的非居民车辆，鼓励公共交通出行，以此减少街区内车辆的数量，确保道路畅通。

（六）弱势群体保障机制

据前文调查研究发现，观象山历史文化街区的老人、病患、学生众多，这些人在面对火灾时的自救能力差，属于弱势群体，因此要建立弱势群体救助机制，提高街区对火灾的适应能力。

对于街区老龄人口，一方面要加强老年人的消防安全意识，发动志愿者定期家访，检修排除厨房、电器线路等火灾隐患，讲解家庭日常消防注意事项，带领老人定期开展家庭疏散逃生演练等；另一方面，要加强老人自身的应急救援能力，建立邻里互助机制，实行和睦邻里打分制，促进邻里和谐，通过相互之间的帮助，实现消防安全的整体提升。对于街区的病患，主要强化医护人员的消防安全责任，灾前负责对病患行动状况进行记录，并随时加强院内病患、陪护人员的消防安全教育。每日对院区进行消防安全隐患排查，及时发现并排除致灾因子。灾时则负责发放救援物资、疏散人员撤离。医院还需设置消防控制室，由专人持证上岗，确保控制室时刻有人，每班不少于两人，发现初期火灾及时扑救并报警。

对于学生，则是以学校教师为主体，明确各班主任对班级的消防安全责任以及学校领导的消防安全总体责任，各责任人负责日常的学校消防安全隐患的排查，及时整改影响消防安全的危险源；同时要加强对学生的消防安全教育，提高学生消防安全意识和自救能力，可以通过组织学生参观消防博物馆、消防站，开展消防辩论会等形式加深学生的消防安全意识，定期举办消防安全演练，提高学生自防自救能力。

（七）智慧消防系统规划

历史文化街区的消防规划离不开智慧技术的支撑，智慧技术将街区物质要素和社会要素进行整合，形成统一的防灾系统，通过对街区信息进行分析与对比，达到对灾情的精准判断并进行有效救援的目的，以此来保障街区抵御、适应、转变能力的提升。智慧消防系统主要有以下三种运行特点。

第一，在抵御能力的提升阶段，通过录入的数据进行比对，依托大数据、云计算等对录入的数据进行分析和对比，判断街区建筑物、消防系统、基础设施等火灾风险，形成火灾风险评估报告，对于超出预定阈值的进行维修和加强管理，及时排除风险。

第二，在适应能力的提升阶段，依托移动设备、监控、市政监测设施等对街区出现的火灾情况进行反馈，并对火灾等级、地点进行判断，制定消防救援预案，从而确定参与救援的物资、人员、装备情况。同时根据数据库，判断该区域人员、空间设施情况，并引导人员进行疏散，减少伤亡。

第三，在提升转变能力时，利用数据库对街区损毁情况进行分析，确定损失的具体情况和建设标准，为街区物质要素的修复提供支持，并对街区居民情况等社会要素进行跟踪反馈，及时确定居民身心状况，制定针对性的恢复预案，帮助居民实现快速康复。

第三节　典型火灾案例分析

一、上海 1115 特大火灾

（一）事件概述

事件的发生时间：2010 年 11 月 15 日 14 时 30 分左右

事件的发生地点：上海市中心静安区余姚路胶州路 707 路 1 号教师公寓

起火大楼的情况：建于 1998 年，高 85 米，一共有 500 户居民，主要住着很多的退休教师。建筑北侧中部设有两部电梯，电梯前室的东西两侧各设一部防烟楼梯间，底层楼梯间出口位于建筑东南侧。2 层至 4 层主要为办公用房、部分为居住用房。

事件的过程：2010年11月15日15时01分，火灾发生后30分钟，闻讯而来的受困者亲属在失火大楼下几近崩溃。据附近的居民介绍，该公寓楼内住着很多的退休教师。11月15时26分，火灾发生后1小时，数人在楼顶站成一排招手呼救。该公寓楼共有500户。一位业内人士称，造成这种情况的原因，一是由于上海没有专门用于高层建筑救援的消防直升机，二是上海的消防设备较落后。11月15日17时08分，火灾发生后2小时，20至30辆消防车正在灭火，事故大楼旁的楼上，有3支高压水枪也同时灭火，但效果并不显著。11月15日晚上八点35分，在火灾发生后的六小时之后，大火已经基本被扑灭。上海各消防部门的消防队员进入楼道继续扑火，并继续搜救楼内居民。

事件的直接原因：在上海静安区的火灾发生的公寓大楼里面，电焊工无证违规操作，引发火灾。具体的过程是当时公寓大楼正在进行节能综合改造项目，在施工的过程中，工作人员违反规定，在十层电梯前室北窗外进行电焊操作时，由于电焊溅落的金属熔融物，引燃下方9层位置脚手架防护平台上堆积的保温材料碎块、碎屑引发火灾，当发生火灾时，工作人员违反操作规程，导致火灾的发生同时又出现逃离现场的情况。

事件的间接原因：一是建筑工程的组织管理不严和组织管理混乱。二是建设单位、招标代理部门和投标企业虚假招标和违法转包、分包、互相合谋。三是监督部门和设计单位在工作方面失职。四是上海市静安小区在工程项目监督检查方面，消防公安部门做得不到位。五是市、区两级建设的主管部门对工程项目监督管理缺失。六是上海市静安小区在建筑工程项目的组织实施工作中出现不力现象。

（二）上海11.15大火案的主要问题

1. 危机防范规划不到位

与之前的几次大火相比，我国政府在上海“11·15”大火事件中对危机的反应速度、媒体公关的时效性，都让人刮目相看，但是仍然存在一些问题，例如对危机征兆信息的识别与收集上还是有所欠缺。11 月 15 日发生在上海的大火，直接反映出上海在消防方面存在漏洞，像上海这样的大城市，水枪够不着高楼，然而警方的直升机由于烟雾太大，根本不能靠近高楼。实际上在城市规划中，上海忽略了救火的问题，在发生大火前，政府应该建立真正有效的全市的防火系统，在发生危机之时，政府能够采取一系列的防范措施，这样可以减少经济财产损失和人员伤亡，作为政府，采取危机防范措施是进行危机管理的有效的途径和方法。

2. 政府公开信息不充分

信息公开的快速、有效要求国家各机构各部门及其工作人员在非常少的时间内就有关问题做出有效、简单、及时的回应和态度，抢占舆论的先机，不可以与其他的理由无故拖延。危机管理理论认为整个政府机构要想牢牢把握处理危机的主动权，就一定要抓住“第一时间”与“第一地点”，通过合理的方式与身份信息发布、说明情况、回应质疑，从而消除政府与民众的信息阻碍。在应对突发事件的过程中，政府作为掌握信息的优势方，能够及时有效公布信息必然有利于正确引导舆论方向，控制谣言四处蔓延，从而妥善解决社会矛盾，更能够很好地促进政府良好形象的塑造，提升政府的公信力。因此政府要建立一张规范可行的应急网去公开信息、澄清事件真相。

3. 政府公共危机管理财力匮乏

目前各级政府在突发事件管理中，由于没有健全的法律准绳、政府的财政投入理念匮乏，导致政府在危机管理中出现财政投入不足，呈现出危机的种种迹象。因此地方各级政府在突发事件发生前后要调动所需要的资金和物资，这也是考验政府能力的一块试金石。而相当数量的资金则是制定相关危机方案、从容应对危机的重要前提和物质基础。目前政府部门由于危机管理的各项财力不足，已经影响了危机工作的顺利进行。因此相关地方政府要增强硬件的建设，以及完善各项制度，保证以后不会发生这样的火灾。

（三）具体对策

1. 完善政府管理体制和机制

合理的危机管理体制是政府面对突发危机时快速处理的前提，建立健全的政府危机管理机制是危机应对的基础和保障。因此我们要把预警机制和快速反应机制都放到政府的日程上来，并且放到至关重要的地位。

（1）建立与完善政府危机管理机制

在应对公共突发事件过程中，我们要贯彻以预防为主，预防、恢复、应对相结合相对应的对策。只有加强危机的事前分析和风险防范才能做到有备无患，预警机制和快速反应机制是突发紧急事件管理机制建设中两项最基本的制度，我们把预警机制和快速反应机制加上统一协调的快速反应机制为保障，为我国地方政府控制危机局势奠定良好的基础。

第一，完善快速反应机制建设。任何一个危机事件的发生都有可能引发各种各样的社会矛盾，对我国社会公共安全造成威胁。政府在处理危机时的方法和行为，比突发事件自身能更好地确定最终的损害程度。因此，我国要完善快速反应机制建设。一旦危机不可避免地发生后，政府要快速做出反应，增强对事件处置的主动性。由我国政府的专门管理机构派出专人进行指挥，根据危机的具体情况及时向公众和媒体进行信息发布，并且要快速向本组织和政府有关各方通报危机的进展情况。我们需要注意的是，快速反应并不等于盲目行动，地方政府官员在指挥工作过程中出现的任何微小的失误都有可能引起事件的升级，下达指令必须要做到准确掌握情况，慎重做出决定，提高危机事件处置上的针对性。

第二，加强预警机制建设。我国要加强对预警机制的建设是做好突发事件预警工作的基础。只要政府将危机的预警纳入常态管理中，提高政府和人民的危机意识，及时有效地观察到危机征兆，才能及早化解，这样就会出现非常有效的结果。我们需要做到以下几方面：首先就是提高公众和官方的危机感和提高他们的应急水平，包括提高公民的保护自我的意识和自救、互助水平。目前，我国地方各级政府应该组织应急知识的各项宣传活动，新闻媒体要开展好突发事件预防与预警等知识的宣传工作。当地政府、各组织应当组织必要的应急演练，提高群众的危机感和紧急反应能力。其次，建立完善的隐患调查和严格的监控制度。其中最主要的就是当地政府部门要严格按照规定，及时向社会公布危险地区、危险源，同时定期对危险地区进行各项的安全防范落实情况。地方所有单位都应当建立安全管理制度，加强对危险区域的监控，做好安全防范工作。最后，建立和完善应急救援队伍的建设。各级政府要整合各种资源，完善综合性应急救援队伍的建设，并且各部门要有计划地进行各种专门训练，提高应急和协同能力，保证各部门能够有效配合，从容面对突发的各种事件。

（2）完善常设性综合协调机构建设

现今社会的各类突发事件呈现出综合性、多元化的特征，在危机管理工作中改变以部门职能为中心的部门主义模式，建设一个全面覆盖、综合协调的应急管理体系势在必行，需要我们创新传统的建设模式，建立和健全危机管理的动态系统。

第一，创新传统建设模式。目前，我国综合协调机构初步建立，取得良好的成效。但是，组织的完善并非一蹴而就，我们可以参考日本、美国等发达国家的做法，使我国危机管理机构设置更为成熟，在现有基础上不断探索和调整。考虑到我国长期形成的体制现状，中国的危机管理机构建设可以采取先过渡，最后实现相对完善的一体化管理的策略。在应急办的统筹监督下发挥现有机构的危机管理功效，在专门机构资源比较丰富后再进一步整合实现一体化管理，逐步将政府危机管理的“临时”行为转化为“常规化”动作。政府危机管理职能部门应当实行纵向和横向结合的双向管理模式，克服部门分散、协调困难的问题，逐步建立起高效、灵活的危机应对指挥机构。

第二，设立民族地区危机管理机构。我国幅员辽阔，是一个多民族的国家，各民族所依靠的生活环境、经济状况、历史背景、民族风俗等有所不同。因此，我国就形成了不同层面、不同种类、纷繁复杂的地区文化和民族特色。正是由于这些个性和特色，导致我国的经济现状、特色的民族文化和各具特点的社会习惯，客观上促成了各地区不同的价值观，出现危机时所表现出来的不同反应、不一样的对策和不一致的手段。因此，在成立危机管理组织部门的同时，我们要着重思考到和政府法规相联系，同时还要思考到我国各个民族的具体状况，包括各个地区的风俗习惯、环境特色、历史背景，要具体问题具体分析，设立符合本地区的组织机构和部门。

第三，建立危机管理动态系统。危机管理是一个动态管理的过程，包括预防、处理、识别、评估。各组织部门需要相互配合、相互协调，建立与政府相对应的系统，分别是预警系统、识别系统、评估系统和执行系统。在整个危机管理过程中，组织始终要以实现战略目标为导向，并将危机管理融入战略管理中。危机管理是组织文化管理的重要组成部分，要提高成员的危机意识。危机管理小组是企业危机管理中重要的执行力量，在危机管理中处于信息管理的中枢位置。危机沟通是指以沟通为手段，以解决危机为目的所进行的一系列化解危机和避开危机的过程。

2. 建立健全公共危机管理的法律规章

建立健全危机管理的法律规章，重视法律的作用是政府危机管理的责任和义务。政府通过法律规范确立危机管理主体职责，保证管理主体间的协调运转。本文认为，我国应当从修订完善突发性紧急状态应对法、通过立法确立综合协调部门的法律地位、加快民主法治建设等方面进行完善。

（1）完善突发性紧急状态应对法

我国在 2007 年 11 月 1 日制定并且颁布施行了《中华人民共和国突发

事件应对法》，但是在具体事件中还是反映出了一些不适应性，需要进一步对具体措施，如物资储备、应急管制措施、通信保障、公民权利保障等方面进行细化。总的来说，由于现实的需要，《突发事件应对法》的立法时间比较紧迫，在内容和一些程序性规定上做了很多精简，主要对政府行为进行规范，比较宏观，在具体执行上指导性不强，所以配套法律和事实细则的修订和完善是必要的。同时，中央和相关立法研究机构也应尽快对现有《突发事件应对法》进行修订完善。

（2）完善责任追究制度

完善责任追究制度是进行政府危机管理的重要步骤。要想健全责任追究制度我们要从以下几点着手。首先，责任划分要法制化。我国各级政府要依法对权责进行明确的划分，只有这样才能够在具体的行政失责发生时，能够明确责任的间接和直接责任人，也才能够采取相应的问责程序和问责标准进行问责。要想进行责任划分的法制化建设，一是要健全和完善法律法规的编制，划分职能、划定机构、划分职责；二是在行政机关内部，明确各个部门之间的职能界限，避免出现职能交叉、重复、模糊不清的现象；三是我们要把责任具体到个人。其次，我们各级政府不仅要明确各级部门、各级岗位之间的职责和职能，还要对行政体系中的每一个具体的职位所具备的工作性质、责任大小、工作内容都要进行明确的规定，真正做到权责对等。同时，要明确政府人员所应承担责任的类别，主要有法律责任、政治责任、刑事责任和民事责任等。最后，在明确所应承担的具体责任的前提下，依据相应的法律法规做出处罚，只有这样政府才可以健全行政问责制的责任体系。

（3）加强综合协调机构的法律建设

我国公共危机管理还要坚持民主法治的原则。公共危机常态管理能力的提高需要社会最广泛力量的积极参与。危机管理的法律制度应当赋予政府综合协调部门管理危机的合法权利。危机状态的特殊性要求政府部门要有行政优先权，可以突破常规的行政程序采取必要措施来预防和应对危机。因此，在危机管理的法律制度设计上，必须能够保证国家危机管理协调部门在紧急时刻能够有效行使公共权力，组织和调配各种国家资源，采取必要措施及时维持正常的社会良好秩序。在立法中确立公共危机管理综合协调部门的法律地位，能够保障其应急行政权有法可依，对各类危机事件及时预防，选择最佳的应对策略和手段，最大限度降低危机事件发生的概率，并在危机事件发生时增强政府处理危机的能力，保证政府能够快速消除危机，减少对社会和公众的各种损失。

二、日本东京防火规划

历史上日本沿用中国的住宅形式，以木结构楼房为主，往往因为战争或生活生产方面的原因发生火灾。日本东京市在江户时代也是一座以木结构房屋为主的城市，后来经过 1923 年关东大地震和“二战”，东京大部分的木结构建筑被损毁殆尽。“二战”后，日本全社会发起重建家园的运动，现在的东京就是在这个大背景下寻求新的发展方式，开始兴起混凝土建筑建设的。在此后的大地震与火灾中，东京总结了大量新的，特别是针对地震次生火灾的防范经验。

（一）紧急通道网络规划

东京的紧急通道包括紧急交通通道与紧急输送通道。东京基于日本几次大地震的教训，为了保持震后交通与输送通道畅通，通过指定高速机动车国道、一般国道、相关主干线，确定了同防灾据点紧密联系的紧急交通与输送通道，以便在非常时期实行交通管制。紧急通道内，特别是平时拥堵率高的区域，除已获得通行证的车辆外，其余车辆一律管制通行。

1. 紧急通道网络要实现的目标

根据《首都直下地震东京受害预想》概要版文件内容，东京选定的紧急通道路线与网络需实现两个目标。第一，确保输送便捷。由其他县市进入灾区的主要道路须同陆上、海上、航空、水上运输基地及在区内的输送据点等结合，形成唯一的紧急输送网络。第二，保证输送时效。配合警视厅的“紧急交通路线”整合输送据点，必要时选择“紧急交通路线”以外的路线作为临时通道。

2. 紧急通道的选择标准

在路线选择上有五个标准：①紧急交通网络内的路线；②紧急物资输送网络内的路线；③连接进行紧急对策活动的避难场所的路线；④与主要公共设施，如医院、警察署和消防署等连接的路线；⑤路宽幅在 15 米以上的路线。

3. 紧急通道的等级划分

基于上述目标与选择标准，东京的紧急通道可划分为三个等级。一级通道（紫色线路）：连接承担应急对策中枢功能的市政府、区域防灾中心、重要港湾、空港的线路。二级通道（绿色线路）：连接一级通道、主要防灾据点（警察、消防、医疗等机构）的线路。三级通道（蓝色线路）：连接其他防灾据点（承担大范围输送功能的据点、储备仓库等）的线路。

（二）防火生活圈——不必做大规模迁移的避难生活社区

1. 基本理念

新建或改建“延烧阻断带”所包围的“防灾区域”；“防止防灾区域内火势延烧至区域外”及“阻绝区域外火势蔓延到区域内”的街道围合区域；火灾发生时“无须至其他地方避难的区域”。根据日本东京城市规划局发布的《防灾城市建设推进计划》，能满足以上三点之一的均被称为防火生活圈。防火生活圈具备两个特点：第一，由一定宽度的延烧阻断带环绕，环绕的延烧阻断带可以是道路、绿化带、河川；第二，在围合的区域内建设功能齐全的社区。

2. 建设框架

（1）构建“自己保护自己的社区”

防止火势蔓延的对策是将火势控制在小范围内，不让火势蔓延至临近区域。换言之，即以延烧阻断带包围一定规模的街区，隔绝火势蔓延。东京延烧阻断带的建设是以带状城市设施，如道路、河川、铁道或公园防火带等为轴线，在沿线区域建设不燃化建筑的过程。这个过程需要预先明确划定涉及的防火区域，再配合适当的引导政策和措施，最后借助民间力量予以实现。

（2）防灾体制引导计划

以社区为单元来区分防灾区域是“防火生活圈”的基本特征。为实现“营造无须至其他区域避难的防灾社区”的理想，以城市规划道路为主的地区干线、公园、河川等城市基础设施作为延烧阻断带，对居住环境进行改造，从而推进“防灾共同体计划”。以社区自治会为单位强化防灾区居民组织，提升“自己保护自己的社区”防灾意识。根据人口与面积可以区分为以社区自治会为单位的基础住宅区（1000 ～ 1500 人）；以小学学区为单位的邻里住宅区（8000 ～ 12 000 人）；以河川、铁道、干线道路围合区域为单位的防灾街区（50 000 ～ 60 000 人）三个等级，然后就各等级拟定相应的防灾体制引导计划。

3. 具体实施

在制定火灾对策之前，东京制订了预防计划，计划重心是防火延烧阻断带及防火生活圈的改造建设，实际做法是全面性防火设施的强化改造工作，具体包括以下几项：①城市结构转换。涉及木结构住宅密集区域整治项目、城市不良地基整治项目、城市防火生活圈促进及防火不燃化促进项目等。②安全街区的整治与再开发。主要针对防火配置无序的木结构房屋密集区、道路狭隘、土地过分细分化地区进行改造。③城市开放空间的确保。主要包括提升区域内每位居民的公园使用面积，开展公园改造，工业区收买，空地利用，以及开放空间、绿地、农地保持等工作。④道路桥梁的改造。主要目标是将道路提升为兼具交通、延烧阻断、避难线路、紧急物资输送多功能为一体的线状城市空间。具体做法是针对重点规划道路进行防火强化、兴建拓宽改造及桥梁架设与强化。

（三）防火绿化计划

1. 基本理念

防火绿化的基本思想就是通过在防灾区域内建设绿化带来达到防火的目的。防火绿化带的建设具有两个基本功能：①避难场所的绿化除可增加有效的安全面积外，更可扩散热气流与火势粉尘，从而增加安全性（图 5-1）；②避难道路的绿化除可抑制热辐射及热气流，还可达到缓冲沿街坠落物或倾倒物的效果（图 5-2）。另外，在避难道路两侧种植特有树木除可以增加地区特色外，还可起到避难指示效果（火灾发生且需要避难时，只需沿着树木前进就可到达避难场所）。

2. 具体执行

防火绿化计划的内容主要考虑树木的防火性能、避难场所、避难路线、延烧阻断带的必要区位，是一个同城市绿化相结合，以水与绿化为基础的城市防火计划。东京北区以“绿地充足的城市建设”为目标，实施了“北区防火绿地计划基础调查”，提出“北区防火绿地构想”“街区内整建与防火绿地构想”“街区绿化之防火住宅区构想”“结合生活与文化的防火逃生通道构想”。

（四）火灾防范实质推动方案

1. 紧急消防对策道路项目

（1）项目目的

为消除现存的消防活动困难区域，新建和改建道路必不可少，但就现实状况而言，东京消防活动困难区域分布广泛且细密，仅靠公共工程道路建设来解决所有问题实属不易。因此，除城市规划道路的改造外，其余部分应采取独立项目的方式来解决。

（2）项目内容

对于火灾时（或平时）消防活动困难区域的界定，日本目前还没有统一的标准，但以建设部门的已有标准来看，宽 6 m 以上到道路直线距离 140 m 以上的区域被称为消防活动困难区域。为消除此类区域，东京制订了相应的项目实施计划，主要是通过在消防活动困难区域建设紧急消防道路来实现。

2. 城市不燃化项目

（1）项目目的

城市不燃化项目即在避难场所、避难路线周边实施建筑不燃化，防止火灾蔓延及确保避难者安全，并提高城市防火能力。

（2）实施区域

东京推行不燃化的区域主要包括：第一，重要避难场所、避难路线或延烧阻断带周边区域；第二，防火区域内，指定了最低建筑物高度的地带、建筑物密集地带、签订了耐火建筑物建设协定与其他相关建设协定的地带，以及避难场所周边可有效提供防火功能的区域。

在火灾防范理念与对策方面，应该从两个方面着手：一是通过技术实现防火救火，如开发先进的消防器械、强化消防人员的专业知识和提高素养等，这是一种防火硬理念和对策；二是建立防火体制和计划，制定防火救火的基本程序，并通过宣传教育，强化民众的防火知识和提高素养，这是一种防火软理念和对策。东京在火灾防范方面，拓展了上述两种基本理念与对策，通过事先的城市规划与建设实现了防火理念与对策的提升。防火生活圈与社区的建设，借助道路、河川与铁道等条件将东京整座城市划分成 700 多块功能齐全的小区域，在区域内就可实现救火与避难。防火绿化带的建设，在一定程度上可以防止火势在大范围内蔓延，结合防火生活圈可以有效减少火灾损失。不燃化项目的推行，通过实现建筑的不燃化，可实现火灾的有效防范。此外，灾害发生时的紧急通道网络建设也是东京的重要经验。

东京防火理念是以在灾害期间避难者可于一定范围内完成避难生活为目标的。从东京的努力与此目标执行的数十年成果来看，仍未臻完善。针对中国城市基本公共设施犹有不足的现状，要想实现民众在附近一定区域进行避难生活的目标，暂时是无法做到的。因此短期内，中国相关城市的规划方向应以城市避难者能安全避难为目标，运用现有的资源进行统筹规划，以避难圈的规划为未来防火生活圈的雏形，再逐步完成相应的计划与目标。此外，完整防火计划与对策的制定，绝不仅仅是对空间的规划与制定，还必须有行政法令上的配合及实际环境上的考量。因此，在学习日本东京经验时，除深入探讨其规划与计划对策外，更应该思考让城市防火对策得以落实的可行之道。

第六章　其他公共事件与韧性城市规划

第一节　公共卫生与韧性城市规划

一、现代城市规划与公共卫生的渊源

（一）英国《公共卫生法》与“田园城市”的提出

1. 英国《公共卫生法》的颁布

1831—1832 年，在英国爆发的霍乱引发了一系列官方和私人的卫生调查，其中最著名的即是查德威克（Chadwick）于 1842 年发表的《大不列颠劳动人口卫生状况报告》（*Report on the Sanitary Condition of the Laboring Population of Great Britain*）。他坚信疾病的“瘴气说”，认为正是腐殖物、排泄物和垃圾散发的气体导致疾病，因此将公共健康问题更多的归因于环境问题而非医学问题。1848 年，由他主持制定的《公共卫生法》（*The Public Health Act*）在英国国会得以通过，成为人类历史上第一部综合性的公共卫生法案。该法规定设立中央和地方卫生委员会，由其负责地方的给排水和垃圾清运，提供公园、公共浴室等必要的公共设施，监督检查危险品交易和食品安全，公共建筑须得到卫生委员会批准才具有合法性等。从中可以看到，这一时期对于公共健康的考量主要集中于物质环境建设，其一系列措施成为现代城市规划实践的先驱。

2. 田园城市的提出

1898 年，霍华德提出“田园城市”理论。在他看来，公共健康等城市问题正是由城市人口急剧扩张、城市过度拥挤造成的。要想在城市内部解决这一问题近乎无解，因此需要跳出城市的范畴，在区域层面构建新型的发展载体，以此吸引大城市的人口外迁，使人口在区域范围内更加合理分

布，以享有充足的空间和绿化，同时通过设施和产业的配置，营造健康而繁荣的局面，进而推动社会的改革。

为此，霍华德提出了结合城市和乡村的优点构建田园城市，每个田园城市的人口限制在3.2万，周围环绕着大面积的农业用地，以此避免城市过度拥挤，同时使居民方便接近自然。当一个田园城市的人口规模达到极限，则在附近建设另一个田园城市，并通过城际铁路与其他田园城市相连，从而逐渐形成一个无限蔓延又紧密衔接的巨型城市聚落。可以看到，霍华德试图通过人口的限定和绿地的组织，在区域层面解决城市的健康问题和社会问题。

（二）花园城市运动

20世纪初，霍华德在理论基础上进一步实践，在莱切沃斯（Letchworth）建立第一座田园城市，但由于财政困境等因素，该实践并不顺利。莱切沃斯之后，关于田园城市理念的实践得到了进一步发展，一方面在英国通过田园郊区（garden suburb）、卫星城（satellite town）的实践不断演化和修正，一方面不断向外扩散影响，在世界各地得到大量的实践，并延伸出新的理论和手段，形成了20世纪初期在全球范围内具有重要影响的花园城市运动（garden city movement）。

从《公共卫生法》到田园城市理论，再到花园城市运动，众多理论与实践者不断试图通过物质环境建设来改善公众的健康水平，人口疏散、住房改良、绿地组织、功能分区与交通分离等成为规划师应对公共健康问题的重要手段，并在一定程度上得到了公共卫生领域的认可。

二、公共卫生与现代城市规划的交汇

（一）城市规划与公共卫生再交汇的初期探索

城市规划与建设在一定程度上适应了人口与经济快速发展的需求，但也积攒了深重的环境与社会问题：一方面，随着现代化的推进和工业化的扩张，粗放的生产方式导致大规模的资源消耗与环境污染，同时不合理的城市结构和政府政策促使小汽车的大量使用，导致城市居住环境进一步恶化；另一方面，城市化进程下移民潮不断壮大，悬殊的经济差距和文化差异带来社会隔离与排斥，大规模的城市拆迁更是抬高了边缘群体的生活成本，社会对立与矛盾逐步加深，而大量新城单调的城市空间、巨大的城市尺度和有限的游憩设施进一步限制了人们的社会交往。在环境污染、社会矛盾和全球贸易深化的影响下，传染性疾病的传播速度和范围进一步提升，非传染性疾病持续扩张，健康不平等问题日益突出。伴随着 20 世纪 70 年代的世界经济危机，各类矛盾进一步激化，全球公共健康面临巨大挑战。

20 世纪 60 年代，已有一批规划学者开始反思现代城市规划模式下的健康问题。公共卫生领域逐步扩大了健康的范畴，“健康领域”“全民健康”的概念相继被提出，至 1986 年 WHO 提出“健康促进”（health promotion）概念，进一步扩展了公共健康领域，使其涵盖政治、经济、社会、文化、环境、行为和生物等各方面，并将地方政府、社区、家庭和个人纳入行动主体。健康促进概念的提出被广泛视为“新公共卫生”（new public health）的开端，而健康城市正是对这一概念的具体应用。

（二）健康城市运动的出现及实践

1984 年，在 WHO 支持下召开的“健康多伦多 2000”会议提出了“健康城市”的概念，两年后在里斯本召开的健康城市研讨会正式发起“健康城市项目”，其随后逐渐演变为影响全球的“健康城市运动”。WHO 将“健康城市”定义为“健康城市是作为一个过程而非结果来界定的，其并不是指达到特定健康状况的城市，而是重视健康状况并努力进行提升的城市，其真正需要的是对改善健康状况的承诺和实现它的相应架构与程序”。可以看到，这里的健康同时注重物质环境与社会环境，是一个综合的概念。同时，健康城市强调的是过程而非结果，注重城市与各领域间的差异，强调协作，其界定是描述性的，而非量化或公式化的标准。

健康城市运动最初由 WHO 在欧美发达国家发起，其后逐渐延伸到发展中国家，目前已在全球六大区同步推进，并在各区内和区间建立了广泛的健康城市网络。欧洲区的健康城市项目自 1987 年开始实施，目前已经发展到第六阶段，具有完善的健康城市网络和严密的审查委任制度；美洲区的加拿大、美国率先开展健康城市计划，其后逐渐扩散到南美国家，目前北美和南美分别通过“健康城市与社区”（healthy municipalities and communities）和“健康市区”（healthy municipios）项目来推动健康城市的实践，同时由“泛美健康组织”（Pan American Health Organization）来促进区内的交流和技术发展；西太平洋区则由澳大利亚、新西兰和日本在 20 世纪 80 年代末和 20 世纪 90 年代初首先推进，随后逐渐扩展到其他国家和地区，2003 年该地区建立了“健康城市联盟”来推进各城市的交流与合作；东地中海地区于 1990 年在埃及开罗正式启动，后逐渐扩展到 13 个国家和地区，通过健康促进活动的整合和跨部门合作，取得了显著成效；东南亚地区始于 1994 年，但前期进展相对缓慢，至 1998 年进行了全面的回顾和审查，并于次年制订了地区健康城市行动框架；非洲区 1999 年正式成立健康城市网络和区域办公室，其后经历了较快发展并取得一系列成绩。

（三）城市规划与公共卫生交叉研究的兴起

随着健康城市运动的推进，越来越多的学者投入城市规划和公共卫生的交叉研究，相关成果不断涌现，总体来看主要包括城乡发展与公共健康关系的研究、建成环境与公共健康关系的研究、健康城市基础理论及相关技术的研究等几大方面。

一批学者从宏观尺度入手，考查城乡发展与公共健康的关系。其中，部分研究通过数据，实证分析不同国家城镇化进程对公共健康的影响；一些研究则分析了城乡发展影响公共健康的主要因素；更多的学者则基于微观尺度，通过大量实证分析，研究建成环境与公共健康之间的关系。一些研究从土地利用的角度进行分析，发现绿地、居住用地和工业用地等的合理布局与公共健康密切相关，紧凑的城市土地利用模式有利于促进居民活动，提高公共健康水平；另一些研究则从道路交通的角度出发，发现路网格局、出行方式及交通安全等与公共健康水平息息相关；还有一些研究从设施布局的角度分析，认为医疗、教育、体育等设施的合理布局有助于社区健康水平的提高。

此外，还有学者对健康城市的相关理论与技术展开研究。在健康城市推行初期，一些学者对健康城市的概念、理论基础、面临问题与有关实践进行了讨论和分析，其后逐渐展开了对健康城市实施路径、评估指标等的研究，也有学者对健康城市的开展情况进行了评价。同时，健康影响评价（health impact assessment）逐渐成为健康城市规划中的重要技术工具，被广泛用于健康城市中的具体项目和行为的评估，诸多学者对这一技术展开了系列研究。

三、城市规划与公共卫生关系的演进与未来方向

将城市规划与公共卫生的发展脉络纳入时间序列，可以看到两者总体上经历了从同源到分化再到交汇的演变过程。进一步细分，可以将两个学科的发展进程划分为五个阶段。

（一）学科诞生阶段

现代城市规划和公共卫生的实践均起源于 19 世纪中期英国颁布的《公共卫生法》，其首次确立了政府在城市建设与公共健康领域的职责与权力，采取了一系列城市规划与公共卫生的基本手段来应对严峻的城镇公共健康问题，其思想根源正是“瘴气说”及其背后隐藏的环境决定论。至 19 世纪中后期，“瘴气说”对传染病控制的乏力，导致公共卫生先一步分化，开始运用“细菌说”的理论体系来探究传染病的根源及其控制措施。与此同时，工人住宅、公司实践，以及田园城市理论、花园城市运动，则是对

环境决定论的延续，其始终试图通过物质环境的建设来应对公共健康问题，甚至促进社会的变革。

（二）学科分化阶段

19世纪中后期至20世纪中期，城市规划与公共卫生的分化本质上来说，正是“瘴气说”与“细菌说”的分化，公共卫生通过引入细菌说和免疫学的理论和方法，不断从疾病的源头加强人们对传染病的控制能力，而城市规划则通过引入乌托邦思想和现代建筑思想，不断通过外部的物质建设来改善人们的居住环境和生活水平。这一时期，两个学科各自的理论与实践基本是相辅相成的，学科的发展带动了城市公共健康水平的大幅提升，却也带来了新的问题与挑战。

（三）学科分裂阶段

到了20世纪中期，随着非传染性疾病的威胁逐步增大，公共卫生的研究开始引入统计学的理论与方法，以定量分析为主来探究疾病与外生变量的相关关系，形成高度专业化的现代流行病学及生物统计学分支，而公共卫生的实践则逐步引入管理学的理论与方法，形成当前的卫生政策与管理分支。与此同时，面对城市发展带来的社会经济问题，城市规划的研究开始对空间规划进行反思和批判，并引入社会学和政治经济学的理论方法，以定性分析为主对城市的社会、政治和经济等方面进行探析，而城市规划的实践则延续对空间的关注，并引入系统论和统计学来强化规划设计的理性和逻辑，形成当前的城市规划与设计分支。两个学科均出现了理论与实践的分化，尤其是两个学科的理论研究逐渐形成了高度专业的话语体系，学科壁垒进一步加深，跨学科的交流与融合面临更大困难，两个学科之间呈现分裂的局面。

（四）实践交汇阶段

面对20世纪中期以来不断恶化的全球环境和不断激化的社会矛盾，

以及随之而来的公共健康问题和健康不平等问题，在生态学的全局观和持续观的影响下，公共卫生的实践者开始不断扩展健康概念的范畴，而城市规划的实践者则开始将人居环境和居民健康作为重要议题，于是在一批学者和 WHO 的推动下，到 20 世纪 80 年代末展开了影响全球的健康城市运动，实现了城市规划和公共卫生实践领域的再次交汇。在其后的 10 余年，健康城市的概念、方法和评价标准等实践内容得到了大量的探讨和总结，但更为严谨的理论研究和实证分析却较少出现。

（五）研究交汇阶段

进入 21 世纪后，随着城市人口的比重逐渐加大，健康城市运动的影响不断扩大，城市规划和公共卫生对个体健康的关注不断提升，同时部分院校城市规划和公共卫生的联合学位培养了一批能够横跨两大学科的学者，于是越来越多的研究开始打破学科壁垒，综合运用城市规划和公共卫生的理论体系和研究方法来探析城镇与健康的关系，逐渐形成了 21 世纪以来两大学科在研究领域交汇的局面。值得注意的是，当前城市规划与公共卫生的交叉研究，主要是基于统计学方法在相似语境下展开的城乡建成环境要素与公共健康要素的相关性研究，而针对城乡社会经济要素和公共卫生体制机制的交叉性研究尚少出现。

纵观两个学科的发展进程，可以看到城市规划与公共卫生是为了应对恶劣的城市公共健康问题而诞生的应用型学科。随着经济的发展和社会的重构，两者逐渐面向不同的问题，于是引入不同的思想体系和理论方法，在解决相应问题的同时不断深化自身的理论体系和专业化程度，却也带来了理论研究与实践的脱节，呈现学科分化和分裂的局面。而随着全球环境、社会问题的深化和人口向城市的集聚，公共健康再度成为城乡发展中的突出问题和重要议题，两个学科在生态学的影响和国际组织的推动下，开始走向实践与理论的逐步融合，形成当前重要的学科分支。

随着我国城市化水平的不断提高，城乡环境污染和经济社会不平衡问题进一步突显，公共健康问题有待更多的学者在我国具体国情下结合城乡规划与公共卫生的理论与方法，进行更为深入的交叉研究，以促进相关规划与政策的合理制定。建构城乡规划与公共卫生的交叉研究框架需要我们首先建立两大学科的联合培养机制，打破学科壁垒，为城乡规划和公共卫生的交叉研究和具体实践储备人才；其次，可以借鉴国外成熟的研究体系，在统计学的框架和方法论基础上，对我国的城乡规划要素和公共健康水平展开相关性研究和因果性论证；最后，可以结合我国的具体国情，开展城乡社会经济机制与公共卫生管理体制的交叉性研究，将公共健康议题纳入城乡治理框架，指导我国城乡公共健康建设的具体实践。

四、预警、响应与恢复框架下的应对策略

在应对突发公共卫生事件方面，韧性城市能在事件发生前进行及时的预警和应急准备；在事件发生时，提出积极有效的干预措施，阻止事件蔓延，减少负面影响；事件发生后，通过适应性规划与重建，使城市恢复到事件发生前的良好状态，形成良性的适应性循环。

在预警阶段，即事件的前兆期，应对城市系统进行全面感知，收集有效数据，利用人工智能等方法对数据进行快速运算，进行风险评估，明确城市风险概况，继而构建预警系统，对突发公共卫生事件进行有效的预警准备；在响应阶段，即事件的爆发期和处理期，可以通过灵活运用韧性城市规划策略，减少事件对系统自身的负面影响，迅速调动城市资源，连通各个部门，将指令送达相应的执行机构，快速、有效阻止其进一步蔓延；在恢复阶段，即事件恢复期，通过构建反馈系统对命令的执行进行及时反馈，反馈后进行再感知，从而形成闭环，实现自组织和自我恢复。

（一）预警层面

突发公共卫生事件存在极大的不确定性，在其未发生时就必须防患于未然，提前做好准备，这是韧性城市规划中非常重要的一环。这需要在事

件发生前就制订好预警计划，基于韧性城市的适应性分析，对地区存在的潜在风险，未来可能的不确定性、脆弱性，以及地方部门的资源配置进行细致的评估并制定早期预警系统，从而指导规划部门和地方政府在土地利用规划和社会资源配置方面留足充分的准备时间。

1. 风险分析

在韧性城市规划中，首先要通过适应性分析方法对城市潜在的突发公共卫生事件进行风险识别，通过情景分析和脆弱性分析对突发公共卫生事件的空间影响要素进行甄别，确定潜在的风险因素与地区的脆弱性，针对不同情况制订不同的预防计划，同时考虑次生灾害发生的可能性，构建城市突发公共卫生事件风险概况，为突发公共卫生事件预警系统的构建提供数据支持。

2. 建立早期预警系统

早期预警系统在整个框架中起着非常重要的作用，通过对潜在的突发公共卫生事件风险因素进行监测，及时发现城市的细微变化，提早预测突发公共卫生事件的发生，使个人、社区和机构做好准备并采取恰当的行动。考虑到韧性城市的协同性原则，预警系统能将分析结果及时分享给地方政府与规划从业者，以制定应急预案和相关技术标准，为可能发生的事件提供充足的基础设施、土地和医疗物资等资源，保证突发公共卫生事件发生时应急救灾项目的及时进行及新增公共医疗设施的顺利建设。早期预警系统包括信息收集、指标预警和因素预警。信息收集即通过专业人员或计算机软件对突发公共卫生事件的相关信息进行收集与整理，感知信息的细微变化；指标预警是对突发公共卫生事件的主要影响因素进行量化，通过具体的量化数据进行监测；因素预警则是对无法量化的影响因素和潜在的间接因素进行监测。

3. 防治准备

在突发公共卫生事件发生前，地方政府与规划部门应根据风险分析结果与早期预警系统的预测信息有针对性地进行与事件防治相关的准备工作，达到应急设施多样性和冗余性的目的。地方政府应预留应急响应时所需要的各类社会资源和资金；城市规划应考虑在土地利用规划中预留出防灾用地；公众则应提高自身的突发公共卫生事件风险意识。

（二）响应层面

在爆发期和处理期，突发公共卫生事件韧性视角下的规划策略应在风险评估、监测预警和防治准备的基础上，充分考虑韧性城市特征与突发公共卫生事件应对措施之间的响应关系，以冗余性、多样性、协同性和自组织特征为原则，从城市资源、基础设施、生态环境和社区自组织四个层级提出相应策略。

1. 城市应急资源的冗余配置

韧性城市的冗余性要求当系统中某一功能受到破坏时，城市整体功能依然可以通过其他方式正常运转。因此，当突发公共事件不可避免地发生时，为了抢救生命、减轻对公众健康的影响，以及保证公共安全和城市系统的正常运转，应立即对受灾地区的各项资源进行迅速整合和分配，满足受灾人员的基本物质需求，并立即提供配合紧急服务和公共援助的规划手段，制订应急响应规划。

在空间资源方面，平衡基本应急物资生产和交通运输的空间关系，构建应急资源流通网络，提高应急物资的使用效率。将疫情期间关闭的公共活动空间设置为疫情临时居住地、隔离区等，从而降低医疗设施空间的使用压力。

在土地资源方面，将突发公共卫生事件用地规划与防洪、防风、防震等一同纳入城市防灾减灾规划中，减少因洪涝、地震等灾害隐患形成的突发公共卫生方面的次生灾害；预留临时性集中救治医疗设施用地，构建良好的公共卫生应急救治医疗体系空间结构布局，为突发公共卫生事件的防治提供便利。

在物质资源和人力资源方面，首先在保证充足的医疗服务设施资源的基础上，构建物质和人力资源调动网络，在事件发生时能均衡调动多个地点的冗余资源，在缓解部分地区资源紧张的同时，也避免了由非风险时期应急响应物资的过度储备造成的社会资源的浪费。

2. 城市基础设施的多元建设

韧性城市要求通过城市基础设施的多样性来保证城市的冗余功能，因此在突发公共卫生事件的应急响应中，应灵活运用城市各项基础设施，充分发挥多种功能。一般可以将放假的学校和未开放使用的商场等公共服务设施用作临时医疗救治场所；公园、广场、大型地下空间（如停车场、隧道等）等市政公共设施可以为救助设施提供安置空间；保障水、电等配套服务设施的供应，积极配合紧急救助设施，迅速提供场地和移动厕所、基站和封闭环卫仓，提供高效的水、能源和垃圾处理服务。如本次新冠病毒疫情中运用的模块式现代化机动医疗系统“方舱医院”，武汉市洪山体育馆、武汉客厅、武汉国际会展中心、武汉体育中心、武汉国际博览中心、东湖风景区等 13 个公共空间与公共建筑作为方舱医院的安置地点，在提供大量医疗设施的同时，能有效分离轻重症患者，有针对性地进行救治，其快速的安置和投入使用无疑在本次疫情中起到了十分重要的作用。

3. 城市生态环境的多层协作

良好的城市生态环境能够助力突发公共卫生事件应急防治措施的快速实现，两者形成稳定的协同关系。因此，在进行韧性城市的绿地规划时，应将突发公共卫生事件的相关要素纳入考虑，连通绿地、公园、水体等生态型过渡空间，完善城市绿道、通风廊道等城市绿地空间网络，形成良好的生态格局，在改善城市整体生态环境的同时，也可将这些空间作为突发公共卫生事件发生时的隔离和疏散场地，从而有效控制公共卫生事件的扩散，为突发公共卫生事件的治理提供便利。此外，规划应遵循城市原本的生态特征，维护良好的生态循环系统，保持城市生态环境的干净、整洁，降低因自然灾害所引发的公共卫生事件的概率。

4. 社区层级的自组织响应

应急防护响应的自组织需要通过自下而上的行动措施来降低突发性公共事件的影响，并通过局部的修复使整个城市系统迅速重组。因此，社区层级的自组织能力是整个突发公共卫生事件防治体系的基础。为实现社区的自组织功能，需要加强社区层级的韧性规划设计，改造老旧社区、完善社区的基础设施建设、营造良好的社区生态环境、保障充足的生产生活资源，在防止次生灾害的同时使社区环境具有良好的“韧性”，在突发公共卫生事件发生时，社区自身有能力快速进行应急响应和恢复，加强救治的时效性，减轻地方政府的工作负担。

（三）恢复层面

韧性城市要求城市系统在承受突发公共卫生事件的冲击后，能够重新审视城市规划的思维及方法进行适应性规划，逐渐向更好的状态过渡。同时，完成对突发公共卫生事件的后期评估与反馈，形成自组织和自我学习的良性循环。此外，还应提高公众的防患意识，从根本上降低突发公共卫生事件的负面影响。

1. 重建与修复

韧性城市良好的适应性循环需要城市系统在受到冲击后，通过物理性、制度性的调整，恢复至原本或更好的状态，从而降低城市面对的潜在风险，提升城市系统的韧性。当突发公共卫生事件不可避免地造成破坏时，城市系统可以此为契机，重新整合城市规划的思维与方法，从预防突发公共卫生事件的视角重新审视城市空间的居住密度、医疗设施服务半径、城市通风廊道、城市紧急避难空间及公共活动空间等规划向更好的状态过渡，且在恢复的过程中不断进行创新。

2. 后期评估与反馈

突发公共卫生事件发生后，对整个事件的防控手段和方法进行评估是十分重要的一环，通过有效的数据量化分析方法和定性分析方法对管理手段进行评估，将评估结果及时反馈给地方政府与规划部门，便于决策者及时调整突发公共卫生事件管理方案，确保风险管理的科学性和准确性，同时通过不断反馈和修正，形成自组织和自我学习的良性循环，达到城市自我恢复的目的。

3. 提高公众防患意识

提高公众的自身防患意识是防治有较强传播性的突发公共卫生事件的根本途径。可以通过媒体、教育、网络、社区行动和政府官员的宣讲来建立公众防患意识，结合基层人员相互之间的熟悉和了解程度，形成公众的自组织应急行为。同时，通过大数据、人工智能、虚拟现实等智慧平台，完成突发公共卫生事件的仿真模拟演练，使公众了解风险管理的整个过程，加深公众对突发公共卫生事件的理解。

因此，在未来的城市规划中，首先应将突发公共卫生事件防治作为必要因素纳入城市防灾减灾规划进行考虑，开展全面的城市风险评估和信息收集工作，制定早期预警系统，进行充分的防灾准备；其次，规划时应预留充足的城市应急资源、完善城市基础设施建设、维护良好的城市生态环境，确保及时、有效应对突发公共事件；最后，灾后进行及时的评估与反馈，提升公众对于公共卫生事件和韧性城市规划的理解与认识，通过韧性城市干预手段，形成良性的适应性循环，使城市有能力在公共卫生事件发生时及时响应与恢复。同时，还应结合实证研究经验、政府管理信息及公众反馈等多方面，不断完善、丰富本框架，以构建社会化、即时化、信息化、全面化的应对突发公共卫生事件的韧性城市框架。

第二节 公共安全与韧性城市规划

一、公共安全与城市规划

安全与城市相伴而生，是城市持续健康发展的根本保证。最初的城市公共安全基础设施体现在用来抵御外族侵略的护城墙、箭楼、炮台、瞭望塔等军事防御设施上。随着城市文明的不断发展，城市公共安全已涵盖生产安全、防灾减灾、核安全、火灾爆炸、社会安全、反恐防恐、食品安全、检验检疫等诸多方面，尤其是随着城市化进程的不断推进，城市公共安全问题显得尤为突出。

（一）概念界定

1. 城市公共安全及公共安全规划

城市公共安全是指城市及其人员、财产、城市生命线等重要系统的安全，其作为国家安全的重要组成部分，是城市依法进行社会、经济和文化活动，以及生产和经营等所必需的良好的内部秩序和外部环境的保证。朱坦、刘茂等更加强调城市公共安全是一种“稳定、协调”的状态，因此他们认为“城市公共安全规划是依据风险理论对城市发展趋势进行研究并对人类自身活动的安全做出时间和空间的安排”。因此，城市公共安全和城市的可持续发展相关联。

2. 公共安全基础设施

目前，国内关于公共安全基础设施的研究较少，还未形成固定的称谓，有的称“防灾基础设施”，也有的称“防灾减灾基础设施”。在固定称谓还没有形成的基础上，对城市公共安全基础设施的内涵和外延的研究更是微乎其微。本文公共安全基础设施是指能够保证灾害发生前后人类社会经济安全的，并占据一定土地空间的基础设施。这一概念包含公共安全设施的“空间占领性”和“不可移动性”，更强调公共安全基础设施需要占据一定的土地空间，便于城市规划管理，并且不同于城市一般意义的水、暖、电、气、热等市政设施。

按灾害演化过程的城市公共安全基础设施可分为灾前防护设施、灾时救助设施和灾后重建设施；按空间形态的城市公共安全基础设施可分为点状设施、线状设施和面状设施；按公共安全基础设施在城市中的等级规模又可分为城市级公共安全基础设施、分区级公共安全基础设施、社区级公共安全基础设施等。以上三种分类方法根据规划编制不同阶段的需要均有涉及，其中按灾害演化过程分类的方法更适应城市公共安全的全过程

（二）城市公共安全基础设施的理论认知

1. 城市公共安全基础设施规划存在的问题

从城市公共安全基础设施对提升城市公共安全的重要性而言，目前我国城市公共安全基础设施规划与管理中最突出的问题是公共安全基础设施的整合度不高。一方面，在城市公共安全管理中，我国采取的是自上而下的“单灾种管理”模式，公共安全基础设施在城市规划管理中相互平行，互相融合度不高，因此各个专业部门各自为政，一旦多种灾害同时发生或引起次生灾害，就会出现多头管理的混乱局面。另一方面，在城市公共安全规划编制中，我国的城市规划编制体系没有形成统一整合化的城市公共安全的概念和设施体系，采取的是分专项编制规划，平行纳入城市总体规划中，各灾种的规划均是平行关系，互相没有约束力，很难发挥规划的作用，城市公共安全规划缺乏综合防灾理念的指导，城市公共安全设施尚未形成体系和指标细化，对于规划管理的指导性不强。

2. 城市公共安全基础设施发展的转变趋势

综上所述，在城市规划领域中，城市公共安全规划及其基础设施的概念正向整合化方向转变。其一，城市公共安全的认识观念从灾害应急向灾害预防转变，注重以城市防灾与应急双重体系为基础的城市公共安全体系；

其二，城市公共安全的管理面临从专项管理向灾害全过程管理的转变，注重的是以时间序列展开的过程性管理；其三，城市安全的保障面临从单灾种防御向城市系统的综合性保障转变，注重的是全面抵御各类灾害，实现全面安全保障；其四，公共安全设施的内涵从传统的水、电、暖、气、热等基础设施向城市空间设施转变，注重的是城市公共安全空间设施体系的建设。

（三）城市公共安全基础设施的体系框架

1. 基于综合防灾的城市公共安全基础设施认知

从规划学科来说，我国公共安全基础设施是按照工程门类来进行划分的，主要包括"城市抗震、防震设施，城市防洪、排涝等防汛设施，城市消防设施，以及城市人防（战备）设施等"。随着城市系统复杂程度的增加，这些以条为主导的防御体系，越来越不能满足现代城市防御体系建设的要求，城市的"综合防灾"往往体现在灾种的多少而非灾害与灾害防御设施的联动防御作用上。因此，从规划学科的核心内容来说，研究公共安全基础设施的布防以控制或者减少城市灾害对城市的破坏或损失是公共安全基础设施体系建构的重点。

"业务持续管理"理论对城市公共安全管理具有重要的启示作用，推动了我国城市公共安全管理由原来的"应急管理"走向"全过程管理"。而且城市公共安全管理的目标也不再是"固不可推"的，而是具备弹性、可随时恢复的"本质型安全"城市，即我们的城市具备一定的容灾能力，在应对一定公共安全事件时，具备抵御灾害的免疫能力，也够自行修复、自我完善。

2. 基于过程管理的城市公共安全基础设施时间体系

根据城市公共安全基础设施发展的转变趋势及规划学科要求，按照灾害的发生过程可以分为灾害发生前和灾害发生后两个阶段。事实上，灾害发生后的 72 h 是应急救援的重要阶段，因此灾害发生后又可以分为应急救援阶段和恢复重建阶段。这样，灾害发生的全过程可以分为预防控制、应急救援和恢复重建三个阶段。对应灾害发生的三个阶段，各类灾害管理在每个阶段的管理重点不同，其中风险管理主要集中在灾害的预防控制阶段，应急管理在灾害发生后的 72 h 内发挥作用，而在灾害发生后的更短时间内实施的是危机管理，与上述三种灾害管理不同的是，城市公共安全的管理则需要着眼整个灾害发生的过程，实施过程性管理。按照上述过程，城市公共安全基础设施体系在时间序列上可以构建“防”“救”“建”三个阶段。

3. 基于规划需求的城市公共安全基础设施空间体系

对灾害发生过程中“防”“救”“建”三个阶段基础设施进行梳理，各阶段从整合灾种和不同灾害专业部门的角度出发构建城市公共安全基础设施的空间体系。在预防阶段，可根据我国现有管理体制，以条为主，根据部类防灾法律法规进行规划实施。如防洪，相关的规范标准都相对完备，由水利局分管，直接执行灾害管理和基础设施的建设。在救助阶段，则根据灾害爆发的响应等级启动不同等级的救助设施。该阶段灾害引发的大量受灾人群及各类灾害信息是需要重点处理的两种事务。其一，针对受灾人群，根据灾害发生后人的行为模式、人群疏散的主要过程，首先引导受灾人群通过应急疏散通道，越过应急隔离系统，到达应急避难场所进行集中避灾，因此受灾人群疏散的主要基础设施包括应急疏散通道、应急隔离系统和应急避难场所。其二，针对灾害信息，首先需要将信息收集到应急指挥中心进行统一处理，并通过应急指挥中心将灾情报告给应急救援机构，应急救援机构根据灾情指挥应急救援队伍，发放应急救援物质，救助受灾人群，因此灾害信息处理的主要基础设施包括应急指挥中心。在重建阶段，一方面，需要根据救援阶段所需的基础设施进行防灾备用地的预留，突出城市功能的置换；另一方面，需要根据灾害发生时的需要，进行灾害临建棚的建设。因此，重建阶段主要涉及的基础设施包括防灾备用地及灾害临建棚。

（四）城市公共安全基础设施的规划应用

我国城市规划中关于城市公共安全规划的内容产生于1976年唐山地震后。地震对城市毁灭性的破坏促使城市总体规划加强了防震抗震、防洪防汛、人防建设等安全专项规划的编制，并在接下来的城市总体规划编制过程中地位得到进一步的巩固和稳定。未来，为了解决城市公共安全管理中的“单灾种管理”模式，促进城市公共安全规划编制对于城市公共安全设施体系的统一整合化趋势，需要建立单灾种之间的统一部署、相互协调、综合联防的城市公共安全基础设施规划体系。

1. 规划布防原则

根据城市规划的特征及城市公共安全自身的要求，公共安全基础设施在城市规划中的布防应坚持区域联防原则、系统性原则、全过程原则及自组织原则。允许城市在一定范围、一定频次内灾害的发生，同时通过安全防御系统的建设快速恢复正常的运行状态。

2. 规划编制体系

从规划层面上，可以从以下四个方面对城市公共安全基础设施进行系统布局，即避难空间、防救灾通道、隔离系统、指挥系统。其中，城市避难空间是城市灾害发生后救灾避难的主要空间，同时基于其自身空间特点和平时正常功能使用要求，在总体及以上层次的规划，应结合防灾专项对城市大的分区进行系统划分，并明确分区中心，同时依据城市避灾规模，确定城市级避难场所的位置及规模。在控规及以下层次的规划，应根据相关选址要求和服务半径需要，明确各级、各类避难场所的具体位置，用地规模，从而满足灾时避难的使用需要。城市防救灾通道系统的建立就是依据现有城市道路资源，进行比较与优化，选择合适的道路加以强化与整顿，并采用地上与地下空间相结合，水、陆、空相结合的原则进行规划，形成完善的立体的救援交通体系。

总体及以上层次的规划，应确定城市防灾分区在各个方向至少两条防灾疏散通道的布局，同时建立总体布局城市道路及其他多种形式防灾通道。控规及以下层次的规划、专项规划，应严格控制不同等级的通道宽度、建设要求及两侧建筑物高度。城市隔离系统是城市灾害预防及灾时分区、减小损失的重要公共安全设施。总体及以上层次的规划，应明确作为城市与外围及根据城市公共安全分区级别设置分区层次的城市隔离系统的水系、道路及连续的绿化；控规及以下层次的规划，应落实社区层次及特定用地、设施的隔离带，明确控制其宽度和建设要求。城市应急指挥系统是救灾系统的灵魂，是收集、传达、处理和分析各种信息，组织避灾救灾的关键公共安全设施。规划需根据业务功能、灾害应急情况和分级原则的不同要求，从选址、用地及建设上分类落实各类救灾指挥中心，最终建立横向上以时间序列为轴，形成“防”“救”“建”的体系，纵向上以空间序列为轴，形成城市公共安全基础设施的空间体系。

3. 规划实施策略

（1）区域联防，共享安全策略

一些大型的跨地区、跨流域的基础设施都是通过对现有生态环境的人为改变来实现的。它对生态环境的影响不是短时间就可以显现出来的，且非常复杂，因此必须高度重视。一方面，要加强跨流域、跨地区基础设施建设的前期论证和研究；另一方面，要建立区域联防联救机制，以防公共安全事件的发生。

（2）趋利避害，因地制宜策略

在选择城乡发展建设用地时要严格按照《城乡规划法》的要求充分考虑风险避让，对城市中地下水超采、洪涝调蓄、水土流失、地质灾害、地震断裂带等不利因素进行避让，划定禁止建设区、限制建设区和适宜建设区的界面，以科学安排城乡建设用地。

（3）安全分区，重点防护策略

从城市防灾的角度对城市形态、布局提出要求和限制条件，并对城市安全进行分区。通过防灾分区的划分，在每一个分区中进一步落实涉及的各项公共安全基础设施。在规划的同时还要对大型公共设施、人流集聚的交通枢纽、商业中心等进行重点考虑，加强这些地区公共安全基础设施的布防。

（4）总量保证，合理布局策略

在合理的城市人口规模前提下，从防护设施、救助设施和重建设施三个方面分别提出城市公共安全基础设施的建设总量，保证每一个城市居民的人身财产安全，充分考虑城市绿地对城市防灾减灾的积极作用。规划时要确保充足的城市绿地，保证应急避难场所建设的供应需求，同时还要作为城市防灾备用地以备应急，应对突发事件时建设临时或永久性的特殊设施。

（5）消除隐患，用地安全策略

充分考虑工业危险源对城市的安全影响，对分散于城区的工业危险源进行清理。应逐步取消城市三类工业用地，降低工业危险源对城市的安全威胁。不要片面追求道路交通的立体化。道路交通系统是城市基础设施的重要组成部分，也是城市结构的主要部分，同时更是城市综合防灾减灾的重要设施，对城市防灾减灾有着重要影响。立体化交通一方面大大提高了交通的通行能力，另一方面却增加了结构的复杂性，一旦发生破坏性灾害，交通就有可能中断，给救援工作的开展增加不少困难。

二、韧性城市之于城市公共安全治理的价值旨归

当前，我国城市化进程不断加快，城市运行体系的复杂性逐级攀升，城市公共安全形势日趋严峻，城市面临的各类安全事故及风险呈现出相互叠加的态势，城市公共安全已经成为平安中国建设中的重大议题。当前，我国城市公共安全治理能力和水平仍处在爬坡期和过坎期，我国城市公共安全治理能力与城市快速发展现状不匹配，存在着较大失衡。建立并完善基于韧性城市建设的城市公共安全治理体系，对提高城市公共安全治理水

平有着十分重大的意义和价值。

（一）重视挑战和不确定性扰动等各类城市安全威胁

城市作为一个复杂的系统，面临的安全威胁呈现多样化特征，既有挑战，如疾病传播、环境污染、恐怖袭击等，也存在各种潜在的、不确定性突出的风险及扰动，如气候变化、经济依赖、能源危机和非理性城市化等。在韧性城市建设理念指导之下，城市公共安全治理既关注挑战，也高度重视各类不确定性扰动。在实际操作中，不仅重视韧性基础设施建设，从安全等方面入手提高抵御挑战的能力，也强调对城市系统中存在治理风险问题的解决，如定期对城市整体与各运行子系统进行健康诊断，发挥社会基层基础性力量的功能，营造城市社会治理共同体，设立针对不确定性扰动的储备性课题并加以研究等。

（二）实现从传统的灾害应对向韧性提升的转变

城市公共安全治理的对象包括自然灾害治理和人为灾害治理，通过提高城市抵御自然灾害和人为灾害的能力，有效保障城市居民群众的生命财产安全，是传统城市公共治理的重点内容。依照《全国综合减灾示范社区创建管理办法》（国减发〔2020〕2号）有关要求和工作安排，国家减灾委员会、应急管理部等部门联合发布了全国范围内共999个社区为2020年度全国综合减灾示范社区。各城市在灾害应对、防灾减灾等方面的实践探索、化解城市灾害的能力有了较大的提升。推进韧性城市建设，突破了传统城市公共安全治理“重技术投入、轻系统打造”做法，从灾害应对思维中转变过来，更加重视城市系统的整体韧性提升。通过强制约束制度、安全性标准设置、防灾减灾工程实施等综合手段的使用，有效识别偏差和风险，建立风险消弭和控制机制，形成应对风险、危机的负反馈循环，创造性应对和缓解不确定性扰动给城市系统造成的压力，提高城市系统安全健康发展的能力。

（三）倡导系统观为城市公共安全治理开辟新思路

城市具备新陈代谢、生长发育、遗传变异、自适应等特征，可将其视为由各个子系统充分联系和高度协作的有机生命体。正是基于这一认识，韧性城市建设倡导和坚持系统观，为防范城市风险、应对城市危机和保障城市开辟了新的思路和方向。具体反映在以下四个方面：一是从关注单一灾害或风险转向多风险耦合评估，实现对灾害风险的系统治理；二是从静态的城市公共安全管理转向动态弹性的城市发展目标，采取多种途径应对城市面对的各种不确定性扰动；三是从工程思维转变为生态思维，不仅要求城市从灾害危机中尽快恢复，还强调不断更新、协同进化；四是坚持设施韧性、文化韧性、技术韧性和管理韧性同步发展，为城市公共安全治理奠定坚实的基础。

（四）利用可持续网络提高城市公共治理绩效水平

城市化进程加速背景下，各类生产要素、人力资源和财富资本向城市高度集聚，使得城市系统成为各类风险与灾害、不确定性扰动产生的聚集地。韧性城市通过充分发挥韧性基础设施、韧性制度设计、韧性经济体系等物质系统的支撑作用，以及城市中复杂的人际互动关系网络的缓冲及调动资源功能，能有效提升城市的系统韧性。加强韧性城市建设，使得城市在面对各类突发性冲击和长期性压力时，能够减轻城市基础设施的脆弱性，并保障城市各类生命线工程的畅通度，提高城市社区的修复能力，从总体上提升城市系统的适应、应对和恢复能力。总之，韧性城市涵盖了城市的物理空间、经济结构和社会关系，可视为一个巨大的可持续网络，它使得城市系统在面对“突发性高、可预见性低”的风险干扰时能够化被动为主动，大大提高城市公共安全治理的绩效水平。

三、广州市韧性城市建设经验与问题

广州市作为生产要素高聚集、高异质性和人口快速流动的超大城市，孕育和生发着各类安全风险。单从常住人口、流动人口数量及其增长势头来看，广州市城市安全治理面临的不确定因素和未知风险将不断增加，尤其在面对大型灾害和突发事件时，如何提高城市承受冲击的能力，更好地加以应对，保持城市的各项基本功能不受影响，显得尤为重要。

（一）广州市韧性城市建设经验

1. 以空间规划为引领，促进城市可持续发展

近年来，广州市以城市空间规划为引领，结合本地经济、社会、文化发展实际，制定城市的可持续发展战略与方案，使得韧性城市建设成为广州市未来城市建设的发展方向之一。例如：在城市生态修复方面，广州市近年来实施了白云山“还绿于民”工程，以“低干扰、轻介入”的方式为市民群众提供了更多更优的绿色空间；积极推进海岸带生态修复，将受到侵蚀的海岸修复成为兼具生态与观赏价值的宜游之地。再如，在韧性社区建设方面，邀请规划设计专家入驻城乡社区，提高广州市城乡社区空间的品质，实现从“厌恶型设施”到“可读可赏的城市景观”，从“剩余消极空间”到“活力积极场所”的转变。

2. 构建坚固的城市“生命线”体系，提高综合防灾能力

所谓城市“生命线”体系，包括区域电力系统，城市供水、供气系统，以及现代大规模工业系统等，指的是维系现代城市功能和区域经济功能的基础性工程设施系统。例如，近年来广州市运用新一代城市雨洪管理概念，尝试使用“海绵城市”整治城市水浸黑点，疏解雨水给城市排涝设施带来的压力，净化水质、土壤，回补地下水，修复生物栖息地，解决城市建设带来的水生态、水资源、水环境、水安全、水文化等问题。“海绵城市”是广州市韧性城市理念落地实践的一大举措，是城市在面对洪涝等风险和挑战下实现韧性的重要依托，有利于提高城市的综合防灾减灾能力。

3. 建立协调联动机制，充分整合各类资源

面对不确定性扰动时，韧性城市仍能保持适应和恢复能力的一个重要

原因是，韧性城市内部纵向与横向之间均建立起了有机配合、协调联动的机制。例如，广州市在2019年机构改革之前，全市的应急避护场所包括避难场所（防空、防震）、应急避护场所（自然灾害安置灾民）、应急庇护场所（防寒保暖）等，条块分割、各自管理的状况十分突出，没有形成有机联系的整体，也无法整合分散的各类资源。近年来，广州市陆续印发相关政策文件，对全市应急避护场所建设进行了统一规划并推进建设，通过完善应急避护场所管理和协调联动机制，目前全市各级各类应急资源得到了全面整合。通过调研走访了解到，至2021年底，广州市应急避护场所预计可建成避护面积超过3000万平方米，人均避护面积可达到约1.96平方米。

4. 完善社会协同机制，凝聚社会各界合力

广州市通过完善社会协同机制，组织引导、鼓励支持社会力量广泛参与到自然灾害和各类安全风险事件等的应对和处置中来。例如，鉴于广州市应急避护场所点多面广且生活类救灾物资不适宜大量分散储备的实际，近年来，广州市应急管理局积极指导市、区发改部门（救灾物资储备机构）采取实物集中储备、与商家和厂家签订紧急供货协议、建立生产厂家数据库的方式，特别是通过协议储备的方式，使相关企业成为城市应急管理和韧性城市建设的重要生力军。在此过程中，政府重在发挥统一指挥协调、提供政策指引、发布信息支撑并进行监管等作用，企业的协同作用则体现在保障生产和流通等方面。

5. 完善新基建，共建城市公共安全治理新平台

目前，新基建已被写入广州市政府工作报告。广州市在新基建项目投资领域频频发力，在广州市抗击新冠肺炎疫情的战斗中，新基建的作用显现，它以数字化与智能化为广州抗击疫情提供了重要的支持，支持了政府和城市的正常运转。例如，2021年，广州市紧急建成“猎鹰号”气膜方舱实验室，迅速完成自动驾驶装备集结，启用无人驾驶汽车为封闭管理区域

运送医药、食品等物资，有效缓解了封闭管理区域物资配送的难题，既杜绝了物流车司机进入封闭管理区域导致健康码变成红码的困扰，也无须担心出现人员交叉感染问题。包括5G、云计算、物联网、智能终端等在内的新基建，为建设韧性城市、保障城市正常秩序提供了坚强的保障。

（二）广州市韧性城市建设中存在的问题

韧性城市建设已被列为广州市城市统筹安全与发展的重要目标，但总体仍处于起步阶段。从理性认识来看，尚未确立符合广州市城市实际的韧性城市理论框架体系；从认知程度来看，社会各个层面对韧性城市这一概念了解不多、认识不清；从实践操作来看，对有关韧性城市建设的法规建设、具体做法和推进路径等不明确，导致实施进程中的盲目性和模糊性。

1. 韧性城市建设的文化氛围尚待形成

当前，广州市群众的风险灾害意识还不强；在面对灾害风险时所拥有的自救及他救技能相对薄弱；在风险防控、灾害应对中，不少群众过分依赖政府力量。“党员干部干，普通群众看”的现象还比较常见；缺乏统一、集中有效的宣传渠道和平台，对韧性城市的理念宣传不足，绝大多数群众对韧性城市理解不清、认识不足。如何进一步拓展居民群众参与应对风险灾害的有效平台，需要深化研究和深入探索。

2. 韧性城市理念引导下的规划意识与能力仍需加强

目前，广州市在城市总体规划及各单项规划中，对韧性城市的理念及实际操作重视程度尚待加强。例如，在广州市海绵城市的建设体系、城市老旧社区改造等方面，关于韧性城市建设的规划内容还没有形成有机整体，缺乏顶层设计和统一规划，各个要素和相关项目间联系较弱，没有充分体现韧性城市理念引导下的规划意识及操作指引。此外，广州市有关韧性城市建设内容的相关规划倾向于单一灾种和单一系统管理，未能在规划中强调多风险、多灾种共同管理等。

3. 韧性城市建设的系统化思维有待加强

近十年来，广州市城市活动密集度增加，但为应对不确定性扰动而开展的韧性城市建设系统化思维仍有待加强。例如：城市的新建扩张和老旧改造之间缺乏整体协调，老城区诸多老建筑、老设备成为城市风险的高发区和应对灾难的脆弱区；在实现城市数字化转型的进程中，对经济、生活和治理等方面缺乏整体统筹；城市社区中存在综合性服务设施不足、多部门协同体制不灵活、对应急信息的共享平台建设乏力等问题。城市韧性有赖于城市中多种系统和耦合系统的功能叠加，增强城市内部各系统的相互关联度和耦合度，有助于城市系统从灾害中的不稳定状态快速达到新的常态。

4. 韧性城市建设中的社区社会力量利用不足

从有韧性的社区结构来观察广州市的韧性城市建设，不难发现在以下三个方面还存在着不足：一是对社区组织、社区居民的还权赋能不够，导致社区组织和社区居民未成为高能动性的参与主体，多元治理体系有待完善；二是社区内部的冗余资源（包括社区内依兴趣而形成的组织，社区内日常依靠习俗、仪式等活动来维系的议事平台等）有待加强，而社区冗余资源在应对环境变化的冲击时，能够发挥现实的或潜在的“缓冲器”功能，适时进行战略调整和战术变化；三是社区内部协同性结构（业委会组织、小区楼栋长等设置）的作用尚待强化。社区是城市公共安全治理的基本单元，社区动员的有效性反映了社区治理效能，并与城市韧性水平高度相关。

5. 韧性城市建设中产业链韧性程度不强

提升产业链韧性是韧性城市建设的重要基础，2020 年对广州市由于产业链布局不完善、部分产业链出现“断链”现象，一些行业、企业受到了较大的打击，给广州市带来了不小的挑战和压力。有韧性的城市，必定是一个产业链条完整、链条之间衔接有力、产业链上下游能够协同发展与创新的区域，即具备产业链韧性的城市。从城市公共安全治理角度而言，提升城市产业链韧性即提升城市在面对突发灾害时的“柔性”应对能力。

6. 韧性城市建设中数字技术协同作用有待彰显

2021 年，广州市明确提出要高标准打造数字政府、数字经济和数字社会三位一体的智慧城市。在以智慧城市建设助推韧性城市打造的过程中，广州市仍旧存在着数据孤岛等问题的困扰。例如：城市各职能部门之间存在隔阂，造成信息数据的流通不畅，形成“条块孤岛”；各地方以政府为主导，出现“各扫门前雪”现象，地域间数据未能实现有效互通，造成“块状孤岛”；智慧城市建设的主导权责归属问题不够明晰，导致指令不畅、运转不灵。韧性城市建设指向城市地理空间、社会空间和网络空间等，在虚拟的网络空间，相关的治理模式、制度和法律法规仍待完善。

四、以韧性城市建设助推城市公共安全治理的路径选择

（一）强化韧性城市建设理念，守住城市安全发展底线

城市在形成和发展的过程中，始终存在两条根本主线——安全和利益。当前，许多城市具有高密度、高流动性、高复杂性特征，在面临外部破坏性打击时，也会显现出难以想象的脆弱性，因此如何保障城市安全发展成为一项重要议题。强化韧性城市理念，将其具体化、操作化运用于城市复杂系统，为应对城市危机、保障城市安全、守住城市安全发展底线提供了新的思路和方向。为强化韧性城市建设理念，有必要将其深入规划、实施和政策、宣传等各个层面中去，并统筹布局实施战略。例如，把韧性城市的理念融入城市风险识别和易损性评估中，建立韧性城市构建要素及评价指标体系，有助于构建起能够应对外部冲击的应急基础设施体系及满足人民群众安全需求的基本公共服务体系。再如，将韧性城市的理念运用于城市景观设计之中，打造城市韧性景观，有利于增强景观连通性、栖息地多样性、控制水土侵蚀及生态冲击等能力，可有效应对各类灾害带来的破坏，为群众提供更加健康、更为安全的绿色环境。此外，要加大与韧性城市理

念相关的公益宣传力度，尤其要深入社区普及安全知识和应急处理流程。

（二）以韧性城市发展规划为引领，打造可持续发展城市

从发达国家建设韧性城市的经验来看，在各项城市规划中融入韧性城市的理念，极大增强了城市应对不确定性的能力，使得城市在面临自然灾害、突发公共卫生事件、社会危机等扰动或侵害时，能够实现从刚性的被动抵御向柔性的主动消解转变。为此，要把"健康、安全、韧性"的发展理念全面纳入城市总体和各类专项规划之中。要在城市总体规划层面预留空间，视城市发展情况进行滚动式的修编；加快编制包括韧性应急基础设施、韧性物资储备、韧性产业发展和韧性土地利用控制等各个方面的韧性城市发展专项规划，在各个层面提高城市韧性；根据韧性应急基础设施规划，在设计建造城市重大设施和建筑物时，推行在空间结构上的分布式、多中心布局，进行适应灾害的建筑设计，在社区中设计紧急避难所，把体育场馆、学校等设计成为具有防灾避难功能的场所等。

（三）实行系统化、体系化应对，构建安全韧性城市

打造安全韧性城市，不是简单的抗灾、减灾，也不是单纯的"头痛医头，脚痛医脚"，而是必须采取系统化、体系化应对策略。一是加强城市空间治理的系统化思维，建立起地上地下一体化的系统性规划，支撑韧性城市建设，由于城市韧性在城市内部呈现出非均匀分布的状态，需要采取系统思维补齐城市在韧性指标上的短板，破除区域分割主义，将城市作为一个整体来看待。二是从城市各项资源的流动性来看，着力贯彻韧性城市建设中安全风险治理的"快、准、狠"原则，采取有效措施，促进城市系统中资源的高速流动，以便快速调动所需资源应对各项不确定性扰动，通过加强系统调配提高风险治理的效能。三是从城市的组织制度和实践来看，要想贯彻整体化、系统化思维，一方面要强调和重视城市政府的综合规划、资源调配能力，另一方面要转向城市社会更小的空间尺度和日常活动，实现政府（高层级）和基层社区（低层级）的韧性整体建构，目标是培养和提高城市的系统组织能力，提高整体韧性水平。

（四）高度重视城市社会空间，着力开展韧性城市建设

建设韧性城市，既需要关注城市物质空间——注重打造具有抗灾能力的城市物质基础设施，使城市的物质空间具备空间韧性、设施韧性和环境韧性，也离不开对城市社会空间的重视——充分发挥城市的治理韧性和社会资本韧性。在韧性城市里，社区一定要具备防范和化解风险、困扰的能力，韧性社区是韧性城市建设的重要一环。在城市社区这一重要社会空间里，建立互动共助的组织间、人际间关系，培育具有丰富的安全风险防范知识、防灾抗灾技能和守望相助的道德情操，以及良好的应急自救互助能力的社会公民，为应对未来各种风险危机，增强各种灾后复原的发展潜力，做好充分的社会空间层面的准备，特别要积极做好韧性城市建设中的“积极能动公民”的打造工作。例如：实施推广安全校园计划，面向校园青少年和儿童进行应急培训和教育，防灾抗灾从娃娃抓起，从小培养人们的安全意识和防范能力；借助各种宣传教育载体，通过各种宣教渠道，依法开展各级各类的安全应急救援与疏散演练，确保市民群众牢固树立主动预防安全风险的意识，进而从根本上提高城市安全。

（五）提升产业链柔性程度，增强城市的整体安全性

在提升城市韧性过程中，不仅要考虑城市日常运转的需求供给关系，而且要考虑在面对公共安全风险时各种资源的供给和承载能力，及时灵活地在产业链方面进行调整，增强城市应对外部变化的弹性，保持在面对突发灾害时所应具备的灵活性和经济韧性。例如，在应急装备和物资方面，要具备短时间内生产、转产和流通的能力，只有这样，当面对危机时激增的弹性需求才能得到有效满足，从而顺利抵御危机冲击。为此，要加快推进产业链的配套同城化，吸引更多的上下游企业在区域间的集聚发展，帮助城市降低产业链物流成本和配套风险，提高应对突发事件时的资源配置效率。

（六）持续借助多技术协同，推动韧性城市建设实践

要想加快韧性城市建设，满足城市健康、安全、可持续发展的需求，就必须持续借助和发挥技术的作用。多技术协同（包括物联网感知、多网融合传输、大数据分析）是未来实现城市安全发展的重要实践路径。通过新兴信息技术和公共安全技术的相互融合，针对城市燃气、供水排水、热力、地下综合管廊、道路桥梁等城市生命线工程的运行状况，进行安全风险的主动感知、智能预测和应急联动，以预防燃气爆炸、桥梁垮塌、路面坍塌、城市内涝等重大安全事故的发生。有针对性地发展关乎韧性城市安全保障的多样化技术，搭建全链条的城市可持续发展技术体系架构，满足城市在高风险空间致灾因子实时动态监测、综合预警防控和处置决策支持方面的技术需求。依靠数字化技术，促进信息公开与数据开放，整合城市公共安全方面的有关信息，建设智慧城市系统，自动感知和反馈各类事件、风险和不确定因素，提高在城市公共安全治理方面的智能化决策水平，实现城市公共安全治理从被动防御向主动应对的转变，使城市真正成为一个有机体。

第三节　生态环境与韧性城市规划

一、现代中国城市生态规划演进过程

（一）初始萌芽期（1949—1977 年）

1949—1952 年为城市规划的恢复和起步阶段，发展生产、将消费城市转变为生产城市是这一时期的规划主旨，有关城市生态方面的内容主要体现在城市环境整治上。例如：北京市重点改善城市环境卫生，清除垃圾，

复活北京河湖水系，引永定河水进城；整修、修建下水道，改善城区环境等。龙须沟改造是其中的代表工程之一。

1953—1957年引入苏联模式的城市规划以工业城市的规划活动为主，体现为156项重点工程的布局及生活配套，生态规划未予强调。但此时期“带状组团式”的兰州规划体现了一定的生态属性。

1958—1965年是我国城市规划的震荡阶段，规划编制程序简化，带动了“快速规划”和“城市建设大跃进”。而其后出现的城市发展与国家财力的失衡导致不得不压缩建设规模，城市规划随之走向低潮。不过，这一阶段合肥“三翼伸展、田园楔入”的风车状布局，北京的“分散组团式”布局，攀枝花城市规划“带状组团”的布局均具有一定的生态规划元素的成分。

1966—1976年是规划的停滞期或倒退期，该时期我国城市环境污染已经开始显现，但并未引起重视，生态规划在这一时期难见踪影。

（二）缓慢发展期（1978—1989年）

1. 社会经济环境背景

1978年开始的改革开放，对我国社会经济和生态环境产生了巨大影响。这一时期的重要事件之一是1982年5月成立了城乡建设环境保护部，体现了将城乡建设与环境保护关联考虑的指导思想。1978年3月召开的第三次全国城市工作会议，提出了“环境污染严重城市”（包括遵义、延安、桂林、洛阳、苏州、无锡）的表述，说明当时已经明确认识到中国城市的环境污染问题。1979年9月，颁布了中华人民共和国成立以来第一部综合性环境保护基本法——《中华人民共和国环境保护法（试行）》，将中国环境保护方面的基本方针、任务和政策以法律的形式确定下来。1982年8月，第一次城市发展战略会议将北京和天津的城市生态系统研究列入国家“六五”计划重点科技攻关项目，对我国之后的城市生态规划具有重要的意义。1983年12月，第二次全国环境保护会议举行，时任副总理李鹏代表国务院宣布环境保护是中国的一项基本国策。1988年7月，国务院发布《关于城市环境综合整治定量考核的决定》，将城市环境的综合整治纳入城市政府的“重要职责”，实行市长负责制并作为政绩考核的重要内容，对大气、水、噪声、固废和绿化五个方面的20项指标进行考核。“城市环境综合整治考核”标志着我国城市建设思想的转变，开始认识到污染防治及生态环境建设在城市发展过程中的重要作用。

2. 城市生态规划相关动态

1984年12月，“首届全国城市生态学研讨会”在上海举行，被认为是中国城市生态学研究的一座里程碑，标志着中国城市生态学研究的正式开始。同年，成立了中国生态学会城市生态专业委员会，为推进中国生态学研究的进一步开展和国际交流开创了广阔的前景，对中国城市生态规划也具有深远的意义和影响。城市绿地系统规划是该时期城市生态规划理论和实践的主要内容。1980年的《西安园林绿化规划》体现出对1950年代规划的修正和发展。从规划思想理念看，强调对之前绿地系统欠账的补偿，符合特定历史时期的城市建设总要求；从具体内容看，强调绿地建设要挖掘与历史文化要素的结合等，是其突出的进步之处。另外，“生态城市”建设在这一时期拉开了帷幕。1986年，江西省宜春市提出了建设生态城市的发展目标，并于1988年初进行试点工作，被认为是我国生态城市建设的第一次具体实践。

（三）启动建构期（1990—2000年）

1. 社会经济环境背景

1992年，邓小平同志发表了重要的南方谈话，对之后的经济改革和社会进步起到了关键的推动作用。但传统的粗放型增长已成为我国经济发展的主要特征，一些地方的经济增长以破坏生态和牺牲环境为代价。大量城市生活废物和工业“三废”集中排放导致城市环境污染成为我国环境问题的中心。

1996年，国家环保局出台《全国生态示范区建设规划纲要（1996—

2050）》。1997 年，国家环保总局决定创建国家环境保护模范城市，先后有 30 多个城市被命名为国家环境保护模范城市，为全面推进生态城市建设打下了良好的基础。1998 年 11 月，国务院颁布《全国生态环境建设规划》，提出了到 21 世纪中叶我国生态环境建设的近、中、远期三个阶段的目标，按照全国土地、农业、林业、水土保持、自然保护区等规划和区划，将全国生态环境建设划分为八个类型区域。不过，“城市生态环境及规划”并不是该规划的重点。

2. 城市生态规划相关动态

1991 年，周纪纶发表了《城市环境生态发展的目标与规划》一文，认为城市生态环境规划的最基本任务是依据环境目标为城市经济和社会发展提供其发展的生态阈限；为减少阈值耗费提供技术措施，即确定适当的环境容量或负荷，减少超负荷造成的损失。

1992 年，在巴西里约热内卢世界环境与发展大会举行的“未来生态城市顶峰论坛”（Earth Summit the 92 Global Forum）上，黄光宇教授团队的成果“论生态城市的概念与评判标准”（*Ecopolis:Concept and Criteria*）获国际建筑学院荣誉证书和联合国技术信息促进系统发明创造科技之星奖。2000 年 10 月，由中国城市规划学会主办的“城市生态环境问题研讨会”在湖北襄阳市召开。同年，中国城市规划学会城市生态规划建设学术委员会成立，黄光宇教授任主任委员，一定程度上标志着城市生态规划已经进入了中国城市规划学科的范畴。

（四）全面发展期（2001 年至今）

这一时期，我国的 GDP 和城镇化均高速发展，中国于 2010 年成为世界第二大经济体，2015 年由传统农业大国转变为城镇化水平超过全球城镇化平均水平的城市型国家。然而，我国生态环境仍然呈现出明显的“短板”，主要表现在：气候脆弱性明显，如我国地表平均温度上升值为世界平均水平的两倍，部分城市面临高度洪水灾害的风险；资源浪费与短缺共存，如开发园区用地大量闲置、大量城市供水不足等；生态环境问题严峻，如较多城市 CO_2 含量超标、城镇生活污水处理率低下、空气污染严重、生态环境退化成本增加等。城市生态规划相关动态如下。

1. 国家及地方对生态环境的高度重视促进了城市生态规划的兴起

这一时期，国家高度重视国土与城市生态环境，与“生态”在经济、政治、文化体系中地位提高密切相关。首先，编制了越来越完善的环境保护规划。其次，在国家的发展战略规划——《国家新型城镇化规划（2014—2020）》中对生态环境给予前所未有的高度重视，提出了众多的“生态命题”，这表明在国家层面已经将城镇化与生态环境予以紧密关联。再次，第十三个五年规划纲要中纳入并强调“加快改善生态环境”，显示了国家层面对生态环境的极大关注。最后，2016 年 12 月颁布《全国城市生态保护与建设规划》，将城市生态空间、生态园林与生态修复、城市生物多样性保护、污染治理、资源能源节约与循环利用、绿色建筑和绿色交通等作为该规划的主要任务，并提出了具有考核性与引导性两种类型的指标体系。

2. 低碳生态城市规划成为改善城市生态环境的重要规划类型

2009 年起，低碳生态城市及规划成为我国城市生态规划领域的热点之一。其作为具有中国特色的生态城市类型，为我国城市发展模式的转型提供了明确的方向和思路，也对我国城市生态规划的发展走向产生了重要的影响。2010 年，《中国低碳生态城市发展报告（2010）》的出版是这一时期中国城市生态规划领域的一个重要事件，其特点之一是将低碳生态城市规划建设与我国社会经济领域的最新动态予以结合。株洲与上海临港是低碳生态城市规划的特色案例。株洲采取了被动式方法与主动式方法。前者为生态保护法，是以流域为单元形成区域生态安全及资源环境平衡利用体系；后者又称低碳植入法，是以轴向为支撑形成的树状延伸、组群结构、单元生长、功能复合、循环组织、活力持续、低耗高效、平衡发展的空间利用体系。上海临港低碳示范区低碳生态城市规划（2017）提出了临港低碳示范园区的发展目标，构建了面向未来的低碳生态城市的指标体系，并通过复合功能、城市微气候、海绵系统、绿色交通、绿色建筑五大策略落实指标。

3. 生态文明导向成为城市生态规划的重点与关键

2012 年，十八大报告提出“把生态文明建设放在突出地位，融入经济建设、政治建设、文化建设、社会建设各方面和全过程”。2018 年 3 月，十三届全国人大一次会议第三次全体会议表决通过了《中华人民共和国宪法修正案》，生态文明被历史性地写入宪法。生态文明对本时期的城市生态规划产生了重要的影响，已成为城市生态规划的重要主题词和关键词，突出表现在生态文明导向的各类城市生态规划层出不穷，主要有如下三个方面：其一，“生态文明”规划成为一种明确的规划类型，生态文明成为生态城市规划、城市生态规划的重要指导思想及其依据；其二，生态文明与生态安全、生态文明与城市安全规划（如防洪规划、流域规划）等的关联，使城市生态规划的视野比原来更为开阔，对城市的生态安全提供了更大的保障；其三，以生态文明为导向的城市生态规划类型丰富多样，为城市的生态化进程产生了多方的推动力，如绿道规划、城市古树名木保护规划、环境保护规划、三生空间规划、基本生态控制性规划，以及绿色交通规划等。

二、现代中国城市生态规划演进特征

（一）理论演进特征

1. 从“拿来主义”到“中国特色”

西方的城市生态学发展较早，从生态理念到规划体系再到技术方法，其发源地都在西方，在中华人民共和国成立时已成体系，之后一直居于领跑者的地位，而我国现代城市生态规划起步较晚。因此，我国现代城市生态规划受启于西方，一直在引介西方先进理念和技术，总体而言属于跟随国际学术界潮流趋势发展的类型。

在探索“拿来”的理念和理论如何与中国实际结合的道路上，我国现代城市生态规划理论的演进表现出明显的被实践倒逼、不断主动吸收其他领域的知识养分来解决自身问题的特征。在这一过程中，城市规划学、景观生态学、地理学、社会学、经济学、管理学等学科领域的知识与方法不断融入，成为现代城市生态规划的理论武器和实践工具。我国近年来已逐渐开始摸索自己的城市生态规划道路。“低碳生态城市”和“生态文明建设”既是本土化生态规划路径的重要内容，也体现了中国城市生态规划与国家发展战略的紧密关联性——这既是我国城市生态规划的特色，也是其生命力所在。

2. 从“另起炉灶”到“体系融合”

在很大程度上，我国现代城市生态规划理论的建立与发展是基于对传统城市规划的否定与批判。早期许多生态学者因对传统城市规划方法不满而纷纷另起炉灶，构建起在内容、方法等方面完全与城市规划并行的一套生态规划体系。但最终，因其未能很好地融入传统的城市规划体系而使得城市生态规划的过程与结果显得过于“专业化”，并缺少规划应有的政策特色，一定程度上导致城市生态规划因缺少法律法规的保障而实施不力，甚而仅成为城市规划的参考。在当前的一些城市规划中，生态规划仍然只是被理解为传统城市规划内容的一部分。

21世纪初，开始有学者注意到城市规划与生态规划融合的必要性，提出了城市规划生态学化的含义，并对城市规划与城市生态规划的关系进行了探讨。一些学者开始在城市规划与生态规划融合的方向上做出努力。传统城市规划的价值标准和功能设置在改变，过程与方法也逐渐纳入生态容量和生态足迹等分析，城市生态规划开始向具有政策性、法规性属性的成果转变。

3. 从“技术理性”到“价值融合”

建国初期的萌芽期，我国城市规划在苏联模式的主导下，对绿地系统的考虑偏重于轴线构图等形式，后来被认为缺乏科学性。而1980—1990年，在开始引入西方城市生态规划，尤其是其相应的景观生态学、地理信息系统、遥感等技术方法后，出现了一波技术理性热潮。其以技术理念和技术手段为核心，关心手段、工具的适用性和精确性，试图通过“运算”为城市生态规划提供“科学依据”，以解决城市中人与自然的矛盾。技术理性推动了城市生态规划技术的发展，但一定程度上回避了生态规划的意义所在，忽视了“人的价值”。

近年来，随着现代城市生态规划思想的不断发展，我国研究者逐步意识到，人类作为城市生态系统的主要组成部分，其价值和作用在城市生态规划早期技术理性所默认的“自然决定论”中被严重低估了。技术理性的运用应当始终坚持价值理性的指引，以人的发展为尺度；城市生态规划必须以人与自然和谐为本，实现技术理性和价值理性的融合。

（二）实践演进特征

1. 从“单一形式”到“多元载体”

我国的城市生态规划实践脱胎于城市绿地系统规划。1980年至今，“城市绿地系统”一直是相关研究文献的高频词，也是唯一一项基于生态理念和目标的法定规划，对于合理配置城市生态空间、改善城市生态环境起到了重要的作用。进入21世纪后，出现了更多的城市生态规划类型，如城镇群、生态控制线、生态带、生态网络、生态功能区、非建设用地、新城及新区、街区、社区、大学城、商务区、工业园区、空港城等生态规划，或针对某一种景观类型，如城市森林、水域、湿地、流域、绿化隔离带等所做的生态规划。这些新的规划类型可能在当时尚不成熟也不成系统，但它们从不同角度对城市生态规划体系进行了探索，对我国城市生态规划的发展具有深刻的影响。

2. 从“宏观愿景”到“全域视角”

我国最初的城市生态目标大多从区域和总体规划层面考虑，作为区域规划和城市总体规划的目标之一，长期以来存在“高高在上”、落地性不够、过于空泛而缺乏针对性等问题。如很多城市将“可持续”作为城市生态规划的目标，但缺乏可操作的指标和绩效体系，无法指导城市生态保护和建设。从城乡规划的角度看，总体规划虽然对城市生态规划实施的推进起到了一定的积极作用，但管控力度远远不够；同时，生态规划往往被城市总体规划方案牵着鼻子走，为了总体规划内容的完整性，生态专项规划有时是有名无实的附属品。近期生态规划研究和实践开始将生态理念与控规运行体系相结合，从指标体系的角度对生态理念进行量化和细化；也有研究和实践分别从生态社区、绿色基础设施、绿色建筑等不同层面出发，从更为具体的微观视角探讨生态规划的实现方式。城市生态规划的全域视角为城市生态环境的改善起到了积极的作用。

3. 从“刚性控制”到“弹性管治”

我国较早的城市生态规划实践强调规划管理的刚性控制，即“寸土不让”地守住“红线”，管理手段具有强制性色彩，有时会造成极为激烈的矛盾冲突。例如：深圳基本生态控制线规划的实施初期实行“铁腕手段”，两年间采取了 2000 余次清拆行动，对于查违队伍也进行严格整治，监管不力者予以通报批评或辞退撤换，在行政责任追求方面一查到底。但结果是违法建筑屡禁不止，甚至引起了部分基层组织和个人的不满，造成对基本生态控制线的排斥和对抗。到了 2010 年，屡禁不止的违章建筑和层出不穷的管理问题迫使研究者和管理者对“一刀切”的刚性管理模式进行反思，积极探索保护与经济发展共赢之路，将社区经济效益、基层民众诉求和生态补偿机制等弹性思维与弹性管制纳入考虑，尊重社区发展权，建设自下而上的反馈渠道，制订社区发展计划，重点解决民生问题。从刚性控制到弹性管治，表征了我国对城市生态规划内涵的认识经历了一个全面蜕变优化的过程。

三、基于韧性思维提升优化城市生态规划

韧性思维认为，城市是一个可以自我调节的复杂系统，充满着变化，可以通过调节保持城市功能。与此同时，“韧性规划”已成为一个研究热点。在此背景下，就韧性思维对城市生态规划的影响，以及基于韧性思维提升优化城市生态规划展开探讨具有必要性。

（一）正确认识韧性与城市生态环境系统的关系

韧性对多样性、可持续性具有积极的影响，显示了其对生态环境的重要作用。联合国减灾署“让城市更具韧性十大指标体系”中，将“保护城市的生态系统和自然屏障”作为十大指标之一，反映了韧性对城市生态环境系统所具有的积极效应。在优化城市生态规划的过程中，明确将韧性作为城市生态规划目标的重要构成要素之一，采取综合措施改善生态环境质量，可以使城市生态环境具有更加充沛的生命力，也是正确认识并处理韧性与城市生态环境关系的重要方面。

（二）深刻认识韧性思维对城市生态规划的重要影响

韧性思维对生态 - 社会系统具有重要影响，其中一个关键方面是由韧性思维对规划的影响而得以体现的。韧性思维影响了对规划地域的认知，能够解决不同时期规划相互之间的分歧，克服了过于简单化的方法并接纳复杂性和创新性思维等。城市生态规划是协调人类与自然界关系的一种重要的实践性人居规划类型。人居环境的韧性是人居环境获得可持续发展机会的重要前提。深刻认识韧性思维对城市生态规划的重要影响，可以有效提高城市生态规划的韧性水平。

（三）城市生态规划应具有韧性规划的基本特征

韧性规划是以解决规划对象的脆弱性和不确定性问题，从而提高其适

应能力和韧性水平为目标的规划类型。在城市规划领域，韧性规划以构建韧性城市或提升城市韧性为目标，包含对城市脆弱性的识别、针对各种脆弱性的适应能力的发展、开发各项提升韧性的战略及措施等内容。国内外学者对韧性规划从各个角度进行了探讨。戴伟等以三角洲城市地区为例探讨了韧性规划。他们认为，韧性规划应使规划对象在系统要素、系统尺度间具有协同性；在应对时空变化时具有整体性；应将规划对象具备“多元与多样、冗余与模块、自组织与适应、创新与学习、条件反射与缓冲”等多种能力作为韧性规划的目标。从物质空间角度而言，韧性规划的核心要义包括多元与多样的基础设施、冗余与跨尺度的网络联系、自组织与更新的区域 / 街区 / 建筑 / 景观格局。此外，构建土地韧性规划的骨架，在空间机构、制度设计、不同时间周期等方面强调韧性规划的持续性也是韧性规划的重要考量对象。

（四）设置韧性指标体系来评估城市生态规划韧性水平

指标体系是表达规划目标的具体化工作之一。就城市生态规划而言，其指标体系的功能具有多重性，既可对城市发展的生态化水平进行评价及测度，又可作为城市生态规划目标及生态建设目标的分解之用，使之具体化、实施化和阶段化。城市韧性也可用相关指标表征。评估城市韧性的系列指标，包括基础设施、安全、环境 / 生态系统、经济、机构 / 规划、社会和人口等几大类。其中，环境 / 生态系统韧性指标包括：生物多样性、水文修复、生态脆弱性地区保护、不同生境的邻近性、侵蚀速率、总最大日负荷（total maximum daily load）等。机构 / 规划韧性指标包括：分区规则，考虑风险和脆弱性的细分要求，危险区域的人类定居情况，危险分析和危险地图制作，未授权开发的控制，基于情景分析的规划，推力—拉力因素的利用，合作规划，集体记忆，主动规划，灵活性水平，土地和财产购置，等等。这些与生态环境及生态规划相关的指标，对于评价城市生态规划的韧性水平具有较为重要的参考价值。

（五）确立以人为主体的韧性生态规划原则

人的综合素质对其所在系统的韧性具有重要影响，人的因素已成为韧性构成因素之一。城市韧性实质上依赖于更有韧性的、足智多谋的民众集群，更加重视人类社区的力量。社会韧性作为城市韧性的四个主要组成部分之一，被视为城市社区人口特征、组织结构方式及人力资本等要素的集成。

城市生态规划的编制，不仅仅是针对城市的物质建设，还应包括社会关系、社会结构、社会机制，以及文化系统，乃至人的发展。张家港市在几年前就提出了“人人是生态、人人为生态”的口号，强调市民在城市生态环境建设中的重要作用；而人力资本、社会资本和文明资本对人居环境发展的作用，更是从新的视角诠释了人在提升城市韧性水平方面所具有的关键作用。城市生态规划的目标不仅仅是提高城市的生态环境质量和可持续水平，更重要的是要将人的发展、人的生态化和人的韧性水平提高作为主要目标之一。这表明，确立以人为主体的韧性生态规划原则有其必要性。

（六）城市功能—气候变化—城市韧性协整考虑

城市功能是城市之所以存在并延续的根本原因。传统城市功能的物质化过程造成了不透水区域的增加，农田、森林、湿地等生态区域的减少，与此同时，也造成了资源能源的大量消耗和温室气体排放量的增加。传统城市功能的物质化过程既伴随着负面气候效应，也导致城市韧性水平的下降。

气候变化是当今世界面临的共同威胁之一，妥善应对气候变化是人居环境各类规划包括城市生态规划不可推卸的责任。生态型城市功能的物质化可使城市功能对气候的负面效应降到最低限度。生态型城市功能的物质化指城市生态功能的物质化，即使生态空间、自然保护区、生态服务功能、生物多样性等得到提升与优化，并且通过城市功能的低碳化、城市功能的生态化和城市生态功能的主导化提升城市生态环境质量，在获得较好的气候效应的同时也提升城市韧性。因此，迫切需要编制融贯城市功能—气候变化—城市韧性三个相互紧密关联系统的协整和综合规划，并将其作为城市生态规划的重要内容之一，这是能实质性提高城市生态规划对城市韧性响应水平的有效举措，也是提升城市生态规划的时代性、融贯性、可持续性、应需性、有效性的重要举措。

四、城市生态规划案例分析

《河北雄安新区规划纲要》把“绿色生态宜居新城区”放在了发展定位的第一位，可见其重要性。新区要尊重城市建设规律，先谋后动，全方面规划雄安新区生态建设。

（一）合理明确新区建设规模

雄安新区要想建设山清水秀、宜居宜业的良好生态环境，就必须合理明确新区的建设规模。在雄安新区规划建设的过程中要牢牢贯彻落实绿色发展理念，建设疏密有度的雄安新区。新区在建设的过程中要有战略留白，确保其发展既能够取得好的效果，继续向前发展，又能够收得住，为新区以后的发展预留适宜的空间。新区在开发建设的过程中，一定要顺应自然，把新区的生态功能充分考虑进去，协调好新区开发建设与环境保护的重要关系，确保新区建设规模不超过新区的资源环境所能够承载的范围。

（二）人口和资源环境承载力相结合

新区要进一步把握控制好人口数量、规模及人口密度，确保人口规模不超过新区的生态系统所能承受的限度，防止人口过度膨胀。综合考察雄安新区的各个方面，合理规划新区的人口布局，确保人口和产业布局相协调。以水定城、以水定人，划定生态红线，保护好耕地，“千年秀林”工程继续实施，恢复好白洋淀，使新区生产生活生态空间相协调。充分留足新区的生态空间，使蓝绿成为新区的底色。

（三）要打造以人为核心的宜居新城

要想实现这一目标，一是在城市规划方面就要重点筹划，把以人为本的理念糅合进去，让好山好水成为城市不可或缺的重要元素。人民的力量巨大无穷，历史的创造、光辉梦想的实现都离不开人民。因此，规划建设新区必须充分考虑人民群众的利益需求。二是要真正让能体现以人为本理念的规划落地，一定要保证这样的规划在实践中高质量完成，规划不能只停留在构想阶段，不能只当个观点写写。三是新区的建设一定要保障好民生。从人民需要出发，为人民提供宜居的环境、高质量的教育、优质的公共服务、高水平的医疗等。规划建设要突出安全化，让新区的人民能够安全生活；要突出便利化，通过利用信息技术等方便新区人民的生活；要突出长效化，从长远角度考虑民生的方方面面，使改善民生落到实处。提高新区建设品质，建设专类公园满足不同年龄段的居民娱乐休闲的需求，提供给居民更多公共活动空间。优化新区的资源配置，使人人都能够享受到高质量的服务。

（四）完善新区基础设施建设

第一，进一步完善新区绿色智慧交通体系，引入智能停车系统、智能共享单车系统，提高居民通行效率。推广实施绿色出行方式，提高公共交通系统覆盖率，降低机动车使用频率。统筹利用好地上地下空间，提供高品质公共交通系统服务。

第二，雄安新区要建设海绵城市，使新区能够更好地应对强降雨所带来的不利影响。

第三，发挥工匠精神，学习借鉴先进城市建城的科学理念，打造百年精品，提高新区城市品位。

第四，提高精细化管理水平，推动实施以人民利益至上为原则的信息惠民工程，推进智慧城市的建设。

第七章　国外韧性城市规划的实践案例

第一节　日本韧性城市规划

一、日本强韧化规划

（一）日本强韧化规划提出背景

在日本学术界，韧性概念主要有三种表达方式。第一种是“回复力”（回復する力），主要用于早期对于防灾规划的阐述，顾名思义，相对而言更多体现出灾后复旧的目标。第二种是直译自英文的“resilience”一词（レジリエンス），和英文原词一样，其含义根据语境的不同而相对广泛。第三种即“强韧化”（強靭化），近年来在日本社会和学界开始逐步得到了认同。

具有日本本土化特征的强韧化概念最早由京都大学的藤井聪教授在借鉴西方城市韧性的理论上，作为一个宏观政策概念提出。藤井聪针对日本历史上有关震灾的经验教训，并结合潜在的首都直下型地震可能带来的威胁，提出了主动防御的三个原则，即避免致命伤、被害最小化和强韧性塑造，并基于此提出了确保韧性的八个对策，分别是设定以防灾减灾为导向的基础设施对策、推进风险交流教育（riskcommunication）、维护地域社区和促进地域活性化、建立为紧急状态所储备的能源系统、推行业务持续性计划（business continuity plan, BCP）、基于事先预测的救援方案准备、维持扩大国家整体经济实力和实现强韧化国土塑造。在这些对策要求下，日本需要疏解首都功能，重塑功能分散型的国土结构。

日本是一个极易遭受包括地震、台风、海啸、火山爆发等多种自然灾害侵袭的国度。在和各种自然灾害斗争和共生的漫长历史中，日本政府、社会和民众逐渐培养了适应灾害和通过灾害学习的能力。比如，1959年，伊势湾特大台风的教训直接促成了1961年《灾害对策基本法》的出台。1995年，在版神大地震之后，针对救灾协调调度不力的缺陷，日本中央防灾机构修改了《内阁法》和《灾害对策基本法》，推进建筑的耐震化改造，探讨高密度城市街区应对地震灾害的对策，建立自救、政府援助和社会救助等三位一体的救助体系。2011年，在3·11日本东北地区大地震和海啸之后，日本社会和学界开始集中反思除加强硬件防护措施之外，防灾教育的重要性及地方创生和灾后复兴相结合的必要性。这场灾害的惨痛教训也促使日本自民党政府、技术人员、规划师、社会团体、工商界及学界等利益相关者联合起来，思考如何整合现有行政资源和技术手段，将实现国土强韧化等韧性理念上升为国家战略并加以落实的可能性。2013年12月，日本颁布了《国土强韧化基本法》（以下简称《基本法》）。《基本法》的出台为强韧化规划的编制和实施创造了具有强大约束效力的法律框架，确保了规划的地位和严肃性。

除了立法和政策的框架保证，推动国土强韧化还需要从规划权力机构和技术部门入手，组织有效的规划编制和执行渠道。在藤井聪的直接动议下，日本政府成立了专门的内阁官房国土强韧化推进办公室（以下简称“推进办公室”）。推进办公室随后在2014年6月发布了《国土强韧化基本规划》（以下简称《基本规划》），规定《基本规划》享有最上位法定规划的指导地位，其他规划有义务和《基本规划》相衔接，及时修正不一致的内容。除此以外，推进办公室还负责制订国土强韧化执行计划，设置每一年度的细分工作安排。

（二）《基本规划》的核心思想和主要内容

国土强韧化规划的核心在于针对灾害的脆弱性评估，以及基于评估之上有计划的实施步骤。日本推行国土强韧化规划有四个基本目标。其一，最大限度地保障国民人身安全；其二，维持国家及社会主要机能的无障碍运作；其三，确保国民财产和公共设施相关损失的最小化；其四，迅速复旧及复兴。建立PDCA循环模型，即一个循环往复的规划（plan）—执行（do）—检验（check）—纠正（action）路径。强韧化规划起始于对城市风险和脆弱性的科学分析，通过重点化和优先次序的政策设计，确定一个合理的应对方案包，进而通过实施结果评价反馈修正初始的分析思路。

《基本规划》的内容主要涉及四个方面。首先，阐述了国土强韧化的基本考量，包括目标理念、政策方针和特殊考虑事项。其次，规定了脆弱性评价的框架和步骤，重点是确定45项需规避严重事态假定（由《基本法》第17条规定）。再次，通过12个不同结构组织及3个横向议题，规定了国土强韧化的主要推进方针。最后，提出了国土强韧化规划的细化策略和修正完善的方法，包括制订年度行动计划、15个重点需规避严重事态假定、制订地域规划及对地方的技术支援和人员培训等项目。

（三）国土强韧化地域规划的组织框架和主要内容

《基本法》第13条规定：日本地方公共团体应当制定各自的国土强韧化地域规划。从内容构架而言，国土强韧化地域规划和《基本规划》并没有太多的不同之处。其主要差别在于，地域强韧化规划需要从当地的特征出发，探讨解决实际的问题。由此可见，地域规划是各个地域根据自身特点和具体情况，在《基本规划》的框架下制订的细化规划。为了确保各地规划制定者能够准确把握强韧化规划的指导原则，推进办公室建立相关网站宣传强韧性规划的意义和要点，安排了全国各地巡回专场培训并帮助配备人员。

自德岛县于2015年3月4日率先出台了该县的地域强韧化规划以来，截至2016年年末，日本全国47个都道府县，已有34个完成了地域规划的制订，剩下13个府县的强韧化地域规划也在陆续制订之中。与以往的防灾规划相比，国土强韧化地域规划有两个显著的不同点。其一，强韧化规划针对辖区内所有可能由灾害造成的影响，着眼于全面提升地域自身的强韧性，而防灾规划可以针对不同灾害制订计划对策，即防灾规划以风险为对象，强韧化规划以地域为对象。其二，基于第一点，每个地域只存在一个强韧化规划作为所有规划的导引文件，因此享有最上位规划的地位，是制定其他规划的纲领性规划。

（四）日本强韧化规划对我国的借鉴价值

随着城市化进程的进一步加深和推进，我国城市面临着建设数量快速增长和建设质量亟待提升的矛盾，逐步影响城市未来的发展空间。在这个现实语境下，现有的城市规划思路和实践亟待调整，精细化规划作为法定规划的必要补充，需要更多的重视和话语权。城市韧性解决的是城市系统应对不确定性冲击，提升适应能力的问题。因此，如何客观确定城市风险及分析风险下城市的脆弱性显得尤为重要。

作为一个饱受自然灾害侵袭的发达经济体，日本不仅在灾后应急救助方面走在世界前列，在前期防灾规划方面也融合了许多先进的理念。借鉴韧性城市理论，日本提出了适合国情的国土强韧化政策，并基于此制订了全国性和地域性的强韧化规划。政策的提出及其规划实践的落实历史并不算长，然而其经验仍然值得我国城市规划决策者和从业者参考借鉴。

第一，从规划立法看，韧性城市规划需要在上层设计阶段，及时出台相应的法律法规和政策文件。日本在 2013 年颁布的《基本法》确立了法律依据，并基于这个框架在全国有效推动了强韧化规划。以我国海绵城市规划为例，为了推进规划进程，住建部于 2014 年发文明确工作要点，发布技术指南，国务院办公厅于 2015 年出台《关于推进海绵城市建设的指导意见》，随后国家推出了两批共 30 个试点城市，并调拨对口资金，有效推动了海绵城市的实践。由此可见，在创建韧性城市时，也需要类似的上层政策设计和支持。

第二，从规划组织看，借此统一的目标诉求，加强原有规划及其职能部门之间的相互协调是日本强韧化规划推行的重要目的。在中国，由于历史上的客观原因，与欧美对应的“城市规划”功能被发展规划、国土规划和城市规划三条并行的系统所分割，造成了行政上冗余，以及城市资源供求关系矛盾和效率低下等问题。另外，交通部门、教育医疗部门、环保部门、能源部门等机构对于规划协调的呼声也越来越大。近年来，不少城市出于经济社会发展的考量，开始逐步整合行政部门，推行以“多规合一”“规划一张图系统”等为代表的政策，取得了不少成效。在韧性城市规划等城市问题导向的专项规划中，需要利用已有的协作平台。认真探讨每一个部门在整体问题解决框架下能够发挥的作用，细化规划执行的机构设置和人员责任是重要的一步。

第三，从规划内容和对实施效果的指导价值看，日本的强韧化规划和空间规划相比，更强调行动方案的组合和优先顺序配置，即在某种城市功能失效的情境下，需要调动何种资源，采取何种对应手段来解决问题，具有非常强的实践指导意义。与此相比，我国现有规划多注重资源的空间配置，并没有对规划实施相配套的机构设置、人员设定和具体的行动计划做出细致规定，经常造成图面效果优于实际操作，规划指导性不强的局面。此外，需要指出的是，日本的强韧性规划虽然源于都市不确定性问题，但却有很大的扩展空间。规划中的应对手段和日本社会面临的其他议题，如人口过疏化问题、建筑老朽化问题（城市更新）、地方创生、社区营造等都有很好地结合，很大程度上实现了最上位规划的客观要求。

二、日本福祉型避难场所规划建设

自1999年末我国进入老龄化社会以来，老年人口规模总体呈递增趋势。由于老年人口基数大，增速快，目前我国已成为世界上老年人口最多的国家。因自身条件限制，老年人的应急避难能力一般较弱，在灾害中更容易受到伤害。1996年，日本兵库县南部发生地震，其中65岁以上老年人占总罹难人数的49.6%；2005年，美国卡特里娜飓风灾害，大多数死亡人员为年老体弱者，在路易斯安那州，年龄超过60岁的遇难者约占71%；2011年，东日本大地震发生当天，60岁以上老年人遇难人数占当天总遇难人数的66.1%。

我国有关避难场所的研究多集中在空间层面，主要是避难场所可达性分析及其空间布局研究，多借助数学模型和技术软件等手段，采用定量分析方法较多，较少考虑到避难场所使用对象的个体差异性。随着研究深入，我国避难场所应对灾种不断丰富，从最初应对单一的地震灾害向应对暴雨、洪水、台风等多灾种的综合型避难场所方向发展。近年来，老年人受灾情况也引起专家学者的关注，苏幼坡、张新科等从规划视角对老年人的灾害应对提出一些措施和建议，认为应以社区为单位展开应急避难演练，进行防灾减灾教育，老年人在应对灾害时应采取就近避难。虽然我国避难场所的相关研究不断丰富并取得了一定成果，但总体来说针对老年人等避难弱者的避难场所规划研究还相对欠缺。因此，本文试图归纳总结日本福祉型避难场所建设经验，为我国老龄化背景下避难场所规划建设提供一些借鉴。

（一）日本福祉型避难场所规划流程

1995年，版神·淡路大地震发生后，日本在修编《灾害救助法》时，对福祉型避难场所的建设做出了相应规定，但是在实际操作中并没有受到重视，直到2007年能登地震，才首次设立了福祉型避难场所。在日本，避难场所主要分为避难救助点、广城避难场所和福祉型避难场所三种类型。福祉型避难场所在日本避难场所体系中独立设置，多是结合现有建筑综合指定，通常是养老院、学校等建筑型避难场所（表7-1）；主要服务对象是老年人（尤其是高龄者）、残疾人、孕妇及其他避难弱者。经过多年的发展，日本福祉型避难场所功能不断丰富，其规划流程也逐渐完善。

1. 基本情况

在规划福祉型避难场所前，首先要明确避难对象，再由市町村全面收集避难者的基础资料。具体调查身体残疾、认知障碍、精神障碍、老年人、住家病患（需要使用人工呼吸器等装置）等避难弱者的规模及基本信息，包括姓名，年龄、住址、家庭成员、身体状况、紧急联系电话等。同时，对可能被利用为福祉型避难场所的设施进行调查。重点调查对象是中小学、市民馆、老年人福祉设施（日托中心、养老机构等）、残疾人支援设施、儿童福祉设施、保健中心、特别支援学校、住宿设施等。主要摸清这些设施的地址、名称，以及所有者和管理者、可利用空间状况、已有设施条件、可接受避难人员规模等。

然后，建立避难者信息数据库并及时更新，对可能被指定为福祉型避难场所的重点调查对象的已有救灾设施进行统计，汇总整理相关基础资料，为以后综合筛选福祉型避难场所提供依据。建立避难者信息和避难设施数据库，有助于灾时救援信息传达和避难支援活动顺利进行。

2. 严格设定福祉型避难场所

在日本，对于福祉型避难场所的指定有严格的条件和明确的目标。首先，要确保避难场所自身安全，包括：耐震性强；周围没有危险源，如应满足位于泥石流灾害特别警戒区域以外，即使发生水灾也能保证一定的避难生活空间等条件；能够确保避难者在避难生活期间的安全，避难场所内要做到无障碍化并且提前准备好相应设施。其次，还需保证有充足的避难空间，根据避难者的特征，落实其空间需求。各县市根据自身情况可建设阶段性、多层次的福祉型避难场所。通常有独立的福祉型避难场所和福祉避难室两种形式，福祉避难室设立在一般避难场所内，如中小学、市民馆等，对该避难场所功能进行补充，是一般避难场所和福祉型避难场所之间的过渡。其中，对于一些民营设施，在确定作为福祉型避难场所的过程中，政府会同设施所有者或管理者进行协商，以达成最终决定。

3. 全面公示福祉型避难场所

福祉型避难场所最终名单确定后，政府会通过当地媒体向社会公示，公示内容主要是福祉型避难场所名称、地址、可容纳避难人员规模等基本信息。要确保通知到有避难弱者的家庭，一些自主防灾组织和避难支援团体等社会组织也是重点通知的对象。福祉型避难场所信息共享是确保灾时避难弱者高效接受避难支援服务的前提条件，也是福祉型避难场所及时启用和互联合作的基础。

（二）日本福祉型避难场所建设经验总结

1. 以人为本

日本老龄化严重，建设福祉型避难场所的目的就是保障老年人等避难弱者的生命财产安全，因此在规划建设过程中应将避难弱者的需求作为出发点和落脚点。在前期研究阶段，政府充分收集老年人等避难弱者的基本资料，将服务对象分类，明确各类人群的避难需求。在具体规划时根据避难弱者的空间分布，结合避难场所现有条件进行综合指定。在建设中，不仅要做好无障碍楼梯、无障碍卫生间等，还有避难生活过程中的服务无障碍化，充分落实无障碍服务。例如：针对避难弱者的身心特征合理分区，方便其日常活动；在信息传播过程中采取广播、公告板、服务手册等多样化方式，保证避难弱者能够及时接收到相关避难服务信息。

2. 注重日常管理

避难场所具有双重性，灾时是庇护人民生命财产安全的港湾，非灾时常以体育场、学校等形式出现，福祉型避难场所也是如此。从使用时间上来看，避难场所非灾时使用所占比重更大，即使如此，发挥应急避难功能仍是其主要使命。为了能够让福祉型避难场所在灾时充分发挥效用，加强非灾时的管理是主要途径。

日常管理包括对避难场所自身的管理和对避难者的管理。对福祉型避难场所的管理主要是建立福祉型避难场所信息库，定期检查避难服务设施，及时维修和更换老化和损坏的设施，当避难场所信息变更时及时向社会公示。对避难者的管理主要是通过入户宣传、发放救助药箱和防灾手册等方式及时向他们传递避难场所相关信息。通常以社区为单位，组织老年人等避难弱者参加防灾演练，在演练中教会他们自救和救助他人的方法，向他们讲解并演示如何使用福祉型避难场所内的无障碍设施。

在非灾时加大对避难场所的维护和管理，是保障灾时功能充分发挥的重要前提。同时，鼓励老年人等避难弱者积极参与防灾演练等活动，主动接收防灾信息并且通过反复操练达到灾时灵活应对的效果，也是有助于避难场所发挥作用的有效手段。

3. 健全保障措施

福祉型避难场所通过制订详细的灾时启用计划，提前与医疗系统、交通系统等相关支撑系统对接，安排好各避难阶段的主要任务，保障灾时食品、药品等物资供应，保证服务人员能够迅速调配并及时到位。

在日本，避难弱者在不同避难阶段都有相应的法律制度保障，如《灾害救助法》和介护保险制度等，这是他们在福祉型避难场所内能够充分享受权益的保证。近年来，日本还大力发展通信技术，提升避难场所智慧化管理水平。2016 年 4 月，熊本县发生了 6.4 级地震，震前 10 秒开设地震预报的手机都能够收到地震灾害提示信息，为群众避难争取了宝贵的时间。灾时日本三大通信运营商 DoCoMo、软银（Softbank）和 au 还联合为灾民提供免费的无线网络服务，以便灾民实时掌握避难信息。有了通信技术的支撑，在福祉避难室、福祉避难场所及专门的医疗机构等支撑系统之间实现了灾时信息互通，有助于合理分配受灾群众，调配避难设施和服务人员。福祉避难场所不是孤立的个体，其功能的发挥实质是各子系统共同努力的结果，除了避难场所自身，还包括医疗、交通、通信等各个支撑系统。只有保证各子系统功能正常运转且相互之间良好配合，才能促使避难系统整体功能最优化。

（三）日本经验对我国的启示

1. 完善避难场所规划体系

我国应急避难场所最初是为了应对地震灾害设置的，《防灾避难场所设计规范》（GB51143—2015）（以下简称《防灾规范》）中不再专门定义地震避难场所，而是改为防灾避难场所，指配置应急保障基础设施、应急辅助设施及应急保障设备和物资，用于因灾害产生的避难人员生活保障及集中救援的避难场地及避难建筑，分为紧急避难场所、固定避难场所和中心避难场所三类。避难场所的层级划分以功能、责任区范围为标准，没有考虑到使用对象的差异性。

在具体实践中，我国避难场所以公园、广场等形式为主，造成建筑型避难场所承担避难功能不足。当面临极端天气等气象灾害时，如 2008 年南方冰雪灾害、2016 年长江流域的 1 号洪水、2021 年 7・20 郑州特大暴雨等，场地型避难场所捉襟见肘，体育馆、会展中心、中小学校舍等建筑型场所才是理想的避难所。建筑型避难场所不仅能在应对极端天气时发挥作用，也是老年人等避难弱者的避难首选。从日本的经验看来，福祉型避难场所以建筑型避难场所为主，我国应重视并完善建筑型避难场所的规划与建设，设置服务于老年人等避难弱者的避难场所。各省市可以结合辖区内避难弱者基本情况，有针对性地完善并提高避难场所功能。老城区通常是老年人等避难弱者聚集度较高的区域。应对已有避难场所进行无障碍设计改造，增加福祉型避难室，提高已有避难场所的服务水平，同时还需根据避难弱者规模和空间分布建设独立的避难场所。在新城区，避难场所规划建设应未雨绸缪，与社区建设同步进行，做好无障碍设计、提前规划、分期建设、服务于避难弱者的避难场所。

2. 提升避难场所建设标准

虽然《防灾规范》中提出应满足老年人、残疾人、孕妇等避难弱者的避难需求，并给出一些建设指导标准，但是结合日本福祉型避难场所人均有效避难面积 2~4 m^2 的建设经验，我国《防灾规范》中部分标准还稍显不足。以长期卧床者为例，一般病床的长宽尺寸为 2 m × 0.9 m，即占地面积为 1.8 m，加上相邻床位间隔 0.8 m 及至少可以供轮椅通行的 1 m 宽通道，人均需要

4.25 m^2，这超过了我国规范中长时间卧床者 4 米 / 人这一标准；若因特殊情况需要增加遮挡帘，所需面积还会增加。

在明确福祉型避难场所建设标准的基础上，还需要确保福祉型避难场所整体规模满足地区需求。福祉型避难场所可以按照该区域内老年人的人口比例来设置，即在避难场所总体规模满足区域人口需求的前提下，其中福祉型避难场所规模应与老年人口相匹配（福祉型避难场所中的人均避难面积高于区城平均水平）。鉴于目前我国福祉型避难场所数量较少，参考我国现施行的防灾避难场所设计标准并结合日本的经验，建议我国福祉型避难场所建设应以建筑型为主（数量占比约 80%），主要包括养老院、福利院、中小学校舍、体育馆等，在场地型避难场所内，尤其是固定避难场所和中心避难场所内需要设立福祉避难室。

3. 加强日常维护和管理

避难场所日常维护和管理可以借鉴日本的经验，建立避难场所设施数据库，对各类设施进行定期检查和记录，对于不合格的或者遭到损坏的设施及时替换、维修，只有将非灾时的管理工作做到位，才能保证灾时充分发挥避难场所功能。除了避难场所自身，对避难场所的相关支撑系统也需要进行日常维护和管理，比如交通系统、医疗系统和通信网络等。抵达避难场所后，救治受伤灾民是主要工作，离不开医疗系统的支撑。除了必备药品，还需要一些医疗器械，如血压计、担架、病床等，能够对受灾人员进行简单诊治，超过避难场所救治能力范围的伤员应及时移送至专门的医疗机构。对于一些有精神障碍的避难者，还应配备心理治疗团队，缓解他们的恐惧症状。有了通信网络的支撑，可以增强受灾群众与避难场所、避难场所与社区、受灾区城与其他地区之间及各避难场所之间的联系，有助于高效运营和管理避难场所，开展救援工作。

虽然避难场所的信息化管理目前还比较薄弱，但这是未来我国避难场所发展亟待完善的地方。目前，我国防灾避难场所投资建设和管理的主体是政府，但是内部呈现多头管理的现象，有的城市避难场所建设管理工作归属于民政部门，有的城市又归属于规划建设部门，避难场所建设和管理口径不一，对于其发挥防灾避险功能有很大影响。结合我国发展现状和日本经验，建议首先今后我国避难场所的建设和管理工作由规划建设部门统一负责，从科学规划、建设布局到后期管理建立一套有效机制，其他部门根据需求给予配合，避免出现“都不管”或“多头管”现象；其次，在避难场所建设过程中不仅依靠政府资金，还可以充分吸纳企事业单位、民间组织的力量；最后，在避难场所的管理中，应充分调动红十字会、防灾协会等非政府组织的积极性，采取分片分区的形式，将部分避难场所管理的主动权交予这些组织，由它们负责日常维护和管理。

4. 落实公众参与，提高防灾意识

虽然近年来我国防灾减灾工作取得一定进展，但是整体来看我国人民的防灾避难意识还相对薄弱。多数老年人认为避难就是找一个相对安全的地方暂时躲避，没有意识到当发生重大灾害时城市可能会出现部分功能瘫痪无法正常运转，以至于受灾群众需要在避难场所内完成衣食住行等各项活动。在实地调研中，笔者询问老年人防灾避难场所作何用处时，回答多是“应对地震，为了有安全的地方能够躲避”，可见老年人的防灾意识相对薄弱，在他们的认知中灾害与地震灾害是对等的。所以，小区内的空地、城市公园和广场是他们选择的理想避难场所，对于建筑型避难场所多数老年人心存疑虑，担心建筑会倒塌，不安全。

老年人等避难弱者的文化水平和身心条件有限，对于书面和网络形式的规划公示方案接触较少，他们认为找社区、找政府是表达自己意见和看法最直接的途径。因此，以社区为单位，成立宣传小组并且组织入户宣传是提升老年人等避难弱者防灾意识和公众参与度的好方法。在宣传中重点普及防灾知识，应告知适宜避难弱者使用的避难场所的基本信息，介绍相关避难设施的使用方法，打消他们对于建筑型避难场所的疑虑等。同时，在防灾信息链中发挥社区的桥梁作用，对公众参与项目及时做好宣传和总结工作，强化社区作为市民和政府之间信息传递和反馈的纽带作用。

虽然日本福祉型避难场所规划建设相对成熟，但是经历3·11东日本大地震后，对于福祉型避难场所的指定和运营仍旧在不断修改和完善。我国避难场所规划建设起步较晚，避难场所功能有待进一步完善。随着老龄化不断加剧，避难弱者规模日渐庞大，未来我国避难场所规划应关注使用者的性质差异，有针对性地规划布局适宜避难弱者使用的避难场所，可以通过现状改造、功能提升和规划新建来满足老年人等避难弱者对避难场所的规划诉求。同时，需要完善避难场所支撑系统，健全防灾信息链，加强避难场所规划建设中的公众参与，提高市民的防灾避难意识。通过物质规划和软实力的提升，促进避难场所规划建设不断完善并且高效使用。

三、东日本大地震灾后住房重建规划

（一）背景与问题

住房是国家（区域）恢复秩序与继续发展的先决条件，同时自然灾害发生后的住房供应又是一项极具挑战的灾后复苏任务。2011年3月11日，日本东北地区太平洋西岸大范围受到地震与随之而来的海啸破坏，继而造成福岛核泄漏事件，这一系列灾难要求政府与社会为受灾人民恢复生活付出巨大努力。此外，日本经济停滞与人口窘境——老龄化社会加剧与新生人口增长缓慢，均是日本东北地区的典型经济社会困境表现，这也反映出了灾后日本住房重建工作面临极大挑战。东日本大地震后，日本住房重建所面临的挑战堪比2004年苏门答腊岛或2010年海地的境况。不同的是，日本作为发达国家具备足够的灾后住房重建能力。在如此背景下，如何行动是检验日本是否具备应对老龄化社会、新生率缓行与经济发展缓慢三重挑战与灾难并行的试金石。虽然灾难已过去10年，但东日本大地震受灾地区仍处于重建恢复进程中，因此本文仅分析这10年的相关资料与情况。

本文将阐述东日本大地震与引致海啸所造成的住房毁损及重建现状，介绍日本灾后住房重建所采取的具体措施，并探讨其住房重建中所遇到的问题，最后阐述其带来的重要启示。

（二）东日本大地震住房毁损情况

2011 年 3 月 11 日，9.0 级地震袭击日本东北地区，进而引发一连串海啸殃及 450 km 的沿海平原，导致 500 多平方千米的区域遭受水灾，多达 18 个县（级别同中国的省）遇难，沿太平洋东北区城的岩手、宫城与福岛三县遭受严重破坏，辖区 80% 的面积遭到毁损。随后福岛核泄漏事件则进一步加剧东北区域南部的困境。熟悉沿太平洋日本东北地区情况的同仁应该对日本此前发生过的海啸有一定认识，因为日本东北这三个最大的县在过去 120 年里是受灾最严重的区域。据日本国家警察厅 2012 年公布的数据，一些村镇 50% 以上的活动区域被摧毁，其他区域则遭受严重破坏。据官方统计，39.5 万多座住宅严重或完全损坏，70 万多处地产受到部分毁损，5.5 万余处非住宅建筑（政府设施、公园等公共建筑）与商业设施（包括医院、学校和敬老院）被海啸、地震与余震损毁。此外，公路、铁路、电缆和一些基础设施化为废墟。受核泄漏影响最大的福岛县问题层出，全部或部分居住在核电站周边城镇与村子的人们被迫迁离居所，并被疏散于日本其他县市，灾后仅有某些区域的居民可回原住所居住，另一些则处于观察中。当前，受灾地区已很大程度上进行了恢复，但截至 2020 年末仍不能确定居民是否能迁回发电站附近居住。

（三）东日本大地震灾后住房重建对策

1. 多管齐下，保障灾民临时住所与生活多样性需求

目前，日本东北地区灾民居住地点与方式各异，政府建立完善的房屋租赁及保障性住房体系并为重建时所用，为居民提供尽可能多的居住安置备选方案，满足不同群体的多样需求。在城市，如仙台市，人们主要住租赁房；而在乡村地区则以临时板房为主，这种板房主要建在高地。宫城与

岩手两县灾民部分仍居住在原住房内。宫城和岩手实况所示，地震和海啸对沿福岛海岸线的住房造成严重破坏，迫使人们不得不迁离，但大部分被迫迁离者来自福岛核电站周边指定疏散地，其次是因害怕辐射而迁移的临近地区居民。据统计，约 11.1 万人被迫迁离指定疏散县市，此外至少 4.8 万人是依照自己的意愿搬离临近区域。

2. 放宽临时住所时限，宽松保障灾民重整所需时间

震后数周，约 47 万人被安置在学校、公共建筑、亲友家、旅馆等临时避难场所。受地形限制，多数情况下很难找到能用于搭建临时避难场所的平地，这也是阻碍建设永久性村落、乡镇和城市的问题。最终临时住房被分散建在很多地方，部分住房建在城镇周边。截至 2012 年 10 月，通过新住处与原住处两条腿走路的方式，大部分灾民已迁离临时避难所，约 30.6 万人仍滞留在政府提供的临时住房中，2011 年暑假建成的临时板房（约 50 000 个单元）、社会住房与私人出租房均有人居住，其中私人租房占最大比例，租金由公共机构支付。原则上灾民可在临时住房中居住两年，但因事态严重，时限被调整成 3 年。而日本历史上在部分地区，如重建工作最迅速的神户，自 1995 年大地震之后，相当比例难民被允许可在板房中居住 5 年或更久。

3. 出台灾后社会住房计划，有针对地保障灾民新住所

在多个市，集体搬迁到更高区域的政府计划已得到实施，并制订了灾后社会住房计划。对于后者，政府为至少由五户组成的单元提供了合适建设用地，这五户家庭既可是前邻居，也可是新识居民，但多数来自居住在临时板房的受灾群体。为实施这一计划，政府支付给来自 26 个村庄、乡镇或城市的 1.95 万户居民 2400 亿日元（约 160 亿人民币）。地方政府使用土地的方式各异：一些土地被收购，另一些土地在购买的前提下被租出，如拥有降低租赁成本的特殊项目的仙台市。住房会被合适的房主在一定条件下以无息贷款方式购买，地方政府将为其提供额外支持。“灾后社会住

房”主要提供给无力自己建房的灾民，该计划比标准社会住房更符合现实情况，该计划于2012年10月投入2013亿日元（约130亿人民币）用于援助41个村镇市的8300个单元户。社会住房能否实施到位关系到新建社区未来的凝聚力。东北地区许多政府认为在空间和视觉上对社会住房居民与其邻居进行分隔虽然具有保护隐私的作用，但会影响到社会凝聚力，因此最终倾向于选择建设标准的四层混凝土社会住房。

4. 统一补偿计划，保障灾后住房重建启动资金

为鼓励居民搬入永久性住房，政府提供了住房受灾补偿。多数情况下，地方政府还在原来的补偿上追加额外补偿，每户补偿金额高达300万日元（约20万人民币），以作为补偿或启动资金。补偿金额取决于住房或家庭所受到的损坏程度。位于指定疏散区域且不再适合居民使用的灾后住宅废地（土地用于商业和工业的计划已被否定）将于灾后五年后在评估基础上由政府收购。基于土地开发计划，将以人为本并以生态环境可持续发展为目标评估出不同价值土地，地方政府将为不同的补偿制订统一补偿计划。

在震后住房重建方面，日本相关政府出台了上述详细的保障措施。2012年10月，官方永久住房项目计划补贴4万个单元户，这只是目前住在临时住房（居住在板房、公共与私人租房户共计13.6万个单元）中灾民的小部分。这意味着绝大部分丧失住宅的居民得在没有政府补贴的情况下自行寻找住房，但其中多数居民是出于自己意愿决定搬离他们原来住处的。然而，虽然地震保险金额高达1.2万亿日元（约785亿人民币），但只有少数人可得到支付，如宫城县约43%，岩手县仅17%，福岛县则为22%。

（四）东日本大地震灾后住房重建启示

日本因为自然灾害频发，在频繁的灾后救援和灾后重建中积累了丰富经验。东日本大地震灾后住房重建方面存在许多问题，政府官僚主义、管理危机等是住房重建面临的主要困境。但是，日本相关政府在尽最大努力克服困境，并取得了诸多值得外界借鉴的经验。特别的，我国当前面临着

日本已经存在的老龄化加剧与新生率缓行压力，因此本部分将在如此社会背景下介绍东日本大地震住房重建的困境、经验与启示，以供我国相关部门与主体借鉴。

1. 依托住房重建工程与事业，推动人口与经济结构调整目标实现

对于一个灾害肆虐并长期兼有经济社会发展缓慢与人口减少问题的区域来说，住房重建工作远比实际情况严峻。据估计，灾后主工作年龄段人口迁入其他地区后将在长远的将来引起高老龄化率，且伴行新生意愿严重不足问题。1995 年，阪神·淡路地震对神户市影响最大，之后神户人们基本在临城（如大阪）寻求就业。不同的是，东北人们在寻找工作中面临巨大挑战，因为沿海居民多以渔业和海产品贸易为生，而港口、渔船与水产养殖设施在灾难中基本已被破坏。到目前为止，渔业与水产养殖一部分得到恢复，但因为城镇规划尚在酝酿中，所以滨海陆上设施基本都是临时建立的。由于受海水浸泡，海啸使得农地不再适合耕作，从而严重影响农业生产，福岛县农民为了治理污染土地和农产品的斗争及消费者对放射性污染的忧虑也是另一个影响因素。

面对上述困境，日本政府利用住房重建工程与事业，开始在临近区域进行人口迁移，基于老龄化与新生率考虑实现区域间人口结构调整。产业方面，在积极推动渔业、农业、养殖业复苏的基础上，布局新产业，推动经济与产业结构调整。据统计，灾区就业水平在灾后几个月得到了很大改善，大量新增岗位主要分布在重建工程领域。

2. 基于区域特殊与实情，广开思路平衡灾后住房重建与未来安全

日本具有丰富的灾后住房重建经验，但东北地区具有自身特点与重建预期，大部分东北城镇均采用以往的自有应对措施，因此要求采取同以往经验不同的对策。此外，部分地区在灾难中丧失了大量劳动力，从而缺乏可用人力。因此，大批专家被派往灾区，部分地方政府则采用咨询机构提供的住房重建规划与对策，但很多居民反映这些专家基本不熟悉实际灾情

和当地地形。东日本大地震受灾范围不仅广，而且程度极为深远。东北地区城镇的严重破坏，在很大程度上要求专家重新规划，此外还得克服预料之外的困难，如大部分土地掌握在居民手里，采取何种方式及在多大程度上对这些征用土地进行补偿将决定被补偿居民将来的生活与发展。考虑到该区域未来安全（如人口增长、经济发展、防灾减灾等），日本首相在灾难发生后迅速召开紧急会议（2011 年 4 月 1 日），会议决定将住房拆迁到高地。此外，考虑到当地地形，防洪堤、撤离路径和公园等新土地规划与保护政策得到实施，而商业大楼与基本的渔业设施被建于近海区域。这种住宅同商业、工业在空间上的隔离遭到部分专家批判，他们指出生活与工作在空间上的隔离将影响城镇和社区的家庭生活与社会结构，从而颠覆传统空间结构。然而，这种模式是考虑地区特殊情况后得出的，具有很好的区域适应性，值得我们借鉴。

3. 弹性鼓励社会参与，保障住房重建事业群众基础

住房重建是与受灾群众联系最直接、最紧密的灾后重建内容。东日本大地震后，社会参与成为重建计划的一个亮点。不少专家认为，在老龄化加剧、新生率缓行与经济社会发展缓慢的背景下，若当地社区想留住人口，就得鼓励居民参与住房重建计划全过程。土地资源、基础设施建设、运输与旅游等部门均为县市提供了可用于指导在住房重建进程中如何吸引社会参与的方针思路。社会参与重要性在 2000 年通过的城市规划法中得到了体现，当前社会参与在日本城市规划中处于快速发展阶段。然而，农村社会参与的积极性普遍不高。基于社会力量实施重建计划是一项极具挑战的工程，东北地方政府已在鼓励居民自愿搬往新住处和团结全部力量参与重建计划方面做出了诸多尝试。然而，社会参与的住房重建工程进展相当缓慢，且很多情况下居民是被强制参与的。一些城镇政府成立了居民委员会，另一些城镇则通过政府呼吁正在组建委员会，即便以居民委员会为主体邀请居民参与，社会参与度也非常低。另外，灾前存在的社区组织则能积极

参与住房重建工程，但这也仅代表当地社区的部分意愿。这类机构的存在是“长者权利”的象征，且因当地政府的不信任，居民常常质疑居民委员会的作用。因此，东北地区政府开始吸引其他阶层参与，并帮助做出民主决策。

可见，受各方面因素的限制，社会参与在一定程度上是存在局限性的，灾后住房重建中是否应该吸引社会力量加入应视具体情况而定，而这些具体情况包括现实工作是否需要、社会力量是否拥有参与的意愿与能力。此外，应该评估考量社会参与的程度。

4. 充分尊重住房主体意愿与选择，针对性重建住房

灾后社会住房与自建房需求是很难评估的，所以东日本大地震后地方政府无法准确获得土地需求数据。现实情况中，政府一般会通过社会调查来了解灾后民众未来的住房意向，但这种调查结果会受到生活环境及地方政府所实施或计划政策的影响而变化，主要原因是居民处在极端不确定的窘境中（如灾害补贴数目和新住处环境等未知）。此外，居民对未来金融环境的预期也在发生改变，因为他们原来住宅地价评估进程缓慢，并且随时间流逝其获取房贷的机会在减少。因此，依据土地规划的住房土地开发进程是异常缓慢的。另外，在缺乏具体需求情况下建设公共住房是不可行的，因为这样容易导致因公共住房位置限制从而浪费社会资源，尤其是在人口不断减少的小城镇。因此，在东日本大地震后，一些地方政府则完全由居民自行决定或去或留，或自建住房或使用灾后公共住房，这在很大程度上提高了住房保障效率与灾民住房需求满足程度。

民众急需住房，而灾后住房重建事业进展缓慢。根据统计，灾后一般需要经历至少一年半的时间才能建成灾民临时住房，这就形成了矛盾，不确定的预期使人们远远搬离灾区，从而造成人口进一步减少，进而使得大部分规划与重建工作成为徒劳，多数住房则在一段时间内得不到使用。因此，灾后住房重建决策制定需要迅速灵活，符合历史条件性和文化连续性

的决策才具备可持续发展力。

本文通过介绍东日本大地震后，日本东北受灾地区的住房重建规划，分析其在老龄化加剧、新生率缓行与经济社会发展缓慢背景下住房重建对策实施背后存在的困境及解决困境的经验，为该领域的工作指出了间接或直接启示。地震、洪涝等对住房毁损严重的自然灾害发生后，如何保质、保量、保速地推进住房重建是一项关系民生的重要工程。因此，灾后住房重建应该考虑明确目标任务、工作原则、管理体制、土地政策、信贷扶持、水费减免与补助方针，保证政策与资金基础；多形式、多主体参与，保障住房数量与社会力量；科学编制方案、优先排险加固、严格执行设防标准，确保住房质量。

第二节　美国纽约韧性城市规划

一、纽约包容性城市规划

（一）纽约包容性城市规划的实施内容

纽约市近几次编制的全市层面的规划，其制定的实施内容、政策、行动均是基于不同时期的规划背景、社会问题和发展矛盾，所以各版规划的目标有较大的差异。2007 年，纽约总体规划《更葱绿、更美好的纽约》（*A Greener, Greater New York*）主要解决人口增长、基础设施需求、经济发展态势、城市环境状况和气候变化五个方面的问题，规划围绕着住房、交通运输、空气质量和气候变化等 9 个主题展开。2011 年，则在此基础上新增承诺以稳定城市环境和建设宜居社区的内容。2012 年，纽约遭遇桑迪飓风灾害，为了增加社区应对自然灾害的弹性建设能力，2013 年纽约市发布了应对气候变化的建设计划《更加强壮、更富弹性的纽约》（*A Stronger, More R esilient New York*）。随后，纽约市人口老龄化、收入不平等和高贫困率等问题日益突显，最新一轮总体规划《一个纽约—— 一个强大而公正的城市》（*One New York: The Plan for a Strong and Just City*）（2015 年）针对上述问题制定创造一个公平和包容的城市的各项实施政策。

跟前几版纽约城市总体规划相比，最新版总体规划提出了多个新的概念和重点建设的领域，其中包括社区建设、教育和关注弱势群体等。它主要在三方面补充前几版规划欠缺的包容性城市规划相关内容。一是根据社区文化、教育背景、收入差距和弱势群体的需求，制定适合社区发展的策略。二是增加社会公平和多元包容的内容，确保教育、住房、医疗和文化等各方面能平等惠及各个市民。三是增加公众参与途径。有批评者认为，2007 年纽约总体规划存在缺乏公众参与、部分内容体现长官意识和规划编制过程缺乏透明性等问题。而 2015 年纽约总体规划及时完善上轮规划的不足之处，通过在线咨询、访谈和会议讨论等途径鼓励多方参与。下文将分三部分梳理纽约城市总体规划中包容性城市规划的实施内容。

1. 保护弱势群体，体现社会公平

近十年，纽约市在提高就业率、增加住房面积和医疗设施等方面取得了不错的成绩，但同时，纽约市老龄人口增长、收入差距扩大、贫困率居高不下等问题，对妇幼、长者、残疾人、退伍老兵和贫困人口等弱势群体产生明显的负面影响。政府为促进社会公平与包容，切实关注弱势群体的需求和保障其权益，分别在经济、保障性住房、就业和医疗这四方面制定相应的政策。

在经济方面，规划将通过资金支持和政策支持两方面落实该目标，计划到 2040 年将创新产业的就业岗位比例从 2015 年的 15% 提高到 20%。保障性住房工作由纽约市房屋保护与发展局（Department of Housing Preservation and Development, HPD）负责；另外，在部分融资方案中，规划明确规定面向中低收入人群租赁的住房比例。在就业方面，主要由市长办公室、纽约市教育局和纽约市小型企业服务部（Department of Small Business

Services, SBS）负责落实工作，规划主要通过加强教育和提供工作技能培训两方面的手段，提升市民的工作能力从而根本性解决就业问题并缩小贫困差距。医疗方面的工作，主要由纽约市健康与心理卫生局和纽约市健康医疗总局（Health and Hospitals Corporation, HHC）负责，并在州、市和社区三个层面落实。值得注意的是，加强社区建设作为本轮城市总体规划的重点建设领域，纽约市促进社会包容的各项政策与行动，大多以社区为单位执行。

2. 增加公共交通出行的惠普性

公共交通影响着公众的日常出行，因而交通出行方式是否多元、惠及人群是否多样、设施是否充足、交通网路覆盖面以及费用可支付性等问题都能体现城市包容性的高低。本项政策的落实涉及纽约市港务局、纽约市交通局、纽约大都会运输署等多个政府部门及其他组织机构。实现公共交通惠及公众的目标，主要细分为以下四个方面：①出行方式。提高公共交通出行的便捷性，鼓励市民选择公交出行，具体包括改善公交服务、推行公交信号灯优先、增设公交车道摄像头和提供公交实时信息的方式。②使用人群。改善残疾人专用道、提升公交站点的无障碍设计和增加设有轮椅出入道的出租车，从而提高城市交通网络对老年人和残疾人的友好性。③交通网络。通过制定区域过境交通战略、新增地铁线路、扩大自行车道网络和加强轮渡网络建设的方式，提高交通网路密度，重点解决交通服务不足社区的出行问题。④费用。制定价格合理和班次合适的公共交通服务系统，让市民能承担得起交通出行的费用并便捷出行。

3. 建设可持续发展的生态包容性城市

包容性城市规划除了解决人与人之间资源配置不对等的矛盾，改善教育、医疗、住房等民生问题，还应关注生态问题，促进人与自然和谐发展，实现生态包容性发展。纽约包容性城市规划包括生态建设的内容，主要包括应对气候变化、资源循环利用、棕地清理和提高海防能力等四个方面。

（1）应对气候变化。政府明确“80 × 50”的目标，即到2050年，纽约市的温室气体排放量将比2005年减少80%。为此，未来将与建筑、电力、运输和固体废物管理这四个部门紧密合作，分别从节能与绿色材料、清洁再生能源、减少车辆碳排放量、降低废物产生等方面控制全市温室气体排放量。另外，纽约市卫生局开发用于监测社区空气质量的工具包，包括获取污染排放源、调查空气污染情况、监测污染物排放量及在线数据分享等内容。

（2）增加资源循环利用率。规划目的是到2030年将废物处理量从2005年的基准减少90%，实现废物零浪费和提高资源的循环利用。该目标被细分为垃圾处理和资源回收利用两项工作。在垃圾处理上，减少垃圾焚烧和填满处理，鼓励垃圾的有机处理，为此政府与当地营利组织和私营部门合作，增加有机物收集点。在垃圾资源回收上，一方面政府与相关行业协会、废弃物管理公司、大型消费品制造商和零售商合作，推出“废物—回收—成品”的循环经济发展计划和垃圾回收奖励政策，鼓励资源回收与重复利用；另一方面，制订商业垃圾收集系统和商业回收规则，提高商业垃圾分类、处理和回收的效率。

（3）棕地清理。纽约市致力于清理受污染的土地，将其转化为安全和有经济效益的城市资产，如用于保障性用房、公共空间和商业办公的建设等。在2015—2019年的750个棕地清理项目中，至少有375个（占比一半）位于中低收入社区，可见政府对弱势群体的关注与重视。本项工作的落实由纽约市市长环境修复办公室负责。

（4）提高海防能力。纽约市通过实施海岸保护计划，提升沿海社区应对气候变化的能力。政府为重要的沿海保护项目提供更多的资金，同时升级海滨管理工具和资助全市海滨检查工作，进而制订更有效的海滨资产管理计划。

（二）纽约包容性城市规划实施的机制保障

1. 与已有规划衔接，追踪行动的落实进度

2015 年总体规划与前几次全市层面的综合规划有积极的响应与衔接。2011 年颁发的《更葱绿、更美好的纽约》针对人口增长、基础设施需求、经济发展等多个方面提出可持续发展的倡议。为应对桑迪飓风给城市带来的灾害，2013 年发布的《更加强壮、更富弹性的纽约》明确提出应对灾害的措施和未来防灾计划。本轮总体规划为进一步推进已有规划的后续工作，将"2011 年可持续发展计划"中住房与社区、公园与公共空间、交通等 11 章节的内容，以及"2013 年防灾能力倡议"中气候分析、海岸防护、建筑等 21 章节的内容，以附录形式补充到本轮规划中。附录会以表格形式明确列出"2011 年可持续发展计划"和"2013 年防灾能力倡议"提出的具体行动与该行动在本规划编制前的进度（取消、未开始、进行中、已完成）、到2014年应完成的工作以及该工作落实的进度（重新立项、未开始、未完成、部分完成、已完成）。

2. 构建明确的指标体系

纽约市总体规划构建"愿景—策略—行动"的指标体系，目的是将愿景细分为各项可操作性强的政策与行动，并将其量化为具体的指标。2015 年城市总体规划包含四个愿景，每个愿景都涉及包容性城市规划的相关内容与措施。在总体规划层面将四个愿景分别细分为八项、六项、六项和四项共 24 项策略，再将 24 项策略转化为 94 个行动，部分行动还会细分为多项子行动。以"愿景四：韧性城市"为例，它被细分为社区、建筑、基础设施与海防四项策略，规划提出完成该愿景的总指标与各项策略的分指标，用简短的文字形式强调各项指标的目标并记录年度进展。四个愿景的多项策略的指标执行情况会以年度进展报告的形式反馈给政府，用于评估上一阶段工作及部署下一阶段的任务。

另外，每项行动或者子行动都会明确相应的牵头机构，规划严格要求

各机构如期落实各项行动，并明确列出各项行动的资金情况与资金来源。资金情况分为五类：呼吁行动、计划中、暂不需要新资金、部分资助、已资助。资金来源则主要来自政府（联邦、州、纽约市）、各牵头部门或私人投资。

3. 多方共同推进规划实施

政府各部门相互合作，并积极与社区组织、社区官员、社会团体、商业协会和当地居民等不同群体沟通合作，多方共同推进包容性规划的落地。为了更好地交流和衔接不同部门的工作，政府建立数据共享平台，便于各政府部门相互了解和高效、如期完成相关任务。

纽约市致力发展为以公众为中心的服务型政府，因而公众参与是本轮规划的重点之一。公众参与既有利于保证规划方案切实满足公众的需求，使后续规划工作有序推进，又有利于提高政府部门工作的透明度并监督其工作的落实。公众参与多样化的目标可分为公众参与方式多样化和政府队伍组建两项工作。第一，政府提供多样化的参与方式，包括：面对面会谈、圆桌讨论和市政论坛；雇主圆桌会议；在线调查；电话咨询；社区组织会议，让公众多途径、便利地参与规划活动。第二，政府不仅有效鼓励各行业、阶层、肤色和年龄层的市民主动参与城市规划发展的相关活动，还成立由不同性别、教育背景和阶层组成的多元工作小组和内部委员会，同时未来会重点招聘残疾人、退伍军人等群体，目的是关注不同社会群体的需求以更好保障弱势群体的权益，解决社会利益分配不公的问题。

4. 实施监督与反馈机制

政府制定一套监督机制，目的是要公开、透明地向公众展示规划工作的相关情况，促进各部门如期、高质量地落实工作。纽约市发布一项“市长行政命令”，要求定期编制“社会指标报告”，该报告用于分析城市社会、经济和环境健康状况，同时要求报告使用准确的衡量标准，以此准确反馈弱势群体的状况与意见，从而促进社会更公平和更包容的发展。在硬件设施方面，政府加大投资“智能服务平台”，旨在增强城市整合数据的能力、追踪建设资金来源和监督资金使用情况，并确保市民能及时、准确获取城市服务信息。

（三）对我国包容性城市规划的启示

纽约市总体规划将宏观愿景量化为具体行动的模式，既易于规划人员的理解与实施，又便于公众的解读与参与，从而切实保证规划的实施效果。虽然中美两国城市规划和社会背景存在差异，但纽约市总体规划在细化规划内容、加强部门合作和鼓励公共参与等方面的城市规划方式和管理手段，对我国包容性城市规划发展有实际性借鉴意义。

1. 细化规划内容，制定具体实施行动

未来城市规划将更加聚焦于包容性城市规划。现今我国城市规划对社会公正与包容愈加重视，城市总体规划的编制涉及经济、住房、教育、交通和生态等相关内容，但大多停留在利用城市空间结构、功能分区、开发强度等方式促进城市经济与社会发展，同时缺乏落实社会包容与社会公平的可操作性的具体内容。纽约市包容性总体规划在行动与对象细化方面，对我国包容性城市规划相关内容的补充与具体化有实际的借鉴意义。在行动细化上，纽约市规划根据现实问题提出具体化的对策，并以通俗易懂的方式列举具体要落实的措施，从而将宏观愿景转化为多项可操作性强的具体行动。在对象上，依据妇幼、老人、残疾人、贫困人口等弱势群体的特殊需求制定专门的方案，在住房、教育、交通等各个方面提出明确与细致的措施以保障弱势群体的切身利益，如在交通包容性方面，通过改善公共交通上下车的无障碍通道，提高交通出行对老人与残疾人的友好性。另外，可借鉴纽约总体规划明确各个措施对应的实施部门及其职责、资金来源、时限、规划实施评估标准等执行手段。

2. 衔接已有规划，加强部门合作

纽约市 2015 年总体规划梳理 2011 年和 2013 年两版规划截至 2014 年的落实情况，以便本轮规划更好与已有规划衔接。我国总体规划除了要对上一轮规划进行实施评估，还应以附录形式将上轮规划工作执行情况（特别是未完成的工作）与后续工作列在本轮规划上。

再者，纽约市包容性城市规划构建“愿景—策略—行动”的指标体系，将总体规划的四个愿景和“多样化和包容性政府建设”一章共五个宏观目标转化为 27 个策略和 101 个行动。为了更有效推进指标体系的落实和各项行动的实施，纽约市政府通过成立跨部门小组、建立智能服务平台、修订工作监督与反馈机制等方式鼓励不同部门的合作。我国未来要想顺利推进多规合一和总体规划实施，加强政府部门间的沟通与合作成为关键因素。未来应建立智能数据平台、共享各部门数据和设定规划工作评估机制，从而统一规划数据口径、监督政策落实、跟踪工作进度和评价职能部门的政绩等。

3. 政府权力下放，鼓励多方参与决策

我国公众参与的形式主要是通过民意调查、规划成果公示、听证会、研讨会和规划展览馆展示等。这些参与形式存在以下问题：第一，公众不易得知民意调查意见是否被采纳或规划部门是否做出回复；第二，规划公示大多是公众看不懂的规划图纸和官方文本，从而降低了公众参与的积极性。社区是我国的基层行政单位，能让公众最直接地参与城市规划，因而政府有必要将部分决策权（如房屋更新方案、公共空间营造、文化艺术设施建设等）下放给社区，真正做到“自上而下”和“自下而上”相结合。

纽约包容性城市规划主要涉及 36 个政府部门，其中有 22 个部门与社区建设相关，可见纽约市对社区层面公众参与的重视。该规划通过面对面会谈、圆桌会议、电话咨询等多种公众参与途径，充分接纳来自政府部门、规划师、非政府组织、企业和居民的意见与建议，做到自下而上和多方参与。我国参与城市规划主要是政府主导，多方参与仍需加强，因此有必要丰富多方参与城市规划的形式，如通过在线反馈、问卷调查、电话访问和利用微信与微博等应用程序及时了解居民的意见与需求，并且吸引非政府组织、商家、学校、相关专家和不同收入阶层等多元群体参与，及时听取弱势群体的需求。同时，应立法确保多方参与的法律效力，并通过报纸、互联网、电视和手机软件平台等媒介公示规划成果。

二、纽约城市规划中的土地开发与利用

（一）纽约市城市规划的演进

纽约在经过20世纪70年代城市更新的低潮后发生经济衰退，1975年接近破产，美国联邦政府通过提供23亿美元的短期贷款担保才使其能够通过向银行借款维持运转。之后，纽约市将生活环境的提升、犯罪率的减少和公共文化设施的建设列为城市管理与建设的重点，人口持续回升。虽然历经2001年的“911”事件和2007年的次贷危机，但纽约的全球城市地位并未动摇。近年来，面对日益复杂的环境问题和人口增长的压力，纽约的城市发展策略也面临转型。

纽约的空间规划体系主要由综合性的城市总体规划和分区规划两级构成。城市总体规划是对纽约未来15—20年发展的总体战略展望。作为市场经济主导的国家，美国城市并没有由政府主导编制城市总体规划的传统。21世纪以来，随着全球化进程的加速，全球城市之间竞争加剧，气候变化、人口快速增长、基础设施落后、公共机构负债等问题也给纽约的城市发展带来严峻挑战。为应对这些挑战，纽约先后编制了三版城市总体规划。2007年和2013年的两版规划由前市长迈克尔·布隆伯格（Michael Bloomberg）编制，而2015版规划由新任市长白思豪编制。

1.2007版《更绿色、更美好的纽约》

2007年，纽约发布了第一版PlanNYC，《更绿色、更美好的纽约》（*PlanNYC 2030:A Greener, Greater New York*），是在应对人口持续增长、基础设施老化、环境质量恶化和全球气候变暖的背景下出台的。重点关注的是城市物质环境的改善及为未来创造机遇的能力。规划从土地、水、交

通运输、能源、空气和气候变化等 6 个方面提出了 127 项计划，以实现城市的可持续发展，并首次将减少温室气体排放量作为承诺目标。随后的每一年纽约都会发布年度规划评估的进展报告，对一年中规划的实施情况进行评估，如在 2009 年的报告中指出纽约政府已经收购 2.9 万英亩土地来保障北部地区水资源的供应、为减少温室气体排放通过了绿色建筑的立法等。

2011 年，纽约以过去四年的发展和经验教训为基础发布了主题为“*A Greener, Greater New York*”的更新版规划，以应对城市发展变化中面临的更多挑战，并强调更新版的 PlanNYC 不是重新规划，而是深化 2007 版规划中的措施，且补充了在犯罪、贫困、教育、公共健康、社会服务等其他方面采取的措施，共包含 132 项改善纽约基础设施、环境、生活质量和经济的计划。

2.2013 版《更强壮、更具弹性的纽约》

2012 年 10 月纽约遭受“桑迪”飓风重创，为了应对气候变化带来的更加恶劣的自然灾害，提高城市基础设施的弹性，重建受“桑迪”影响的社区，2013 年纽约发布了新的规划《更强壮、更具弹性的纽约》（*PlanNYC:A Stronger, More Resilient New York*），提出了城市为适应气候变化影响应采取的策略，这些影响包括海平面上升和极端气候事件。规划提出“弹性”（resilience）原则，希望在变化和灾难之后能够反弹恢复，同时具备未雨绸缪应对困境，并从困境中恢复的能力。该规划以城市基础设施与建成环境、社区重建与弹性规划两部分为主体内容，议题涵盖海岸保护、建筑、经济复兴、社区准备和回应（电信服务、交通服务、公园）、环境保护等。

3.2015 版《一个富强而公正的纽约》

近年来，尽管纽约繁荣依旧，但也不断面临新的挑战：城市的生活成本不断升高、收入不平等加剧、保障性住房供不应求等。2013 年 10 月，偏向共产思想的市长白思豪承诺当选后会致力于缩窄贫富差距。在此背景下，2015 年纽约发布了《一个富强而公正的纽约》（*One New York:The*

Plan for a Strong and Just City）。“一个纽约”中形成了“愿景—策略—行动”框架体系，提出了2040年的目标和行动的四个原则，分别是增长、公平、可持续性、韧性。与前几版规划相比，更强调解决社会公平问题，让规划为所有纽约人服务。规划措施涵盖了纽约生活的各个方面，通过建构教育、医疗、健康、韧性、空气质量、能源利用等方面具体的指标体系予以落实。

总体而言，作为一个人口八百多万、陆地面积七百八十多平方公里的特大城市，纽约面临人口增加、房价上涨、公共空间不足等一系列问题，如何在有限的空间内解决土地供需矛盾、住房问题，并创造宜人的空间环境，是纽约城市规划面临的重大挑战。因此，其关注的主题均围绕如何应对高密度地区不断增长的人口、供不应求的住房、公共空间的缺乏和日益严峻的环境问题而展开。

（二）纽约规划如何应对土地供需矛盾

纽约的市辖区面积相对狭小，随着人口的不断增长，土地紧缺的矛盾日益突出。1990—2015年，纽约市的人口增加了100多万，而在1995—2006年，纽约市的闲置地块数量从1995年的约5.7万块减少到2006年的3.6万块，同时伴随着土地价格的数倍上涨。为此，纽约采取了一系列措施来缓解土地供需矛盾。

1. 提升用地效率，优化土地利用结构

纽约的城市用地分为双户住宅用地、多户住宅用地、商住混合用地、商业用地、停车设施用地、工业用地、交通基础设施用地、开敞空间／娱乐用地、公共设施用地、空置土地和混合用地等11种类型。表7-2比较了纽约2006—2014年土地利用构成的变化，可以看到多户住宅、商住混合用地、商业用地和开敞空间／娱乐用地所占的比例提高，而双户住宅用地、工业用地、停车设施、公共设施用地和混合用地比例下降，部分低效公共设施用地和混合用地被转换成其他功能的用地，体现了土地利用集约化和注重公共空间环境品质的趋势。其居住用地比例（40%）超过中国超大城市中居住用地占比 25% ～ 35%，居住用地趋近饱和。现有发展空间已经难以满足纽约不断增长的人口和产业发展，更有效地利用已有的土地才能维持并提高城市的生活质量。纽约不断提升产业结构，减少经济发展对土地的消耗。自 20 世纪 50 年代以来，纽约的二产占 GDP 比重及就业人口开始呈下降趋势，以金融证券业、大都会保险业为代表的第三产业迅速崛起，鳞次栉比的摩天大楼为第三产业的扩展提供了必要的空间。2014 年仅占 4.1% 的商业用地创造了近 400 万个就业岗位，土地利用的集约度非常高。

2. 利用棕地开发，挖掘存量潜力

如何充分挖掘现有用地的潜力？纽约市政府意识到棕地开发是纽约解决土地供需矛盾最大的机遇之一。在纽约 2015 年的城市规划“One New York”中，再一次提出“清理污染的土地，处理低收入社区的高比例暴露棕地，将土地转为安全有益”的目标。提出力争在 2014—2019 年，增加 750 块棕地的治理指标。为鼓励私人投资开发棕地，纽约政府鼓励纽约州议会通过立法来稳定州棕地清理项目（state BCP）提供的税收抵免，为保障性住房和工业发展项目提供税收抵免通道，降低棕地的清理成本。如减免适用于 NYC VCP 项目中不必要的州政府费用和税收；同时为鼓励私人投资者参与棕地自愿清理项目 NYC VCP，纽约市提供城市基金来运转纽约棕地奖励津贴项目的运营。纽约棕地奖励津贴项目旨在整个开发过程中向合格的开发商和业主提供拨款，促进棕地的清理和重建，拨款总额通常为 6 万美元，最高可达 10 万美元。同时，纽约棕地奖励津贴项目与纽约市经济发展公司合作管理，提供简易快捷的流程，可使开发商迅速得到津贴资金。

到 2015 年，随着 NYC VCP 项目的实施，已经确定了 60 个保障性住房项目，将建造超过 3850 个新住房，为超过 12 000 名纽约人提供服务。其中的一个项目“Norman Towers”位于皇后区，可以提供 101 个保障性住房单元和 25 份永久性工作。在加入 NYC VCP 之前，土地与房产是空置的，清理需要挖掘超过 11 000 吨土壤和两个地下泄漏的储油罐，在建筑物下方放置塑料垫，防止地下蒸气从周边地区泄漏，清理标准达到了国家最高级别。该项目从 NYC BIG 计划获得 10 万美元的环境调查和清理资金，同时建造的保障性住房由纽约市住房发展公司提供免税债券融资和低收入住房信贷，纽约州住房和社区更新向其提供州级低收入住房贷款，还可以获得住房发展公司和纽约住房保护与开发公司补贴的资金。在 2017 年的“One NYC”年度进展报告中指出，目前纽约市已经修复了 577 块棕地，完成了 2015 年提出的修复 750 块棕地目标的 75%。除了棕地开发，纽约市还采取了其他措施来缓解土地利用的供需矛盾。如纽约市早期的土地利用强度偏低，通过重新调整区划法规，提高该土地的开发强度。

（三）对我国大城市规划的启示

1. 以人为本、精细化的存量规划

纽约规划的重要特征是从人的需求出发，服务人的发展，最可称道的是 2015 版规划将社会公平作为基本原则，以减少社区之间的差异。规划在编制过程中通过市民会议、网络征询、民意投票和其他调查方式，征求了成千上万纽约市民的意见，了解他们对城市的愿景及希望采取的改善生活质量的措施。

首先，从市民的需求出发，将人口、土地、住房、空气质量、健康保障、能源利用、交通等与市民息息相关的内容纳入规划中进行统筹，以提高生活质量。其次，对于纽约来说，在有限的土地资源约束下，如何提高土地的使用效率和价值，复苏地区活力，成为历版规划关注的重点。棕地开发、小地块填充、原有低效用地的再利用、口袋公园等精细化计划，均提供了有益的参考。城市规划的本质是公共政策，如何从与市民生活息息相关的目标出发，为所有居民包括流动人口提供平等的公共服务、住房、医疗、教育等机会，是我国城市总体规划需要重点考虑的问题。在应对新的挑战时，不仅仅要具有创新性的思维，更要具有一种理解包容的精神。同时，我国很多大城市也面临土地资源瓶颈，所以存量规划应结合当地实际情况，从土地再开发、土地用途转换、产业转型等方面进行科学规划，尤其是在棕地治理上可学习纽约的经验，为城市发展挖掘更多可利用的土地资源。

2. 明确的框架体系与实施导向的规划策略

纽约市 2015 版规划中，提出了“愿景→目标→指标体系→策略”层层递进的明确框架体系。以本文研究的主题为例，首先在愿景 1 中提到了住房和文化设施利用的规划目标，然后将其分解为具体的指标体系；在愿景 3 中则明确了棕地开发和公园与自然资源利用的目标及指标体系。

纽约的历版规划都是综合性规划，以实施为导向，提出的各项规划目标都有融资、政策和倡议相配合。从融资手段来看，以保障性住房建设为例，纽约市通过联邦政府、地方政府推行的一系列住房政策，给予开发商、社区开发公司、非政府机构等以补贴或税费优惠，与他们合作来建设保障性住房，融资途径从单一逐步走向多元。在土地政策上，通过区划法规的调整和激励性区划，制定棕地再开发、小尺度地块的优惠政策等，提高低效土地的利用率，促进城市社会经济发展。此外，纽约每年均开展针对上版规划的年度实施评估，以及时调整规划目标和策略。为突显总体规划的政策与实施导向，我国的城市总体规划可以借鉴愿景—目标—指标体系—策略的框架体系，以便明确规划的思路和目标，阐明实施的路径和实施的效果，通过量化可衡量的实施措施，将规划目标进行层层落实，强化可操作性。

3. 完善的规划实施保障制度

首先，为了应对纽约发展所面临的挑战，在总体规划中对住房、公共空间、棕地、交通、水资源等提出具体的城市规划倡议，并针对每项倡议提出具体项目的实施时间和内容。2007 版规划发布后，每一年都会进行规划评估，对项目的实施进展情况进行报告。2015 版规划中对 2007 版规划的实施进度进行了评估，其中 2/3 的项目已经完成或者接近完成。这种评估形式有效促进了规划的实施。

其次，纽约在制订倡议计划时，规定了明确的实施主体和保障措施。在 2015 版规划中，列出了每个“One NYC”计划的牵头机构、资金状况和资金来源。其中，牵头机构包括纽约市城市规划局、纽约市交通局、纽约市环境保护局、市长办公室、纽约市经济发展公司等机构，资金来源包括政府与私人部门。多方机构通过对城市发展的不同参与方式，保障了规划的实施。

最后，规划对某些措施的实施提出需要通过立法进行保障，如 2009 年为减少温室气体排放而通过了绿色建筑的立法，2015 版规划中请求州议会通过减免税收促进棕地治理项目的立法等。

2009 年《城市总体规划实施评估办法（试行）》颁布以来，我国在修编城市总体规划时，往往都会进行上一轮规划的实施评估工作，但尚未形成规划的年度实施评估机制，也未建立相应的保障制度和措施。《北京城市总体规划（2016 年—2035 年）》中，提出了“一年一体检、五年一评估”的建议，并指出体检结果要作为下一年度实施计划编制的重要依据，这体现了我国大城市总体规划越来越重视规划实施保障。实施评估应根据结果分析未达到规划目标的原因，并及时制定相应的提升措施。从规划编制部门开始，主动联系其他部门，明确具体规划措施的实施主体，必要时可通过相关立法予以明确。同时，还可将立法行动、技术标准、行政手段等对规划实施有保障作用的措施列入规划中，在这方面纽约城市规划也为我们提供了宝贵的经验。

第三节　新西兰韧性城市规划

一、新西兰沿海城市规划

政府间气候变化专门委员会（IPCC）在第五次评估报告中指出，在气候变化的背景下，全球平均海平面上升速率逐渐加快”，沿海城市面临的危险愈加严峻。现有研究表明，海平面如上升 0.5 m，全球将会有 9200 万人口受到(淹没和风暴潮)影响，如上升 1.0 m，受影响的人口将会增加到 1.18 亿人。此外，由海平面上升引起的极端洪水事件也将变得愈发频繁和强烈。我国 60% 的人口集中在距海岸线 60 公里的范围内，海平面的快速上升将直接影响沿海地区的自然生态环境及城市社会经济系统的正常运行。

长期以来，减缓性措施一直是全球应对气候变化和海平面上升的主要方法。然而，现有研究表明，过去 50 年中排放的温室气体会在下个世纪继续引发气候的变化，无论如何采取减缓措施，气候变化都会继续发生，因此有必要采取适应性措施以应对当前和未来的气候变化影响。

目前，我国在适应气候变化和海平面上升过程中开展了大量的研究工作，取得了较为显著的成果。但是这些研究往往针对某种较为明确的海平面上升情景和社会经济情境，对海平面上升过程中的科学假设和不确定性考虑不足，忽略了气候因素、社会经济等的动态变化，不能灵活的适应未来的动态性和不确定性。因此，国外许多国家开始探讨和运用应对这些深度不确定性的决策方法，构建了包含风险评估、短期行动、适应路径和监控体系的适应性规划体系，为应对动态变化的沿海风险提供了具体可操作的思路。目前，新西兰已将动态适应性规划方法纳入了《沿海灾害和气候变化决策》国家指南（*Coastal Hazards and Climate Change*），综合考虑了海平面上升风险评估和不确定性的类型，并提供了具体了步骤和实践。

（一）新西兰概况

新西兰位于西南太平洋，领土面积约 27 万平方千米，人口数量约为 428 万，是一个拥有 15 134 km 的海岸线的岛国，其许多主要城市和居民点均位于低洼的沿海地区。随着海平面的持续上升，极端洪水事件发生的频率和强度将进一步加剧，给沿海地区带来严重的灾害风险。2015 年，新西兰环境委员会的评估显示，当平均大潮高潮面达到 1.5 m 时，新西兰受极端洪水影响的人口将达 13.33 万人（约占新西兰总人口的 50%），受影响的建筑、机场、公路、铁路将分别达到 6.8 万栋、5 个、2121 km 和 64 km。

因此，为了应对海平面上升等沿海灾害，新西兰于 2017 年制定了《沿海灾害和气候变化决策》国家指南，该指南提供了评估、规划和管理沿海地区风险的逐步方法，以及详细的决策工具和技术，有助于地方政府规划和管理日益增加的沿海灾害风险，也为规划师、工程师、社区参与者、政策分析师提供了值得参考和借鉴的经验。该指南致力于解决以下四个问题：①改善地方政府在沿海灾害管理方面的作用和责任；②进一步明确海平面上升，包括由此引发的海岸侵蚀、土地盐碱化、风暴潮、地下水位上升等灾害产生的影响；③探索新的适应性工具，解决政策或决策制定过程中的不确定问题；④在受海平面上升影响的地区，采用新的公众参与方式来制定适应性行动。

（二）新西兰《沿海灾害和气候变化决策》国家指南

该指南旨在通过协调交通规划、土地利用规划、建筑设计、海岸工程等，制定一个协调一致的战略规划，以协助地方政府评估、规划和管理沿海地区日益增加的风险。其中，沿海适应性战略规划的制订基于 10 步迭代决策周期，包含海平面上升建模、脆弱性和风险评估、不确定性因素情景构建、动态适应性政策路径方法及监测系统等。

1. 适应性战略规划的制定原则

（1）社区参与原则

决策过程中利益相关者的参与有利于获得效率、时间和成本收益，并且有利于决策的实施。由于不同利益相关者的价值观和期望存在显著差距，导致达成共识往往非常困难，因此精心设计社区参与的过程至关重要。社区在参与过程中应该要明确两个重要问题：谁应该参与？应该如何参与决策周期的每一个阶段？

（2）应对不确定性的原则

该指南强调由于长期决策中海平面上升的动态性强，因此要对所有的不确定性因素进行考虑，以便于制定灵活的决策适应未来的各种情况，具体包括以下三个方面：第一，社会经济发展情况、土地利用、人口增长和全球碳排放的不确定性；第二，气候 - 海洋 - 冰川系统变化情况、海平面上升情况、海岸危险源（如波浪、风暴潮、海岸侵蚀）的不确定性；第三，风险资产的变动情况，以及适应性措施发挥作用的不确定性。

（3）动态适应性原则

该指南提出要运用动态适应性政策路径（DAPP）方法，通过制定多类可随外界条件变化的短期行动避免路径依赖。DAPP 是一种分析方法，其内涵是一旦决策或行动无法满足目标时，即可灵活的转向其他行动以实现适应目标，它包含早期信号、决策点、适应临界点和中转点。早期信号起到预警的作用，提醒决策者应该做出决策的时间；决策点是需要做出决策的时间；适应临界点是原来的行动无法达到适应目标的时间。

2. 适应性战略规划的制订步骤

（1）步骤一：团队构建和资料收集

由于海平面上升涉及气象、规划、建筑、市政等方方面面，需要广泛的专业知识、技能、信息，因此有必要建立一个多学科的适应团队，以保障适应战略工作的顺利进行。适应团队的组建需要考虑的技能、学科和知识包括：沿海管理、沿海灾害规划和政策、民防应急管理、法律、经济、社区参与、生物多样性保护、道路和交通、资产管理、水文等。涉及的人员包括：工程师、测量员、适应专家、科学传播者、应急响应组织等。此外，一个单独的团队不可能拥有所需的所有技能和知识，但是可以通过团队成员建立强大的联系和网络，以获取其他地方掌握的知识和技能。一旦建立了多学科的团队，就需要广泛搜集与风险和地区环境有关的资料，包括：确定沿海灾害风险的范围（如低洼海岸地区的范围、潜在地下水和排水影响的地区、历史灾情数据或报告）；确定形成风险的因素，收集相关因素的资料（如潮汐数据、海平面上升数据等）；盘点现有资料（如人口统计、社会、物理过程、监测数据、相关规划和政策、应急管理计划、地形高程数据、航空图像；通过公众参与，收集受影响地区的社会调研数据（如当地居民对该海平面上升的重视程度）。

（2）步骤二：沿海灾害风险和影响评估

海平面上升背景下的沿海灾害风险和影响评估，首先需要对海平面上升的情况进行预测，该指南明确了需要考虑的三种类型：①绝对海平面上升，通常表示为全球平均海平面（在大多数海平面预测中使用）。IPCC第五次评估报告中，预测了四种不同碳排放情境（RCP2.6、RCP4.5、RCP6.、RCP8.5）下全球平均海平面的绝对上升量，研究成果的精度得到学界的广泛认可。②相对海平面上升，在绝对海平面上升的基础上，叠加局部海域情况和地面沉降因素的影响。③极端海平面上升，在前面两者的基础上，叠加风暴潮、波浪、海岸侵蚀等因素的影响。

（3）步骤三：确定适应目标

适应目标的确定涉及政府、居民及利益相关者，一般来说应该在公众参与的原则下进行，当目标一致时，有利于达成共同利益。适应目标的确定应遵循以下步骤：①明确什么是社会价值观；②明确利益相关者并探索参与方式；③将社会和文化价值观重新构建为适应目标；④制定政府目标。

适应目标的制定是至关重要的，它为步骤五中行动和路径的识别提供了关键的信息。

（4）步骤四：脆弱性和风险评估

脆弱性评估需要确定沿海地区未来至少 100 年内的脆弱性，是指评估沿海灾害对国家、区域或城市的各类社会、经济、环境和基础设施的影响，是系统内的气候变率特征、幅度和变化速率及其敏感性和适应能力的函数。脆弱性概念可以概括为系统的暴露度、敏感性和适应性，它们之间的关系可表达为系统脆弱性 = 系统暴露度 + 系统敏感度 – 系统适应度。由于不断变化的环境降低了传统的风险评估方法（风险 = 概率 × 后果）的有效性，风险的概率无法轻易量化，因此该指南将风险定义为不确定性对实现目标的影响。风险评估的过程遵循以下步骤：①确定问题并设定目标；②通过构建由不确定性因素组成的瞬态情景，分析不确定性因素的影响，以及可能受到影响的地区，并对未来的一系列情景进行敏感性测试；③借鉴标准基础设施评估或资产风险评估框架评估风险；④风险评估后，制定有效适应行动，适应行动应根据系统未来的服务水平来确定优先次序，而不是过分关注气候变化对单个资产的风险。

（5）步骤五：制定行动和路径

在前面步骤确定适应目标和风险评估结果，确定适应行动。适应行动应该包含以下四个方面：①维持现状（未来没有新的开发）；②计划退让；③保护性措施（如加宽堤坝）；④以上行动的组合。更具体的措施包括：①软措施，如沙丘修复、改善或创造湿地、营养海滩或物种迁移；②改变土地利用，包括转移发展方向和征用土地以重新规划土地利用；③制定强制性规划政策和规章制度，如限制土地利用的类型和密度、改变建筑设计规范等。将行动组装为适应路径。如图 7-1 所示，适应路径由互不排斥的短期行动组成，当短期行动达到适应临界点时，将转向其他行动以实现适应目标。适应性路径图与地铁图类似，适应路径图提供了未来到达同一地点（目标）的备选路径。所有路径都满足预先指定的最低功能要求，类似于“条条大路通罗马”。此外，还包含了适应信号、决策点（需要决策的时刻）、适应临界点（终点站）的时刻及该点之后可用的操作（中转站）。

（6）步骤六：路径评估、制定并实施适应性规划

为了选择首先路径，需要对所有路径100年内的执行情况、投资成本、效益等进行评估，以达到适应目标。目前所使用的评估工具包括：成本收益分析工具、成本效益分析工具、实物期权分析工具、稳健性决策工具等。在任何情况下选择的评价工具都需要反映决策过程的阶段、问题的性质、规模、要实现的目标。

将前面步骤的目标、评估结果及行动和路径等整合成一个动态适应性规划，调整受影响区域的基础设施、土地利用、空间结构等，构建短期、中期、长期项目库，制定相关的规划实施策略。

（7）步骤七：监测风险、审查和调整计划

监测有利于及时发现系统的变化情况，以便于及时调整，监测内容主要包括三个方面：①监测自然环境（当地海平面上升速度和变化幅度、波浪、风、风暴、海滩、地下水水位、盐度、海岸侵蚀等）；②监测脆弱性和风险（资产、人口变化情况等）；③监测适应性行动和路径的有效性。根据政策、规划或适应路径的性质，需要定期审查，以确定早期信号和适应决策点。当到达适应临界点时，需要更改到其他的路径，同时也需要对制定的适应性规划或行动进行重大的政策更改。

新西兰《沿海灾害和气候变化决策》国家指南通过运用四个关键要素：构建由不确定性因素组成的瞬态情景；不同类型和级别的社区参与；动态适应性路径规划；监测系统来解决决策过程中的不确定性问题，在减少路径依赖性的同时增加了系统的灵活性。

（三）新西兰经验及对我国的启示

通过以上论述可以看出，新西兰的管理者和决策者为了应对不确定的

未来、平衡海岸的发展与安全，制定了相对完整的决策体系。相比之下，我国一些沿海城市并没有足够重视海平面上升的问题，对于提高城乡基础设施适应能力等适应性规划内容则较为粗泛；规划编制对气候因素考虑甚少，应对海平面上升、风暴潮等极端气候事件的内容较少；规划中经济发展目标往往优先于适应灾害影响的目标。因此，本文通过对新西兰国家指南的解读与分析，提出了以下应对策略。

1. 建立适应性规划框架

根据我国城乡规划法和相关管理办法，并借鉴新西兰经验，建立地方适应性规划工作框架。把适应性规划的目标、行动路径等纳入常规的规划编制、实施与监控流程。鼓励开展适应沿海灾害和海平面上升的行动、研究和实践。提前预测海平面上升对沿海城市的影响，有针对性地提升沿海城市应对灾害的适能力和韧性。

2. 引入新理论、新计划，加强应对不确定性的能力

深度不确定性给决策者带来了情景不确定、决策后果不确定、决策方案不确定等困难和风险，导致传统的基于历史数据和趋势预测的模型和方法不再有效，国外动态适应性政策路径方法、稳健性决策方法等结合了强大的计算机技术，能够帮助决策者评估未来各种情形下决策或行动的实施情况，从而使管理者的决策更加稳健。此外，应加强气象灾害检测和预警能力、城市应急能力等，并采取技术、工程与生态措施对沿海地区进行修复与补偿。

3. 加强跨部门合作

一方面，整合优化国土、规划、海洋、住建等相关部门的，通过多部门的协作，有序控制和减少盲目的填海造陆规划和建设活动，实现沿海风险的科学决策与管理，遏制盲目的以追求土地效益为目的的城市近海、近岸线地带的开发；另一方面，通过跨部门合作，广泛搜集信息，保证数据时效性、规划的准确性。

新西兰通过运用动态适应性政策路径、稳健性决策、实物期权分析等决策方法，构建了包含风险评估、短期行动、适应路径和监控体系的适应性规划体系，为应对动态变化的沿海风险提供了具体可操作的思路。学习新西兰经验并结合我国的国情，制定出更加适合的和先进的包含了预测、评估、规划、实施与监管在内的全周期的适应策略将成为未来我国沿海城市建设的重点。

二、新西兰怀塔克雷地区规划

2008年，我国施行的《城乡规划法》对于自然资源和生态环境的保护问题给予了前所未有的重视。《城乡规划法》要求在省域城镇体系规划、总体规划、近期建设规划等不同层面，初步构建比较全面的资源与生态环保体系。然而，从规划实施的角度看，还需要相对完备的技术体系予以支撑。尽管《城乡规划法》并没有明确《控制性详细规划》（以下简称“控规”）在生态环境保护中的作用，但是其作为落实上位规划、对建设项目进行直接管理的法规，是落实管理目标、实施管理措施的重要手段。在中国未来的快速城市化过程中，城市尤其是新开发地区的资源与生态环境必然面临巨大压力，控规的作用不容忽视，构建控规层面的生态环保体系势在必行。

然而，我国控规对资源与生态环境保护问题的关注与影响还远远不够，相关管理内容和手段比较欠缺。因此，有必要参考国外的成功经验，如新西兰怀塔克雷市的地区规划，其核心管理目标就是对自然资源与生态环境进行保护。新西兰怀塔克雷市的地区规划在发展模式上，鼓励在城区进行集约式开发，以减少乡村及山地土地细分的压力；在技术层面上，构建了详尽的资源与生态环境保护管理体系，最大限度地减少开发行为对环境的不利影响。地区规划实施以来取得成效显著，生态环境得到明显改善，成绩得到国际社会广泛认可。2001年，地区规划被评为新西兰最好的两个规划之一。地区规划与我国控规基本处于同一规划管理层面，值得我国学习与借鉴。

（一）怀塔克雷地区规划概述

1. 制定背景

1991 年，新西兰颁布了《资源管理法》（*Resource Managenent Act*），其核心目标是实现对自然资源和生态环境的可持续管理。该法案明确了地方政府在资源和生态环境保护方面的权利和义务，并授权地方政府制定相关法规，同时对可能造成环境负面影响的行为进行管理。《资源管理法》是新西兰各城市编制城市规划与保护生态环境的主要法律依据。怀塔克雷市为了保护其丰富的湿地、森林、溪流、湖泊及海洋等自然资源，市议会于 1993 年 10 月制定了为期 20 年的城市环境战略规划，以"生态城市（Eco-City）"作为城市发展目标，创造一个可持续发展的未来。为了实现环境管理目标，怀塔克雷市议会对传统区划的管理体系和技术手段进行了革新，创立了地区规划，并于 1998 年 8 月正式颁布执行。地区规划具有法律强制力，是城市环境战略规划的重要组成部分，强调对资源和环境问题的合理解决，加强对自然和生态环境的可持续管理。

2. 内容构成

地区规划由政策、法规、图则三部分构成。政策部分是纲领性文件，是地区规划制定管理措施、控制环境影响行为的主要依据。其首要任务就是识别城市存在的资源环境问题，针对市域范围内拥有的自然资源，包括水资源，植被（本土植被及外来有害植被），动物分布及主要栖息地，重要的沿海地区，重要的自然特征，主要景观区域（海岸、山脉、丘陵等），景观要素（植被和溪河水体等）的数量、质量、位置等进行详细分析，提出资源环境管理目标、实施政策和落实方法。法规部分是地区规划的核心，是实现政策部分既定管理目标的具体技术方法和管理手段。图则贯穿在政策部分和法规部分当中，起辅助性的图示和说明作用。地区规划实际上由四部法规构成。其中，代替传统区划法规的"自然地区法规"和"人居环境法规"，是地区规划的核心组成内容。"自然地区法规"是地区规划控制开发行为对自然环境的影响（以下简称“行为环境影响”）、实现城市环境可持续发展的直接依据，也是本文重点评述的内容。此外，地区规划还包括“城市范围法规”和“土地细分法规”，分别作用于开发行为的不同方面。

（三）地区规划的特点及与控制性详细规划的比较

1. “基于问题”而非“基于片区”的管理思想

怀塔克雷市议会在制订地区规划时，其核心管理思想就是围绕“问题”确立具体的管理目标、政策和方法。地区规划中的用地划分，并不是如传统区划那样依据用地性质，而是依据城市不同地区存在的自然资源和人工环境的特点和重要性，以及确保其健康发展的保护等级等因素而划分。地区规划创立了覆盖整个市域的“自然地区”管理层体系，通过“自然地区法规”管理对自然资源和生态环境有可能产生影响的开发行为。“自然地区”共包括六类分区，各分区具备的自然资源和环境特征都不相同，而同类分区存在的问题则比较相似。这种以“问题”而非传统区划的“片区”为管理控制基点的思想方法，使得城市资源环境问题能够得到尽可能多的关注，以便地区规划制定出更有针对性和更有效的控制措施。

2. “基于影响”而非“基于行为”的法理特征

“自然地区法规”所关注的开发行为共包括五类，分别为植被改变、土方、不透水表面、植被种植、放牧和植林。这些行为都有可能对自然资源和生态环境产生较大影响，尤其是单个行为的累积影响及各类行为的综合作用，有必要对其进行科学合理的控制。地区规划积极寻求管理手段与行为影响之间的联系，即决定是否采取及采取何种管理控制措施。关注点与控制基点不是针对行为本身，而是针对行为可能产生的环境影响及影响的具体程度。

据此，地区规划将开发行为划分为六个等级。“允许行为”对环境的影响相对最小，可以进行而不受任何限制；“禁止行为”对环境的影响相对最大，是地区规划明令禁止的行为，在任何情况下都不允许进行；除此之外的其他行为，按照可能产生的环境影响的程度，由轻到重被分为受控制行为、限制自由裁量行为、自由裁量行为、不允许行为。这四个级别的开发行为必须经过议会的审议，并得到允许后才可以进行。针对每一类行为，地区规划均列出了详细的行为环境影响评判标准，如不透水表面对周边水质、自然景观、洪水等方面影响就有十余项评价标准。评价标准十分明确，对于行为申请者而言，通过比照标准可以预判申请能否获得批准，并对行为进行适当修正；对于审批者而言，能够恰当理解地区规划的法理精神，并在审议中统一评价尺度，使裁量结果公平公正，限制自由裁量的权限。以“普通自然分区”法规为例，解构了法规所控制的行为类型、包含的行为级别及相关的评价标准等。

3.“双层区划”的运作架构

地区规划中的“自然地区法规”管理层主要控制开发行为对自然环境的影响，如开发行为对植被的影响等；而传统区划所关注的是开发行为对已建成环境的影响，如建筑高度、后退红线距离等，则通过“人居环境法规”管理层进行控制。两个管理层犹如两个图层，相互重叠，覆盖了城市所有区域，构成了地区规划独特的“双层区划”管理体系。“自然地区”被细分为六类分区，对应六部独立的分区法规。“人居环境”被细分为十一类分区，对应相应的分区法规。为了便于管理查询，依据开发密度的大小，将整个城市划分为两种尺度的网格，作为地区规划图则的表达单元。理论上，市域内的任何一个产权地块，都同时隶属于至少 1 个自然分区和至少 1 个人居分区。

地区规划的“双层区划”管理模式在资源和生态环境保护方面有着极大的优势。首先，从法律层面看，地区规划通过独立的“自然地区”管理层，将对资源环境的保护，从传统区划法管制内容的一部分，提升到与传统区划并列的地位，法律地位加强。而我国控规缺少对环境保护强制而明确的要求，只能依靠规划编制者与法规管理者的个人意愿和专业素养，实施成效可想而知。其次，从技术层面看，地区规划按照用地类别，并兼顾与之重叠的另一管理层的分区情况，赋予统一的控制指标。同一自然分区确定某类控制指标时，会因为与之重叠的人居分区的不同，而在指标类型的选取和指标数值的确定方面有所不同，对环境特征更为尊重，控制更为精细合理。

4. 法规的独立性与管理的弹性

在审议地区规划相关开发议案时，怀塔克雷市议会强调将开发行为可能产生的环境影响独立化，即每一个特定的行为环境影响均受控于独立的法规条文。例如，若一座建筑超高，只需查阅与建筑高度影响相关的条款；同理，如果某行为符合地区规划除土方之外的所有规定，那么议案评审则只涉及与土方活动影响相关的条款。这也是地区规划的重要创新之一，即确保特定行为环境影响和特定法规条款之间的清晰联系。对于管理者、土地拥有者、开发者来说，都只需关注不符合环境影响标准的行为，避免投入过多不必要的精力，既节省了资源，又提高了管理效率。

地区规划将可能对环境产生影响的开发行为分解、分级，并独立管理，开发者和管理者只需对特定行为进行关注而不必要全盘审视。我国控规则通常采用“指标集”，以“集体捆绑”的方式进行管理，土地开发过程中涉及的“建设用地规划许可证”“建设工程规划许可证”等也是针对开发议案整体做出的，如果某个指标出现变动，往往牵一发而动全身，这在一定程度上会降低管理效率和管理精度。

（三）地区规划对控制性详细规划的启示

1. 技术体系建构的可行性

地区规划对自然环境影响的控制对象是市域范围的自然资源和生态环境问题，并通过植被、土方、不透水表面等指标实现管理目标。与用地性质、容积率等控制行为对建成环境影响的指标相比，上述植被、土方等控制要素对城市发展状态的反应相对并不敏感，与经济利益的联系相对也并不直接。因此，在管理实践中，这种控制可以处于相对恒定的常态。其控制要素不会因为城市发展状态或者经济利益等原因而出现过多的调整，能够保证法规的严肃性。在控制方式上，地区规划多为定量控制，如普通自然分区与居住环境分区重叠时，不透水表面率不允许超过 20%；再如管理自然分区内允许的植被改变行为包括外来植被清除面积不超过 500 m，本地植被高度小于 6 m，胸径小于 600 mm，距房屋边缘 3 m 以内等。控制标准具体细致，有较强的管理实效性。总之，从技术角度看，在控规层面构建自然资源和生态环境体系应该是可行的。

2. 全域生态关注的必要性

从覆盖范围看，地区规划关注包括乡村、山地等在内的整个市域的自然资源和生态环境问题。未来几十年是我国城市化快速推进的又一时期，对新增开发用地的需求逐渐增强，简单关注城市规划区内的资源和生态环境问题显然远远不够。《城乡规划法》第一条就明确规定“为了加强城乡规划管理，协调城乡空间布局，改善人居环境，促进城乡经济社会全面协调可持续发展，制定本法”；第二条规定，“本法所称城乡规划，包括城镇体系规划、城市规划、镇规划、乡规划和村庄规划”。本法所称规划区，是指城市、镇和村庄的建成区及因城乡建设和发展需要，必须实行规划控制的区域”。这些都体现了城乡一体化统筹发展的时代精神。在“城乡一体化”“新农村建设”的时代背景下，如何构建从宏观到微观、关注整个市域资源生态环境问题的城市规划编制和管理体系，如何定位控规在此体系中的地位，发挥控规在资源与生态环保体系中的作用，值得进一步深思。

3. 法规完善的机遇与意义

从法规体系看，新西兰 1991 年颁布的《资源管理法》强调对自然资源和物质资源的可持续管理，是地区规划制定的主要依据。相比之下，我国的《城乡规划法》中也多次强调了对自然资源和生态环境的保护，规划实践中也开展了相应的探索，但是还远没有上升到法律规范层面。包括控规在内的我国城市规划管理实践处于不断完善的阶段，以《城乡规划法》为契机，借鉴国外成功的实践经验，在控规层面强化资源和生态环境保护意识，建构科学规范、实施性强、效率高的管理体系，对于发挥控规在保护资源和生态环境方面的先天优势、实现城市发展的可持续性意义重大。

三、新西兰城市防震综合减灾规划

新西兰位于西南太平洋，距离澳大利亚东南 2012 km，主要由北岛和南岛组成，领土面积约为 27 万平方千米，海岸线 15 134 km。地形以山地和丘陵为主，占了全国面积的四分之三，多溪流湖泊。人口数量约为 428 万。其北岛海岸线曲折，多为良港和半岛，中部为火山高原，有比较多的温泉、间歇泉，同时也是世界上地热资源最丰富的国家之一。新西兰夏季早晚温差较大，全国范围内阳光照射强烈。新西兰的城市化程度高，全国超过 80% 的人口居住在城市里。

（一）新西兰减灾现状分析

1. 历史受灾情况

新西兰是地处太平洋板块与印度—澳大利亚大陆板块之间的岛国，位于“太平洋火环”断裂带上，是两大构造板块相撞后俯冲成的地幔的巨热、巨压区，属于地震、火山频发地区，低烈度地震极为频繁。政府对预防地震极为重视，采取各种防震措施，加强对国民的防震教育。2010 年 9 月 4 日凌晨 4 点 36 分，新西兰第二大城市坎特伯雷省省会基督城发生 7.1 级大地震；2011 年 2 月 22 日，基督城又发生里氏 6.3 级强烈地震，震源深度距离地表仅有 4 km，是新西兰近 70 年来破坏性最大的地震之一。

根据历史记载，1980 年以来，新西兰平均每年有 35 次 5 级以上地震。1900 年以来，每两三年发生 7 级以上地震 1 次。

2. 新西兰防灾体制现状

自然灾害与城市灾害的防御和保护工作一直以来都受到新西兰国家政府的重视，国家专门设有民防部负责包括地震等其他灾害的防御工作，各级政府也都设有负责灾害防御的民防总指挥中心。一旦有灾害发生，由灾害的大小和破坏程度决定由哪一级政府的民防总指挥宣布相应的全国，地区或地方进入自然灾害的紧急状态。

（1）国家民防部

国家民防部主要负责防御和减轻自然灾害造成的损失与伤亡，其内容包括国土利用规划，保险和建筑物抗震规范，减灾计划，警报系统和培训措施，救援、疏散、救济灾民，清理、设计与重建等。

（2）全国民防委员会

全国民防委员会由民防大臣任命的有关负责人组成，主要任务是制定防灾减灾计划方案，进行防灾减灾准备，确保有效的民防体制。

（3）计划委员会

计划委员会是由民防大臣根据民防委员会的建议而成立的，主要任务是制订和提出民间对灾害的防御和国家紧急事态方面的减灾防灾计划。

（4）全国民防总部

该机构是全国民防管理工作的指挥机构，隶属于民防部管辖。有关紧急事态的信息集中发送到位于国家议会大厦的总部，由总部进行分析研究，然后做出决策，向有关部门进行部署。当发生全国性灾害的时候，民防总指挥部会随着国家民防总指挥宣布国家进入紧急状态而进入工作状态。内阁成员也会来到总指挥部，协同各生命线工程的负责人以及有关行业的高级顾问，参与救灾指挥工作。

地方政府（市县）地方市镇村评议会

其根据计划和部署进行灾害防御保护工作，是新西兰实施民防的主要组织。

3. 防灾教育

新西兰政府十分重视对民众进行地震灾害防灾减灾方面的教育。在科学知识普及方面，极少数国民不知道如何避震。新西兰国家民防部多年来都会印制防御各种灾害的宣传品，经过长期、大量的宣传普及，新西兰普通民众大都清楚地震发生时及发生后该如何应对。这种教育宣传要达到效果并非一朝一夕就能成功，但却能最大范围深入普通民众心中，让每个公民都清楚地震的危害及可怕的后果，最大限度避免了生命和财产的损失。

4. 应急管理措施

在新西兰，州（市）政府是应急救援的主要力量。每个州（市）都各自有抗灾害计划、救援服务机构及相关协调的机制，拥有灾难预防、准备、反应和恢复所必需的资源，如救火队伍、搜救队伍等专业救援队伍。各应急机构、企业、民间实体的救援力量多方签订协议，在发生灾害时，政府应急管理中心负责协调各方人员实施救援，联邦政府和州政府提供应急救援的基础设施和专用救援装备网。新西兰危机和灾害处理中的关键力量不是官方政府，而是非政府组织例如红十字会、救助队及企业和民间实体等，不仅在危机反应、救援安排、灾难恢复阶段作用重大，而且在开发和研究减灾计划和战略方面也都发挥着至关重要的作用。各类应急救援机构、职业救援人员很少，志愿者是应急救援中重要的人力资源，他们都按照国家标准进行培训和练习，熟悉各种机械装备和掌握各种救援技能。

5. 灾后保障

新西兰地震保险制度在国际上享有盛誉，被誉为全球运作最成功的灾害保险制度之一。其主要特点是国家以法律的形式建立符合该国国情的多渠道巨灾风险分散体系，以政府与市场相结合的方式来承担巨灾风险，同时有效加强了保险的安全性和可靠性。地震风险应对体系由三部分组成：保险公司、地震委员会和保险协会。其分别隶属于商业机构、政府机构和社会机构。一旦灾害发生，保险公司则依据保险合同，负责超出法定保险责任部分的损失赔偿；地震委员会负责法定保险的损失赔偿；而保险协会则负责应急计划的启动。

6. 相关防灾法律法规

在房屋建筑方面，新西兰政府设有严格的法律法规，严格控制房屋质量。每一栋高大或者相对高大的建筑必须经当地政府议会批准且严格按照国家的建筑规范执行。而新西兰国家建筑法和建筑规范中，对投资建设者、设计规划师及设计规划图都有详细的规定，设计图纸要递交到专业部门的专业人员手中进行核查，一旦这个过程出现问题，有关人员都将会被追究责任。新西兰城市建筑的建设标准、材料使用、施工水平及建造过程的每一个环节都必须有严格的质量控制。

7. 重点技术应用

在新西兰，人们居住的民房基本上都是木结构。由于常年地震，民众都有非常好的地震防范措施。新西兰隔震技术处于世界领先水平，城市建设者采用更严格的标准规划城市，早在 20 世纪 60 年代末 70 年代初就已将特制的橡胶垫用于基础隔震，在一些大型建筑物及桥梁上设置隔震减震装置。同时，新西兰建筑物质量追责体系完善。这些措施使得新西兰在 2010 年 9 月 4 日凌晨发生的里氏 7.1 级强震中，创下了“零死亡”的奇迹。

新西兰在重要的建筑上，采用了世界领先水平的隔震减震装置技术，能够有效降低地震所造成的损害。另外，新西兰建筑研究协会设计的木框架，大玻璃轻型建筑造价不高，且较能被居民广泛接受。据记载，这种建筑的优越抗震性能早在 1987 年南岛 6.7 级地震中就得到了充分的证明。随后，在新西兰国家政府的大力提倡下，轻型木结构建筑得到全面推广，目前低层和多层住宅建筑主要采用这种材质方式。这是因为木框架房屋柔性好、耐冲击，而纯砖瓦结构则是柔性差、易垮塌。

（二）新西兰综合防震减灾规划对我国的启示

新西兰南岛地震的“零死亡”奇迹主要归功于政府对建筑物的安全标

准和抗震能力规定得非常严格，广泛采用了防震性能较好的建筑，对质量不合格的工程现象有极其严厉的惩罚措施；拥有一套行之有效的灾害防御机制，并对广大人民群众进行了防震知识的普及教育，真正做到了“以预防为主，防患于未然”。同时，对于地震的善后处理，新西兰有一套成功的灾后保险制度，能够及时、有效地发挥作用，做好灾后安全保障工作。

1. 开展深入人心的科普教育

民众掌握多少抗震知识也很重要。据专家介绍，根据以往大地震的经验，90% 的死亡人员都是在跑出门口之后因为墙倒屋塌重物坠落导致死亡。在地震多发的日本，每年都有固定的防震演练，所以当大地震来临的时候，民众也会不慌不乱。新西兰政府也十分重视对民众进行防灾减灾方面的教育，民众基本都知道如何避震。当大家通过接受科学教育，知道自己城市的地质构造特点，是否处在断层带上，地震是怎么回事，临震时应该怎么应对和自救，就能大大减少伤亡。

2. 实施先进的建筑防震技术和制定相关法律

新西兰的防震减灾规划措施值得我们去研究和学习。一是根据我国国情，积极研制出具有世界领先水平的隔震技术，大力倡导轻木型建筑。二是制定完善的法律法规体系。新西兰在建筑法和建筑规范中严格要求，一旦出现问题，要追究相关人员的责任。

3. 建立完善的应急管理体系和机制

新西兰政府对各种自然灾害都实行综合管理，当全国性重大自然灾害发生时，国家和地方的民防部门会立即投入工作。同时，新西兰采用政府和市场相结合的方式，建立了多渠道的灾害风险体系。我国应根据自身社会发展的需要，逐步建立完善的应急管理体系和机制，加强灾害减轻、准备、响应及恢复等四个环节的应对能力；以提高应急能力为主线，建立城市防灾减灾的长效机制，包括加大相关应急组织管理理论研究力度、开展预防与应急关键技术的研究。

城市安全目标的实现，不仅需要可持续发展战略规划，更需要政府管理者的有效管理，并依赖于城市规划师、建筑师、工程师及全过程中的所有工作人员全力投入的安全规划设计。因此，我们有必要对新西兰及其他国外的优秀防灾减灾成果进行学习借鉴，改变发展思路，把提高城市综合防灾能力、保障城市公共安全作为落实科学发展观的具体内容，以城市为基础努力构建社会主义的和谐社会。

四、新西兰城镇建设规划

（一）新西兰路多路亚城镇建设与发展

路多路亚是新西兰北岛中部的一个极具新西兰特色的小城市，景色优美，环境宜人，也是一个以旅游为支柱产业的城市。市域面积2067平方千米，人口约6.7万人，其中大约有5.5万人居住在市中心区。在城镇开发与建设中，根据自身的优势和发展潜力，路多路亚市政厅一方面致力于运用多种手段，市场化运营，加强市政基础设施和配套设施建设，为旅游业的发展创造良好的服务设施和便利的购物环境；另一方面，又尽力加强环境保护和风景旅游资源的保护，保障有吸引力的自然环境。今天的路多路亚可以称得上是一个新兴的旅游明珠。据路多路亚市长格雷厄姆和规划部门主管斯帮夫介绍，在政府的城市管理和建设规划中，路多路亚有两个特点。

1. 注重在发展经济的同时加强环境的保护管理。

1991年，路多路亚通过了《资源管理法案》，重点突出环境的整治和保护，这个法案的主要内容是进行可持续的管理，对自然资源和人文资源的用途、发展和保护进行综合协调管理，从而寻找一种可提供市民在社会、经济、文化发展、身心健康、安全舒适的环境的发展之路。为达到这一目的，路多路亚市政厅意识到，必须在规划建设中对旅游地（湖区和滨湖地区）的自然特征予以保护，加强对独特的自然肌理和风景的保护，提高公众对旅游地（湖区和滨湖地区）的交通可达性和便利性。

2. 采用区划的规划管理运作模式，加强规划在城镇建设管理中的权威性

路多路亚编制了全市域的区划管理文本和管理图则，编制区划的目的是营造绿色、清洁的郊区和城市环境，提高水环境质量，保护重要的农业灌溉区、自然和风景，保护地方特色和历史文脉，提供适宜的居住地，提供满足观光旅游需求的足够的用地。

在路多路亚的区划法规中，覆盖了城区和郊区的城建范围。在区划分类上，划分为郊区、居住区、观光旅游用地、商业用地、工业用地、保护区、水体、道路和机场八个区划，在每一个区划类型中，用地又被划分为一系列小分类，如工业区又分为三种，即轻工业、一般工业和重工业，其中重工业指工业噪声较大，不适合居住，设置在城市地区以外的区划，相应地又在管理文件中有详细的管理规定。这种区划管理方法既维护了规划的权威性，又体现了规划的科学性和合理性。

（二）新西兰城市规划的成功经验

新西兰是英联邦国家，其城镇规划与管理体制，既有历史悠久的欧洲模式影子，又有后起殖民地国家快速兴起的自身特色。

1. 城市规划内容翔实，具有普遍约束力

规划是城市发展的依据。规划是否科学合理决定着城市发展的空间与竞争力。新西兰政府的重要职能就是城市规划。

第一，城市规划具有法律效力。新西兰对城市规划十分重视，对规划的制定有着严格的程序，要经过漫长的论证过程，一经议会批准后，具有法律效力，具有普遍约束力，任何一届政府都不得随意修改。考虑到社会经济发展的需要，在规划编制和管理过程中，允许对已经批准的规划成果做出调整和修订，但必须经过听证及专门修编委员会批准后才可进行修订。新西兰城市规划是在《资源管理法》《地方政府法》与《交通管理法》的法律框架下实施的，有着完善的法律体系作为支撑，可操作性强，实施效果好。

第二，城市规划内容丰富，具有现实性和前瞻性特征。新西兰的城市规划内容丰富翔实，主要包括经济发展、交通运输、环境建设、雨水的排放、社区及住宅建设、流域管理等多个方面，细到业主建筑房屋时，房屋的门牌，门檐的高度，开几扇窗户，与隔壁邻居的间距、角度，阳台的高度，外框范围等都做了严格规定。尽管土地是私有的，但政府对土地资源的控制利用却相当严格，任何土地所有者在自己的土地上不能随处建房，必须在供排水等基础设施齐备后方可获批。建房都要报批，任何人不得例外。城市规划充分体现了前瞻性。城市重要道路按百年使用期进行规划设计；城市排水规划考虑到百年后全球气候变暖的极端化天气因素。

第三，城市规划注重功能的多样性，体现了强烈的人性化特征。注重适用性、为居民创造高品质的生活、满足不同人群的服务需求是新西兰城市规划的基本原则。针对喜欢运动的居民，在小区设立开放设施方便体育锻炼，每个社区都有一块政府预留的公共绿地供居民休闲娱乐，有免费读书上网的图书馆和孩子玩耍的娱乐设施。上山有车行道、步行道和骑马道等，外出旅游车行 1~2 小时就有风景观赏台，随处有卫生间和饮水处，城市规划充满了人文情怀。

第四，城市规划及城市发展中的重大决策公开、透明，民众能够广泛参与城市规划建设的全过程。城市规划编制过程中，一般以问卷调查等形式邀请市民一起讨论，广泛征求意见，通过电视、各大媒体、网络等向社会公布，听取民众意见，把民众支持率的大小作为政府决策的重要依据。经过政府与市民之间有效的沟通，保证了决策的合理性、全面性。这一过程经过多次反复，持续较长的时间。每个居民都有权利对城市发展、决策提出个人的建议与看法，是城市决策的真正主体。城市发展速度、规模不能由政府掌控，主要由每个居民和纳税人决定。

2. 城市建设风格各异，特色鲜明

（1）建筑各具特色，彰显城市个性

新西兰城市建筑主体是欧式风格，木制建筑，外形美观，风格各异，居民住宅大部分是连体或单体别墅，住宅设计简洁明了，体现房主的风格和喜好，能够充分发挥主人的创造力和想象力。在新西兰很难看到整齐划一、完全雷同的建筑风格。不同城市有不同城市的建筑风格和特色，基本上是“城城有景、各有特色”。惠灵顿作为新西兰的政治中心，国会大厦建筑群别具特色，中心商务区高楼林立，大都市风格鲜明；内皮尔城曾于20世纪30年代经历了毁灭性的大地震，重建时进行了统一规划，城市装饰艺术风格十分独特，古典线条式、西班牙教会式和装饰艺术特征鲜明，是全球著名“装饰艺术之都”；奥克兰市建筑突显了自然与现代完美相融的特征，成为世界最佳居住城市之一；罗托鲁瓦是毛利人的聚居区，是新西兰有着500年历史的名城，有保存完整的古老建筑，城市建筑具有浓厚的毛利文化特征。

（2）注重建筑质量，百年建筑普遍

新西兰政府对建设过程控制和管理都相当严格。建筑物建设周期都较长，使用了高质量的木材和精细的加工工艺，建筑物的使用寿命普遍超过百年。近几年，新西兰地震频发，“零死亡”率的奇迹是其建筑质量的最好佐证。19世纪中期的建筑物至今还在使用，即便是混凝土人行道，时过多年，现在看起来依然清洁如新、完整坚固。因建筑质量好，不同时期的古建筑得以保留，城市厚重的文化底蕴得以体现。形态各异的建筑风格美化了城市环境，彰显了城市特色。

（3）注重生态环境保护

新西兰环境优美，被称为“上帝的伊甸园”“最后的乌托邦”“南太平洋的一颗翡翠”。境内几乎没有裸露的土地，完全被森林和草地所覆盖，“蓝天、碧水、白云、绿草”的优美田园风光让人流连忘返。优美的环境主要归功于城市政府把环境保护作为城市建设的重要内容。

每个城市的政府都十分重视环境保护和建设，在规划上对城市的公园、绿地建设有着严格的要求。在建设上，一般按照土地的所有权进行划分，公有土地的绿化建设由政府承担，私有土地的绿化建设由业主承担。公路建设注重地形、地貌及植被的保护，从不轻易破坏。环境建设内容广泛，不仅仅局限于种花种草、植树造林等园林绿化方面，还非常注重城市景观环境以及路标等。

新西兰在发展道路上创造了全世界独一无二的依靠农牧业成为发达国家的先例。虽拥有丰富的矿产资源，但因不愿破坏环境而没有开发利用，在处理环境与发展的二者关系上，始终坚守着“环境为先”的信念，抗拒住了工业化发展带来的巨大诱惑，坚持走真正的和谐发展道路。

第三，注重对垃圾、污水进行无害化处理，实现资源的循环利用。城市建设中提倡对环境负责，多用循环材料，在全国推行绿色建筑，减少资源消耗和环境污染。政府鼓励企业进行垃圾回收，由填埋式变为有机堆肥，既减少了环境污染，又有效改善了土壤结构，产生较好的社会和经济效益。

3. 城市管理严格有序

城市管理体制运行有效。新西兰是一个议会制国家，其政府的行政区划也分三级：中央政府、地区政府和地方政府。全国分为 13 个区域，形成了 13 个大区政府，相当于中国省与自治区的概念，但是大区政府没有中国省政府那样的权力和职责，其主要职责是区域内的环境保护、环境卫生和交通安排等。中央政府直接管理警察、教育、法律、社会福利、医疗、税收、航空等。地方城市政府的职责是管理城市交通、城市公路建设、城市立法、环境保护与市政规划，其权力也没有中国同样级别政府的权力大。大区与地方政府之间没有上下级的隶属关系，各负其责，各级政府权力边界非常清楚。城市管理主要通过市政委员会来管理。城市建设管理的重大事项均由议会决定。各个社区有区议会对不同区进行管理。

管理法规健全、管理有序。新西兰城市管理主要是依法管理，相关的市容市貌管理法规十分健全。道路管理、环卫管理、垃圾处理等都有相应的法规和部门进行管理，管理井然有序。从考察新西兰各城市的情况看，政府对城市的建设和管理极其重视，真正做到管理科学、运转有效。新西兰城市管理制度健全，虽然车流、人流很多，但大街上几乎看不到巡警和交警，社会秩序井然。

第四节 荷兰韧性城市空间规划

一、代谢理念与荷兰城市规划

（一）荷兰城市代谢理念的源与流

荷兰位于欧洲西部，西、北濒临北海，地处莱茵河、马斯河和斯凯尔特河三角洲，全境人口 1670 万，国土面积 41 864 km^2。作为欧盟创始成员国之一，荷兰的城市代谢理论和实践研究主要得益于欧洲，尤其是欧盟城市可持续发展运动及其城市代谢理论和实践项目的相互影响。

1. 欧洲的可持续发展策略

欧洲对城市可持续发展的关注始于 1990 年欧共体委员会颁布的《城市环境绿皮书》，其推动了全欧乃至全世界的城市可持续发展运动。1993 年，欧盟委员会为落实联合国《21 世纪议程》的内容而正式提出“城市管理”“综合政策”“生态系统思想”“合作与伙伴”四项城市可持续发展原则。此后五年，欧盟各国又先后签署了《奥尔堡宪章》和《里斯本行动计划》，从而确立了城市可持续发展的实现目标、框架政策和行动指南。2003 年，欧盟规划理事会颁布了《新雅典宪章》，作为引导欧洲城市可持续发展的重要文件；2007 年，欧盟各国签订的《莱比锡宪章》规定了城市可持续发展的空间原则和策略；2010 年，欧盟又启动了《欧洲 2020 战略》，提出了“精明增长”“可持续增长”和“包容性增长”等优先事项。至此，欧洲各国已建立了完善的可持续发展战略、政策和法规体系，并在国家、区域和城市层面加强经济合作、强化地方权利、倡导公共参与、保护自然环境、降低能源消耗，从而确保了带动产业循环、促进阶层融合、提升生活品质、减少环境污染、降低碳排放量等城市可持续发展策略的实施。

2. 城市代谢理念在欧洲的应用

除以上文件外，欧盟还制定了相应的科技政策和计划，以资助欧盟各国科研机构深入探求各国在国家、区域和城市规划层面的可持续发展新途径。其中，2007 年欧盟《第七个科技框架计划》资助的“基于城市代谢的可持续城市规划决策支持系统”和“欧洲可持续城市代谢”两项科技项目将城市代谢理论和方法正式应用在了欧洲城市可持续发展研究中，以期通过提高城市代谢效率来建立资源节约和环境友好的循环经济城市。BRIDGE 项目分别以雅典、佛罗伦萨、格利维采、赫尔辛基和伦敦五个城市为例，对碳、水、能源以及空气污染物等进行物质流分析，进而建立基于代谢影响计算模型的决策支持系统，用于城市规划方案的可持续性评估。SUME 项目则对大都市区、城市和邻里尺度的水、能源以及废弃物流动状况进行“代谢影响分析”（metabolic impact analysis），从而探求城市资源代谢与城市形态间的相互影响作用，以评估最少资源消耗下高质量城市形态结构的发展潜力。上述项目也直接推动了欧洲各国城市代谢理论和实践研究，除荷兰之外，英国伦敦大学学院（UCL）的巴特雷发展规划部（The Bartlett Development Planning Unit）立足城市政治生态学视角，探讨了城市代谢概念如何通过城市规划的政策制定和管理实施机制影响城市可持续规划的过程和结果；英国奥雅纳公司则基于城市代谢理念提出了“综合资源管理”模型，用以量化评价城市规划与设计方案的可持续性；瑞典 SWECO 公司则引用城市代谢的“循环”理念，探索了市政基础设施与城市空间形态相整合的可持续城市规划与设计方法。

（二）荷兰城市规划与设计中的城市代谢理念应用

荷兰城市代谢理念的应用侧重于探索水、能源、食物（或养分）、材料及其废弃物等在中微观尺度的城市功能空间中循环再利用的全过程，主要涉及城市功能空间分别与物质流动过程的互动关系、与适宜生态技术的整合关系、与循环代谢机理的级联关系三方面的研究内容。因此，城市代谢理念在荷兰城市规划与设计领域的应用可归纳为三类：物质流分析方法的实证解析、适宜技术设施的整合构建、循环代谢机理的潜力发掘。

1. 适宜技术设施的整合构建

适宜技术设施是实现城市由线性向循环代谢转型的重要物质载体。它是依据城市中不同资源的类型，输入、消费和输出的特征，以及相应的再生利用方式，构建起来的一套完善的中间技术体系，可以把城市代谢理念有效地嫁接到城市规划与设计过程中。超级利用工作室和代谢实验室公司均以循环经济学为基础，通过类比自然生态系统分别提出了实现城市生态系统循环代谢的技术体系模型。立足于“废弃物不应经工厂再加工而应直接再利用直至其价值完全消失”的观点，超级利用工作室提出“循环链”的概念，即通过在“废弃物”输出端设置的垃圾回收处理和资源再生技术设施将“废弃物”输出端与其他资源需求的输入端相连接，从而形成将物质循环利用的过程联合起来的链锁关系。同时，通过整合用于统计特定空间中资源类别、数量和地点的收获地图（harvest maps），用于描绘物质流向、流量和地点的 3D 桑基图（3D sankey diagrams），用于组合适宜技术设施与核算代谢指标的系统建模工具（system modelling tool），组建了“基于资源设计的工具箱”（toolbox for resource-based design），以指导城市生态系统及其适宜技术体系的构建。

另外，工作室还以街区、城市和区域尺度的城乡空间为系统边界，利用上述工具箱构建了城市“生产、生活、生态”功能与水、能源、养分（食物）、材料相关联的“循环链”，系统地提出了“循环城市”（recyclicity）的理论模型，用于指导生态城市各类功能空间及其适宜技术设施的规划与设计。代谢实验室公司也基于循环经济学的理念，通过整合物质流与适宜技术设施提出了与“循环链”类似的“路径图”（road map）概念，用以探求多种适宜技术设施组合下物质流之间形成闭合循环的可能性。在此基础上，代谢实验室公司集“可持续资源配置、多样化废物再利用、智能化监控、共生农业、集成化建造”五个核心理念构建了可拼装、拆卸和组合的适宜技术模块体系。

2. 循环代谢机理的潜力发掘

循环代谢机理是指城市生态系统中的资源要素和城市功能要素之间，在一定环境条件下为实现循环代谢而形成的相互联系、相互作用的规则和原理。荷兰瓦格宁根大学、格罗宁根大学和代尔夫特理工大学等科研机构依托于多学科合作的优势，致力于研究城市资源循环代谢的内在机理及如何将其应用于城市规划与设计方法。其中，“㶲与区域规划的协同项目”中提及的“城市收获”（urban harvest）和“城市代谢功能的多样性映射”（mapping diversity of urban metabolic functions）的概念，均剖析了居住、商办、工业和农业等不同城市功能对水、养分、能源等资源要素“质”与“量”的需求差异，将资源循环代谢过程中的“源”（输出端）与“汇”（输入端）分别与城市的生产和消费功能按“质”与“量”的衰减关系进行关联匹配，构建资源循环的梯级代谢结构，从而使“废弃物”实现逐级循环利用。

此外，“城市微缩单元”（urban tissue）和“鹿特丹能源步骤和规划”（Rotterdam energy approach and planning），这两种研究方法则基于资源循环代谢的物质流分析，以可视化图解的方式描述资源在不同代谢阶段所输出“废弃物”的再利用方式，寻求城市功能之间依据资源“质”“量”的需求与供给关系所形成的可能性联系，并核算实现其代谢平衡的内在潜力。

（三）城市代谢视角下的荷兰城市规划与设计理念

城市代谢视角下的荷兰城市规划与设计研究尝试以资源循环代谢的理

念重新审视城市可持续发展途径和方向，通过整合适宜技术设施和物质空间形态，探求实现类似于自然生态系统中自维持的资源循环代谢机理和过程，并形成一套较为完善的理论和方法。基于上述案例的梳理、归类和总结，本文将城市代谢视角下荷兰城市规划与设计理念概括为：基于物质流分析的空间优化理念、基于资源再生利用的技术整合理念以及基于循环代谢机理的潜力发掘理念。

1. 基于物质流分析的空间优化理念

在物质流分析基础上，以资源代谢流程图解的方式剖析物质在城市功能空间中“输入—消费—输出”的路径、地点、流向和数量，在城市空间中置入“生产”“生活”“生态”三类功能，以此来连接、缩短或闭合资源代谢的流线，从而实现城市空间的功能优化。

资源的“生产加工、运输存储、分配销售、消费丢弃、回收处理”等功能发生于不同的城市空间中。其中，生产加工和回收处理空间分别是闭合物质流的起点和终点，而运输存储、分配销售和消费丢弃空间则是连接或缩短物质流的节点，均与城市功能的空间布局密切相关。因此，通过在城市空间中置入特定功能而连接、缩短或闭合资源代谢的物质流是实现城市空间优化的重要途径。上文对相关案例的解析发现，基于物质流分析的空间优化理念主要用于既有城市的生态化更新和改造，其更注重以下三个步骤：

第一，物质流分析——明确所选案例城市的系统边界，研究水、能源、养分、材料等资源代谢现状的周期性特征或规律，并核算代谢通量、强度和效率等关键指标；第二，资源代谢图解分析——依据物质流分析，确定资源代谢的起点、节点、终点及其之间的连接路径，并标注与之对应的城市功能空间方面的特征，同时绘制资源代谢图解，从而以可视化的方式表达资源代谢过程与城市功能空间的相互关系；第三，功能空间优化——结合社会、经济和环境的发展需求，通过在公园、空地、屋顶等闲置或消极的城市或建筑空间中置入农业、商业、居住、办公、绿地、森林等新功能，实现有机废弃物、工业余热、清洁能源等的再利用，以连接、缩短或闭合其资源代谢的流线，并相应提出物质流与城市空间关联的优化设计方法。

2. 基于资源再生利用的技术整合理念

依托于市政、景观、绿地等城市灰绿基础设施，通过类比自然生态系统中的水体净化、肥力生产、废弃物分解等环节，将雨水收集、光伏发电、温室农业和废物处理等适宜技术设施整合至城市功能空间结构中，并构建实现资源代谢趋于闭合或完全闭合循环的技术体系，从而提出技术与空间一体化的城市规划与设计理念。

当前，城市生态系统呈现出资源“生产—消费—排放”的线性代谢特征。其中，生产端的原材料开采和加工、消费端的产品运输和分配，以及排放端的废物回收和处理等中间环节均使资源消耗不断增加。因此，利用现有适宜技术设施组建技术工具箱，并通过不同技术的选择和组合将排放端的废物转化为消费端的资源加以再生利用，是实现资源线性代谢向循环代谢转变的关键环节。上文对相关案例的解析发现，基于资源再生利用的技术整合理念更侧重于利用现有适宜技术构建适用于不同尺度城市空间的技术体系，因此其注重以下三个步骤：第一，循环代谢模型的建立——通过剖析城市生态系统的线性代谢特征，探究各类资源代谢的物质流之间形成闭合循环的可能性，建立资源“生产—消费—再生”的循环代谢模型；第二，技术工具箱的组建——通过对生产加工、制冷取暖、净化提炼等实现资源再生利用所需适宜技术的规格、参数和类型的研究，组建雨水收集、污水净化、清洁能源利用、厌氧堆肥等可供选择和组合使用的适宜技术工具箱；第三，技术与空间的整合——以技术工具箱为基础，通过适宜技术的精明选择和组合构建不同空间尺度的技术体系，并以分散或集中的方式将其整合至城市、街区或建筑等空间结构中，从而实现技术体系与空间结构的一体化规划设计。

（四）反思和启示

1. 城市的可持续发展

综上所述，荷兰已形成以循环经济学为核心且多学科交叉的城市代谢研究框架，城市代谢理念在城市规划与设计领域的应用研究也突破了各学科之间的固有边界，为实现城市的可持续发展，尝试从城市生态系统层面遵循自然生态系统物能循环的生态学规律，将原有的“从摇篮到坟墓”的线性代谢模式转变为“从摇篮到摇篮”的循环代谢模式。通过对以上应用案例的梳理、归纳和剖析，城市代谢视角下荷兰城市规划与设计理念主要根基于资源循环代谢的物质流、技术体系和循环机理三方面内容。物质流方面主要研究城市生产、办公、商业等功能与资源供需之间的相关性，以探求两者之间多样化的物质流动联系，通过在城市空间中置入农业温室和微产业等功能提高资源代谢的效率，扩展资源循环代谢的适应性。技术体系方面主要研究水、能源、养分在城市生态系统中循环代谢的转化过程，以探求废物回收利用的适宜技术设施，通过组建技术工具箱而在不同尺度城市空间中整合诸如污水净化、可再生能源利用、厌氧堆肥等技术设施，构建资源循环代谢的技术支持系统，实现资源及其废弃物的再生和循环利用，增加资源循环代谢的可行性。循环机理方面主要研究城市工业、居住和办公等功能对资源“质”与“量”的需求差异，以探求不同城市功能之间依据资源品位和数量衰减所形成的级联与配量关系，通过在城市空间中建立与此级联结构相匹配的功能联系，实现资源循环代谢的梯级结构和平衡配量，提升资源循环代谢的多样性。

2. 理论与实践成果

城市代谢理念在荷兰城市规划与设计领域的应用尽管取得了一些理论与实践成果，但总体而言仍处于对其理论与实践可行性的初期探索阶段，因而其研究仍存在着一定局限性。一是城市代谢的资源要素庞杂，而以水、能源、食物和废弃物为要素的代谢分析会导致城市规划与设计研究的片面性，因此对于与城市规划与设计相关的资源要素进行界定和选择具有较高的困难度和复杂度。二是资源代谢数据统计和获取的难度随空间尺度的扩大而增加，同时数据的周期性动态变化也使得物质流分析出现较大的偏差，因此虽然城市代谢理念在建筑、街区或社区规划与设计的应用上具有一定的可行性和操作性，但在城市或区域尺度的应用难度仍然较大。三是物质流分析方法用于不同产业部门的资源流动分析已较为成熟，但在城市空间流动的追踪和定位上，物质流分析方法显露出较大的局限性，精确度也随空间尺度的增加而降低，因此对资源代谢空间属性的研究仍需加入城乡规划或景观建筑学科的研究方法而加以优化完善。四是虽然相关适宜生态技术设施的研发已较为完善，但对各类适宜技术在不同城市空间尺度上的整合模式研究较少，与之对应的技术选择标准还不明确，因此产生了盲目使用高技术以及忽视中间技术的倾向。五是针对城市代谢理念的实施，面对政府、企业、开发商以及居民等城市建设的利益相关者，建立全面的多方合作机制仍具有较大难度，同时针对资源节约、垃圾分类和资源化利用等生态意识的宣传和培育也困难重重。

3. 启示

对于我国的生态城市规划与设计研究而言，荷兰将城市代谢理念应用于城市规划与设计领域所取得的独特成果具有重要的借鉴价值和启发意义。首先，我国的生态城市规划与设计研究对象应由外在城市生态物理环境逐渐转变为内在城市生态系统，并以我国城市案例为蓝本，从城市生态系统的运行机制入手，探求其与自然生态系统互补共生的资源循环代谢模式。其次，应将生态城市规划与设计所涉及的多样空间尺度与城市代谢的系统边界相关联，以在规划与设计过程中同步探求不同尺度系统边界内资源代谢的物质流动过程与城市功能空间的互动作用。另外，应以我国城市资源利用结构为依据，在探求不同系统边界内资源循环代谢机理的基础上，借助于适宜的生态技术设施，构建不同类型的灰绿基础设施系统，以提高资源循环代谢的效率。此外，应依据资源循环代谢的全过程，相应地构建集物质流分析、代谢指标核算和适宜技术设施工具箱于一体的资源代谢分析工具，以增强生态城市规划与设计的合理性和可靠性。最后，应建立与企业和政府部门的合作机制，协调管理者、开发商以及普通居民等利益相关者之间的关系，满足各自诉求，并从循环经济学的视角探讨城市代谢理念的商业化模式，加强公众参与和生态意识的宣传。

二、鹿特丹水韧性规划与空间规划

水是气候变化施加影响的主要媒介。近年来我国许多城市频繁遭遇极端天气，如“7·20”河南特大暴雨造成了巨大的人员伤亡和经济损失，而极端气候对水安全造成的威胁或危害，不仅局限于洪涝灾害，易被忽视的干旱、水资源枯竭，水污染及水环境恶化等问题也属于涉水灾害风险，都严重威胁着城市水安全。如何增强城市应对水风险的适应能力、提高城市安全韧性，逐渐成为国内外城市关注的热点。我国在2020年十九届五中全会上首提建设“韧性城市”并上升为国家战略，将韧性理念融入国土空间规划体系建设中。荷兰鹿特丹市则颁布了《鹿特丹气候适应战略》（2013）、《鹿特丹韧性战略：为21世纪做好准备》（2016）、鹿特丹《水计划》等韧性规划来应对气候变化及其相关风险。

（一）鹿特丹水韧性规划演变历程

1. 水韧性思路转变

荷兰在20世纪经历了多次大型洪水，1953年北海风暴冲破了西南部海堤造成大型洪灾，随后荷兰启动全国“三角洲工程”。1991年鹿特丹在其新航道的西端建造可调节式风暴潮防护坝——马仕朗防风暴大坝，以工程手段拦坝蓄水，并将局部地区堤防标准提高为万年一遇。此时的鹿特丹以及整个荷兰都是与水做斗争，采取的是抵御洪水的治水思路。

1993年和1995年连续降雨造成的洪水让荷兰南部的堤防几近崩溃，

之后荷兰提出了新的雨洪措施和风险评估机制。并于 1996 年通过新《防洪法案》，提出在新世纪建设“还地于河”工程，即拓宽河道，拆除河面、河岸建筑物，扩大河滩等，给河流创造更多的空间。鹿特丹也结合“水土整合”、“分区滞洪”、灰绿基础设施等措施来调节城市建设与水的关系。这时治水理念从抵御洪水转向部分适应，出台了一系列政策文件加强水的韧性，并与空间规划不断融合。鹿特丹不再把“水”视为城市发展的阻碍，而选择“与水共生”，打开了水风险治理的全新思路，也由此成为荷兰水风险治理转型的典型代表。

与此同时，对鹿特丹水韧性规划建设的研究也日益增多，有学者围绕“水韧性（water resilience）”一词，系统总结了与水韧性相关的研究，提出城市要通过适应性治理来应对未来的水变化。在国际上，鹿特丹应对水风险的韧性规划与管理经验受到广泛关注。鹿特丹规划中的“水韧性”可以理解为，城市水系统能够快速有效地预防、吸收、适应，从与水相关的扰动中恢复过来，并使其结构和功能达到更先进状态。

2. 涉水政策演变

随着国家治水理念和顶层设计的转变，鹿特丹对水系统潜在冲击的认知不断提升，水韧性理念也融入多元目标的城市发展愿景，进而促进社会生态全方位建设。2001 年，鹿特丹市政府联合区域水务委员会发布《水计划 1》（*Water plan* 1），制定了诸多防洪防水措施来抵御强降雨。此时的治水思路尚未实现政策上的转变，抵御为主的干预措施也使城市愈来愈“防水”。

2005 年鹿特丹的“洪灾”主题建筑双年展上，市政府和区域水务委员会推出《2035 年鹿特丹水城规划》（*Rotterdam Water City* 2035），并于 2007 年提出该规划的官方文件《水计划 2》（*Water Plan* 2），并以每五年为执行期实施。到 2013 年，鹿特丹发布《水计划 2》评估结果和 2013—2018 年执行计划，针对水安全、水量、水质、排污系统四方面亟须重点建设的内容，确定新的措施与建设项目。因此《水计划 2》对水资源的利用其实是一个在进行中不断调整的过程，在改善现有空间的同时也促进了城市未来发展，激发城市活力和经济吸引力。

2016 年，鹿特丹发布《鹿特丹韧性战略：为 21 世纪做好准备》，明确指出韧性水系统是实现水安全的前提。水韧性规划建设则有助于鹿特丹成为一个有吸引力、发展强劲且不受气候影响的三角洲城市。其中，《水计划 1》是以刚性防御措施为主，但随着鹿特丹对水冲击的认知转变，之后的《水计划 2》等韧性战略都是从吸收适应水冲击的角度，结合空间规划进行水韧性建设，如河流防洪方面，从依赖加固和抬升堤坝转变为给河流足够的空间，使其消化水位的变动等，这些建设行动的探索都是在不断提高鹿特丹城市的水韧性

（二）鹿特丹水韧性规划的主要特征

鹿特丹水韧性规划具有两个方面的显著特征：一是结合水风险评估进行空间规划，对不同城市空间分类实施韧性措施；二是为水韧性规划创造更多的社会经济效益，并推动城市价值的全面提升。

1. 基于水风险评估的空间规划

鹿特丹空间规划策略是基于建设存量、未来风险评估的基础上，提出多种与水协调发展的方式。鹿特丹首先针对本地突出的水风险进行了全面、精细的评估，内容包括气候变化带来的城市及周边水域的整体风险，如海平面上升、极端降雨、极端高温等；其次将水风险与基础设施、商业活动、人口分布等进行详细的经济社会交叉分析；最后再开展相应的城市规划和发展政策设计，呈现了完整的气候风险评估及干预政策设计闭环。

鹿特丹本着在城市各类空间实施适合的韧性措施，为环境、社会、经济和生态带来更多的正外部性的原则，制定空间规划。鹿特丹采取了“分区滞洪”的规划策略，即在极端情况下根据不同分区的土地利用类型，确定淹没顺序，保障高密度建成区的安全性。具体则根据韧性建设的需求对

城市空间分类，明确每种城市空间类型可行的设计和规划方法，如在河口地区预留空白用地以承受或消解未来的周期性洪水，而对于重要的公共区域则将水位变化与建筑建设标准关联。除合理的土地利用策略外，鹿特丹采取了更多结合创新技术和传统方法的韧性改造行动，以增加对水风险的防御、适应能力。

2. 水韧性推动城市价值的全面提升

具有水韧性的措施相较于传统的工程性抵御措施更能适应洪水、堤坝崩塌、水源短缺等极端情况，也具有更好的长期效益，在经济、社会、环境、生活等多方面创造更大的附加值。以港口地区为例，要应对气候变化给涉水基础设施带来的额外风险，则需要更具韧性的干预措施来保证关键基础设施的稳定运行，如建设小型堤防、防洪防旱工程等，这些水韧性措施提高了城市资产价值，将水资源“风险”转变为水资源“资产”，在创造经济附加值的同时，带动了城市设施提升和经济发展；具有韧性的城市基础设施能够提供更安全的营商环境，也更容易吸引投资，从而提供更多的就业选择和社会附加值；结合生态景观的韧性建设也创造了更多的休闲空间，如蓝绿屋顶空间、兼备雨洪管理和公共活动的城市水广场等，都提供了具有吸引力的活动空间，创建生活附加值并提高了居民生活质量和城市公共空间品质。

（三）鹿特丹水韧性规划建设策略

鹿特丹在水韧性规划建设实践中进一步细化应对水风险的空间规划干预举措，提出具体的设计原则，因地因时地制定适应性策略和行动计划。

1. 应对洪水灾害的适应性策略

鹿特丹在应对洪水灾害时，系统性地采取工程性抵御和韧性适应相结合的策略，以增强适应性。主要策略如下。

（1）刚性抵御的工程措施

拦海大坝是保护鹿特丹不受海浪风暴潮侵袭的重要屏障。因此鹿特丹不断优化马仕朗防风暴大坝设施，以确保两座扇形浮动式闸门在风暴来临时可以迅速合拢，对风浪进行调节管理。此外，对不符合现行标准的堤防和码头等防洪设施进行加固；对港口等堤外地区的关键基础设施采取更高的设防标准，保证灾时可及时恢复供水供电等基础保障。

（2）设计灵活的适应性措施

鹿特丹考虑到未来可能出现更高的河流水位和被淹没的可能性，在沿岸地区保留更多的冗余空间，以便日后增加工程设施，同时这些区域作为自然湿地或绿色海湾，不仅能吸纳潮汐侵蚀，还能防止堤坝等硬质要素对城市景观的割裂；创新设计漂浮建筑，使地基可以根据水位变化而升降，有效避免洪水冲击，具有更强的气候适应性，从而提高城市韧性。

2. 应对内涝灾害的适应性策略

为了应对未来更频繁的强降雨，鹿特丹对城市排水防涝设施进行了精细化改造。

（1）改进雨水排泄设施

鹿特丹根据强降雨后城市积水内涝疏解情况，不断加强灰绿结合的基础设施建设，按不同区域的现实需求，在部分区域重建雨污分离的下水道系统，部分区域选择将雨水排放从排水系统中独立出来，以降低管网系统的压力，建设开放式排水沟将雨水引入洼地、池塘和运河中，并通过沿线的城市自然绿化对雨水进行生物净化。

（2）增加雨水滞留、下渗

鹿特丹在城市建成区向外扩张建设的同时创造了更多的开放水域，用以消化水位的变动。对于空间局促的城区则进行适水性改造，如采取软质下垫面替代原有的硬质铺装，种植渗透性的植被等增加水消解，提升雨水滞留、下渗能力。同时，鹿特丹鼓励市民参与改造行动，协作建设绿色屋顶，并探索改造蓝色屋顶，确保改良防水设计后将雨水收集储存在屋顶。通过对建筑进行韧性改造来解决水问题，提高城市公共空间的品质和活力。

3. 应对淡水短缺的适应性策略

为应对今后可能的长期干旱和地下水短缺，鹿特丹积极创新蓄水措施，实现“城市空间”的高效利用。

（1）基于雨水存蓄的防旱措施

鹿特丹创新性地将储水设施与公共空间整合在一起，建设水广场，引导雨水自然渗透补充地下水或通过管道引至专门的储水设施和河流等水体，实现雨水的就地回收、存蓄和多样利用。此外，雨水滞留设施与城市景观工程结合建设，使绿地公园、河流水体共同构成“气候缓冲廊道”。同时，鹿特丹也利用建筑的多功能空间进行雨水存蓄，如建设地下停车场蓄水或直接引入建筑中进行再利用。

（2）基于生境优化的水质提升措施

鹿特丹把“清澈的水”作为水质提升的总体目标，尽可能减少水面漂浮废物、臭气和鱼类死亡率，对水质进行监测与评估。同时，建设自然友好型海岸和渔场，并加强生物保育，研究鱼类洄游的选择和鱼类种群管理计划，在关注水质的同时，提升水的生态价值。此外，鹿特丹一直致力于强化污水、废水处理工艺，以求节省成本的同时不损害公共卫生、地下水的质量和数量，实现环境改善和可持续发展。

（四）经验与启示

1. 加快治理思路转型

鹿特丹的韧性建设从水风险治理切入，通过水韧性措施来带动城市设施整体提升，促进城市经济、社会、环境、生活等多方面共同发展。可见韧性建设工作不仅是城市对于风险的被动提升，还应该成为城市全面发展的契机。因此我国在韧性规划中应加快水资源治理思路转型，不应一味地防范水资源带来的“风险”，而是将其视作城市转型和设施提升的机遇，创造更多的社会经济效益，提高城市资产价值。通过水韧性规划措施，在适应水风险的同时将其转变为水资源“资产”，创造更具吸引力和竞争力的城市环境。

2. 重视水风险管理体制建设

水风险的空间治理需要跨部门、跨层级和跨行政区域的协调与合作，对此鹿特丹设立“首席韧性官”，自上而下地给予韧性管理和财政支持。我国目前自然灾害防治中的大部分防减灾工作被确认为地方财政事权，而提升韧性需要从顶层设计逐级地落实到“针灸式”更新建设中，因此要统筹协调，明确各部门权责归属，加强与水相关的多部门和多层级间的联合协作。针对洪涝干旱、淡水短缺、水质下降等不同类型的水风险，建立灵活、兼容的韧性管理体制，有效协调和优化跨部门的发展行动，跨区域协作提升韧性设施附加值，以吸引更多投融资，促进城市可持续发展。

3. 健全水韧性政策法规体系

鹿特丹在单部水规划政策中就涵盖了多种水风险的韧性治理策略，并出台了韧性战略指导城市规划建设。而我国城市层级的涉水政策多为专项规划，在防洪、内涝治理、水安全保障等细分领域分别展开，涉水规划策略间缺少统筹与平衡，易造成资源浪费。韧性规划通常作为国土空间规划体系的附加标签，缺少专门的政策法规来保障韧性规划建设的实施。因此要健全水韧性政策法规体系，统筹涉水灾害的韧性治理，在顶层设计层面就将水韧性规划目标与策略融入空间规划中，使不同规划政策有效衔接。

4. 实施强制性风险评估

鹿特丹依托全面精细的水风险评估进行相应的空间规划调整和发展政策设计，有效地规避了设施防御能力不足等带来的灾害损失。我国国土空间规划中也对空间风险评估和监测提出了要求，但还不够精细，今后应进一步将水风险评估等纳入城市空间规划和项目审批等关键流程当中，尤其是在城市基础设施新增和改造重大项目中加强对水风险的考量。实施强制性风险评估可以协助调整城市空间结构和设施布局，制定因时因地的水韧性规划策略，有助于引导城市发展转向水风险暴露度和脆弱性下降的方向，提高城市韧性。

5. 推动多元组织参与韧性建设

在韧性建设过程中，鹿特丹不局限于政府的单方面努力，而是强调政府、市场主体、专家和市民等不同利益相关者的积极参与和协作，尤其是发挥社区组织及居民的作用。因此我国应加快韧性社区建设，积极推动参与式社区规划，激发市民参与城市风险评估和韧性建设的积极性，通过个体微观行为韧性的增加来提升整体韧性底线。同时，人是城市创新性的源泉。在空间规划设计过程中，应注重凝聚市场主体、专家和市民的群体智慧，这样既能带来韧性建设的创新性、启发性思路和解决方案，也有助于社会群体对韧性规划建设的认同感，共同促进规划落实。

第八章　我国韧性城市规划的实践与创新

第一节　我国韧性城市规划的实践案例

一、黄石韧性城市规划

综观国外多个与韧性相关的城市规划经典案例，可知韧性城市规划经历了从应对自然灾害向提升城市综合能力的内涵外延，一种将韧性城市建设作为风险管理的工具，强调韧性城市的“工具性”，这是韧性城市的基本内涵；另一种将提升韧性当成解决城市复杂问题的方法，从而制定城市建设的综合目标或针对性目标，体现韧性城市的“思维性”。可见，韧性城市的内涵已从单纯地提升防灾能力逐渐外延到提高城市应对各种风险和压力的能力，而这些自然灾害带来的风险与压力逐步转化为对城市经济、社会、环境的压力和冲击。目前体现韧性城市“工具性”内涵的城市规划类型有防灾减灾规划、公共空间应急避难场所规划、灾后重建规划；体现韧性城市“思维性”内涵的城市规划类型有区域韧性战略规划、韧性城市概念性规划和城市韧性更新规划。

与西方发达地区相比，我国的防灾减灾规划未能将韧性的恢复能力、适应能力、阶段演进能力等内涵融入灾害评估、救灾组织和灾情监测等环节中，韧性城市的“工具性”内涵发挥不足；同样，我国以“韧性提升”为终极目标的城市规划未能将韧性城市理念贯彻落实在具体行动计划中。我国对韧性城市规划的解读广度和深度不足，仍需不断地研究拓展其内涵并在实践中加以应用。

（一）我国韧性城市规划本土化背景

近年来，“韧性”已成为全球城市规划的重要关键词，在我国城市规划中深入剖析和践行韧性理念对于城市应对发展中各种风险的冲击和压力、实现可持续发展具有极大的现实意义。我国韧性城市规划研究整体起步较晚，在规划主体、框架结构和规划行动等方面仍存在可提升空间。因此，本文通过识别国外韧性城市规划的创新与关键内容，将其转换成符合我国国情的规划语言，实现韧性城市理念在我国城市规划中由上至下及由下至上的双向渗透。

1. 规划主体：多元参与和政府主导

韧性城市的建设与应对各种冲击和压力的政策制定者、实施者、受灾影响者息息相关，而各种冲击与压力的复杂性和多样性决定了建设韧性城市需要全社会的共同参与，加强社会的风险自救意识需要政府、社会组织与市民的多元参与和共治。国外城市规划的非政府组织已发展得相对成熟，特别是对于社区尺度的韧性提升规划已形成完整的评估、方案、融资框架。国内在应用韧性城市

发展理念指导城市建设过程中尚未形成全面系统的认知；在学术理论向实践行动转化的过程中缺乏公众的理解与参与，目前开展的工作仅限于灾害应急等部门，没有完全落实为公共政策，且社区作为城市的基本单元，其社会职能具有局限性。因此，我国在践行韧性城市理念时不能忽视市场、社会组织和民众的参与。

2. 框架结构：多中心综合治理和单一标准化模板

韧性城市规划的成功实施离不开一个完整的、逻辑清晰的框架结构。国内韧性城市规划的框架存在标准单一的问题，这种单一性体现在两个维度。一是直接沿用以往可持续发展相关理念在中国的实践模板。相比之下，国外韧性城市规划经历了从防灾减灾规划理念向城市综合发展目标的作用模式与作用范围的转变，韧性城市规划不再局限于城市的工程技术韧性，而是向经济韧性、社会韧性、生态韧性和组织韧性进行全方位转变。二是单一地套用先进地区的韧性城市规划框架，没有做到因地、因时制宜，行

动计划趋于标准化，导致韧性城市规划失效，这种生搬硬套的做法是韧性城市理念在我国规划中的“不完全释义”。在我国开展韧性理念的本土化实践时，需结合地方发展问题进行富有针对性的结构转译。

3. 行动落实：弹性适应和刚性应对

韧性城市强调从理念引导、全民共识到协同构建韧性城市规划框架，提倡以逐层递进的策略应对城市面临的各种压力与冲击，表现为一种弹性适应；我国城市则为了实现标准化管理、方便实施和应对短周期绩效考核机制，更注重城市各种基础设施建设，追求立竿见影的效果，表现为一种刚性任务。从对韧性城市评价的相关研究中也可看出，在城市韧性的评价指标中，工程领域的评价指标很细，但在经济、社会方面的评价指标却多以定性为主。这是国内规划实践对韧性城市的“工具性”过于关注的重要体现之一，这种刚性应对的思维在解决城市环境与资源问题上往往治标不治本。

（二）黄石城市转型存在的问题

2017 年是我国供给侧改革的深化之年，其中去产能是改革五大任务之首。近年来，黄石在城市转型中提出了“生态立市、产业强市、加快建成鄂东特大城市”的战略，其中的“生态立市”主要强调城市在不破坏和牺牲环境的前提下的高能量转换效率和高资源利用率，是城市可持续发展的核心要求和途径，追求的是环境优美的人居环境，社区和环境的和谐统一及优化；“韧性城市”则强调高度城市化的人类社会如何面对急性冲击和慢性压力对城市中的个体、单位、社区、部门和城市整体功能的考验，是人类全球化、城市化和气候变暖三大趋势下必须面对和思考的关于生存与发展的关键问题。生态立市是根本，城市韧性建设才是皇室城市规划和建设应该考虑的最高原则，生态和绿色发展的城市具有较好的城市韧性，但不一定具有抵抗急性冲击的能力，一个花园城市在地震、飓风和洪水灾害面前，如果缺少韧性规划，是经受不住这些突如其来的打击的。因此，黄石市的“生态立市”转型其实是应该吸纳韧性规划的成分，让这座资源枯竭型城市转变为具有韧性的城市。

1. 城市水系统面临的挑战

（1）城市饮水安全问题

黄石市目前的主要水源来自长江水系。但长江沿岸交通干线纵横交错，物流量大，黄石的水源极有可能受到上游排污和各类突发性环境污染事故的影响。一旦长江水体水质达不到集中式供水水源的要求，将会对整个黄石市供水系统产生严重影响。

（2）城市水体污染问题

黄石市建立于 20 世纪 50 年代，市政建设采用的质量标准比较低且排水管网覆盖面积不够，因此存在雨污不分的现象。大量工业废水和生活污水被直接排入江河湖泊，造成城市水体的重金属污染和水质富营养化等问题。同时，也对供水水源较为单一的黄石的饮水安全造成了威胁。

（3）城市防洪排涝问题

黄石历年平均降雨日为 133 d，平均降雨量为 1420.4 mm，但全市各地的灌排泵站多数运行多年，设备老化，效率低下，灌溉排涝能力已无法满足现实需求，再加上城市污水管网存在布局欠科学严谨、管网老化、排水管网建设与污水处理厂之间不协调等问题。因此，每当暴雨来临时，地势较低的城区经常会发生大量积水难以及时排空的问题。

2. 城市经济系统面临的挑战

（1）资源不足问题

黄石曾因矿产资源丰富而被誉为“工业粮仓”，但是随着时间的推移，全市矿产资源储量大幅下降。截至目前，市区 142 家矿山企业，有超过半数相继闭坑或无法正常生产急待实施关闭。在现存生产的 70 家矿山中，近 20 座矿山的保有储量在累计探明储量的 30% 以下，50% 以上的矿山剩余开采年限不足 10 年。

（2）产业结构不优问题

目前，黄石的产业结构呈现“三多三少”的特点：资源型企业多，高新技术企业少；初级产品多，终端产品少；关联度低的单体企业多，集群配套企业少。同时，黄石市服务业发展不充分，尤其是生产性服务业集聚程度较低，制约了工业转型升级。

（3）民营经济活力不足问题

民营经济作为黄石市经济发展的重要组成部分，增速逐年下滑，经济发展活力有待进一步提升。目前，黄石民营资本占全市固定资产投资比重已由最高时的 80% 下降到现在的 70% 以下，社会资本参与经济发展的积极性正在逐步减弱。

3. 城市居住系统面临的挑战

（1）老城区人居环境问题

黄石市是一个老工业城市，黄石港区等几个老城区是在矿产开发的背景下建立起来的，住房建筑普遍年代较老，房屋的建筑质量和标准比较低，并存在大量的临时性棚户区。总体而言，黄石城区人口居住密度高，人均住宅面积小，空间拥挤，且配套基础设施不足，居住条件较差。

（2）基础服务设施落后问题

黄石因矿而建，在城市建设过程中依照“先生产、后生活”的原则，城市基础设施建设优先服务于企业生产，居民生活基础设施没有得到应有的重视。同时，既有的基础设施由于年久失修，老化严重，无法满足现代化宜居城市的基本要求。

（3）公共住房保障问题

近年来，黄石房价持续上涨，对黄石居民购买住房造成很大压力，特别是低收入群体更是难以负担，难以改善自身居住条件。

（三）以韧性城市理念推进黄石转型发展的具体策略

1. 治理“水”问题，打造更具韧性的水系统

从“治水”入手，打造一个遭遇冲击和破坏时具有极强恢复和适应能力的韧性水系统，是确保黄石经济社会顺利转型发展的务实之举。第一，加强水资源的保护和开发。大力建设长江防护林，实施退耕还林、水土保持，河湖和湿地生态保护修复等工程，加大对主水源地长江的保护力度。同时，进一步加强地下水的勘测与保护，并增加黄石的城市应急水源地，进一步提高黄石应急水源的供给能力。第二，加强水体污染综合治理。将旧的合流管道改为分流管道，实现雨污分流，从根本上杜绝直接排放污水对水体的污染。对于黄石现存的富营养化水体要进行全面截污，杜绝养殖、种植污水直排入河流湖泊，同时采用植物、动物及微生物共同参与的方式进行修复。大力实施清淤疏浚，加强水体生态修复，因势利导改造渠化河道，恢复水体自然生态，增强河湖水系自净功能。第三，加强防洪排涝体系建设。优先利用城市湿地、公园、下凹式绿地和下凹式广场、道路两边的积水廊道等，作为临时雨水调蓄空间。设置雨水调蓄专用设施，增强雨水调蓄能力。同时，要对排洪港进行及时的清污处理，增加调蓄塘，不断增强排水能力。

2. 推动城市向绿色经济转型，打造更具韧性的经济系统

一是加快推动产业转型升级。突出存量变革，深入实施“百企技改”工程，振兴传统制造；突出增量崛起，通过技术改造、招商引资、兼并重组，重点发展新材料、新能源、电子信息、医药健康等主导产业，加速培育发展新兴产业；按照“先进制造＋现代服务”的思路，大力发展物流、金融、信息等现代服务业，推进先进制造业与现代服务业融合发展。

二是大力提升创新能力。以创建国家创新型城市为抓手，集聚资本、技术、人才等创新要素，加快实现主导产业技术研究院、重点企业技术研发中心全覆盖。进一步加强众创空间、孵化器等“双创”平台建设，不断提高科技成果转化水平。

三是推进全市全域协调发展。按照“同城化、一体化”的思路，加强对城市发展布局、资源、环境、产业的统筹，推动城市发展从规模扩张向包容增长转变，推动城市发展布局从行政圈层向“全域化、网络化、多中心、组团式、集约型”转变，全面优化空间发展格局。

四是构建全新的发展指标体系。结合韧性城市建设的理念，制定开山塘口、工矿废弃地、土壤污染、大气污染及水体污染等方面的治理体系和指标，为黄石绿色发展提供科学、高效的预测和调控工具。

3. 加强基础设施建设，打造更具韧性的居住系统

一是加强城市基础设施建设。完善城市公交系统，打造市内 1 小时工作生活圈。城市新建城区、工业园区、经济开发区等地区的新建道路要配套建设地下综合管廊。老城区结合河道及道路整治、旧城改造等工作，大力推动地下综合管廊建设。大力实施公共基础设施安全加固工程，提高城市建筑和基础设施的抗灾能力。

二是完善公共服务设施。遵循“可达、便捷”原则，科学设置公共服务设施。大力升级改造社区原有服务设施，新建商业、教育、文化等公共服务设施，增强城市生活服务功能。强化小区菜市场、幼儿园、老年人活动中心等公共设施的配置，严格执行垃圾分类制度，打造多功能现代社区。

三是加强棚户区改造和住房体系建设。结合实际，合理确定各类棚户区改造的工作任务，量力而行、逐步推进，先改造成片棚户区，再改造其他棚户区。推进租购并举、租售同权住房制度，打通住房租赁市场和产权市场通道，建立政府、企业和个人三方共担的新型的住房租赁市场，着力解决新生代、新就业人员、外来务工人员等住房问题。

四是加强生态环境治理。要加大长江保护力度，加强对工矿废弃地和开山塘口的绿色治理，落实大气污染防治计划，坚持江堤路景、岸线修复、城市整理、塘口治理、村庄整治相结合，加大生态环境修复力度，打造绿色生态的宜居环境。

（四）黄石韧性城市规划的本土化实践

1. 组织形式本土化：成立韧性办公室，搭建对话桥梁

通过与“100RC”平台合作，黄石市政府整合多方资源，成立黄石韧性城市建设办公室，搭建起了政府、社会组织与市民的沟通桥梁，这是黄石城市规划落实韧性城市理念的重要基石。“100RC”平台提供了韧性城市规划的路径与模板，即甄选“城市韧性官”、提供相关专家支持、与私营企业和非政府组织合作、区域成员城市互相学习合作等。黄石韧性城市建设办公室组织采取专题小组讨论、研讨会、专家咨询和问卷调查等多种方式，历时半年，在各区县、各委办局就未来韧性城市建设的重点问题、发展目标进行了调研。由于市委、市政府高度重视且组织得力，韧性城市建设得以迅速推进，黄石是目前我国已入选“100RC”的 4 个城市中最早成功申报、行动最快的城市。

2. 评估方法本土化：识别冲击与压力，梳理重点问题

黄石在正式开展韧性城市建设行动工作部署前期，组织了城市韧性评估及问题识别工作，该工作分为三大部分：一是了解利益相关者对于黄石韧性城市建设的认知程度，以预估后续的行动实施绩效并做出方案调整。工作通过收集由政府部门、企业、民间组织及其他部门组成的利益相关者关于黄石韧性城市建设认知的问卷调查，将数据录入“100RC”平台提供的“城市韧性认知评估工具”，从分析结果中可看出利益相关者最关注的问题是推动经济可持续发展、确保社会稳定安全和正义，加强自然和人造资产保护。二是对黄石所面临的急性冲击与慢性压力进行识别，为今后采取何种城市行动及科学保护城市重要实体资源提供第一手资料。工作根据以往黄石突发事件清单，对事件未来发生的可能性和趋势进行加权评价，诊断出黄石城市建设过程中正在遭受和潜在的急性冲击与慢性压力共 22 项。三是对黄石的城市重要资产进行风险评估，精准地衡量城市的脆弱性。

工作通过“识别资产—资产经营管理现状评估—最易受冲击资产识别”等环节，对黄石的重要实体资产情况由坏到好排列，可以看出黄石最脆弱的资产集中在污水处理系统、供水管道、通信系统和交通系统等方面。

结合城市既有的韧性行动、利益相关者的认知、城市面临的急性冲击与慢性压力、城市的资产状况及黄石的实际情况，未来黄石是否具备韧性、能否应对未来可能面临的各种冲击与压力，取决于各种“水问题”能否被妥善解决、能否成功从资源枯竭型城市转型为可持续发展的绿色经济体、能否改善环境污染和落后的基础设施建设并创造适宜的居住环境。

3. 决策过程本土化：分解韧性目标，筛选行动项目

基于梳理出的重点问题和识别出的冲击与压力，黄石的韧性城市行动重点聚焦下述三大目标并构建韧性城市体系：一是建设韧性的城市水系统；二是建设韧性的经济系统；三是建设韧性的居住系统。三大有关部门根据这三大目标部署工作，并联合高校成立专家组，通过使用“100RC”平台提供的措施目录库和机遇评估工具，整理黄石现有规划和项目对韧性城市建设的贡献，收集各个利益相关方对韧性 12 个维度的评价，鉴别韧性城市发展的强项和短板，优先筛选出若干倡议行动，用具体的行动计划分解落实三大韧性目标。

根据数据统计结果显示，一方面，支持民生与就业、满足基本需求、保障公共卫生服务、提升领导和有效管理的能力、保障关键服务的持续性等驱动因素在既有城市行动中出现的频率较高，这表明目前在黄石韧性城市建设中有较多的行动与之相关。近几年黄石比较注重解决民生问题，树立了以人为本的理念，加大了解决上述问题的力度，陆续开展了“五城同创”活动，进行反腐败行动等。另一方面，提供可靠高效的通信设施、促进长远综合规划实施、确保社会稳定安全和公正、促进凝聚力与社区参与、保护自然及人造资产等驱动因素在既有城市行动中出现的频率较低，这说明黄石既有的韧性城市行动还不够全面，还需要很多空间来实施更多的城

市行动，尤其是在民生领域、经济社会可持续发展领域、生态建设领域。

4. 实施对策本土化：多方参与介入，共同实施行动

韧性城市的建设、运行与管理应该是一个完备且成体系的自组织系统，它既能够抵抗急性冲击和慢性压力，又能够适应灾后环境，进行自我补充修复和调整完善，甚至具有自我规范持续发展的能力。因此，韧性城市的建设实施应致力于构建一个多方协作的行动框架，并明确韧性城市构建的阶段性方案。在这个多方参与的行动框架中，各方关心的问题有所侧重：政府最关心的是近期能实现且可以落实到具体部门实施的项目；市民最关心的是与其生活息息相关的行动计划；基金会、企业最关心的是行动计划可以带来怎样的红利。在方案确定后由黄石韧性城市办公室牵头，组织了由 18 个相关政府部门、3 组高校专家团队和多家企业、社会非政府组织代表参与的讨论会，共同商榷遴选出了 18 项韧性倡议行动，同时对各项行动的牵头部门、配合部门、资金来源、韧性红利和实施年限进行了研讨。在韧性行动项目启动后，黄石韧性城市办公室多次组织社会多领域的社会团体和市民代表到各个负责韧性行动实施的部门、企业和非政府组织办公室参观，对其实施绩效进行实时评估。

二、北京城市副中心韧性城市建设

北京城市副中心建设具有重要的战略意义，是北京空间规划“一核、两翼”总体布局中的一翼，也是未来的“现代化国际新城”。作为战略布局中的重要枢纽，北京副中心不仅是疏解非首都功能的重要地域，还是实现京津冀区域协同发展示范区功能的关键环节。本研究 2019—2021 年对北京市城市副中心开展了全面调研，基于韧性城市的四个维度对北京城市副中心的建设进行扫描，试图全面把握当前建设的现状以及出现的问题。

（一）社会韧性

综合奥斯塔格希扎德等的观点，本文认为，韧性城市建设的社会韧性

指的是城市中的人群对风险的抵抗能力，是在遭遇到破坏性力量时所表现出来的维持社会整合、促进社会平稳正常运行的有效力量。本文拟主要从人口的特征和构成方面进行分析。

建设城市副中心以来，随着相关产业的承接和转移以及首都人口疏解政策的推进，通州区的常住人口数量呈现逐年上升的趋势。相较于 2015 年，2019 年的常住人口已增长了近 30 万人。地区的人口承载力存在一个区间，持续不断增长的人口会对资源、环境带来更多的要求，会对韧性城市的建设构成一定的挑战。该区的城镇人口和乡村人口都有所增加，但城镇人口在总人口中所占的比例逐年提高。在通州区人口的性别构成上呈现出男性略高于女性的状况，整体相对均衡。在人口的年龄结构上则呈现出以 15 ～ 64 岁的中青年人为主的状况，其比重占据总人口的八成以上。由此可见，该区当前劳动力充足，但老龄人口数量的持续增加也会给社会带来越来越大的压力，表明当前通州副中心城市虽然仍享有“人口红利”，但也承担着越来越大的“养老压力”，这对社会韧性是一个双向的拉扯。

副中心建设以来，除了人口构成在城乡、性别和年龄上发生的变化，通州区的人口结构也从“城镇—农村—外来人口”的三元结构转变为“中心城—通州城区—新城镇化地区—农村—外来人口”的五元结构。这种人口来源的差异意味着人群间思想和利益诉求的多元化取向，思想观念、价值倾向、文化背景、身份认同等方面的差异加剧了当地居民的异质性。在我国的经济转型期，随着人口流动性的增加，利益诉求的差异性已经引发了诸多社会问题。这种流动性及其引发的各种问题是副中心城市建设不可回避的问题，也是影响社会韧性的关键因素之一。

（二）环境韧性

通过梳理文献，本文将环境韧性定义为城市基础设施对风险灾害的应对能力，具体以基础设施投资、农业基础设施、道路交通和生态环境等指标来衡量。结合《2020 年通州区国民经济和社会发展统计公报》及调研发现，2020 年，通州区基础设施投资比上年下降 20.7%，全区基础设施投资主要集中在道路交通、水务和绿化三大重要领域。其中，道路交通类投资增长 32.8%，占基础设施投资比重为 64.4%。水务领域投资增长 8.8%，占基础设施投资比重为 7.8%。绿化类投资下降 63.5%，占基础设施投资比重为 22.9%，对绿化的投资有所下降。从农业基础设施来看，2020 年大棚占地面积 696.4 公顷，增长 45.9%。中小棚占地面积 42.3 公顷，下降 1.4%，农业基础设施建设得到了较大增长，疫情下农产品供应趋于稳定。交通运输方面，2020 年载客汽车共有 30.7 万辆，增长 7.5%。全区森林覆盖率达到 34.45%，比上年提高 1.4 个百分点。林木绿化率 35.29%，城市绿地面积 7319.4 公顷，城市绿化覆盖率达到 48.03%，城市人均拥有公园绿地面积 18.06 平方米。

环境韧性反映了城市环境的承载力，以及城市对危机的响应、适应与恢复能力。整体来看，通州副中心拥有首都以及政策支持两大便利，因此在基础设施完善、道路交通便捷、生态绿化等方面都具有一定的优势，农业、水务等投资逐年增加，使其能够有效应对突发的生态和环境风险。

（三）组织韧性

根据国内外文献可知，组织韧性指的是城市宏观制度建设对重大风险的应对能力。调研中发现，通州副中心建设之初就树立了破除体制障碍、打造北京标准示范区这一目标。最近发布的《北京市“十四五”时期优化营商环境规划》提出将推行 356 项改革任务，打造“北京效率”“北京服务”“北京标准”“北京诚信”四大品牌，将改革的重点指向涉企经营许可办理、公共资源交易、反垄断执法等方面，探索深度融入国际市场的体制机制，创新自贸试验区体制机制，进一步简政放权，建成审批最简、服务最优、企业群众满意度最高的国际一流政务服务先行示范区。同时，各机构组织也将制度建设作为工作重点，例如，区政协先后制定了《关于加强人民政协协商民主建设的实施意见》《关于加强新时代通州区政协党的建设工作的实施意见》等，架起制度建设的“梁”。将履行职能的各项经常性、基础性工作制度进一步充实细化完善，先后制定了《关于开展提案办理“扩面协商”工作的实施意见》《关于进一步加强和改进反映社情民意信息工作的意见》《关于委员视察考察工作的实施意见》等，立起制度建设的“柱”。生态环境局也积极建立生态环境损害赔偿制度，进一步推进副中心的制度建设。

从管理的角度来看，城市风险管理是影响组织韧性的重要内容。组织韧性需要及时应对变化，做出调整，动态地、有针对性地做出改变。调研结果表明，通州城市副中心各项组织制度完善，能够适应当前现实，并依据未来发展做出规划，及时有效地调整制度建设，组织韧性良好。

（四）经济韧性

国内外学术界对经济韧性讨论较多，城市经济韧性指的是城市的社会经济发展对风险的承载能力，即经济应对各种风险危机时表现出的抗挫折能力。本文主要以经济发展水平、三产比例以及收入和消费水平等指标来衡量经济韧性。从通州副中心生产总值和增长速度来看，2020 年，副中心实现地区生产总值 1103 亿元，按可比价格计算，比上年增长 3. 4%。虽然受到疫情冲击，但副中心农业生产保持稳定，工业受到的冲击较大，服务业经受住了冲击，体现出一定的经济发展韧性。在重大公共卫生事件和城市风险影响下，副中心的消费和收入都受到了较大的冲击，进出口贸易额出现了显著的降低，体现出区内经济稳健态势不足，经济韧性与活力受到挑战。

（五）平台优化副中心韧性城市建设的路径

北京通州副中心韧性城市建设过程中出现的问题，一定程度上可以利用数字技术进行解决和优化。数字平台的应用为提升副中心城市韧性提供了一个契机，因此，既要把握平台的社会建构属性，又要将平台置于具体的城市发展情境中，发掘平台对城市韧性的表征和促进作用。研究数字平台与北京城市副中心韧性建设的协同作用，有助于充分认识数字平台在城市发展中的内涵作用，不仅可为提升我国副中心城市的韧性建设提供启示，也可为精细化治理指明方向。

1. 技术助力社会韧性，平台促进民生发展

面对居民的多样性，以数字平台为基础的数字化社区建设充分体现了居民的诉求，还成为促进居民参与、提高社区凝聚力的重要技术设施。其中，“多网融合”平台已经成为城市社区治理的重要组成部分。在副中心的规划当中，依托“多网融合”平台建立城市管理基础数据普查更新机制，推进与12345市民服务热线案件数据及水、电、气、热、地下管线等模块融合，是该平台所发挥的主要作用。

“多网融合”平台与人保持了密切的互动。为了维护网格化平台的运行，相关部门组建了与城市治理相适应的网格员队伍，定期组织镇街网格员队伍培训，带动了公众参与到城市的建设当中，并带动了更多的居民参与到社区治理当中。随着参与的增多，平台技术本身也在基于居民需求而不断发展和完善。在网格员维护网格化平台的基础上，通州区建立了智慧警务社区。智慧警务社区按照“视频监控、车辆卡口、具有人脸识别功能的智慧门禁+管理平台”的模式，推动20个居民小区实现了智慧防控。这一平台所衍生的技术，有利于当地社区居民运用数字手段及时发现日常生活中需要反馈给社区的问题，其在反馈的过程中与社区建立了关联，从而吸纳了越来越多的居民参与到平台的建设之中，共同维持了数字化社区人与技术互动的新秩序。

另外，数字平台还生产了海量数据，政府有关部门能够实时获取这些反映居民诉求的数据以做出精确研判和高效决策，其中对居民交通需求的关注就是数字平台助力的结果。在社会交通的需求之下，通州副中心形成了实时感知、监测、预警、决策、管理和控制的智能交通体系框架，实现

了 78 条区管主次干路公服设施二维码全覆盖。在城市空间数据基础上，数字技术也应用到数据的使用当中，通过叠加互联网、物联网等多维度实时数据，全息描述城市运行状态，用算法搭建副中心城市视频感知分析系统，高效驱动和管理城市运营，实现城市资源要素的智能化优化配置，通过技术要素和社会要素的密切联系，共同促成了交通运行体系的构建。数字技术在交通体系中的应用体现了社会成员对智慧交通的期待，而副中心的城市社会要素也引导了数字平台系统所具有的功能，他们共同处于一个社会技术系统之中。具体而言，交通基础设施在数字技术的作用下满足了社会的出行需求，这一需求又反过来加强了基础设施的建设。在平台的便民性方面，平台充分考虑到了居民的多样化需求，这种精细化的治理方式将人与物勾连到一个社会技术系统之中，促进了副中心的韧性建设。

2. 技术优化环境韧性，平台监测环境风险

当前，通州副中心仍然面临着诸多环境问题的挑战，这影响了生态系统抵御城市风险的能力，进而对其自然韧性的建设有不利影响。通州城市副中心长期以来存在严重的空气污染问题，这与城市建设的快速发展有关。一方面，随着区内人口数量的增加，人类活动增多，空气污染状况不容乐观，碳排放量加快提升。另一方面，区内多次发生垃圾焚烧事件，如一些单位混料车间对粉尘收集设施整改生成了较多的污染物，严重污染了空气与环境。

社会技术系统是嵌入在自然的生态环境之中的。在北京副中心建设过程中，数字平台在环境治理方面扮演了重要角色，“城市大脑·生态环境”平台是其改善自然韧性的一大数字基础设施。该平台对 155 平方公里的通州核心区域完成了环境监测的智能化改造，接入 1437 路视频、1100 个大气预警传感器，每 10 分钟就可以完成一次全区域视频扫描。在视频探头覆盖的区域内，能够基于视频智能算法实现全天候自动识别和发现。同时，通过这一数字平台构建了雾霾检测平台，为识别和应对环境问题提供了便

利条件。从这一平台的建设来看，其联结了人与自然环境，将人、数字平台和两者所处的生态系统统一于社会技术系统当中。环境问题的识别和人类感知通过数字平台的物质性中介得到呈现，人们根据数据所反映的结果进行精准的环境整治，人与物在数字孪生中形成了一个统一的整体。随着副中心城市的社会技术系统在生态方面的交融，在技术要素的参与中形成的"城市大脑"平台有效改善了副中心城市的生态环境，数字技术在环境治理体系中的应用体现了社会成员对良好自然环境的期待。与此同时，人们对绿色环境的需要也加强了数字生态本身的技术发展，它不仅促进了智慧政府的建设，还有利于应对未来更多的自然不确定性，从而促进了城市副中心自然韧性的提高。

3. 技术强化组织韧性，平台应对公共危机

作为一场突发性公共卫生危机，2020 年爆发的新冠肺炎疫情给超特大城市带来了巨大的考验，也给北京副中心城市韧性建设带来了冲击。随着国家和各级政府的有力控制，疫情得到缓解。

对于突发风险的治理，数字技术同样发挥了重要作用。北京城市副中心建立起依托大数据防控的应急指挥体系，加强了灾害监测和预警、综合接警和综合保障能力。同时，在城市空间的数据基础之上，通过叠加互联网、物联网等多维度的实时数据，用算法高效驱动和管理城市运营，实现了城市资源要素智能优化配置。副中心还大力建设智能高效的"城市大脑"，动态监测和实时感知城市运行状态，加强城市运行状态的全局分析，对各类城市事件进行实时数据建模，通过机器学习、深度学习、仿真推演为城市发展预测和决策提供全过程支持，以提升城市运行管控水平。最后，通州副中心通过建设数据集成共享的基础支撑平台，开展时空大数据工程建设，全面整合分散在各部门的城市运行数据，构建全量数据资源目录、大数据信用体系和数据资源开放共享管理体系，实现数据信息共享和深度应用。通过有机融合地理信息系统（GIS）与建筑信息系统（BIM），搭建

城市数据模型系统（CIM），为"城市大脑"进行仿真推演、发展预测、决策分析等提供了数据支撑平台。

高效的"城市大脑"运转体系通过联结城市中的人与物，能够精准识别感染人群的行动轨迹和有关信息，并通过其他联动的平台系统进行传播，以提高疫情防控的效率。此时，平台表现出强大的应对突发公共危机的能力，在危机面前，平台将人的应对智慧用信息化的手段加以实现，人对危机本身的认知也受到平台所做的数据计算的型塑，从而通过数字平台将人与技术置于应对新冠肺炎疫情的情境之中。通过数字平台，人应对突发风险的能力得以提升，并不断积累经验，形成应对突发事件的模式和方案，进而提高了城市副中心的整体韧性。

4. 技术嵌入经济韧性，平台助推经济发展

数字技术对经济发展的作用已经得到了社会各界的认可，数字平台助推城市经济韧性建设、促进经济发展也已经成为共识。一是数字技术助推服务贸易，尤其是在疫情影响下，越来越多的服务贸易从线下转为线上。就 2020 年的数据来看，我国数字化的贸易额为 2947.6 亿美元，较上一年同比增长 8.4%，占服务贸易总额的 44.5%。这为疫情下的经济恢复与发展注入了生机与活力。二是云计算的普及使得企业的运营成本大大降低，并显著提高了企业的效率，缩短了产品的开发周期，大大促进了企业的发展。三是数字经济与传统经济模式实现了有机结合，例如共享单车、外卖行业、移动支付、电商平台等，不仅拉动了消费，还在促进就业等方面发挥出巨大作用。四是大力发展以数字经济为特点的新型产业链，人工智能、大数据、区块链、云计算等技术正在助推我国经济社会各个领域的发展，产业规模不断扩大，成为发展的新引擎。5G、共享经济和电子商务已经处于全球前列，数字经济的竞争力日益提高。因此，在通州副中心韧性城市的建设过程中，技术可以嵌入经济韧性，进而助推经济的发展，提高经济系统应对重大风险的能力。

第二节 我国韧性城市规划的发展策略

一、科学编制韧性城市规划至关重要

（一）合理确定韧性城市规划建设目标

借鉴日本国土强韧化规划，韧性城市规划建设的总目标可以有以下四个方面构成：最大限度地保证人民生命安全；国家和社会的重要机能不会因外来冲击而受到致命的伤害并能维持系统的相对稳定；保证人民的财产和公共设施受害程度最小；灾后能够迅速地恢复。具体来说，还可以进一步拆分为八个详细子目标：大规模自然灾害发生的情况下能最大限度地保证人民生命安全；大规模自然灾害发生后能迅速开展救助、急救等医疗活动；大规模自然灾害发生后能保证必要的行政机能有效运作；大规模自然灾害发生后能保证通信机能的畅通；大规模自然灾害发生后，能保证经济机能不完全瘫痪（包括经济链）；大规模自然灾害发生后，日常生活和经济活动所需要的最低水平的用电、用气、供水和排水、交通网络等基础设施的供给能得到基本保障；能预防次生灾害的发生；大规模自然灾害发生后，能及时提供城市经济迅速恢复建设所需的各种条件。

（二）科学构建韧性城市规划建设体系

韧性城市规划建设，本质上就是城市安全治理的问题，因此，也就是一个城市安全治理体系的问题，它涉及治理层级、治理要素、对象险种、治理过程和治理实施主体五个主要方面，形成一个相互关联、相互嵌套的五维体系。

治理层级与国家行政管理层级一一对应，纵向可分为国家级、省级、市级、县级、乡镇（街道）级和村（社区）级等，每个层级具有不同的职责作用，以法律法规的形式加以规定。

治理要素除了通常的人财物，还有法律法规、技术标准、组织机构、治理机制以及信息支撑等构成。韧性城市规划应通过立法机构批准后具备法律效应，是韧性城市建设的指南。对象险种包括国务院规定的自然灾害、事故灾难、公共卫生事件以及社会安全事件等四大类突发公共事件。对于自然灾害等突发公共事件应重视灾害响应，减少次生灾害及灾害链耦合形成的复合灾害，防止损失扩大。

风险治理过程包括城市风险的科学研究、避险降险、应急准备、监测预警、应急响应、决策指挥、恢复重建等灾前、灾中和灾后的全过程，对应风险治理、应急救援和恢复重建等三个阶段。一环扣一环，具有很强的关联影响效果，前序事件的影响会经后序事件扩大发酵，容易引发次生灾害，造成不必要损失。

治理主体包括各级政府、社会以及个人。不同的社会角色在韧性城市规划建设过程中所起的作用是不同的，因此，在韧性城市规划建设、应对城市风险过程中也应遵循“政府组织、专家领衔、部门合作、公众参与、科学决策”的原则，强化多元参与，形成合力。

（三）重点提出韧性城市规划建设路径

韧性城市规划建设可从空间与非空间两个方面进行。空间方面的建设策略侧重于对物资、场所、用地的安排，主要应用于灾前规划和灾中应急救援管理，主要包括避让高风险地区、强化设施抗灾能力、储备救援物资、建设应急演练基地、优化城市布局结构（用地、人口、产业、交通等）等内容。非空间策略侧重于机制体系的构建，为韧性城市规划建设提供制度保障，主要包括多灾种的综合防灾体系构建、多部门应急管理体系构建、区域灾害共享联动体系构建、全过程应急预案设立、新技术防灾减灾应用等。

我们在南京建设韧性城市的研究中，基于城市主要灾害风险评价和安全韧性测度的分析结果，提出了韧性城市建设要明确治理层级、统筹治理要素、提升应对能力、优化治理过程、形成多元主体等五个方面的总体思路，并对防洪、防震、地质灾害、消防、气象等防灾工程以及供水、供电、能源供应、通信系统、医疗救援系统等城市生命线系统提出了规划布局方案建议。

“十四五”时期是我国全面提升城市治理水平、构建安全保障型社会的关键时期。韧性城市规划建设作为提升城市抗风险能力，应对不确定事件的有效途径，各级政府和各方主体应当贯彻落实国家对于韧性城市的建设要求，以各级城市规划为载体、城市安全治理五维体系为框架、多种策略为抓手，积极开展韧性城市规划建设实践，将韧性理念嵌入城市系统的各个组成部分，路径清晰、措施明确地构建安全韧性城市。

二、运用智慧化方式提升应对能力和水平

采取及时精准的应对措施是成功应对突发事件的关键。随着云计算、物联网等信息技术和智能化应用的发展，城市管理服务水平有了很大提升，国际城市也注重发挥智慧方式和手段监测预警城市风险，及时反映传递突发事件动态，增进信息沟通联系，在提高城市应对突发事件能力和水平的同时，降低成本和资源消耗。

（一）利用专业互联网平台为居民提供风险评估和预测情况

纽约老城区由于排水设施老化，易受到暴雨和洪灾的侵袭，而随着房屋洪水保险费用成本的增加，纽约市民投保的积极性下降。为了帮助居民更精准得确定房屋投保费用标准，纽约市政府开发了洪水地图系统，市民通过登录网站查询，便可了解自己所住房屋遭受洪水的风险和投保金额建议。同时，通过在线评估，为收入水平低和房屋危险程度高的居民提供免费的房屋修缮服务。厄瓜多尔首都基多由于处于地质断层的顶部，极容易受到山体滑坡、强降雨、火山爆发、地震和森林火灾等突发事件的威胁。同时，由于经济发展水平较低，城市内部危旧住房比例占到60%。为了提高城市应对能力和水平，降低突发事件对城市和居民人身安全的伤害程度，

2015 年基多建立了风险指数信息系统，该系统可以显示出城市自然风险分布情况，叠加风险危险程度、区域自然条件和建筑房屋安全牢固等信息，为城市每一座建筑都提供风险信息。

（二）利用智慧方式提供及时全面的个人应急方案和信息

美国亚特兰大市水务管理部门为了及时为救援团队、居民和政府管理部门提供暴雨洪灾的信息，开发了“智慧水务”平台，该系统能够提供全流域动态、损坏信息和实时图像。水务平台与该地区受灾情况历史数据相结合，识别潜在极端天气导致的灾害风险，一旦灾害形成，平台可智能化形成科学有效的应急管理方案，并在第一时间向相关部门、市民和相关社会团体发送。

（三）利用通信技术提供方便及时的救助手段

旧金山紧急事务管理部开发推出了一款最新的社交网络，名为“旧金山 72 小时”，主要用于帮助城市居民在专业救援队伍到达前，利用黄金 72 小时的时间开展自救和互助救助，减轻人员伤亡。“旧金山 72 小时”与许多大型社交网络相连通，用户可通过其他社交网络及时连接到网络平台，并选择更新用户状态。平台根据实时风险灾害信息，可以预警用户做好应急准备工作，制定应急方案，提醒储备物品清单等；灾害发生时，提供及时更新的疏散路线和最近庇护所的地图位置。

三、重视加强基础设施的保障能力

韧性城市强调城市基础设施的充足性和可靠性。突发事件发生后，设施和物资往往短缺，充足的物资和持续运转的基础设施是城市应对突发事件重要的物质基础，充足预测合理规划好物资和基础设施的补充保障途径，是快速便捷满足城市需求、应对能力的重要方面。

基础设施服务的稳定性是城市应对突发事件的关键因素。基础设施不仅包括通信、交通等硬件基础设施，而且包括生态自然资产和设施。突发事件发生后会对基础设施的数量和性能提出更高的要求。国际城市实践经验证明，韧性城市在确保基础设施功能多样、数量充足和质量可靠的基础上，还要注重基于自然的解决方案，减少资源和能源消耗，具体如下。

（一）发挥生态环境作用

不仅重视物质基础设施的建设，而且应发挥生态环境的作用，尽量从自然角度发挥功能。雅典市为了应对极端高温天气，缓解城市热岛效应影响，将绿色基础设施建设作为改善城市小气候的重要措施。为了扩大绿地种植面积，雅典结合城市环境规划，在城市闲置未利用的空间建设口袋公园，在屋顶花园等地方发展城市农业和绿地。同时，配套水管理和有机固体废弃物设施，增强绿色基础设施的支撑。为了减少建筑密度对热岛效应的影响，雅典要求在城市和街道规划建设中开发设计遮阳和自然冷却解决方案，推广冷却材料应用，增加地下空间开发和利用，为极端高温天气提供避难场所和撤离路线。

（二）确保设施稳定性

应对突发事件的关键基础设施、公共服务应根据应急计划的要求，确保数量充足和性能稳定可靠。墨西哥城为了应对频繁地震对城市的影响，基于基础设施脆弱性评估，得出水利和交通基础设施是目前影响突发事件应对最关键的设施，提出了饮用水基础设施和交通基础设施建设计划。根据人口分布和目前设施脆弱性评估，墨西哥城在易发生地震和水利基础设施不足的区域，建设了备用设施和水源。为了确保震后救援救灾道路交通畅通性，墨西哥城在主要交通要道上建设了移动走廊作为紧急替代方案，制定应急车辆和疏散线路的标识和通信信息。

（三）要求基础设施功能多样性

包括交通网络、公共交通、货运物流交通、通信技术和应急信息系统等通信和交通设施，能满足不同生产生活需求。荷兰鹿特丹市历史上遭受过多次海平面上涨带来的洪涝灾害的影响，是一座典型的水敏感城市。为了避免灾害对基础设施的损毁，改善公共服务的质量。鹿特丹在韧性城市规划中提出地下设施升级的目标，利用地下空间，增加天然气网络、污水处理等地下综合管廊的建设，增强基础设施的保障能力。美国科罗拉多州中北部城市博尔德于2010年发生了严重的森林大火，造成了大量林地和房屋损毁，4000余人被紧急疏散。火灾发生给当地基础设施和公共服务设施带来了极大的压力，博尔德市政府意识到基础设施和公共设施（如能源、水和卫生设施）的安全和持续运行是城市应对突发事件重要的保障基础。为此根据人口居住分布情况，布局了“社区韧性岛”。该岛包括分布式电力存储和电网系统，备用通信设备，必要的食物和医疗设施、垃圾回收中转等小规模的基础设施系统。社区韧性岛可以在突发事件发生时为社区居民提供小的公共系统和庇护设施，确保社区居民享有持续性的服务和保障。同时，为了更好地发挥社区韧性岛的功能，博尔德政府平时利用社区韧性岛为居民提供危机教育、救生技能培训等社区服务。

四、注重公众参与和能力建设

广泛发动公众参与是应对突发事件的重要力量，我国此次应对新冠肺炎疫情的经验也表明公众参与的重要性。韧性城市建设不仅体现为设施建设，还强调城市治理能力和水平。落实规划要将顶层设计与问计于民相结合，改进公众参与方式和效果。国际城市一向重视公众参与的作用，在公众沟通、意见收集、参与式讨论、共同实施建设方案和发挥积极性主动性等方面做了大量的工作。

（一）增强认同感和归属感

增强民众、政府和企业之间的沟通交流，确保信息畅通性，便于部门及时了解公众需求和意见，增强公众认同感归属感。如纽约市制定空气污染标准，开发了社区空气质量智能调查软件。通过该软件，居民可以随时随地上传周边的污染源信息，提供了低成本的社区空气污染调查方式，让政府全面了解公众需求和信息。新西兰基督城位于太平洋地震活跃带上，持续不断的地震使居民对生命财产非常担忧，地震引起了持续的人口流失，严重影响了城市发展。为了增强城市发展活力，基督城努力增强居民对城市的认同感，重新激发居民对城市的信心。首先，加快了城市重建进度，加强了政府与居民的沟通，让公众了解重建方案规划、编制和具体项目建设过程，促进了公众对政府的信任。其次，政府向市民及时反馈沟通重建方案，增强公众参与的积极性。如受灾最严重的基督城东部地区在志愿者组织的帮助下，开发了“东区愿景规划”的网站，通过综合居民意见，利用信息技术平台和地图数据，对规划和设施建设方案进行展示和模拟，让公众更好地了解城市建设方案和动态。最后，加大了对公众的能力建设。

（二）增强公众的防护意识和能力

将公众参与和能力培训作为常态化的工作，实现从被动应对向积极主动预防转变，夯实基层社区和公众应对能力。如洛杉矶政府为了增强公众的应对能力，为社区居民提供应急响应培训。培训内容包括应对不同类型突发事件发生风险条件、救灾方式方法、基本的医疗救护知识、疏散联系响应方式等。为了增强培训的覆盖面，洛杉矶特意开发了针对青少年的培训课程，并与培训机构签订了长期的合作协议，确保培训的持续性。同时，延伸了培训培训者模式，吸收更多接受过培训的居民担任志愿者，承担培训任务向更多的公众传递应急救援知识，有效降低灾害发生率和灾害损失。

第三节　我国韧性城市规划的发展趋势与创新

一、智慧城市的韧性要素

（一）智慧城市的要素构成

智慧城市是信息城市、数字城市和可持续发展城市的进一步发展和延伸。关于智慧城市的 概念一直缺乏共识，但关于智慧城市的相关研究和界定存在部分重叠。一般而言，所谓智慧城市是 指广泛利用信息和通信技术来提升城市系统运行和服务供给的效率和效益。

从物理结构来看，智慧城市主要包括三个层次：技术基础、应用程序（数据挖掘）和终端应用。其中，技术基础是指大量通过高速通信网络连接的智能手机和传感器，读取和传输城市基础设施运 营和社会日常生活等多维度的数据；应用程序是指数据挖掘和分析系统将原始数据处理成为城市 管理和运营可利用的数据信息；终端应用指城市、公司和公众对数据信息的分享和利用。智慧城 市的评价体系往往根据该物理结构划分要素。以国内《智慧城市评价指标体系》和《新型智慧城市 评价指标》，以及国际上评价智慧城市的两种常用指标体系——《智慧城市指数指标体系（SCIMI）》和《欧洲智慧城市排名指数（ESCR）》为例，尽管四种评价指标体系的“智慧”维度和具体衡量指标 存在差异，但是信息化基础设施要素包括感知网络、宽带网络、数据库等建设以及相关的人力和资 本要素的投入；应用产出要素包括智慧治理（政务）、智慧经济、智慧人文（公民）、智慧生活（医疗、交通、住房、教育、社保等）、智慧环境（自然环境保护）、智慧能源等。

（二）智慧城市的韧性特征分析

韧性理论从工程韧性、生态 韧 性 到 演 化 韧 性，其研究从生态学领域逐渐向社会生态系统扩 展。社会生态系统的韧性是指城市系统和区域通过准备、缓冲和应对不确定性扰动，实现公共安 全、社会秩序和经济建设等正常运行的恢复能力，其强调社会生态系统的自组织、更新和开发能 力。城市韧性建设一方面要降低特定风险或灾害的发生概率，另一方面追求以人为本的宜居建 设和可持续发展，以增加城市的“冗余度”来应对不确定性扰动因素的影响。也就是说，城市韧性建 设就是要以“防患未然”为原则，不仅要对已经出现的城市问题或者潜在风险做到“既病防变”，又要 为应对不确定性预留“冗余空间”，即“未病先防”。

目前，城市韧性维度主要根据城市功能划分。杰哈（Jha）等基于生计资本理论，将韧性要素 分为基础设施韧性、制度韧性、经济韧性、社会韧性和自然韧 性。联合国减灾风险办公室提出城市韧性的十大要素，涉及生产力、基础设施发展、生活质量、公平和社会包容以及环境可持续性等指标。无论韧性要素如何划分和考量，其都在强调城市要素的抗扰动性、冗余性、多元 性、人源性（以人为本）和学习性等特征。 而智慧城市的韧性特征是指信息技术以及相应服务提升城市基础设施系统、人口和社区吸收 以及应对外在干扰的能力。智慧城市主要呈现出以下几个方面的韧性特征：一是利用智能网络提高城市治理和经济发展的效率，以及公共服务的包容度；二是利用大数据和智能城市平台构建开放 的、公众参与的社会经济发展环境；三是利用技术和城市空间、社会关系的融合，促进社会和环境的 福利最大化；四是利用技术和大数据分析提升城市应急和响应的能力。

二、智慧城市规划

（一）城市规划的智慧转型

1. 城市规划管理的智慧化

计算机技术在城市规划领域的应用已有 30 多年之久，自 1980 年代末，城市规划管理和设计部门在国内最先引入了地理信息系统，以及计算机辅助设计和 3S 技术等先进信息化技术，率先全面实现了城市规划设计、审批管理、实施监督等主要工作环节人机互动作业的信息化工作方式的变革。规划管理信息系统的建立极大地方便了日常规划管理工作，规范了规划管理流程，成为规划管理部门不可或缺的日常办公技术手段。这是数字城市规划管理发展的阶段性成果。回顾 20 多年的发展历程，数字城市规划管理建设经历了三个阶段：第一阶段是 1990 年代后期的模拟人工办案方式；第二阶段是 2000 年至 2007 年的电子政务和办公自动化阶段，目前大多数城市仍处于这一阶段；第三阶段是 2007 年至今，部分大城市正在进行的图文一体化规划管理信息系统建设。

然而，随着城市问题的多元化和复杂化，城市规划管理也面临着新的挑战。数字城市规划管理的建设模式已经无法满足数据量日益庞大、日益多元化的规划管理要求。城市规划管理思路急需向智慧城市规划管理转变。数字城市规划以计算机技术、多媒体技术和大规模存储技术为基础，以宽带网络为纽带，运用遥感、全球定位系统、地理信息系统、仿真虚拟等技术，对城市进行多分辨率、多尺度、多时空和多种类的数字化描述，即利用信息技术手段把城市的过去、现状和未来的全部内容在网络上进行数字化虚拟实现。而智慧城市规划是新一代技术支撑、知识社会下一代创新环境下的新的规划思路，强调用信息技术解决城市转型发展的动态过程。我们可以将智慧城市规划理解为：利用现代综合技术解决城乡发展问题以实现城乡经济、社会和环境更协调、更高效发展的一种思路和理念，特别是指利用新一代信息技术等解决城市发展问题的一种持续创新。

通过对“智慧”涉及的感控、交互和决策三个典型特征进行分析，数字规划到智慧规划经历了标准化、动态化及智能化三个阶段。在标准化阶段，重在利用标准化和规范化的手段实现城市规划管理中的流程固化和信息规范，让城市规划管理变得更加规范准确；在动态化阶段，重在利用全生命周期的数据管理理念实现城市规划管理过程中的信息动态流转和自动实时更新，让城市规划管理变得更加真实准确；在智慧化阶段，架构在物联网、云计算等新技术上的规划管理更加注重全面的规划整合和挖掘，更加有利于实现规划管理过程中的综合分析和辅助决策，让城市规划管理变得更加集约和智能。

2. 国际城市规划范式演进

改革开放以来，中国走上了一条高速城市化的发展道路，城市发展日新月异，出现了大量不同于西方城市化道路过程中的现实问题，而中国的城市规划作为有效调整和解决城市问题的重要途径，受到苏联和西方城市规划思想的深度影响，没有形成适应中国城市化发展道路的新的城市规划理论和管理方式，因此有必要从国际城市规划理论范式的演进出发，建立基于城市系统的智慧城市规划研究范式，真正实现智慧城市规划的转变。

现代意义上的城市规划，自 20 世纪初开始至今，已经走过了一个多世纪的历程，在这段历程里，国际城市规划的主导理论和主导思想经历了几次大的转变。每次规划理论的变革，都受到当时社会的主流思潮的强烈影响。从城市规划理论的内涵出发，可以将城市规划理论分为城市规划基础理论和城市规划应用理论。城市规划应用理论的产生与发展必然受当期城市规划基础理论的影响，同时又可以诱发新的城市规划基础理论的产生。张庭伟就现代城市规划基础理论的发展历程提出“三代规划理论”：第一代规划理论是强调功能主义的理性规划，关注工具理性；第二代规划理论是强调公平性的倡导性规划，关注程序理性；第三代规划理论是强调合作的协作性规划，关注集体价值理性。相应的，现代城市规划的应用理论也可分为三代：第一代以《雅典宪章》为代表；第二代以后现代主义理论为代表；第三代以精明增长、新城市主义、绿色融于设计等理论为代表。

从国际上“三代规划理论”的内涵上看，其一是反映了规划学科的认识论发生了巨大变化，第一代规划理论将规划作为在自然科学理论指导下的技术实现；第二代规划理论则体现了规划学科的社会学属性，突出了规划学科必须高度关注社会层级结构的时空演化对物质资源空间配置的影响；而第三代规划理论转向于对城市涉及的所有利益相关群体间的、以不同利益诉求为导向的、追求共同利益最大化目标的博弈决策过程。因此，规划学科被看成了经济、政治、社会和管理等多门学科属性的综合体。其次，从“三代规划理论”的工具理性、程序理性到价值理性的价值导向变化，反映出引导人类社会进步的当代价值观在城市规划学科中的地位越来越重要。

从规划作为高度综合的应用学科特点来看，规划的应用理论更易于城市在地域空间上的落实，特别是从20世纪早期开始，以《雅典宪章》提出的城市功能分区成为城市规划理论应用于实践的奠基石，其与早期系统科学所定义的系统的要素、功能和结构的组成关系不谋而合。尤其是一般系统论成功地运用于航天、航空和军事大型工程设计的巨大影响，依托于建筑学科的国际规划界很自然地将城市的空间功能结构设计作为城市规划的主要内容。而全球城市经过二战以后二、三十年的大发展，基于功能分区的规划理论逐渐不能满足城市社会人与人之间各种活动相互交往的需要，《马丘比丘宪章》标志着城市规划学科的第二代应用理论的形成，进一步指出：“城市作为一个动态系统，可看作为在连续发展与变化的过程中的一个结构体系，区域和城市规划是个动态过程，不仅要包括规划的制定而且也要包括规划的实施。这一过程应当能适应城市这个有机体的物质和文化的不断变化”。

至此，从第一代到第三代的国际城市规划理论，无论是基础理论，还是应用理论，都将城市及其规划从认识论上作为一个过程化的复杂系统，而后现代主义规划理念所表征的反科技理性和功能主义，强调多元化、人性化、自由化，提倡矛盾性、复杂性和多元化的统一，尊崇时空的统一性与延续性等特点，均是对强调功能理性的现代主义规划理论的反动和突破，从而实现了国际城市规划理论范式的转变。

3. 中国城市规划范式转型

中国城市规划理论发展起步较晚，无论是功能主义、理性规划，还是精明增长、新城市主义，都是“国外的理论，还没有属于中国的当代城市规划理论”。但国外的城市规划是“后城市化时代”的城市规划，中国的城市规划是具有“城市化中”的城市规划。国外的城市规划理论仅供参考，中国急需符合中国实际情况的具有“中国特色”的城市规划理论。然而在快速城市化背景下，中国城市规划基本上还是采用二战后成熟的理性主义为指导原则的现代主义城市规划范式。然而，这种源自《雅典宪章》的现代主义城市规划是一种精英文化，体现的是功能主义的工具理性的价值观，采取的是封闭式的模式化主导手段，追求的是理想规划的终极蓝图，而这些恰恰是与当代城市精神所体现的大众性、多元性、开放性和动态发展性相违背的。

人类历史发展表明，理性的发展归根结底都是为了实现人类的两个目标：求真和求善。工具理性主真，价值理性主善。它们作为人的意识的两个不同方面，应该是相互依存、相互促进、和谐统一的。工具理性是人为实现某种目标而运用手段的价值取向观念，关心的是手段的适用性和有效性。价值理性是人对价值及价值追求的自觉理解和把握，关心的是人的自觉意识。价值理性具有优先性，这不仅是因为价值理性既为工具理性规定价值目标又可以进入工具理性所不能进入的意义世界，而且也因为价值理性是人区别于其他一切存在物的本质体现，是人之成为人的象征。

从百年来的城市规划理论的发展历程来看，现代城市规划从其诞生开始，就是以解决市场缺陷产生的社会公共问题为导向的特定公共政策，在其发展过程中，不管是采用“物质空间”的手段，还是采用“社会手段”，其目的和价值取向都是为了解决市场机制所不能解决的社会公共问题和保障社会公平。因此，城市规划理应成为实现城市“善治”的价值理性工具。综合以上所述，城市规划学科的应用性、综合性特点完全切合了现代系统科学范式要义。我们认为，中国规划面临的极其复杂的现实问题表明，现代主义城市规划范式已不能满足当代中国城市发展的需求。因此，我们提出了基于复杂适应系统理论的智慧城市规划研究范式。

（二）智慧城市与智慧城市规划

1. 智慧城市规划的内涵

“智慧城市规划”是立足智慧城市平台，以物联网、大数据、A I、云计算等 ICT 技术为基础，运用系统化、结构化、智能化的模型与工具，以人为本，快速智慧地响应居民多样化需求，以问题为导向高效地配置城市资源要素，实现城市公平可持续发展的规划。

“智慧城市规划”是对传统城市规划理论方法的深化拓展，在规划类型、内容深度、技术手法、城市布局结构等方面均有突破。智慧城市规划的关键在于对城市的全方位监测、模拟、评估、预测和管控。它依托城市人口、经济、交通、环境等大规模信息，对城市资源、城市服务、城市生活给予智能化安排，以满足城市绿色、环保、低碳、高效、人本的基本要求，实现城市的公平可持续发展。

因此，“智慧城市规划”一方面基于智慧城市提供的大数据，另一方面基于城乡规划专业的模型分析，其目的是利用现代信息技术，通过对海量城市大数据的获取和运算，基于模型分析对城市状态进行实时监测、评估，在满足既定规范的前提下提供最优化的规划解决方案。从这个意义上讲，它是依托智慧城市的智慧规划。

同时，“智慧城市规划”为了获得所需的数据以实现规划的智能，以及引导城市结构和形态的演进以顺应智慧城市的发展，必须将智慧城市规划的需求融入智慧城市顶层设计，和相关领域专家一起对智慧城市进行规划，其成果将反映到各层次规划设计成果中，指导智慧城市的实施和建设。从这个意义上讲，它也是对智慧城市的规划。

最后，“智慧城市规划”除了注重信息技术和硬件升级的进步之外，还应以解决城市实际问题为目标，以“人”为出发点。首先，解决城市问题是智慧城市和智慧城市规划的根本目的。从解决实际问题出发的智慧城市规划，将更准确地发现城市问题，更好地寻求解决问题的方案机制。其次，城市问题归根到底就是人的问题，因此智慧的城市规划不是帮“人”规划，而是通过大数据分析人的行为，将“人”引入规划、城市治理体制中，让最了解问题的人和企业发现问题并参与制定解决问题的方案，引导和鼓励他们更充分地参与规划和管理，真正实现“以人为本”的城市规划。

2. 智慧城市规划的作用

从微观的角度来看，智慧城市规划将通过专项规划支撑智慧城市建设的关键领域。智慧城市规划从产业、社区、交通、基础设施等方面，针对性地进行专项规划与建设引导，以特色化、智慧化的设计，合理建设智慧城市基础设施，优化生活环境，满足城市居民的需求，合理分配布置城市空间资源，促进智慧城市达到居民生活便利、企业生产高效、政府服务提升的可持续发展目标的实现。

从中观的角度来看，智慧城市规划将“智慧”融入城市发展战略规划、总体规划、详细规划等各层次规划和实践中，实现城市规划和建设的智慧。它将通过综合分析城市的土地、人口、产业、环境、交通、设施以及与周边地区的关系等基础信息，充分利用城市大数据以及系统分析方法，模拟构建城市空间结构理想化状态，智慧化地布置与调整城市交通、城市产业、生活社区以及公共服务等承载空间，并在智慧城市规划的基础上，为城市发展战略、人口分布和产业发展方向提供合理的指导。

从宏观的角度来看，智慧城市规划将引导智慧城乡与智慧区域建设。一方面，在智慧城市发展的进程中，随着物联网与互联网的普及，城市空间呈现“集中化”与“郊区化”两种趋势，与此同时，城乡公共服务设施均等化也使得城乡生活方式差异减少，导致城乡人口交流频繁，城乡边缘界限日益模糊；另一方面，在智慧城市的建设背景下，信息互联互通，城市之间的联系更为紧密，最终形成网络状的城市体系结构，城市难以脱离区域独立发展。而智慧城市规划以“智慧”突破城乡界限，以统筹城乡一体化为目标，构建城乡一体的信息平台与服务体系，促进城乡要素合理流动；同时，智慧城市还能够围绕人口流动及其他相关要素的协调布局，指导区域智慧城市群的建设以及城市之间要素网络优化，促进各地区、各领域共享资源，协作运行。

总之，智慧城市规划将以“智慧”为主线，逐步突破现有的城市规划框架，围绕“技术、生产、生活、生态”等核心要素，发展新型的、多层次、多专业的智慧城市规划体系。

（三）智慧城市规划的主要特征

1. 智慧城市规划编制的特征

（1）海量数据

智慧城市运行过程中将会产生海量的数据，其数据来源包括交通侦测数据、移动手机通话信令、智能交通刷卡数据、市政设施传感器数据、经济运行数据等。而这些海量数据可以有效支撑智慧城市规划的编制，并成为区别于传统规划的重要特征。在智慧城市规划的编制与研究中，通过挖掘大样本量、实时动态和微观详细的城市数据，可以更加直观、精准地掌握城市空间与经济社会的动态变化；通过将数据与城市空间进行匹配分析，了解人的各项活动与城市空间结构的匹配程度；在分析历史数据的基础上，揭示城市要素的空间分布特征和形成机制。

（2）智慧分析

与传统规划依赖于经验判断与定性分析的规划模式不同，基于大数据、人工智能的智慧城市规划可以在海量的案例数据集的基础上，通过机器学习，结合城市量化分析模型，解析城市运作机制，精确测评城市状态，模拟和预测城市变化趋势，自动生成参考解决方案，并对方案带来的各类影响进行评估。这将有效地辅助规划师开展研究和决策，大幅度提高规划研究的科学性和精准性。

（3）众智众慧

由于智慧城市技术创造了条件，人本主义提出了要求，“上下联动”的众规模式和多部门协同规划的模式将成为智慧城市规划的主流。在智慧城市阶段，信息定位、传输、分享的能力将会飞速提升，智慧城市规划就可以通过数据分析精确定位受规划影响的利益群体，通过规划信息推送与讨论平台搭建，降低信息门槛，促使利益群体深度参与规划。与此同时，公众还可以通过 VR、游戏等有趣逼真的方式深入参与规划编制，而海量的公众意见也可以通过语义分析、文本提取、关键字挖掘等技术手段快速整理分析，使专家与公众之间的交流渠道更顺畅，协作性规划更容易实现，从而建立起快捷、高效的公众参与型智慧城市规划平台。此外，协同规划信息平台将使更多的相关部门参与规划编制，并促进“多规合一”，规划方案将成为政府部门、企业、民间社会组织和公众的共同成果。

（4）快编快审

智慧城市阶段，城市处于实时监测和评估状态，智慧城市规划所需要的各项基础数据将会以“月”“天”，甚至是“小时”为单位被获取、分析和呈现，这将大幅度缩减了现状调查的时间。同时，规划人员可以依靠完善的智慧城市决策系统，快速高效地提出应对的规划方案，在审批通过的基础上快速实施。智慧城市规划的快速编制与审批，使动态规划的理念真正得以实现，并使城市应对变化的能力大为增强。

2. 智慧城市规划管理的特征

（1）协同管理

智慧城市规划管理将建立各个部门在建设项目管理上的业务协同机制，以有效统筹城乡空间资源配置，优化城市空间功能布局，保障城市宜居与持续发展。在智慧城市阶段，城市功能多元异构、城市空间混合利用对智慧城市空间资源提出了复合型管理的要求。为满足这样的要求，一方面智慧城市规划将进一步协调数据统计口径，实现信息共享、多主体协作规划和空间融合建设等，从而形成协同规划、共谋发展的合作机制，另一方面，智慧城市规划能够将各部门的规划成果进行整合、匹配，建立起冲突预警机制，在发现矛盾与问题的时候及时反馈。

（2）全面监测

智慧城市规划管理将通过传感技术与数据挖掘实现城市管理的全方位监控和综合感知，从而提高智慧城市的精细化管理程度，增强实力。一方面，从把握个体精细而整体完整的城市发展和运行态势出发，通过对智慧城市系统运行进行全面监测，及时发现并定位城市异常情况；另一方面，针对智慧城市规划的实施，在明确各环节的关键控制点的基础上，建立高效、合理、持续优化的工作流程，对建设项目进行实时监督管理，提升城市规划管理水平。

（3）实时评估

智慧城市规划管理将在全面监测智慧城市运行的基础上，通过大数据支撑、人工智能主导的城市评价系统，对现阶段城市运行状态进行实时评估，分析潜在问题，同时基于相关条件及模型，对未来城市的发展进行预测评估，从而准确及时地发现智慧城市运行过程中即将发生的异常情况。此外，它还对现行规划进行实时评估，发现规划管控中的问题。这些评估结果都将及时反馈给规划管理者，促进智慧城市不断优化调整，实现城市可持续发展。

（4）快速响应

智慧城市规划管理利用各类随时随地的感知设备和智能化系统，智能识别、立体感知城市要素的位置、分布、规模等信息的全方位变化，通过对感知数据进行融合、分析和处理，实时评估、实施监测城市运行阶段出现的异动。在异动发生时，智慧城市规划管理系统将会做出快速反应，在掌握了城市运行机制的前提下分析异动产生的原因，并及时主动地调整城市关键要素，给出行动建议并通知相应部门，促进城市各个关键系统的和谐高效运行。

三、新型智慧城市规划的四大核心抓手

（一）空间规划的贯通整合

国土是社会主义生态文明管理的主要空间环境载体。国土空间计划也是空间环境发展研究与管理的主要战略性制度工具。实质内容是城市空间发展与管理的政策与机制供给，并应当符合中国城市制度发展与社会治理能力现代化的需要。城市空间发展规划的重心是处理好城市群、首都圈、社会生活圈以及各种规模的城市人与自然之间的相互关系，并贯彻人与自然和谐相处的城市发展理念与发展模式。生态文明，是中国新时期土地空间发展规划发展逻辑的起点。

我国 2019 年 5 月公布的《中共中央国务院关于建立国土空间规划体系并监督实施的若干意见》，基本确定了国家领土空间设计策划方案的总体思路。这就意味着把城市主体作用区域计划、土地利用计划与城市总体策划融入为整体统一的领土空间设计策划，并做到了“多合规”。国土空间规划图还将成为政府各类重大开发建设活动的基础依据，并引导着各类专项规划的制订。因此，“上海 2040”计划根据变革、创造、发展的新理念，提倡底线约束、内容丰富、灵活适应的城市空间发展模型，把城市目标与发展愿景转变为可感知、可衡量的空间指标框架，形成开放、紧凑的都市空间布局，严格控制城市空间分区，明确功能区域空间发展策略，建立多中心网络化空间规划系统，并通过共建、共管、资源共享的行动规划制度，实现了各类城市空间规划的融合和实施。

另外，整个城市规划范围还应该着眼于整个系统的生态思维，形成山、水、林、田、湖、草的都市生活社区，以创新思想的精准规划为方向，形成认知、学习、创造的都市生活社群，并利用大数据计算与人机交互，实

施善治管理与适应性的智能国土空间规划，以达到城市多中心、网络化、圈层化、集约化的城市空间布局结构，推动空间多维发展，建立资源配置的系统框架，智能城市的基础设施位置和准确交付，使智能规划能够跨规模和系统动态管理。另外，城市政府还必须整合空间规划、经济发展规划和社会实施规划。城市规划主管部门应当把双修品质提高和历史文化遗产保护建设的全过程紧密结合起来。总规划师也应当在城市中心城区构建地块级的精细化综合评估标准系统，以实现与智慧城市空间规划的良性交互与联动整合。

（二）产业发展的科学落位

城市化发展主要依靠创新型企业的自主生产和自主创新，政府指导企业按照比较优势选择重点产业和核心技术，建立具备国际竞争优势的产业发展生态环境，并突出了民营企业在现代城市中的主导地位。大众创业和创新打破了旧管理方法对新兴产业发展的约束。在科技政策和资金的支持下，创新型企业将从知识产权转变为科技生产力。在未来，全市的新形式、新产业、新产业、新模式、新服务都将群发，创新型企业也将成为战略性新兴产业和中高端服务业的重要骨干。

在迈向以知识为基石的现代城市社会的过程中，都市产业也正走向现代化。智慧都市将以科技密集型和知识密集型行业为主，并注重于开发、生产、经营管理等全流程的现代化。知识社会新时代 2.0 的主要特征，是以网络、虚拟化、物联网、区块链、人工智能等新信息为基石，以“互联网 +”等传统产业技术为基石，建立一种全新的链接一切的生态平台，进而融合了工业、金融、教育，以及医疗、交通等行业。产业链的广泛联系、价值链的复杂多重互动和创新链的深度整合是创新型企业的 3 种发展形势，是引导城市产业科学定位的重要标志。城市产业发展包含了多种因素，其定位通常与城市功能、发展目标以及资源禀赋等有关。宏观和政策环境、科技发展趋势与行业整合、经营品牌与投资人心态、产业环境与消费者需求，以及创新型公司的运营能力对中国新智慧城市行业发展趋势的科学定位都有一定影响。以上海市为例，在2010年后世博时期和在2000年前的跨世纪时代一样，城市产业的发展方向因形势的变化而发生了战略性转变。在21世纪，上海的都市功能重点是资源分配、生产、经营管理、公共服务和创造。工业为主要支柱，以企业总部培训基地、咨询、展览旅游服务为主要辅助和业态。随后，在积极构建未来“全球优秀城市”的大背景下，上海将着重蓬勃发展综合数字工业、国家战略性新产业、现代服务业和现代农业，并集聚了金融业、文化创意、展览、旅行业务等高档服务型产业，蓬勃发展航空物流服务和现代商业，有助于上海完成了都市工业的智能转换和智慧都市的功能布局。

（三）公共服务的良正提供

城市服务的供给水平，直接影响到城市居民基本生活的幸福体验。而传统的服务设施则可以解决人类衣食住行的基本需要。而智能城市公共服务系统则从关心人类的基本生活出发，注重利用社会多方参与，创造智能政务、智慧医疗保健、智能文化教育、智慧体育、智能旅行等新型城市配套服务。在其中，人们不但要按需求创造商品和服务，而且还要综合考量如何对个人的长期和长远健康生活，以及建设可持续的城市生态有积极的作用，即以相对合理的方法实现人们好、公正、善、美的基本需求，而不是一切需要，从而形成了一种“体检评估和纠正机制”，培养人的全方面发展。

但目前，中国智能城市建设管理水平仍普遍相对较低。不同城市在智能设施、智能政府服务、智能个人、智能经济和智能生态环境5个方面表现不均衡。其中，只有北京智慧政府拥有优秀的管理绩效、高效率和优质的行政服务，这也是中国国内智慧城市少有的亮点，也因此这些城市政府都投资了更多的ICT设施。人们将以更简单的科技方法办理相关服务、回应并反馈要求，以此改善智慧政务在实际生活中的现实使用场景。目前，智慧政务通常采取线上线下相结合的模式，建设分布式政务云数据服务站，可在政府服务大厅、线上业务大厅、全口径的受理咨询服务中心等办理业务，同时也可以进行省市、县、镇之间的信息资源共享，县和委员会。

在智慧政府方面，通过建设政府云平台、多个特色产业云平台以及多个政府云平台，将能够完成“混合云基金＋创新技术平台＋专业化或多元化服务”的实际应用场景。另一个例子是智慧教育。知识经济时期的城市经济较以往任何时期都更依赖于新知识的应用。智慧教学服务设施可以通过远程教室，融合了传统的多媒体教学、创新课程、因材施教的教务模式以及办公标准化平台环境，充分考虑学习者的整体成绩与个性发挥能力，为高校与教师等组织提供了智慧教学解决方案。

在信息化时代背景下，智能城市交通的规划建设已变成国家发展策略层次的重要课题。怎样高效结合现代信息技术，使智能城市规划和现代互联网信息技术充分地融为一体，是国家智能城市规划建设项目的重点研发方面。政府机关要利用科学合理的项目建设模型，着力解决国家智能城市规划建设项目中的重点关切事项，通过智能化，科学合理地采集数据分析信息，利用大数据处理技术和现代计算机技术的优点，对城市规划建设项目流程中的海量数据资源加以有效管理与完善，促进城市规划中各核心信息系统早日进行现代信息技术资源共享，以增强国家的智能城市规划建设实力。

四、“人—技术—空间”一体的智慧城市规划框架

智能技术深刻影响着城市运行的逻辑，带来城市空间功能和结构的变化，并对居民活动和行为模式产生影响。智能技术影响下各类要素流动更加复杂对城市的空间组织与资源配置提出要求。立足于智能技术的影响，通过对智慧城市规划的编制内容梳理，探索引导城市空间要素组织与配置、优化城市空间功能的规划思路，并考虑构建一个基于人、技术与空间一体

的智慧城市规划新框架。

（一）技术框架

从智慧城市规划的定位来看，其既包含了智慧的城市规划中对新技术、新方法、新理念与制度创新的内容，也包含了智慧城市的规划中目标定位、设施布局、场景营建、行动计划制定与项目运营等方面的内容。基于此，本文从技术支撑层、规划方案层、实施运营层和制度保障层四部分构建智慧城市规划编制的技术框架，加强与当前规划体系中近期规划的内容衔接，丰富和补充国土空间规划。

1. 技术支撑层

数据层是智慧城市规划编制的重要基础。智能技术的发展为感知、解译、汇交与居民活动和城市空间要素有关的各类数据提供了支持，借助于传感器、智能终端等感知设备，对多源感知数据进行采集，同时集成各类自然资源、基础地理信息、居民行为活动等时空间异构数据，形成人地关系基础数据库，并保障基础数据在信息平台上的互联互通，实现数据的共建共享和协同支持，作为建模评价分析的基础。

方法层主要包括分析人、技术与空间相互耦合关系的各类模型。基于城市信息模型和数字孪生城市等技术，整合与基础设施、公共服务、交通运输、产业发展、社会资源、地理环境等要素有关的方法与技术应用模型，通过信息化建设为智慧城市规划业务开展提供数据指标、特征现象分析等技术支撑，评估城市运行存在问题，识别城市发展诉求。应用层主要包括业务应用、服务应用与公共应用三部分。其中：业务应用主要服务于智慧城市规划编制中数据层与方法层的搭建，为数据层与方法层的建设提供保障；服务应用与公共应用则需结合规划方案，明确智能技术融入城市空间的相关路径。服务应用重在为居

民提供便捷的智慧化服务，优化居民行为活动，改善居民活动与城市空间耦合关系，而公共应用重在通过智能技术植入实体空间，增强空间智

慧化能力，实现空间智能。

2. 规划方案层

现状分析部分，不再简单地停留在空间问题的识别上，而是注重“人—技术—空间”三者相互耦合作用下的城市问题与需求的挖掘。第一，智能技术影响下的居民活动空间的组织与设计诉求发生了转变，对居民的行为活动与空间的耦合互动关系的解读，有助于发现居民的空间需求，明确城市空间与智慧化应用的未来发展方向。第二，依托技术应用资源库中合适的模型，结合城市体检内容，对城市运营效率、产业发展、用地布局、空间结构与基础设施等方面进行评估，分析当前城市空间运行存在的问题。第三，评估城市当前的智慧化发展水平，对智能技术与城市发展之间的关系进行判断，明确城市智慧化的发展阶段，为智慧城市规划的战略目标制定提供支持。

方案设计部分，在现状分析基础上，明确智慧城市规划的总体目标与定位，并结合各类场景模拟开展空间方案的设计，提出对应的规划策略。空间方案要从地理空间要素优化配置的角度，进行各类空间要素的合理布局，通过推动智慧基础设施的整合，在优化基础设施布局网络的基础上，协同信息基础设施和城市交通、给水、电力，以及商业、医疗、文化娱乐、人防等设施之间的关系，明确各类要素的空间组织方式，形成合理的城市空间结构与功能分区，提升城市土地利用效率和空间品质。

除具体的空间方案外，还需要明确智能技术在智慧城市规划中的应用重点，充分考虑城市的特点，有选择性地尝试用智能技术方法解决城市发展存在的问题，保证智能技术应用与城市发展阶段、规模等级、功能结构等方面的协调，并形成智能技术应用的规划策略。例如，产业与经济发展方面，可以通过搭建企业服务管理平台，为城市产业与经济发展战略、组织模式及空间布局优化提供科学依据；居民服务方面，基于位置信息服务功能，进行城市交通、商业、物流等公共设施的整合，打造面向城市居民及企业的智慧服务决策系统，为城市居民提供更加便捷易用的各类生活服务。

3. 实施运营层

规划实施运营方面，在具体项目设计中，要重视与国土空间规划中近期发展规划内容的衔接，并根据城市不同时期、不同阶段的智慧化发展应用需求，制订智慧城市规划行动计划，从项目设计、项目建设、项目运营与项目推广四方面有序引导相关项目的开展与实施。另外，智慧城市规划的实施运营不只是简单的招商引资，而是需要反馈给技术支撑层，在其应用层中明确项目的属性与类型，为具体的项目选择提供支持。在具体项目制定中，合理选择项目运营模式，明确项目运营主体，制定项目运营策略，积极筹措运行维护资金，结合项目引进清单有序推进项目招标，严格把控项目建设，保证城市智慧化的实现。

4. 制度保障层

智慧城市规划的编制与实施离不开制度保障。在部门协作机制方面，智慧城市规划应超越部门利益，协调部门间数据与信息，实现部门资源的互联互通，促进知识与技能在不同部门间的共享与流动。人才队伍保障方面，应搭建多学科、多技术的人才队伍，通过规划师再培训，不断吸收新理念与新技术方法，形成具有持续学习能力的人才组织。另外，还需充分发挥企业、高校科研机构、公众的力量，整合各方资源，探索多元主体的合作模式，保障城市智慧化发展的优先性、先进性、稳定性与可持续性。最后，应制定相应的智慧城市规划编制的指南与导则，明确规划编制原则、基本方法、标准、与现行法律法规的关系等内容，保障智慧城市规划与现有国家规划体系的有效衔接，对智慧城市规划从编制到实施等不同阶段的内容进行引导与规范。

（二）规划体系

智慧人地系统中不同要素之间、各类子系统之间在不同尺度中的相互作用机制、水平与关注重点各不相同，对应到智慧城市规划编制中，需要搭建智慧城市规划编制体系，考虑不同尺度智能技术作用下人地系统内部各要素的运行状态与耦合关系，明确智能技术集成应用对人类活动方式、地理环境的影响，才能更好地为不同尺度下的智慧城市规划编制中问题发现、目标制定与场景设计提供支撑，引导不同尺度的空间智能化发展，转变传统粗放式空间规划模式，使空间能学习善思考。

1. 智慧家庭（市民）规划

对家庭（市民）尺度的关注，是引导居民行为模式与城市空间协同发展，实现以人为本的智慧城市规划的关键。智慧家庭（市民）规划关注个人属性与家庭结构、个体活动与行为习惯、消费偏好与环境认知等要素对城市空间的影响，重点分析“人—人关系”“人—空间关系”“人—技术关系”相互作用规律及其形成的耦合关系网络结构的影响机理，引导与优化个体与家庭尺度的行为活动，增强居民的时空间活动满意度。另外，智能技术的快速发展也为智慧家庭（市民）规划的开展提供支持，参与式感知与计算和沉浸式规划等方法的出现与应用，不仅可以通过各类传感设备获取高精度的居民活动数据，同时借助虚拟现实技术搭建的虚拟环境可以实现对居民行为活动感知、空间体验等内容的分析。

2. 智慧功能区规划

智慧功能区主要包括智慧社区、智慧园区、智慧商圈等城市重要功能区或空间单元，具有居住、产业、交通、休闲等城市功能。规划重点关注功能空间分布与规模、功能结构与组合关系等，以及相互之间的信息、人口、资本、能源等要素的流动，探究功能区内部的人地系统耦合和功能区之间时空交互的影响机理。例如，在智慧社区规划编制中，需要重点关注社区功能、社区活动、社区服务、交通与建成环境、治理模式以及智慧社区系统建设等要素，分析社区内部居民各类活动与物质环境匹配程度与时空耦合关系，以及对智慧社区生活圈构建的促进作用，为以居民为中心的智慧社区生活圈的设施配置与空间优化建设提供支持。而在智慧园区规划中则需以治理和服务需求为导向，从园区规划、建设、管理和服务全过程对园区智慧化建设进行考虑，并对园区内民生、环保、公共安全、园区服务、工商业活动等的需求做出智能响应。

3. 智慧城市规划

智慧城市规划要合理确定城市智慧化发展的目标，明确城市智慧化发展定位，协调各类空间要素的组织与布局，引导城市要素的流动，促进智能技术的应用与空间智能化、居民生产生活两者间的协同，优化“人—技术—空间”三者的耦合关系。规划内容中需要重点关注社会经济、人口结构、空间布局与用地形态、基础设施与服务质量、道路交通系统支撑、资源环境承载能力、治理结构等要素，明确城市内部人地系统时空耦合的影响机理及动力变化，支持便捷高效公共服务、城市空间布局优化、城市经济高效运行、精细化的城市管理、宜居生活环境、城市安全保障等方面的智慧城市建设。

4. 智慧城市群规划

智慧城市群规划是以实现区域整体的智慧化为目标，强调区域中各城市间人口、经济、技术等要素的相互联系，依托智慧化与信息化建设打破地理空间隔离，打造具有创新能力与竞争力的可持续发展的城市群，实现区域协同，推动区域一体化发展。从规划内容看，智慧城市群规划一方面要重视分析不同城市各自的智慧化发展水平，挖掘城市的发展问题与诉求；另一方面，需要分析区域内各城市的等级与节点作用，跨城市的信息、人员、货物、资本、技术及能源资源要素流动，并考虑远程连接与信息交互、全球化与本地化互动的影响作用，明确各城市在区域中的定位与发展目标，制定合理的智慧城市群规划方案与策略。

最后，依托于智慧城市规划，也需要加强规划的横向传导与对接，开展相关智慧专项规划的编制，如智慧产业规划、智慧市政规划、智慧交通规划等。智慧专项规划可由相应部门组织编制，编制内容除与智慧城市规划具体方案与规划策略对接外，还需要结合城市相关专项领域的特点与发展诉求，依据实际情况进一步提升智慧城市规划的编制深度。

参考文献

[1] 吕学军，董立峰. 自然灾害学概论：滨州学院教材出版基金资助 面向“十二五”高等教育规划教材 [M]. 长春：吉林大学出版社，2010.

[2] 胡小静. 城市规划及可持续发展的原理与方法研究 [M]. 成都：电子科技大学出版社，2017.

[3] 刘嘉茵. 现代城市规划与可持续发展 [M]. 成都：电子科技大学出版社，2017.

[4] 曹伟. 城市规划设计十二讲 [M]. 2 版. 北京：机械工业出版社，2018.

[5] 徐建刚，祁毅，张翔，等. 智慧城市规划方法：适应性视角下的空间分析模型 [M]. 南京：东南大学出版社，2016.

[6] 何志宁. 自然灾害社会学：理论与视角 [M]. 北京：中国言实出版社，2017.

[7] 杨庆华. 城市防洪防涝规划与设计 [M]. 成都：西南交通大学出版社，2016.

[8] 唐桂娟，王绍玉. 城市自然灾害应急能力综合评价研究 [M]. 上海：上海财经大学出版社，2011.

[9] 曾令锋，吕曼秋，戴德艺. 自然灾害学基础 [M]. 北京：地质出版社，2015.

[10] 梁晓楠. 自然灾害知识普及读本 [M]. 贵阳：贵州科技出版社，2015.

[11] 顾金龙. 城市综合体消防安全关键技术研究 [M]. 上海：上海科学技术出版社，2017.

[12] 王炳坤. 城市规划中的工程规划 [M]. 天津：天津大学出版社，2011.

[13] 闫顺玺，王晓雷，吴风华. 城市消防地理信息系统建设研究 [M]. 石家庄：河北人民出版社，2015.

[14] 孙建平. 城市安全风险防控概论 [M]. 上海：同济大学出版社，2018.

[15] 白玮. 韧性城市建设的实践与启示 [J]. 宏观经济管理，2020（12）：77-84.

[16] 荆林波. 韧性城市的理论内涵、运行逻辑及其在数字经济背景下的新机遇 [J]. 贵州社会科学，2021（01）：108-115.

[17] 陈智乾，胡剑双，王华伟. 韧性城市规划理念融入国土空间规划体系的思考 [J]. 规划师，2021，37（01）：72-76+92.

[18] 朱正威，刘莹莹，杨洋. 韧性治理：中国韧性城市建设的实践与探索 [J]. 公共管理与政策评论，2021，10（03）：22-31.

[19] 倪晓露，黎兴强. 韧性城市评价体系的三种类型及其新的发展方向 [J]. 国际城市规划，2021，36（03）：76-82.

[20] 邱爱军，白玮，关婧. 全球 100 韧性城市战略编制方法探索与创新：以四川省德阳市为例 [J]. 城市发展研究，2019，26（02）：38-44+73.

[21] 唐皇凤，王锐. 韧性城市建设：我国城市公共安全治理现代化的优选之路 [J]. 内蒙古社会科学（汉文版），2019，40（01）：46-54.

[22] 李彤玥. 韧性城市研究新进展 [J]. 国际城市规划，2017，32（05）：15-25.

[23] 闫水玉，唐俊. 韧性城市理论与实践研究进展 [J]. 西部人居环境学刊，2020，35（02）：111-118.

[24] 肖翠仙. 中国城市韧性综合评价研究 [D]. 南昌：江西财经大学，2021.

[25] 陈一丹，翟国方. 荷兰鹿特丹市水韧性规划建设及其启示 [J]. 上海城市管理，2022，31（01）：2-10.

[26] 孙佳睿，陈宇. 荷兰海绵城市的适应性措施：以“水城”鹿特丹为例 [J]. 城市住宅，2017，24（07）：16-21.

[27] 陈奇放. 新西兰适应沿海灾害和海平面上升的规划经验与启示 [C]// 中国城市规划学会，重庆市人民政府. 活力城乡 美好人居：2019 中国城市规划年会论文集（01 城市安全与防灾规划）. 中国建筑工业出版社，2019.

[28] 简逢敏，姚凯. 城 · 水 · 园：澳大利亚新西兰城市规划考察 [J]. 上海城市规划，2001（02）：16-22.

[29] 李文静，翟国方，顾福妹，等. 日本福祉型避难场所建设对我国老龄化背景下避难场所规划建设的启示 [J]. 国际城市规划，2019，34（01）：119-126.

[30] 肖龙. 东日本大地震灾后住房重建对策与启示研究 [J]. 南方建筑，2021（05）：44-49.

[31] 吴云清，翟国方，李莎莎. 3.11 东日本大地震对我国城市防灾规划管理的启示 [J]. 国际城市规划，2011，26（04）：22-27.

[32] 甄峰，孔宇. "人—技术—空间"一体的智慧城市规划框架 [J]. 城市规划学刊，2021（06）：45-52.

[33] 徐艳. 新时代智慧城市规划的理论研究 [J]. 科技资讯，2022，20（04）：208-210.